兽药合理应用
与联用手册

余祖功　主　编
董发明　刘永旺　副主编

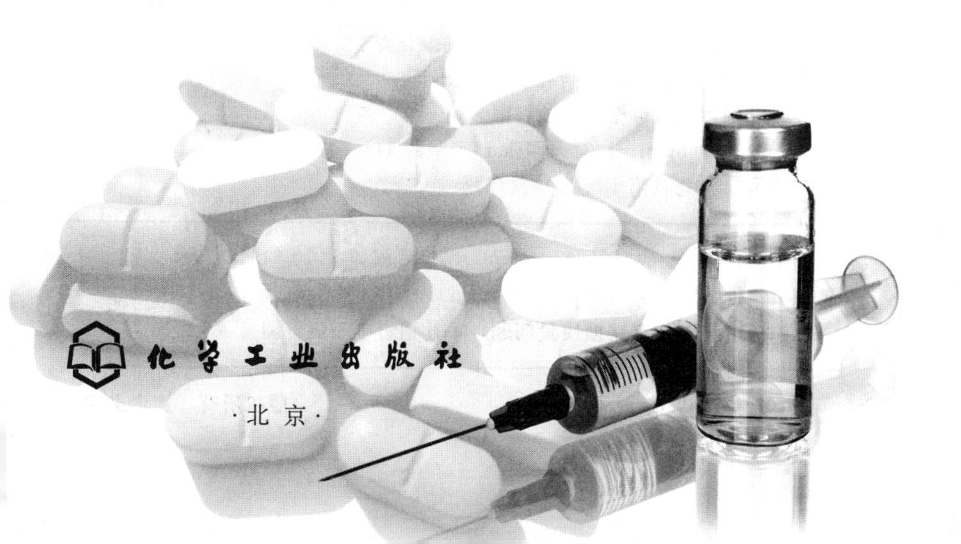

化学工业出版社
·北京·

图书在版编目（CIP）数据

兽药合理应用与联用手册/余祖功主编．—北京：化学工业出版社，2014.1（2023.4重印）
ISBN 978-7-122-19449-7

Ⅰ.①兽…　Ⅱ.①余…　Ⅲ.①兽用药-用药法-手册　Ⅳ.①S859.79-62

中国版本图书馆CIP数据核字（2014）第004225号

责任编辑：邵桂林　　文字编辑：何　芳
责任校对：宋　夏　　装帧设计：张　辉

出版发行：化学工业出版社（北京市东城区青年湖南街13号　邮政编码100011）
印　　刷：北京云浩印刷有限责任公司
装　　订：三河市振勇印装有限公司
850mm×1168mm　1/32　印张19　字数514千字
2023年4月北京第1版第17次印刷

购书咨询：010-64518888　　售后服务：010-64518899
网　　址：http://www.cip.com.cn
凡购买本书，如有缺损质量问题，本社销售中心负责调换。

定　　价：49.80元　

编 写 人 员

主　　编　余祖功

副 主 编　董发明　刘永旺

参编人员

余祖功　南京农业大学动物医学院

董发明　河南科技大学动物科技学院

刘永旺　南京农业大学动物医学院

汤法银　郑州牧业经济学院

葛爱民　山东畜牧兽医职业学院

王俊丽　南京农业大学动物医学院

李　晶　南京农业大学动物医学院

张东娟　南京农业大学动物医学院

郭凡溪　南京农业大学动物医学院

耿智霞　南京农业大学动物医学院

刘腾飞　南京农业大学动物医学院

蒋　凡　南京农业大学动物医学院

冯秀娟　公安部南京警犬研究所

邓长林　江苏省南京市红山动物园

周克才　河南省固始县动物卫生监督所

FOREWORD

随畜禽养殖业的快速发展，兽药（含药物、添加剂、中药）的应用越来越多。如何最优化地合理应用兽药资源，即如何挑选合适的兽药品种，如何规范且高效地使用兽药，既有效地发挥药物作用，又减少或避免药物不良反应，保障人民食品安全，一直是困扰从业者的难题。

笔者在长期从事兽医药理学、兽药制剂学教学与科研过程中体会到，正确合理地选择与使用兽药，首先要认知兽药的作用及其在同效药物中的作用优势比较，其次要发挥药物间联合的有益作用，避免药物间的配伍禁忌等有害作用，再次需严格遵守如休药期、违禁药物目录等相关规定，在保障用药安全与食品安全、保证人民健康的前提下，尽最大可能发挥药物的有效性和安全性，减少药物的不良反应。有关兽药药理作用的书籍相对较多，但涉及兽药的作用特点、合理使用及药物间联用、配伍禁忌等内容的书籍较少。

本书参阅大量国内外相关研究资料，对以上问题进行了大胆尝试性探索。针对兽医临床用药实际，内容涉及常用兽药、添加剂和中兽药的特点、合理使用、联用、配伍禁忌、上市剂型、休药期等相关知识，并依兽医临床使用频率，较详细地论述了兽医临床实践中重要的常用药物，较简约地比较了该类药物中其他药物的特点和优势。第一章介绍药效学、体内过程、剂型及联合用药名词，第二至第四章重点介绍了抗菌药物、消毒防腐药物、抗寄生虫药物等，由余祖功、王俊丽、李晶、张东娟、郭凡溪、耿智霞、冯秀娟、葛爱民、周克才等编写；第五章介绍作用于各系统药物的合理用药及联合配伍禁忌等，由刘永旺、邓长林、刘腾飞、蒋凡编写；第六章介绍中兽药合理用药与联用禁忌，由董发明、汤法银编写。全书由余祖功统稿并审校。

需要特别指出的是，涉及兽药合理应用、联合用药与配伍禁忌方面的资料相对较少，加之畜禽种类众多，种属间生理差异较大，对药物的反应性也不尽相同，甚至对有些药物会出现相左的反应。笔者虽参阅大量参考文献，但限于学识水平和经验有限，编写中的疏漏之处实属难免。在此，笔者除向本书文献资料原作者深表感谢外，恳请各位同仁、广大读者对不妥之处给予指出，以便再版修订完善。作者邮箱为：yuzugong@njau.edu.cn。

余祖功

2014 年 4 月

CONTENTS

第一章　兽药合理应用、联用禁忌基础知识

第二章 抗菌药合理应用及其联用禁忌

第三章　消毒防腐药合理应用及联用禁忌

第四章 抗寄生虫药合理应用与联用禁忌

第五章 作用各系统药物合理应用及联用禁忌

第六章　中药配伍与禁忌

参考文献

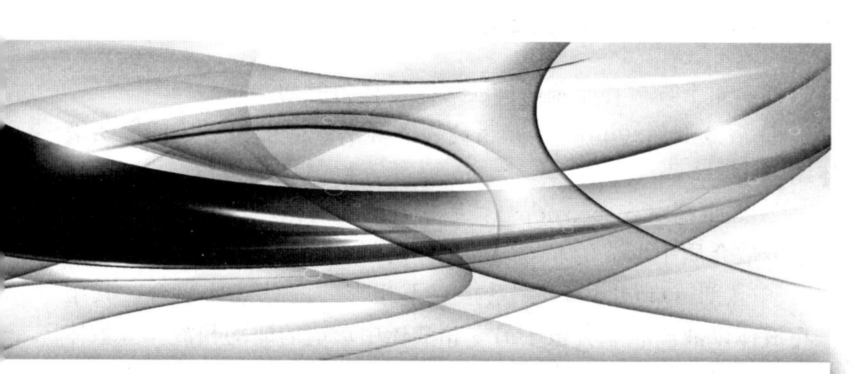

第一章　兽药合理应用、联用禁忌基础知识

第一节　兽医药理学基础

一、药物与剂型基本概念

（1）药物（drug）　用于疾病治疗、预防或诊断的安全、有效和质量可控的物质。以动物为使用对象的药物称为兽药，还包括有目的地调节动物生理机能的物质。毒物（poison）是指对动物机体能产生损害作用的物质。药物超过一定剂量也能成为毒物，因此，药物与毒物之间仅存剂量的差别，没有绝对的界限。

（2）药物来源　分三类：天然药物，指未经加工或仅经过简单加工的药物，如植物药、动物药、矿物药和微生物发酵产生的抗生素等；合成药物，指各种人工合成的化学药物、抗菌药物等；生物技术药物，指通过细胞工程、基因工程等分子生物学技术生产的药物，如酶制剂、生长激素、干扰素和疫苗等。

（3）剂型（dosage form）　药物的原料不能直接用于动物疾病的治疗或预防，必须进行加工制成安全、稳定和便于应用的形式，称为药物剂型，简称剂型，例如粉剂、片剂、注射剂等。

（4）制剂（preparation）　剂型为集体名词，其中任何一个具体品种，如土霉素片、葡萄糖注射液等称为制剂。

① 溶液剂（solutions）：指药物溶解于溶剂中所形成的澄明液体制剂。

② 混悬剂（suspensions）：系指难溶性固体药物以微粒状态分散于分散介质中形成的非均匀的液体制剂。

③ 乳剂（emulsions）：系指互不相容的两种液体混合，其中一相液体以液滴状态分散于另一相液体中形成的非均相液体分散体系。形成液滴的液体称为分散相内相或非连续相，另一液体则称为分散介质、外相或连续相。

④ 散剂（powders）：系指一种或数种中药粉末均匀混合而制成的粉末状制剂。

⑤ 粉剂（powders）：系指药物或与适宜的辅料经粉碎、均匀混合制成的干燥粉末状制剂，可内服亦可局部应用。局部用粉剂可用于皮肤、黏膜和创伤等疾病，亦称撒粉。可溶于水，专用于饮水给药的粉剂称为可溶性粉剂。

⑥ 预混剂（premix）：系指药物与适宜的辅料均匀混合制成的粉末状或颗粒状制剂，通过饲料以一定的药物浓度给药。

⑦ 颗粒剂（granules）：系指将药物与适宜辅料制成具有一定粒度的干燥颗粒状制剂。主要供内服用。

⑧ 片剂（tablets）：系指药物与适宜辅料混合均匀压制而成的片状制剂，其外观有圆形，也有异形的。

⑨ 胶囊剂（capsules）：系指将药物填装于空心硬质胶囊中或密封于弹性软质胶囊中而制成的固体制剂。

⑩ 注射剂（injection）：系指药物与适宜的溶剂或分散介质制成的专供注入体内的溶液、乳状液或混悬液及供临用前配制或稀释成溶液或混悬液的粉末或浓溶液的无菌制剂。

⑪ 软膏剂（ointment）：系指药物与油脂性或水溶性基质混合制成的均匀的半固体外用制剂。

⑫ 乳膏剂（cream）：系指药物溶解或分散于乳状液型基质中制成的均匀的半固体外用制剂。

⑬ 糊剂（paste）：系指大量固体粉末（一般25%以上）均匀

地分散在适宜的基质中所制成的半固体外用制剂。

⑭ 涂剂（paint）：系指药物与适宜的溶剂、透皮促进剂制成的涂于动物特定部位，通过皮肤吸收而达到治疗目的的液体制剂。

⑮ 浇泼剂（pour-on preparation）：系指药物与适宜溶剂制成的浇泼于动物体表的澄清液体制剂。易于在皮肤上分散和吸收，使用量通常在5mL以上，使用时沿动物的背中线进行浇泼。

⑯ 浸洗剂（bathing preparation）：系指药物与适宜的溶剂或分散介质制成的对动物进行全身浸浴的液体制剂。

⑰ 酊剂（tincture）：系药物用规定浓度乙醇浸出或溶解而制成的澄清液体制剂，亦可用流浸膏稀释制成，供内服或外用。

⑱ 滴鼻剂（nasal drops）：系专供滴入动物鼻腔内使用的液体制剂。

⑲ 大容量注射剂：又名输液（infusion solution），系由静脉滴注输入体内的大剂量（一次给药在100mL以上）注射液。使用时通过输液器调整滴速，持续而稳定地进入静脉，以补充体液、电解质或提供营养物质。

⑳ 滴眼剂（eye drop）：系指供滴眼用的澄明溶液或混悬液。常用作杀菌、消炎、收敛、缩瞳、麻醉或诊断之用。将药物配成一定浓度的灭菌水溶液，供眼部冲洗、清洁用的称为洗眼剂。

㉑ 眼膏剂（oculentum）：系指由药物与适宜基质均匀混合，制成无菌溶液型或混悬型膏状的眼用半固体制剂。

㉒ 子宫注入剂（uterus infusion）：系指药物与适宜的溶剂或分散介质制成的溶液、乳状液、混悬液、乳膏以及供用前配制成溶液或混悬液的粉末供子宫注入的无菌制剂。

㉓ 乳房注入剂（intramammary infusion）：系指药物与适宜的溶剂或分散介质制成的溶液、乳状液、混悬液、乳膏以及供临床用前配制成溶液或混悬液的粉末供乳管注入的无菌制剂。

㉔ 栓剂（suppository）：系指药物与适宜基质制成的供腔道给药的固体制剂。因腔道不同可分直肠栓、阴道栓和尿道栓。

二、药效学基本概念

1. 药物的基本作用

药物效应动力学（pharmacodynamics） 简称药效学，研究药物对机体的作用规律，阐明药物防治疾病的原理。

药物作用（drug action） 是指药物小分子与机体细胞大分子之间的初始反应，药理效应是药物作用的结果，表现为机体生理、生化功能的改变。但在一般情况下不把两者决然分开，互相通用。分为局部作用和全身作用。局部作用（local action）是指药物在吸收入血液以前在用药局部产生的作用。全身作用（general action, systemic action）又称吸收作用（absorptive action），是指药物经吸收进入全身循环后分布到作用部位产生的作用。

药物作用的选择性（selectivity） 机体不同器官、组织对某种药物的敏感性表现明显的差别，对某一器官、组织作用特别强，对其他组织的作用很弱，甚至对相邻的细胞也不产生影响，这种现象称为药物作用的选择性。

治疗作用（therapeutic action） 凡符合用药目的或能达到防治疾病效果的作用，叫做治疗作用。包括对因治疗、对症治疗和补充或替代治疗。

① 对因治疗（etiological treatment）：指药物的作用在于消除疾病的原发致病因子。对因治疗是用药的根本，一般情况下应首先考虑。

② 对症治疗（symptomatic treatment）：指药物的作用在于改善疾病症状。针对一些严重甚至危及动物生命的症状，必须先对症治疗，缓解症状后在考虑对因治疗。有时则要对因治疗和对症治疗同时进行，标本兼治方能取得最佳疗效。

③ 补充或替代治疗（supplementary/replacement treatment）：补充体内营养或代谢物质不足。

不良反应（adverse reaction） 与用药目的无关或对动物产生损害的作用。

副作用（side effect） 指药物在常用治疗剂量时产生的与治疗

无关的作用，或危害不大的不良反应。

毒性作用（toxic effect）　大多数药物都有一定毒性，只不过毒性反应的性质和程度不同而已，一般毒性反应多由用药剂量过大或时间过长引起。用药后立即发生的称急性毒性（acute toxicity），长期蓄积后逐渐产生的称慢性毒性（chronic toxicity），少数药物还会产生特殊毒性，即致癌、致畸、致突变反应（简称“三致”作用）。

变态反应（allergy）　又称过敏反应，药物多为外来异物，多数可作为半抗原与血浆蛋白或组织蛋白结合后形成全抗原，引起机体体液性或细胞性免疫反应。

继发性反应（secondary reaction）　指药物治疗作用引起的不良后果，如广谱抗生素引起动物胃肠道正常菌群失调，引发“二重感染”。

后遗效应（residual effect）　指停药后血药浓度已降至阈值以下时的残存药理效应，如抗生素抗菌后效应（postantibiotic effect，PAE），是指细菌在接触抗生素后虽然抗生素血清浓度降至最低抑菌浓度以下或已消失后，对微生物的抑制作用依然维持一段时间的效应。

2. 药物的构效关系和量效关系

药物的构效关系（structure-response relationship）　药物的化学结构与药理效应或活性有着密切的关系，因为药理作用的特异性取决于特定的化学结构。

量效关系（dose-response relationship）　在一定范围内，药物的效应与靶部位的浓度成正相关，而后者决定于用药剂量或血中药物浓度，定量地分析与阐明两者间的变化规律称为量效关系。

无效量（ineffective dose）　药物剂量过小，不产生任何效应。

最小有效量（minimal effective dose）或阈剂量（threshold dose）　能引起药物效应的最小剂量。

半数有效量（median effect dose，ED_{50}）　对50%个体有效的剂量。

极量（maximal dose）　药物出现最大效应的剂量，此时剂量再增加，效应不再加强，反而出现毒性反应。

最小中毒量（minimal dose） 出现中毒的最低剂量。

致死量（lethal dose） 引起死亡的药物剂量。

半数致死量（median lethal dose，LD_{50}） 引起半数动物死亡的剂量。药物的 LD_{50} 和 ED_{50} 的比值成为治疗指数，此数值越大药物越安全。

三、药物动力学基本概念

药物代谢动力学（pharmacokinetics） 简称药动学，是研究药物在体内的浓度随时间发生变化的规律的一门学科。它是研究临床药理学、药剂学和毒理学等的重要工具。

血药浓度（blood concentration） 一般指血浆中的药物浓度，是体内药物浓度的重要指标，虽不等于作用部位的浓度，但作用部位的浓度与血药浓度以及药理效应一般呈正相关。血药浓度随时间的变化不仅能反应作用部位的浓度变化，也能反应药物在体内吸收、分布、生物转化和排泄过程总的变化。

药时曲线（drug concentration-time curve） 以时间作横坐标，以血药浓度作纵坐标，绘出的曲线称为血浆药物浓度-时间曲线，简称药时曲线。从曲线可定量地分析药物在体内的动态变化与药物效应的关系。

峰浓度（peak concentration） 药时曲线的最高点。

峰时（peak time） 达到峰浓度的时间。

一般把非静注给药分三个期：潜伏期、持续期和残留期。

① 潜伏期（latent period）：指给药后到开始出现药效的一段时间，快速静注给药一般无潜伏期。

② 持续期（persistent period）：是指药物维持有效浓度的时间。

③ 残留期（residual period）：是指体内药物已降到有效浓度以下，但尚未完全从体内消除，食品动物要根据残留期确定休药期（withdrawal time）。

一级速率过程（first order rate process） 又称一级动力学过

程，是指药物在体内的转运或消除速率与药量或浓度的一次方成正比，即单位时间内按恒定的比例转运或消除。

零级速率过程（zero order process） 又称零级动力学过程，是指体内药物浓度变化速率与其体内药物浓度无关，而是一恒定量，药物的转运或消除速率与浓度的零次方成正比。

米-曼速率过程（Michaelis-Menten rate process） 指一级速率与零级速率过程相互转变的一种速率过程，在高浓度时为零级速率过程，在低浓度时为一级速率过程，称米-曼速率过程。

房室模型（compartment model） 就是将机体看成一个系统，系统内部根据药物转运和分布的动力学特点的差别分为若干房室（隔室），把具体相同或相似的速率过程的部分组合成为一个房室，从而可分为一室、二室或三室模型。这是便于数学分析的抽象概念，与机体的解剖部位和生理功能没有直接的联系，但与器官组织的血流量、生物膜通透性、药物与组织的亲和力等有一定的关系。因为绝大多数药物进入机体后又以代谢产物或原型从体内排出，所以模型是开放的，又称为开放房室模型。

① 一室模型（one compartment model）：是最简单的模型，就是把整个机体描述为动力学上一个“均一”的房室。该模型假定给药后药物可立即均匀地分布到全身各器官组织，迅速达到动态平衡。

② 二室模型（two compartment model）：是指假定给药后药物不是立即均匀分布于全身各器官组织，它在体内的分布有不同的速率，有些分布快，有些分布较慢，因此把机体分为两个房室，药物以较快速率分布的称为中央室，以较慢速率分布的称为周边室。

消除半衰期（elimination half life） 指体内药物浓度或药量下降一半所需的时间，又称血浆半衰期或生物半衰期，一般简称半衰期，常用$t_{1/2\beta}$或$t_{1/2K_e}$表示。半衰期是药动学的重要参数，是反映药物从体内消除快慢的一种指标，临床具有重要实际意义，是制定给药间隔时间的重要依据，也是预测连续多次给药时体内药物达到稳态浓度的和停药后从体内消除时间的主要参数。

药时曲线下面积（area under the concentration time curve，AUC） 理论上是给药后血药浓度在时间从 $t_0 \sim t_\infty$ 的曲线下面积，反映到达全身循环的药物总量。大多数药物 AUC 和剂量成正比，但也有少数药物不成正比，AUC 常用作计算生物利用度和其他参数的基础参数。

表观分布容积（apparent volume of distribution，V_d） 是指药物在体内的分布达到动态平衡时，药物总量按血浆药物浓度分布所需的总容量。它并不代表真正的生理容积，纯是一个数学概念，它的意义在于反映了药物在体内分布情况，一般 V_d 值越大，药物穿透入组织越多，分布越广，血中药物浓度越低。

体清除率（body clearance，Cl_B） 简称清除率，是指在单位时间内机体通过各种消除过程（包括生物转化与排泄）消除药物的血浆容积，单位以 mL/(min·kg) 表示。Cl_B 是体内各种清除率的总和。

生物利用度（bioavailability） 是指药物以某种剂型的制剂从给药部位吸收进入全身循环的速度和程度。这个参数是决定药物量效关系的首要因素。全身生物利用度的计算方法，是在相同动物、相等剂量条件下，内服或其他非血管给药途径所得的 AUC 与静脉注射的 AUC 的比值。在静脉注射给药时，药物全部进入体循环，即生物利用度为 100%，因此，以静脉注射剂作为标准，用相同剂量给药，计算受试制剂的生物利用度时，称绝对生物利用度。对于比较成熟的药物，有公认的标准制剂的，则可采用相同的给药途径，给予相同的剂量，比较受试剂型和标准制剂的药物吸收量，即得到相对生物利用度。

四、药物联用与禁忌

药物相互作用指同时或相隔一定时间内使用两种或两种以上药物时，药物与药物之间可能发生的相互影响。包括改变了药物原有理化性质、体内过程（吸收、分布、生物转化、排泄）或组织对药物的敏感性，从而改变药物彼此药理效应和毒性作用。按其作用环节，分体外相互作用、体内相互作用。体内相互作用又涉及药效学相互作用、药动学（吸收、分布、代谢、排泄）相互作用。按最终效应结果，药物相互作用主要有两种：有益和有害。有益的相互作用产生药效相加和协同作用。有害的相互作用会导致拮抗作用，导致药效降低、毒性反应或非预期的药理活性。

（1）协同作用　可细分为相加和增强两种。两药并用疗效相当于两药总和称相加作用；如果比相加作用还大的则称为增强作用。例如：镇痛药被血清蛋白结合使其疗效降低，胆碱类能解除这种结合，两药并用其镇痛作用增强；5-羟色胺与肾上腺素并用为增强作用，与去甲肾上腺素并用则为相加作用；汞撒利与氨茶碱并用时，利尿作用仅是相加或稍低，与氯化铵并用则可产生明显增强作用。

（2）拮抗作用　可分为以下几种。①独立性拮抗：即两种药物具有独立的对抗作用。例如，肾上腺素可以拮抗氨甲酰胆碱的子宫收缩作用。②对消性拮抗：即两者结合成一种无作用的化合物。例如，钙离子与枸橼酸钠结合而拮抗其凝血作用；含有巯基的药物与汞、砷等离子结合成为无毒性的化合物而排出体外。③竞争性拮抗：即两药竞争性的与受体结合。例如，阿托品与乙酰胆碱就是竞争性拮抗，这种拮抗作用是可逆的，与药物的剂量和浓度有很大关系。④非竞争性拮抗：两药联用后，量-效曲线仍在同一起点，但最大效能却减弱了。例如，烷基三甲基铵与双苄胺、5-羟色胺与麦角酰二乙胺等。

（3）配伍禁忌　有些药物配在一起时，可能产生变色、沉淀与结块甚至失效或产生毒副作用，因而不宜配合应用。按药物配伍后产生变化的性质，主要分物理性配伍禁忌和化学性配伍禁忌，有时将处方中药物药理作用间存在拮抗的也称为药理性配伍禁忌。

① 物理性配伍禁忌：某些药物相互配合在一起时，由于物理性质的改变而产生沉淀、分离、液化或潮解等变化，从而影响临床治疗效果。如药用炭是具有强大表面活性的物质，与小剂量抗生素配合，抗生素被药用炭吸附，在消化道内不能再充分释放出来，动物机体吸收减少，血药浓度降低，生物利用度下降，临床治疗效果

就差。磺胺类钠盐、氨茶碱等碱性注射液不能与酸性药物同用，同用则可产生沉淀。糖皮质激素与氨茶碱或其他碱性药物如碳酸氢钠合用可降低疗效。

② 化学性配伍禁忌：某些药物配伍在一起时，能发生中和、分解、沉淀或生成毒物等化学变化。如氯化钙注射液与碳酸氢钠注射液配伍时，会产生碳酸钙沉淀。但是，还有一些药物在配伍时产生的分解、聚合、加成、取代等反应并不出现外观变化，但却使疗效降低或丧失。如人工盐与胃蛋白酶同用，人工盐组分中所含的碳酸氢钠可抑制胃蛋白酶的活性，从而使胃蛋白酶失活。

③ 药理性配伍禁忌：亦称疗效性配伍禁忌，是指处方中某些成分的药理作用间存在着拮抗，从而降低治疗效果或产生严重的副作用及毒性。如在一般情况下，泻药和止泻药、毛果芸香碱和阿托品的同时使用都属药理性配伍禁忌。青霉素与四环素类、磺胺类合并用药是药理性配伍禁忌的典型。普鲁卡因水解后产生的对氨基苯甲酸可拮抗磺胺的抗菌作用，故忌与磺胺药同用。

第二节　兽药体外相互作用

一、药物在体外的配伍禁忌

体外相互作用发生制剂用于机体之前，药物制剂与制剂间或制剂与容器间发生直接的物理或化学反应，导致药物改变，即通常所说的化学配伍禁忌或物理配伍禁忌。主要表现为浑浊、沉淀、变色或产生气泡等现象，也可能出现一些不易被察觉如微粒增加等物理化学变化，甚或外观表现正常而药物性质或作用已发生改变等。

体外相互作用多发生液体制剂之间，如输液中加注射液、体外注射液混合或液体口服液之间。需要特别指出的是，大部分兽药大都以可溶性粉剂、可溶性颗粒剂等剂型存在，这些剂型的药物溶于水后，药物水溶液间产生的配伍禁忌等同液体制剂。兽药粉剂、预混剂、中药散剂等，因药物赋形剂或与饲料组分发生反应，也会影响生物利用度。

二、配伍禁忌的原因

产生体外相互作用的主要原因有以下几个。

① pH 值：药物溶液保持稳定需要一定的 pH 值。如 pH 值升高，使氯丙嗪等吩噻嗪类药物、去甲肾上腺素等儿茶酚胺类药物、毒毛花苷 K 及胰岛素等的作用减弱或消失；pH 值降低，使氨茶碱及巴比妥类的作用减弱或消失。

② 溶解度：因稀释过度影响助溶剂（或稳定剂）效果，致药物析出沉淀。

③ 解离度：酸性药物在碱性环境中或碱性药物在酸性环境中，解离度增加。离子型药物脂溶性差，难以通过胃肠或肾小管上皮的类脂质膜，均影响药物吸收。

④ 氧化：重金属离子如铜离子使维生素 C、氯丙嗪等药物发生氧化而破坏。

⑤ 还原：维生素 C 使维生素 K_3 还原失效。

⑥ 分解：稀盐酸可增加胃蛋白酶的活性，但盐酸浓度过高又致胃蛋白酶分解成蛋白胨而失活。

⑦ 其他：阳离子活性药物与阴离子药物配伍、药物的溶解状态或溶胶状态被破坏。

三、注射液与输液（注射液）配伍禁忌

注射液加入输液（或其他注射液）时，可能会出现沉淀、浑浊或变色，有时液体外观无任何变化，但药物作用已改变。尤其易发生于难溶性的或稳定性差的药物制剂，因为它们在制备时，加入了多种多样的助溶类、稳定类或其他类辅料。

具体变化的原因包括以下几点。①溶剂性质的改变：输液用的5%葡萄糖或生理盐水为水溶液，如加入非水性药物或含乙醇、丙二醇、甘油等助溶剂和稳定剂的针剂药物时，由于溶剂性质的改变，可使药物结晶析出而发生沉淀。例如，氯霉素注射液加入5%葡萄糖或生理盐水中，氯霉素针剂中含乙醇和甘油，则析出结晶。

②药物酸碱度的影响：针剂药物均有一定的酸碱度，配伍失当则会发生沉淀、分解。如葡萄糖溶液为偏酸性，与硫喷妥钠、促肾上腺皮质激素等偏碱性药物接触，则发生浑浊。③离子作用：青霉素类、巴比妥类、磺胺类等药物水溶性小，临床上常用这些药物与阳性金属离子结合的钠盐、钾盐或钙盐等，以加大其水溶性，但当这些制剂与其他盐类、酸碱度较低或具有较大缓冲容量的弱酸性溶液配伍时，就会发生沉淀或结晶析出，因此最好不用生理盐水稀释以上药物。与此相反，去甲肾上腺素、氨茶碱、氯丙嗪、链霉素、四环素类的药物则常与阴离子的酸类结合成盐，以加大其溶解度，临床上若与较强的碱性或具有较大缓冲容量的弱碱性溶液配伍时，也可发生沉淀或结晶析出。④缓冲容量：两种药液混合后的酸碱度是受药液成分的缓冲能力决定的，针剂药物配伍时，酸碱度的变化在缓冲容量范围之内则不受影响，否则会促进沉淀，如5%硫喷妥钠溶液10mL加入生理盐水或林格液500mL中，不会发生变化，而加入5%葡萄糖溶液或含有葡萄糖的液体中，就会发生沉淀或结晶析出。⑤盐析作用：胶体溶液中加入盐类使胶体析出沉淀。例如，两性霉素B只能用5%葡萄糖溶液稀释后静滴，而不能加入含有大量电解质的液体中。

防止该类配伍禁忌，临床用药应注意：①两种药物混合时，一次只加一种药物到输液瓶中，待混合均匀后液体外观无异常改变再加入另一种药物；②两种浓度不同的药物配伍时，应先加浓度高的药液到输液瓶中，后加浓度低的药物，以减少发生反应的速度；③有色药液应最后加入输液中，以避免输液瓶中有细小沉淀不易被发现；④配伍的药液，应在病情允许的基础上尽快应用，以减少药物相互发生不良反应的时间；⑤根据药物性质选择溶剂，避免发生理化反应。

四、药物与注射器配伍禁忌

目前临床上使用的一次性注射器多以聚乙烯为主要原料加工制成，聚乙烯为高分子聚合物，不溶于水，具亲脂性。如果用此类注射器吸取非水溶性溶剂制成的注射剂，易产生溶出微粒。故以注射用油为溶剂的药物，如碘化钾注射液、乙烯雌酚注射液、维生素A注射液、维生素D注射液、维生素E注射液等；以乙醇为溶剂的注射液，如氢化可的松注射液、氢化泼尼松龙注射液等；以聚乙二醇为溶剂的药物如噻替哌注射液及以丙二醇为溶剂的药物如安定注射液、氯霉素注射液等，应用玻璃注射器，不宜采用一次性注射器。

此外，药物与玻璃瓶的相互作用以及输液管道中醋酸纤维滤过器与药物的相互作用均有研究报道。集约化养殖实践中，输水管道也由有机高分子聚合物制成，同样对部分药物存在吸附现象。

五、内服制剂配伍禁忌

动物口服剂型较多，传统剂型如片剂、胶囊剂，仅适合个体给药，应用日渐减少。为适应动物群体化养殖模式，兽药往往制成溶液剂、可溶性粉剂、可溶性颗粒剂、散剂或预混剂等，借饮水或拌料满足群体给药的需要。

兽药溶液剂、可溶性粉剂、可溶性颗粒剂等多通过饮水给药，药物水溶液相互作用类似于注射液与输液（注射液）之间相互作用。养殖临床实践中，往往将不同来源及不同配方的可溶性粉剂、颗粒剂混合在一起饮水给药，同样存在着配伍禁忌，可产生沉淀、变色、产气等禁忌，减弱疗效，甚至有些可溶性粉与稀释用水之间也发生配伍沉淀。如用含矿物质较多的井水直接稀释四环素类药物如盐酸土霉素、盐酸多西环素可溶性粉剂，会在极短时间内导致变色、沉淀等。可溶性粉剂、可溶性颗粒剂、水溶液药物之间相互作用类似于注射液与输液（注射液）之间相互作用。

预混剂、散剂通过拌料给药，药物间相互作用相对较少，但仍需注意药物之间酸碱性、金属离子等对药物吸收的影响。如四环素类药物与饲料中二价金属离子形成络合物，降低吸收。

第三节　兽药在动物体内相互作用

兽药制剂无论是通过胃肠道（饮水或拌料）或是通过注射（肌

注、皮下注射，非静脉注射）给药后，均涉及药物的药效学过程和药动学过程（含吸收、分布、代谢和排泄）。不同药物制剂联合使用，不管是化学药物之间、中药之间或中西药物制剂之间，相互影响均涉及这两个方面。从效应讲，不同兽药间联用表现为协同、累加（有益）或无关、拮抗（有害）。本节仅讨论化学药物之间相互作用，中药之间或中西药物制剂之间相互作用见下节。从兽医用药实践出发，重点讨论抗菌药物之间、抗菌药物与非抗菌药物之间及非抗菌药物之间的药效学相互作用及体内过程间相互作用。中药之间或中西药物制剂之间相互作用见下节。

一、药效学方面的相互作用

1. 抗菌药物间联合使用

兽医临床抗菌类药物应用较广，抗菌药物配伍用药比较普遍。抗菌药物合理配伍具有提高疗效、降低毒性、延缓或避免细菌耐药性产生等有益作用。不合理联合用药反而减弱抗菌作用，甚至产生严重的毒副反应，如二重感染等有害作用。

抗菌药物间配伍使用，临床上可呈协同或者相加的组合有以下几种。

① β-内酰胺类加 β-内酰胺酶抑制剂，恢复耐药株对 β-内酰胺类药物的敏感性。细菌产生的 β-内酰胺酶可水解 β-内酰胺类抗生素，使 β-内酰胺环裂开而失去活性，是细菌产生耐药性的重要原因。临床常将 β-内酰胺类和 β-内酰胺酶抑制剂联合使用以保护前者不被水解，同时扩大抗菌谱，增强抗菌活性。常用的 β-内酰胺酶抑制剂主要有舒巴坦、克拉维酸，它们仅有微弱的内在抗菌活性，一般不增强与其配伍药物对敏感细菌或非产 β-内酰胺酶的耐药细菌的抗菌活性。β-内酰胺酶抑制剂与配伍药物以不同的比例配制，抗菌活性也有所不同，若两者的药动学性质相近，有利于发挥协同抗菌作用。

② β-内酰胺类加氨基糖苷类，加强杀菌效果。β-内酰胺类抗生素可使细菌细胞壁合成受阻，从而使氨基糖苷类抗生素易于进入细胞，临床上证明青霉素类（或头孢菌素类）抗生素与氨基糖苷类抗

生素合用时，常可见明显的增效作用。β-内酰胺类作为繁殖期杀菌剂可造成细胞壁的缺损，有利于链霉素等氨基糖苷类抗生素进入细胞阻碍细菌蛋白质的合成，两者均为杀菌剂，不同的是氨基糖苷类对静止期细菌亦有较强作用。另外，联合用药可降低氨基糖苷类抗生素在肾皮质的含量，减小其肾毒性。

③ 磺胺药与甲氧苄啶合用，两药分别作用于细菌叶酸代谢的相继步骤，达到序贯阻断作用，使抗菌作用增强多倍，从抑菌作用增强为杀菌作用，并可扩大抗菌谱。

④ 第三代头孢菌素或氨基糖苷类或喹诺酮类加甲硝唑或克林霉素，治疗革兰阴性菌及厌氧菌的混合感染。

⑤ 多黏菌素类及多烯类抗真菌药可分别损伤细菌、真菌细胞膜的通透性，有利于其他抗菌药物进入细胞内。多黏菌素类与四环素类、多烯类抗真菌药与氟胞嘧啶合用时，因协同作用可减少剂量，降低多黏菌素及多烯类抗真菌药毒性。

需要注意的是，临床兽医师不能只考虑配伍用药在药效上的协同和累加作用，而忽视了体外理化方面的作用。如青霉素与庆大霉素如体外混合，青霉素的β-内酰胺环可使庆大霉素部分失活而降低疗效。因此，凡是氨基糖苷类与β-内酰胺类配伍时，都应分别溶解、分瓶输注。

抗菌药物间配伍使用，临床上可呈无关和拮抗的组合有以下几种。

① 林可胺类、大环内酯类与酰胺醇类抗菌药物间合用。三类药物都通过与细菌50S核糖体结合抑制细菌蛋白质合成而抑菌，三类药对细菌50S核糖体结合呈竞争关系，如大环内酯类抗生素与细菌50S核糖体的亲和力极高，能阻止氯霉素与之结合，而氯霉素不能阻止红霉素与之结合，因此氯霉素与红霉素联合用药是否合理要根据感染菌的情况而定，如对革兰阳性菌感染可能是无关，对革兰阳性菌与革兰阴性菌可呈相加作用；但耐红霉素菌株的50S核糖体对氯霉素的敏感性仍存在，故耐红霉素菌株用氯霉素仍有效。至于红霉素与林可霉素合用，则将妨碍后者的作用，且两药对革兰阳性抗菌谱相似，故革兰阳性细菌感染时，两药不

宜合用。

② 青霉素类抗生素与氯霉素类、四环素类抗生素的合用。体外实验证明，氟苯尼考浓度较高时，对青霉素的拮抗作用更为明显。感染肺炎球菌的动物，先用氟苯尼考后加用青霉素组的疗效比单用青霉素组差，但如先用青霉素后加用氟苯尼考则未见拮抗作用。有学者报道，联合应用青霉素与金霉素治疗肺炎球菌性脑膜炎患者，其病死率比单用青霉素者高。另有报道，氯霉素与甲氧西林联合治疗金黄色葡萄球菌感染时呈现拮抗的现象，认为可能是由于氯霉素抑制细菌蛋白质合成，是细菌处于静止期，致使对繁殖期特别敏感的青霉素杀菌力降低。

③ β-内酰胺类与大环内酯类联合。β-内酰胺类与大环内酯类联合应用仍有争议，从药理学角度说，作为杀菌剂的β-内酰胺类主要通过与位于细菌细胞膜上的青霉素结合蛋白紧密结合，干扰细菌细胞壁的合成，造成细胞壁的缺损，水分等物质渗入导致细胞膨胀、变形，最终破裂溶解。因此，β-内酰胺类在繁殖期效果最好，细菌生长越活跃，需要合成的细胞壁越多，β-内酰胺类就越能发挥作用；而大环内酯类为快速抑菌剂，主要通过不同途径阻断细菌蛋白质合成，使细菌处于静止状态，影响β-内酰胺类的作用。在人医临床中，常常将β-内酰胺类联合大环内酯类抗生素作为经验性治疗社区获得性肺炎（CAP）的一线用药。然而，体外及动物实验中均显示了β-内酰胺类与大环内酯类之间为拮抗作用，至少非协同作用。尤其是β-内酰胺类联合大环内酯类抗生素理论上不应联合使用。

2. 抗菌药物与非抗菌药物的配伍应用

因病情需要，除给予抗菌药物外，还常配伍其他药物进行治疗，同样可能产生药物的相互作用　从相互影响层次分，可分为药效学和药动学相互影响，从效应也分为有益的和有害的两种。

（1）抗菌药与非抗菌药有益的相互作用　合并用药时若得到治疗作用适度增强或副作用减轻的效果，则此种相互作用是有益的，如丙磺舒使青霉素增效；磺胺嘧啶、磺胺甲噁唑与碳酸氢钠同服，可避免出现结晶尿、血尿等。

（2）抗菌药与非抗菌药不良的相互作用 大体可分药物治疗作用减弱致治疗失败；副作用或毒性增强；治疗作用过度增强超出机体的耐受力，危害患畜三种。机制涉及三方面：理化方面影响、药物体内过程影响或药效学互相拮抗。

（3）抗菌药与非抗菌药配伍时理化方面相互作用 如头孢菌素类、青霉素类在溶液中稳定性较低，且易受酸碱度的影响，其在酸性或碱性溶液中会加速分解，故应严禁与维生素C、氨基酸等酸性药物或氨茶碱、碳酸氢钠等碱性药物配伍。

（4）药动学上相互干扰 ①影响抗菌药吸收的药物。如二价阳离子、三价阳离子、抗酸药等可影响口服喹诺酮类药物，尤其是环丙沙星等的吸收，乙醇可影响大环内酯类抗生素的吸收。②影响肝药酶活性促进或抑制药物代谢。a. 抗菌药诱导肝药酶，使药物肝代谢加强，疗效下降，如利福平可诱导肝药酶，使甾体激素类、茶碱、奎尼丁、洋地黄毒苷、异烟肼等的代谢加强，疗效下降。b. 抗菌药抑制肝药酶，使药物肝代谢减弱，血药浓度上升，疗效及毒性增加，如环丙沙星可使茶碱、咖啡因、普萘洛尔等血药浓度升高，毒性增加；大环内酯类抗生素可使茶碱、华法林的血药浓度升高，毒性增加。c. 非抗菌药诱导或抑制肝药酶，影响抗菌药疗效或毒性，如西咪替丁可使红霉素血药浓度升高，出现一过性耳聋；苯巴比妥可使利福平代谢加快而降低后者的疗效。③影响药物排泄。如磺胺甲噁唑加甲氧苄啶可影响金刚烷胺、地高辛、甲氨蝶呤、普鲁卡因在肾小管排泄，从而毒性增加。

3. 非抗菌药物间的配伍应用

表现为两药相加或协同作用以及两种药物作用于同一受体发生相互拮抗作用导致药效明显降低两种，此外，药效学方面的相互作用还表现在联用的药物可使组织或受体对另一种药物的敏感性改变。

糖皮质激素在兽医临床上应用较广，且常与维生素C、西咪替丁等药物合并使用，相互影响，使其作用增强；氨茶碱与西咪替丁等药物配伍时，常因相互作用而使血药浓度升高，疗效增强；氯丙嗪与抗胆碱药、抗凝血药、镇静药、全身麻醉药、镇痛药、普萘洛尔等药配伍，常可增大吸收量，提高血药浓度，增强疗效；华法林、双香豆素与西咪替丁、保泰松、阿司匹林、奎尼丁、水合氯醛等药配伍，使其游离型血药浓度提高，抗凝效果增强。

药物间在药理作用间的相互作用。如中枢神经系统抑制剂之间有相加性抑制作用，硝西泮单独用药过量极少发生死亡，但若是与乙醇或巴比妥类并用，就会大大提高死亡率。强心苷、血管扩张药、抗心律失常药以及利尿药等均能影响心脏排出量和血流分布，因而可能改变包括他们自身在内的心血管药物的作用强度和作用时间。药物在受体部位的相互作用极为复杂，可能有以下几种。①竞争受体：普萘洛尔与异丙肾上腺素或去甲肾上腺素的作用。②作用于传递介质：利血平耗竭拟交感神经胺（内源性去甲肾上腺素）而间接起降压作用。③改变组织对药物的效应：排钾性利尿药使心肌对洋地黄的敏感性增加，单胺氧化酶抑制剂与多种药物或含酪胺食物（如扁豆、鸡肝等）之间的相互作用，可发生高血压危象。④其他因素：药物本身或机体内环境的改变影响药物效应。液体和电解质平衡紊乱，如低镁血症、低钾血症、高钙血症可提高心肌对洋地黄的敏感性，增加洋地黄中毒的概率；低钠血症可增强锂盐的毒性反应，低钾血症增加某些抗心律失常药物如奎尼丁、索他洛尔、普鲁卡因胺、胺碘酮等产生心室节律紊乱的危险性。髓袢利尿药可增加庆大霉素等肾毒性药物的肾内浓度，噻嗪类药物引起血钾浓度升高等。

二、药动学相互作用

药物的体内过程包括吸收、分布、代谢、排泄几个过程，均涉及药物间的相互作用。

1. 药物在消化道的相互作用

内服药物胃肠道吸收是一个复杂过程，既取决于药物的理化性质，又与机体的生理、生化等因素有关。成年反刍动物由于存在瘤胃发酵、反刍过程，影响吸收因素更多，故不建议口服给药。

（1）酸碱度的变化　多数药物属于弱酸性或弱碱性，通过生物膜难易程度与其解离度相关，而药物解离度大小取决于其所处环境的 pH 值。当生物膜两侧的 pH 值不等时，药物跨膜转运的规律是：弱酸性药物在酸性环境下不易解离，而是跨膜由酸入碱，达到跨膜平衡时，碱侧药物浓度高于酸侧；而弱碱性药物则相反，在碱性环境下不易解离，跨膜由碱入酸，达到跨膜平衡时，酸侧药物浓度高于碱侧。根据这种跨膜转运规律，弱酸性药物易在胃中吸收，而弱碱性药物易在肠中吸收。当弱酸性药物与弱碱性药物同时服用时，可升高胃内 pH 值，对弱酸性药物胃内吸收率产生一定的干扰，因此，一般情况下，弱酸性药物最好不要与弱碱性药物同时服用。常用的弱酸性药物有水杨酸类、巴比妥类、磺胺类、呋喃妥因类、双香豆素、丙磺舒、苯妥英钠、维生素 C、对氨基水杨酸钠等；弱碱性药物有氨茶碱、麻黄碱、利血平、阿托品、地巴唑、咖啡因、异丙嗪、氯丙嗪、苯海拉明、氯苯那敏、长春新碱、甲氧苄氨嘧啶、四环素、红霉素、异烟肼及抗酸药等。

（2）胃肠道排空速度的改变　药物在胃肠中吸收速度取决于进入小肠的速度。影响胃排空或肠蠕动的药物，可对其他药物的吸收程度或吸收速率产生影响。例如，普鲁本辛可延缓对乙酰氨基酚（扑热息痛）等药物的吸收，对难溶性药物如地高辛，则可增加其吸收程度；甲氧氯普胺增加胃排空速度，缩短阿司匹林和对乙酰氨基酚等药物达到血峰值所需的时间。抗组胺药、神经节阻断药（美卡拉明、六甲溴铵等）、氯丙嗪及丙米嗪等，可不同程度地延缓胃排空速度，影响药物吸收速率。食物也可影响胃的排空速度，干扰某些药物如四环素、红霉素、林可霉素等的吸收。为了获得最大的吸收速率和利用率，上述药物最好在饲前 1h 或饲后 2h 服用。

（3）肠蠕动度　肠蠕动减慢时，药物在肠内停留时间虽有延长，但由于药物与肠内容物不能充分混合以及消化液分泌减少，药物的吸收量不一定增多。如抗胆碱药与抗凝血药一同服用时，前者使肠蠕动减慢，导致后者的吸收减少而蓄积在肠腔内，一旦停用抗胆碱药，肠道功能恢复可导致抗凝血药吸收过量。难溶解或释放速度较慢的制剂如地高辛等，与溴丙胺太林（普鲁本辛）合用时，由于肠蠕动减慢，肠内容物转运时间延长，有助于地高辛的溶解和释放，增加该药的吸收和利用；与泻药并用时，因肠蠕动过快，则减少吸收。苯巴比妥可刺激胆汁分泌，使肠蠕动加快，可导致灰黄霉素在小肠上段停留时间缩短，吸收减少。

（4）胃肠道血液灌注量的改变　服用某些心血管活性药物，可能会改变其他药物的吸收。

（5）肠道内环境的改变　肠腔内细菌能通过各种生物化学反应使许多药物发生变化。如果广谱抗生素抑制肠细菌群的正常生长繁殖，可使药物的生物转化改变，影响药物的吸收。肠道菌群对维生素K的生物合成具有重要作用，口服新霉素可抑制肠内细菌群，使维生素K合成减少，从而使凝血机制发生障碍；如果与口服抗凝血药合用，可使抗凝作用增强而发生出血倾向。

（6）改变肠黏膜的转运功能　药物的被动转运和主动转运均需要肠黏膜上的载体作用。秋水仙碱、新霉素、对氨基水杨酸钠等药物，能损害肠黏膜吸收功能或妨碍主动转运，导致“营养吸收障碍综合征”，因而可影响许多药物及维生素和一些营养物质的吸收。甲基多巴、氟尿嘧啶、巯嘌呤等药物，由于其化学结构与天然代谢物相似，需要通过相应的主动转运机制，常常引起吸收部位的竞争性抑制。氯丙嗪和左旋多巴可能也是通过主动转运酶系统的相互作用干扰而降低了吸收率。叶酸主要通过空肠的主动转运吸收，苯妥英钠和其他抗惊厥药可干扰叶酸的这一转运过程，长期用药可引起叶酸缺乏症。

（7）饲草饲料的影响　饲草饲料也影响药物吸收，喂食草料后投药可使许多药物吸收减少，有时进食草料使药物吸收减缓，但也有一些药物与饲草饲料一起服用可改善药物本身的吸收，血药浓度增加，生物利用度也得到提高。假若为了使一个特定剂量的药物产生最大的血药浓度，并在服药间隔期能维持治疗所需的有效浓度，至少应于喂食草料前1h灌服。

（8）其他　药物溶于不易吸收液体中，如液状石蜡影响维生素K和维生素A、维生素D的吸收。庚巴比妥影响双香豆素的吸收。别嘌醇影响华法林的吸收。单胺氧化酶抑制剂可防止酪胺在肠壁被破坏，使酪胺呈游离态易被吸收，造成高血压危象（氧化脱氨基作用）。口服避孕药与维生素C同时服用时，由于硫酸盐化作用，使得炔雌醇的血浆浓度明显升高。吸烟可影响胰岛素、普萘洛尔和茶碱制剂的吸收。

2. 药物分布的相互作用

药物联用后，其转运过程中在分布环节上的相互作用表现为相互竞争血浆蛋白结合部位，改变药物在与受体结合部位离子型药物的比例，或者改变药物在肝组织的血流量，从而影响药物的消除。

（1）竞争蛋白结合部位　药物被吸收后，随血液分布到全身的各个组织，其中许多药物将与血浆蛋白、特别是白蛋白结合。有一部分与血浆蛋白发生可逆性结合，称为结合型；另一部分则为离子型。人的血浆蛋白由20种不同氨基酸组成。精氨酸、谷氨酸、酪氨酸的酸性基团与碱性药物相结合，而酸性药物与血浆蛋白的结合要强得多。药物一旦与血浆白蛋白结合就不呈现药理活性，只有未结合的游离型药物才具有药理活性。不同的药物有不同的血浆蛋白结合率，每一蛋白分子的结合量是有限的。因此，多种药物联用时，药物可在蛋白结合部位发生竞争性相互置换现象，结果是与蛋白结合力较高的药物将亲和力较低的药物从血浆蛋白结合部位上置换出来，使其游离型药物比例增多，作用于靶位受体的游离型药物浓度提高，药理作用增强。例如，阿司匹林、吲哚美辛、氯贝丁酯、保泰松、水合氯醛及磺胺等，都有蛋白置换作用，增加与其联用的一些药物的游离型比例，加强这些药物的药理作用和毒性。蛋白结合率高的药物对置换相互作用较敏感。

在组织间液中，药物也能结合在蛋白质上。有些药物如地高辛还结合于心肌组织等，当给予奎尼丁时，组织结合的地高辛下降，加之肾排泄减少，会引起血压浓度明显升高。药物与血浆蛋白的结合是可逆的，结合和非结合的药物达到一种平衡。游离药物被代谢后，结合的药物变成游离的药物，发挥其正常的药理作用。根据浓度及亲和力，如果一个药物的结合率从99%降到95%，其游离的、有活性的药物浓度从1%增加到4%，有可能导致严重的并发症。但是，只有当药物大部分分布在血浆中而不是组织中，这种置换作用才可能显著增加游离药物浓度，所以只有低分布容积的药物才受影响。这样的药物包括甲苯磺丁脲、苯妥英、华法林及甲氨蝶呤等。例如，当用华法林治疗的患者给予水合氯醛时，由于其代谢产物三氯乙醇大量置换华法林，增加了抗凝作用。但是由于血流通过肝脏时游离的华法林分子被代谢，药物总量迅速减少。这种作用是短暂的，可观察到抗凝作用轻度增加，华法林需要量可减少1/3。在通常情况下，无需改变剂量，因为在5d内可达到新的平衡。在体外试验中发现许多常用药物可被其他药物置换，但在体内这种作用往往被有效地缓冲，因此一般情况下，无重要临床意义。碱性或酸性药物可与血浆蛋白高度结合，但有临床重要性的置换作用较少，其原因可能是酸性药物的结合部位不同，而碱性药物的分布容积大，只有小部分在血浆中。

（2）改变肝组织的血流量　一些作用于心血管系统的药物能改变肝组织的血流量，从而影响其他药物在肝组织的分布。例如，静脉滴注异丙肾上腺素增加肝血流量，使利多卡因在肝脏的分布和代谢增加，其在血中浓度降低；反之，去甲肾上腺素减少肝血流量，减少利多卡因在肝的分布和代谢，增加其血浓度。普萘洛尔减少肝血流量也同样增加利多卡因血浓度。

3. 药物在代谢过程中的相互作用

（1）酶诱导和酶抑制　有些药物可刺激肝脏产生代谢酶，结果使血中药物浓度下降、药效降低，最大的药酶诱导作用多发生在用药2～3周后。这种酶诱导作用，使某些药物发生耐受现象，欲维持疗效必须增加用药量。酶诱导作用的程度取决于药物及其剂量，可能需要数日或数周时间方产生或明显，而停药后数日或数周后可逐渐消失。酶诱导是一种较常见的药物相互作用机制，并且不限于药物甚至某些杀虫药以及环境污染、吸烟、饮酒等均可发生酶诱导作用，加速某些药物代谢。相反，某些药物可抑制肝脏微粒体酶活性，使药物代谢变慢，称为酶抑制作用。药物代谢变慢等于增加药物用量，可以引起药物蓄积中毒和不良反应。药物通过竞争酶结合点亦可抑制其他药物代谢。酶抑制的产生比酶诱导快，5个半衰期之后即可达到新的稳态浓度。有些药物呈现双相效应，即先呈现酶抑制作用，后呈现酶诱导作用，这是临床用药中值得注意的特殊现象。

（2）首过消除　指某些药物在通过肠黏膜和肝脏时，部分可被代谢灭活而使进入全身循环的药量减少，又称首过效应。如氯丙嗪、维拉帕米等通过胃肠及肝脏后只有30%到达体循环。某些合并用药对首过效应有明显的影响，有的可增加药物生物利用度，有的则增加肝血流使药物代谢增加。

4. 药物在排出部位的相互作用

除了吸入麻醉药，大多数药物在尿及胆汁中排出。肾脏是排泄药物的主要器官，肾小管细胞具有重吸收药物的主动和被动转运系统。干扰肾小管内尿液的酸碱度、主动转运系统和肾血流量的药物可影响其他药物的排泄，从而改变治疗药物的浓度。

（1）尿液pH值的影响　改变尿液的酸碱度可直接影响某些药物的排泄，增加药物离子化的pH值改变使药物排泄较快，相反者可使药物重吸收增加，排泄减慢。例如，应用苯丙胺治疗期间，如果同时服用碳酸氢钠，药物作用时间延长；如果与氯化铵合用，则缩短其作用时间。乌洛托品在酸性尿中转变，放出甲醛而具有杀菌作用，如在碱性尿中则很难出现治疗作用。应用庆大霉素治疗尿路感染时，如加用碳酸氢钠使尿液维持在pH 7.5～8.0，疗效较好，用药量也可减少，但在尿液pH<6.0时，庆大霉素在尿路中的抗菌作用则较前降低数十倍。但是，由于几乎所有的药物在肝脏代谢为无活性的化合物，很少以原型从尿中排出，所以实际上只有少数药物受尿液pH值改变的影响。在服药过量的情况下，有意改变尿液pH值，可增加某些药物如苯巴比妥、水杨酸等的排出。此外，酸化尿液后易于识别和鉴定成瘾性药物或运动员服用兴奋剂。

能改变尿液pH值的药物包括：①酸化尿液的有氯化铵、盐酸精氨酸、盐酸赖氨酸、维生素C、阿司匹林二巯丙醇、苯乙双胍；②碱化尿液的有抗酸药、碳酸钙、碳酸氢钠、噻嗪类、利尿药、汞撒利、谷氨酸钠。

改变尿液pH值对药物排泄的影响如下。①酸性尿：酸性药物排泄量降低，包括巴比妥类、呋喃妥因、保泰松、磺胺类、香豆素类、对氨基水杨酸、水杨酸类、萘啶酸、链霉素等。②碱性尿：碱性药物排泄降低，包括吗啡、可待因、哌替啶、抗组胺药、美卡拉明、氨茶碱、氯喹、奎尼丁、奎宁等。这些药物在酸性药中排泄增加。

（2）肾小管主动分泌的改变　作用于肾小管同一主动转运系统的药物，可产生相互竞争，使其中一种治疗药不能被分泌到肾小管腔，减少该药的排泄。如丙磺舒竞争性地占据酸性转运系统，使头孢菌素类、氨苯砜、吲哚美辛、青霉素和对氨基水杨酸等药物的肾排泄减少，血药浓度提高，某些药物可出现毒性。阿司匹林减少甲氨蝶呤的排泄，使甲氨蝶呤血药浓度提高，可产生严重毒性。保泰松和双香豆素都能抑制醋磺己脲、格列本脲、甲苯磺丁脲的排泄，使降糖作用增强，导致低血糖；呋塞米和依他尼酸均能抑制尿酸的排泄，造成尿酸在体内蓄积，引起痛风。

（3）肾血流改变　前列腺素等可部分控制肾血流，如吲哚美辛等药物抑制前列腺素的合成使肾血流减少，肾对某些药物的分泌就会减少，而使血药浓度升高，甚至发生中毒。

（4）胆汁排出及肝—肠代谢　一些药物从胆汁中排出，其中有的结合物可被肠道细菌群代谢为母体化合物，从肠道重新被吸收。这种再循环过程延长了药物在体内的存留时间。如果肠道细菌群被抗生素杀灭，某些药物就不再有肝肠循环。例如，口服四环素或新霉素可引起口服避孕药的避孕失败。

5. 药物与其他因素的相互作用

兽医临床上，现已明确药物相互作用及其机制的临床意义，也常受到多种因素的影响，既包括药物代谢速率和代谢途径的种属差异，也包括病理状态、年龄、性别、遗传因素、环境因素和营养状况、给药方法、剂量、途径和用药时间等的个体差异，都不同程度地影响药物的临床治疗效果。

第四节　中药及中西药物的配伍

一、中药间配伍

单味中草药即含有多种活性成分，临床多数情况下是中药两味以上配伍成方剂，同煎同服，构成完整调节体系，作用于机体各个系统，充分调动机体固有能力，综合保持机体平衡。中药间配伍实际上是恰当地利用了药物之间的相互作用，发挥药物多种成分的复合作用，产生药效学和药动学的最佳效果。中药间的配伍应用有成熟的理论及几千年实践用药支撑。《神农本草经》中已将两种生药的相互作用分成七类，即所谓“七情”：“药有单行者，有相须者，有相畏者，有相杀者，有相恶者，有相反者”。现代中药药理学研究表明，中药配伍可能产生：①增强或产生新功效；②消减毒性或副作用；③消减功效；④增强或产生毒性或副作用。

中药间配合使用关系复杂，主要表现在以下几方面。①配伍效应的多样性：如应用桂枝汤治疗流感病毒性肺炎，芍药作用较强，大枣次之，两药有协同作用；但对吞噬功能作用方面，大枣有较强的促进作用，芍药能拮抗大枣的促吞噬作用。②主辅药的可变性：方剂学中将药物分为“君、臣、佐、使”，在一首方剂中，这些关系是固定不变的。现代研究表明，这种固定关系可能存在一定的片面性。例如，桂枝汤在抑制肺炎方面，芍药是主药，大枣应是臣药；在促吞噬方面，大枣应是主药，甘草应是臣药，芍药则拮抗大枣的作用。再如，芍药甘草汤治疗神经肌肉疼痛有效，由于芍药主要作用于中枢，甘草主要作用于末梢，所以对于中枢性疼痛，芍药应是主药，甘草为辅药；对于末梢性疼痛，甘草应为主药，芍药为辅药。③同类药的拮抗性：同类药或性能功效有某些相似的药物配伍后，一般认为会出现协同效应，即相须或相使作用，但是有时会出现拮抗即相恶效应。例如：在抑制金黄色葡萄球菌实验室中，如用黄连、黄芩、黄柏、大黄四味药中的二至三味药配伍，凡有黄芩者效果均差，其中黄芩配伍大黄者效果最差，而不包括黄芩的配伍均有显著增强作用。

中药配伍变化主要表现在以下几方面。①药物成分的变化：配伍变化可产生沉淀、生成新的成分、增溶或减溶、被吸附等。药物成分在量和质方面，配伍后均可能发生变化，造成药效及毒副作用的变化。②药理作用的相互影响：如芍药对中枢性疼痛、对中枢及脊髓性反射兴奋均有抑制作用，甘草有镇静和对神经末梢的抑制作用，芍药甘草汤则对中枢性及末梢性的肌肉痉挛、疼痛均有治疗作用。③药动学之间的相互影响：如甘草（含甘草甜素）可减少肾上腺皮质激素在肝脏的分解代谢，使体内保持较长时间的较高激素浓度，两药合用时激素的某些作用可得到超常发挥。

中药配伍禁忌方面，历来以“十八反”和“十九畏”作为基础。十八反即甘草反甘遂、大戟、芫花、海藻；乌头反半夏、贝母、瓜蒌、白蔹、白及；藜芦反人参、沙参、丹参、苦参、玄参、细辛、芍药。十九畏即硫黄畏朴硝，水银畏砒霜，狼毒畏密陀僧，巴豆畏牵牛子，丁香畏郁金，川乌草乌畏犀角，牙硝畏三棱，官桂畏赤石脂，人参畏五灵脂。

配伍之所以有禁忌，是因为：①某些药物本身有毒性，如大毒类中草药有马钱子、巴豆、川乌、草乌、巴豆霜、闹羊花、天仙子、红粉、斑蝥等；有毒类中草药有甘遂、洋金花、罂粟壳、芫花、蟾酥、全蝎、制草乌、土荆皮、山豆根、雄黄、苍耳子、两头尖、轻粉、附子、蜈蚣、硫黄、蓖麻子、牵牛子、千金子、天南星、白果、制川乌、干漆、千金子霜、水蛭、京大戟、木鳖子、仙茅、白附子、朱砂、华山参、苦楝皮、金钱白花蛇、常山、商陆、蕲蛇等；小毒类如吴茱萸、鸦胆子、南鹤虱、土鳖虫、蛇床子、川楝子、蒺藜、重楼、艾叶、贯众、北豆根、九里香、红大戟、苦木、苦杏仁、急性子等。②合用后有副作用，如大戟、芫花、甘遂、乌头等本身毒性较强，加上不适当配伍更使毒副作用增加。③配伍后妨害治疗，反药配伍对方剂的功效、对病症的疗效均可形成干扰。

从配伍禁忌类型，可分为禁用或慎用两大类。禁用是指必须严格禁止使用。慎用是指在一定条件下可谨慎使用，但必须观察病情变化及用药后反应。使用禁忌分为使用对象禁忌、患者证候禁忌和使用方法禁忌等。

由于中药和中兽药古代多为一体，故现存世材料多是以医学为主。不同种类动物对中药的配伍资料相对较少。

二、中西药物的配伍

中西药物联用可溯至阿司匹林白虎汤治疗“温瘟”。随现代中药药理学研究的深入，中西药物联用在兽医临床上也已普遍。中西药物合理并用甚至组方合用，大多可提高疗效，降低化学药物的用量和毒副作用，扩大适应证范围，缩短疗程和促进体质恢复，并能发挥单独使用中药或西药所不能取得的治疗作用，显示极大的优越性。

中西药物相互作用机制，包括药效学、药动学的相互影响。

（1）药效学影响　相同受体上的相互作用，相同受体的激活剂和阻断剂之间产生拮抗作用等，例如，纳洛酮拮抗阿片的作用。生理系统的药物相互作用可产生药效的增强或减弱，例如中药药酒中所含的乙醇可增强催眠药的作用。肾上腺素能神经末梢的药物相互作用，如果中药和西药利用同一转运机制，可相互干扰药物摄取和转运，阻止其达到作用位置。例如，保钾利尿药螺内酯、氨苯蝶啶等，如与富含钾盐的中药如昆布、墨旱莲、青蒿、益母草、五味子、茵陈、牛膝等联用，易诱发高钾血症。

（2）药动学影响　①影响药物吸收：胃肠道 pH 值变化，胃肠蠕动和胃排空时间改变，形成螯合物或复合物等。②影响药物在体内的分布。③影响药物代谢，或影响酶诱导作用和酶抑制作用。④影响肾脏对药物的排出。

中医用药强调整体，重在提高机体的抗病能力，调整平衡机体的各种功能。西药侧重于局部，注重去除病邪，消除病灶。两者各有所长，各有所短，联用可相互取长补短。有益配伍的示范如下。

（1）中枢神经系统药　抗癫痫药与柴胡桂枝汤等具有抗癫痫作用的方剂联用，可以提高疗效并减少西药用量和嗜睡、肝损害等副作用。催眠镇静药与逍遥散或三黄泻心汤等联用，可提高对失眠症的疗效，并可逐渐摆脱对西药的依赖性。抗抑郁药与中药方剂联用可减轻口渴、嗜睡等副作用。抗帕金森病药与六君子汤等联用，可减轻胃肠道副作用，但也可能影响其吸收、代谢和排泄。

（2）末梢神经药　抗胆碱酶药与补中益气汤、葛根汤等具有免疫调节作用的中药联用可能根治肌无力。解痉药与芍药甘草汤等联用，可提高疗效并消除腹胀、便秘等副作用。

（3）五官科局部用药　配合中药方剂调整全身功能状态，如白内障服用八味地黄丸、鼻炎服用辛夷清肺汤等，均有重要治疗作用。

（4）抗过敏药　小青龙汤、柴胡桂枝汤、干姜汤、柴朴汤等对Ⅰ型和Ⅳ型变态反应具有明显抑制作用，联用可减少抗组胺药的用量和嗜睡、口渴等副作用。

（5）循环系统药　强心药地高辛等与木防己汤、茯苓杏仁甘草汤、四逆汤等联用，可以提高疗效和改善心功能不全的自觉症状。抗心律失常药普萘洛尔可与苓桂术甘汤、灵苓桂甘枣汤等联用，可预防发作性心动过速。利尿药与木防己汤、真武汤、越婢加术汤、分消汤等联用，可以增强效果和减轻口渴等副反应；但排钾性利尿药不宜与甘草类方剂联用，以避免假性醛固酮增多症。血管扩张药与桂枝茯苓丸、当归四逆加吴茱萸生姜汤等联用可增强作用，中药方剂对于微循环系统的血管扩张特别有效。抗动脉粥样硬化、降血脂药与黄连解毒汤、大柴胡汤等联用，可增强疗效。

（6）呼吸系统药　氨茶碱、色氨酸钠等与小青龙汤、柴朴汤等联用，可提高对支气管哮喘的疗效。麦门冬汤、滋阴降火汤等对老年咳嗽的镇咳作用优于磷酸可待因，适当选择中西医联用，可提高疗效和减轻副作用。

（7）消化系统药　治疗消化性溃疡药如抗酸药、H_2 受体拮抗剂等与具有抗应激作用的中药如柴胡桂枝汤、四逆散、半夏泻心汤等联用，可使临床效果增强。利胆药与具有保护肝脏和利胆作用的中药如茵陈蒿汤、茵陈五苓散、大柴胡汤等联用，可以相互增强作用。

（8）激素类药物　甲巯咪唑等与炙甘草汤、加味逍遥散等联用，可使甲状腺功能亢进症的各种自觉症状减轻。左旋甲状腺素与四逆汤联用，可使甲状腺功能减退症的临床症状迅速减轻。皮质激素类药物与桂枝汤类、人参类方剂联用，可以减少用量和副作用。

（9）抗菌药 清肺汤、竹叶石膏汤、竹茹温胆汤、六味地黄丸等配合抗生素治疗呼吸系统反复性感染效果较好。这些中药方剂具有抗炎、祛痰、激活机体防御功能的效果，尤其含有人参、柴胡或甘草的方剂效果更佳。有些中药如黄连、黄柏、葛根等具有较强的抗菌作用，如与抗生素类药物联用可以增强疗效、降低不良反应。

三、中西药的配伍禁忌

1. 联合用药后直接产生的物理、化学配伍禁忌

酸性较强的中药，如山楂、五味子、山茱萸、乌梅等不可与磺胺类药物联用。因磺胺类药物在酸性条件下不仅加速乙酰化的形成，且溶解度明显降低，易出现结晶尿和血尿；也不能与一些碱性较强的药物如氨茶碱、复方氢氧化铝（胃舒平）、乳酸钠、碳酸氢钠等联用，因与碱性药物发生中和反应后，会降低或失去疗效。碱性较强的中药，如瓦楞子、海螵蛸、朱砂等也不宜与一些酸性药物如胃蛋白酶合剂、阿司匹林等联用。

含钙、镁、铁等金属离子的中药如石膏、牡蛎、龙骨、海螵蛸、石决明等及其中成药，不能与四环素类抗生素、喹诺酮类抗菌药物联用。因金属离子可与此类药物结合成络合物，而不易被胃肠道吸收。含鞣质较多的中药及其中成药如五倍子、诃子、石榴皮等不能与胃蛋白酶合剂、淀粉酶、多酶片等联用，因其中含有蛋白质，结构中的肽键或胺键与鞣质结合发生化学反应，形成氢键络合物而改变其性质，不易被胃肠道吸收，从而引起消化不良、纳呆等症状。

含蒽醌类的中药如大黄、虎杖、何首乌等不宜与碱性药物联用，因蒽醌苷在碱性溶液中易氧化失效。

2. 联合用药后产生的药理性配伍禁忌

具有较强抗菌作用的药物如金银花、连翘、黄芩、鱼腥草等及其中成药不宜与菌类制剂乳酶生、促菌生等联用，因抗菌药物在抗菌同时抑制或降低菌类制剂的活性。

含颠茄类生物碱的中药及其制剂如曼陀罗、洋金花、天仙子、颠茄合剂等和含有钙离子的中药，如石膏、牡蛎、龙骨等均不宜与强心苷类药物联用，因颠茄类生物碱可松弛平滑肌，降低胃肠道蠕动，与此同时也就增加了强心苷类药物的吸收和蓄积，故增加了毒性；另外，高钙状态易导致洋地黄中毒。

含雄黄的中成药与胃蛋白酶、多酶、淀粉酶、硫酸镁、菠萝蛋白酶、硫酸锌、硫酸亚铁、硝酸盐类等西药合用，可因雄黄中所含的硫化砷与某些酶活性中心的必需基因巯基结合使酶失活，使药降效或失效；硫化砷被硝酸盐、硫酸盐类药物氧化而使毒性增加。

乌梅、山楂、五味子、蒲公英等含有机酸的中药与磺胺类药物合用，会使磺胺药在尿中结晶，发生尿闭、血尿等不良反应。

3. 联合用药后产生的体内相互作用

对于中西药不良相互作用可能的机制，根据药物所含的化学成分在体外的理化反应以及药理作用、药代动力学特点及研究结果，分析中西药联用对于药物的吸收、分布、代谢、排泄以及疗效、成分变化等方面的影响。可概括为以下几点。

（1）形成难溶物，减少吸收　如含鞣质的中药与四环素类抗生素及其他抗生素、生物碱、含金属离子的药物联用生成难溶的鞣酸盐沉淀，影响吸收，使药效降低。

（2）影响药物分布，使血药浓度升高　小檗碱与硫喷妥钠竞争血浆蛋白结合部位，使其游离药物浓度增高，药效（或毒性）增强。

（3）改变酶活性，影响药物代谢　药物在体内的代谢主要靠酶完成，药酶的活性对药效有着重要的影响。药酶活性高则代谢加快，体内药物浓度降低；反之，则代谢减慢，体内药物浓度升高。如果联用药物对药酶活性有诱导或抑制作用，就会影响另一种药物的代谢水平，改变药物疗效，甚或引发中毒。如甘草与氨茶碱合用，可使氨茶碱在肝脏的代谢加快，消除半衰期缩短 1/2，曲线下面积减少，清除速率增加，体内平均驻留时间缩短，有效血浆浓度的时间范围明显缩小，在1h后，浓度降低近50%。

(4) 影响药物排泄　黄芩煎煮液能显著降低左氧氟沙星的尿药排出总量和排泄分数。用高液相色谱法测定呼吸系统感染静脉滴注氨苄西林和双黄连粉针后尿中氨苄西林和绿原酸含量，发现两种药物在合用后的消除半衰期明显延长而排出分数降低。

(5) 用药重复累加或协同，使药效或毒性增强　联用的中西药功效相似或相同，若将这两类药物同用，势必会造成药理作用累加，药效或毒性增强或诱发并发症。蟾酥含有洋地黄类成分，蟾毒的提取物残余蟾毒配基属天然强心苷类，与地高辛具有相似的苷结构，因此蟾毒具有地高辛样免疫活性。同用救心丸、六神丸（均含有蟾酥）后血中地高辛血药浓度均有升高。地高辛与六神丸同用，引起强心苷中毒1例。四季青与氯丙嗪合用，使原已患慢性肝炎患者肝功能异常加重，两者对肝脏均有一定损害，合用后增强肝脏损害作用。

(6) pH值变化，单用中西药的酸碱环境改变　一些西药的溶解和吸收均需一定的pH值，若将其与偏酸性或偏碱性的中药联用，可能会使得pH值发生变化，从而影响机体对西药的吸收，使原有功效增强或减弱，导致西药增效/增毒、减效/失效，同时也可能影响联用中药的疗效。如含大量有机酸的中药若与碱性西药（抗酸药、氨茶碱）同服，可发生酸碱中和，导致碱性药失效，中药疗效降低；与氨基糖苷类抗生素合用，可减少抗生素的吸收，降低抗菌活性，影响疗效；与红霉素合用，明显降低后者的杀菌能力，甚至破坏红霉素的化学结构，降低其生物利用度；与四环素类抗生素合用，可促进其吸收，提高抗菌作用。

(7) 生成毒性物质，导致药源性疾病　有些中药与西药联用，可生成有毒物质，特别是某些矿物类中药更是如此。如苏合香丸与10%溴化钾溶液、普萘洛尔片合用，引起腹痛、腹泻及赤痢样大便、肠炎。苏合香丸中的朱砂为硫化汞，可与溴化钾在肠内生成有刺激性的溴化汞，从而出现上述症状。朱砂安神丸与三溴合剂合用，引起腹痛、腹泻，朱砂与三溴合剂中的溴化物生成溴化汞，刺激胃肠蠕动增加。

(8) 破坏成分或药物的体内环境，导致失效或降效 中西药合用使得所含有效成分被破坏而失效。如黄连、黄芩、金银花、大黄等具抑菌作用的中药与乳酶生合用，可使后者所含的活肠链球菌灭活而失效。灯盏花乙素口服后主要以其苷元的形式被吸收，而灯盏花乙素苷元在体内是由肠内微生物水解灯盏花乙素而来。因此，肠内微生物直接影响灯盏花乙素的体内吸收、代谢过程。由于抗生素类药物抑制细菌增殖，能引起肠内菌群的改变，因此与含有灯盏花乙素的制剂并用，可能抑制灯盏花乙素药效的正常发挥。一项研究阿莫西林对灯盏花乙素血药浓度的影响实验发现，与灯盏花乙素单独给药组相比，阿莫西林和灯盏花乙素合并给药组的血药浓度、曲线下面积明显降低，相对生物利用度仅为 52.2%。说明抗生素阿莫西林抑制了微生物水解灯盏花乙素，导致其血药浓度降低。同样，黄芩苷口服后也主要以其苷元的形式被吸收，而黄芩苷元在体内是由肠内微生物水解黄芩苷而来。一项研究左氧氟沙星对黄芩苷在大鼠体内血药浓度的影响实验发现：左氧氟沙星和黄芩苷合并给药时，黄芩苷的最大血药浓度明显低于黄芩苷单独用药组，且没有由肝肠循环引起的第 2 个血药浓度高峰，说明左氧氟沙星抑制了微生物水解黄芩苷的活性，阻断了肝肠循环。

四、兽医临床常见的几种中西药注射剂的配伍禁忌

双黄连粉针与硫酸阿米卡星注射液配伍出现浑浊与沉淀，与注射液氨苄西林钠配伍溶液颜色加深、pH 值下降，与青霉素、头孢拉定、地塞米松配伍后不溶性微粒分别增加 2 倍、23 倍和 94 倍。

穿琥宁注射液与环丙沙星、卡那霉素、庆大霉素、阿米卡星、氧氟沙星等药物配伍可有沉淀产生，因为穿琥宁注射液是二萜类酯化合物，其水溶液易水解氧化，尤其在酸性条件下不稳定，酸后易产生沉淀。

葛根素注射液与辅酶 A、三磷腺苷、利巴韦林配伍，pH 值有

显著改变，故不宜配伍应用。

刺五加注射液与双嘧达莫、维拉帕米注射液配伍后可有沉淀产生；清开灵注射液在pH值6.8～7.5时稳定，而在酸性环境中不稳定，在pH值5.34时澄清度下降，如与维生素C、阿米卡星等酸性药物配伍时可立即产生沉淀。

第二章　抗菌药合理应用及其联用禁忌

第一节　抗　生　素

一、β-内酰胺类抗生素

β-内酰胺类药物包括青霉素类、头孢菌素类及β-内酰酶抑制剂等，属杀菌性抗生素。通过抑制细菌细胞壁合成、激活细菌自溶酶而杀菌。其抗菌活性强，毒性低，兽医临床应用广泛。细菌产生β-内酰胺酶，水解β-内酰胺环使药物失活。产生一种或多种β-内酰酶的细菌有：①革兰阴性菌如大肠杆菌、肺炎克雷伯杆菌、阴沟肠杆菌、奇异变形杆菌、杆菌属、铜绿假单胞菌、流感嗜血杆菌、卡他莫拉菌等；②革兰阳性菌如金黄色葡萄球菌；③厌氧菌如脆弱类杆菌等。

（一）青霉素类

青霉素类包括天然青霉素和半合成青霉素。天然青霉素包括青霉素钠和青霉素钾，抗菌谱窄，仅对革兰阳性菌、革兰阴性球菌、放线菌和螺旋体有较强杀灭作用，价廉、毒性低，兽医临床首选防治革兰阳性菌感染，广为应用。但其对多数革兰阴性杆菌、分枝杆菌、铜绿假单胞菌、衣原体、立克次体、奴卡菌、真菌和原虫无效，且易被胃酸破坏而不能内服，易被细菌如金黄色葡萄球菌产生的青霉素酶或β-内酰胺酶水解而耐药。半合成青霉素包括：①口服耐酸青霉素，如青霉素V等；②耐青霉素酶青霉素，如苯唑西林、氯唑西林等；③广谱青霉素，有氨苄西林、阿莫西林等；④抗革兰阴性菌青霉素，如美西林；⑤抗铜绿假单胞菌青霉素，如羧苄西林等。

合理使用该类药物，应注意：①现配现用，青霉素类药物水溶液不稳定，放置时间越长分解越多，致敏物质也越多；②宜用注射用水或等渗氯化钠注射液溶解，溶于葡萄糖液中会有一定程度的分解；③在pH值6～7的近中性溶液中相对稳定，偏酸或碱分解加速；④过敏反应较严重，尤以宠物临床多发，宜根据过敏试验结果选择药物；⑤用药期间宜监测肝肾功能。

青　霉　素

Benzylpenicillin（Penicillin）

【药理作用及适应证】又名苄青霉素。由青霉菌培养液中获得，具有作用强、产量高、价格低廉的特点。本品抗菌谱较窄，对革兰阳性菌、革兰阴性球菌、放线菌属、螺旋体作用强，敏感菌有葡萄球菌、链球菌、肺炎球菌、脑膜炎球菌、丹毒丝菌、化脓棒状杆菌、破伤风梭菌、李氏杆菌、产气荚膜梭菌、炭疽杆菌。至今仍作首选药，用于防治敏感菌感染，如上呼吸道感染、肺脓肿、吸入性肺炎、细菌性心内膜炎、脓胸、化脓性腹膜炎、肝脓肿、淋巴结脓肿、丹毒、乳腺炎、子宫炎、创伤感染及肾盂肾炎和膀胱炎等尿路感染等；对钩端螺旋体病也有很好效果；鸡大剂量内服可抑制球虫病并发的梭菌感染；与抗破伤风血清合用对抗破伤风。本品钠盐晶粉在室温下稳定，易溶于水，其水溶液稳定性差，室温中放置24h后大部分降解失效，同时可生成具有抗原性的降解产物，故需现配现用。不耐酸，不耐青霉素酶，故内服吸收少而不规则，易被胃酸及消化酶破坏，不宜口服，但仔猪和鸡大剂量内服，可达有效血药浓度；肌注吸收完全，广泛分布于全身各组织，脑膜炎时可透入脑脊液达到有效治疗浓度；以原型从尿快速排出，给药后1h内排出绝大部分药物。

【上市剂型】

① 注射用青霉素钠，规格：0.24g，0.48g，0.6g，0.96g，2.4g。理论效价：青霉素钠 1670U=1mg。

② 注射用青霉素钾，规格：0.25g（药典），0.5g，0.625g（药典），1g，2.5g。理论效价：青霉素钠 1589U=1mg。

【联用与禁忌】

① 头孢菌素类：联用抑杀金黄色葡萄球菌有协同作用，需分别使用。

② 克拉维酸钾和舒巴坦：联用对产酶耐药菌效果增强。

③ 氨基糖苷类抗生素：联用有明确的协同杀菌效应，但溶液配伍发生化学反应，需分别注射。应用时氨基糖苷类如庆大霉素宜肌注，青霉素静注。

④ 环丙沙星：联用治疗铜绿假单胞菌有协同作用。

⑤ 甲硝唑：联用应间歇、快速、高浓度输入。

⑥ 利巴韦林：与青霉素溶液混合后，抗微生物作用有所减弱，稳定性降低，需分别使用。

⑦ 非甾体抗炎药（如吲哚美辛、保泰松等）、丙磺舒及水杨酸类（阿司匹林）：联用使青霉素血药浓度升高，半衰期延长，抗菌效力增强，肾毒性也增加，相应减量。

⑧ 呋塞米、依他尼酸：联用使青霉素排泄减少，应适当降低青霉素用量。

⑨ 华法林：联用增强华法林的作用。

⑩ 金银花：联用增强青霉素对耐药金黄色葡萄球菌作用。

⑪ 清解注射液：由青蒿、鱼腥草、金银花藤、板蓝根、蒲公英和芦根组成，联用发挥协同抗菌作用。其中的连翘与青霉素联用加强青霉素的抗菌作用。

⑫ 天葵：联用增强青霉素的抗菌作用。

⑬ 刺五加：联用显著增强青霉素抗菌效力。

⑭ 麻杏石甘汤：联用有协同抗菌作用，增强青霉素对呼吸道感染的疗效，减少青霉素剂量及不良反应。

⑮ 啤酒花：联用有协同抗菌作用。

⑯ 松萝：联用增强抗破伤风梭菌效力。

⑰ 氨苄西林：联用有拮抗作用，甚至导致耐药菌产生，不宜联用。

⑱ 酰胺醇类、大环内酯类、四环素类、磺胺类抗菌药物：均属抑菌剂，联用干扰青霉素的杀菌活性，不宜联用。

⑲ 林可霉素类：联用产生沉淀或降效。

⑳ 复方磺胺甲噁唑：联用影响青霉素的杀菌作用。

㉑ 两性霉素B：与青霉素钾联用，使青霉素钾失效。

㉒ 复方氨基比林（含氨基比林和巴比妥）：与青霉素混合易发过敏性休克及大脑弥漫性损害。

㉓ 氨基酸营养液：与青霉素混合，增加青霉素过敏反应发生率。

㉔ B族维生素及维生素C：联用使青霉素类药物灭活。

㉕ 氨茶碱：联用加快青霉素分解。

㉖ 氯丙嗪：联用会产生沉淀，禁止混合应用。

㉗ 甲氨蝶呤：联用降低甲氨蝶呤肾脏排泄，增加中毒可能。

㉘ 细胞色素C：联用使青霉素降效。

㉙ 碳酸氢钠：加快青霉素分解，禁止配伍。

㉚ 重金属离子（尤其是铜、锌、汞）、醇类、酸、碘、氧化剂、还原剂、羟基化合物及呈酸性的葡萄糖溶液：使青霉素的活性降低，禁止配伍，也不宜接触。冰硼散中的硼砂碱化尿液，联用降低青霉素的抗菌效力。

㉛ 黄连：不宜与青霉素类药物配伍。

【用药注意】

① 不良反应：过敏反应多见。犬、猫、马、骡、牛、猪易发，表现为流汗、兴奋、不安、肌肉震颤、呼吸困难、心率加快、站立不稳，有时见荨麻疹，眼睑、头面部水肿，阴门、直肠肿胀和无菌性蜂窝织炎等。人及宠物较易发生过敏性休克，临床症状包括循环衰竭、呼吸衰竭和中枢抑制，抢救不及时迅速死亡。为防止变态反应的发生，应详细询问病史、用药史、药物过敏史等，初次使用、

用药间隔 3d 以上或换批号使用前应进行皮试。

② 青霉素钾（100 万单位）和青霉素钠（100 万单位）分别含钾离子 1.5mmol 和钠离子 1.7mmol，大剂量注射致高钾血症和高钠血症，肾功能减退或心功能不全病畜会产生不良后果，特别是青霉素钾禁止大剂量静脉注射。

③ 与其他药物联用，均不宜体外混合注射。

④ 青霉素钠对神经组织有一定刺激性和毒性，一般不做鞘内注射。

⑤ 避免在过分饥饿情况下注射青霉素，注射后至少观察 15min。

⑥ 90%葡萄球菌属细菌对本品耐药，怀疑葡萄球菌感染时，避免使用本品治疗。

⑦ 在每日剂量不变的前提下，小剂量、短间隔给药治疗效果比大剂量长间隔给药好。

⑧ 青霉素钾肌内注射疼痛明显，长时间用药易引起局部硬结，影响吸收，0.25%盐酸利多卡因注射液作为溶剂较好。

⑨ 休药期：休药期 0d；弃奶期 3d。

普鲁卡因青霉素

Procaine Benzylpenicillin

【药理作用及适应证】 又称长效苄星青霉素。抗菌谱及适应证与青霉素相似，水溶性差，作用时间长。本品肌注局部水解释放青霉素，缓慢吸收，达峰时间较长，血中浓度较低，但维持时间较长。主要用于高度敏感菌引起的轻症或预防感染，或作维持剂量用。为能在较短时间内升高血药浓度，可与青霉素钠（钾）混合制成注射剂，以兼顾长效和速效。

【上市剂型】

① 注射用普鲁卡因青霉素，规格：40 万单位，普鲁卡因青霉素 30 万单位与青霉素钠或钾 10 万单位；80 万单位，普鲁卡因青霉素 60 万单位与青霉素钠或钾 20 万单位；160 万单位，普鲁卡因青霉素 120 万单位与青霉素钠或钾 40 万单位；400 万单位，普鲁

卡因青霉素300万单位与青霉素钠或钾100万单位。

② 普鲁卡因青霉素注射液，规格：5mL，10mL，10mL。

注：每1mg普鲁卡因青霉素相当于1011个青霉素单位，每1mg苄星青霉素相当于1349个青霉素单位。

【联用与禁忌】 普鲁卡因青霉素可致复方磺胺甲噁唑降效，不宜联用。

【用药注意】

① 休药期：注射用普鲁卡因青霉素，弃奶期3d；普鲁卡因青霉素注射液，牛10d，羊9d，猪7d，弃奶期48h。

② 其他参见青霉素类药物。

苯唑西林

Oxacillin

【药理作用及适应证】 抗菌谱与青霉素相似。其化学结构上有较大的侧链取代基，通过空间位阻，保护其β-内酰胺免受β-内酰胺酶破坏，故本品对产青霉素酶的耐药金黄色葡萄球菌具有强大杀菌作用，对不产β-内酰胺酶的革兰阳性菌不及青霉素；对链球菌作用不及青霉素。主要用于耐青霉素的金黄色葡萄球菌所致的败血症、肺炎、乳腺炎、烧伤创面感染等。本品内服可吸收但不完全，食物降低其吸收速率和吸收量；肌注吸收迅速，能透过胎盘屏障，透入脑脊液。消除半衰期分别为：马0.6h、犬0.5h、黄牛1.34h和猪0.96h。

【上市剂型】 注射用苯唑西林钠：以苯唑西林计，0.5g，1g，2g。

【联用与禁忌】

① 磺胺嘧啶钠、戊巴比妥钠、苯巴比妥钠：不宜与本品联用。

② 四环素类：联用可产生沉淀。

③ 地塞米松磷酸钠、水解蛋白：联用易降低活性。

④ 其他参见青霉素。

【用药注意】

① 内服可引起恶心、呕吐、腹痛、腹泻等。

② 大剂量应用易发神经系统反应，如抽搐、痉挛、神志不清、头痛等。

③ 长期使用本品可能损害肝、肾及造血功能，用药期间注意监测。

④ 与青霉素有交叉过敏现象，使用前应皮试。

⑤ 静脉注射给药时浓度和给药速度不均不宜过高。

⑥ 不适用于青霉素敏感菌感染的治疗。

⑦ 休药期：牛、羊 14d，猪 5d；弃奶期 3d。

⑧ 其他参见青霉素类药物概述和青霉素。

氨苄西林

Ampicillin

【药理作用及适应证】又名氨苄青霉素。抗菌谱广，耐酸不耐酶。其特点体现在对革兰阴性菌优于青霉素，对大肠杆菌、变形杆菌、沙门菌、嗜血杆菌、布氏杆菌和巴氏杆菌等有一定抑杀作用，但对大多数革兰阳性菌不及青霉素，对耐青霉素金黄色葡萄球菌无效；对铜绿假单胞菌无效。本品耐酸内服吸收，单胃动物生物利用度介于 30％～55％，成年反刍动物吸收差，食物影响吸收速率和吸收量；肌注吸收较完全（＞80％）；分布广泛，消除较快，经尿和胆汁排泄。肌注消除半衰期：马 1.21～2.23h、水牛 1.26h、黄牛 0.98h、猪 0.57～1.06h、奶山羊 0.92h。静注消除半衰期：马 0.62h、牛 1.20h、羊 1.58h、犬 1.25h。用于敏感菌所致感染，如鸡白痢、禽伤寒；猪传染性胸膜肺炎；驹、犊肺炎；牛巴氏杆菌病等。

【上市剂型】

① 氨苄西林可溶性粉，规格：5％，10％。

② 氨苄西林钠可溶性粉，规格：10％。

③ 注射用氨苄西林钠，规格：0.5g，1g，2g。

④ 复方氨苄西林粉，规格：100g，氨苄西林 80g＋海他西林 20g。

⑤ 复方氨苄西林片，规格：100g，氨苄西林 40g＋海他西

林 10g。

⑥ 注射用氨苄西林钠氯唑西林钠，规格：1g，2g。

⑦ 氨苄西林混悬注射液，规格：100mL：15g。

【联用与禁忌】

① 其他半合成青霉素：联用增强抗严重感染效力。

② 氨基糖苷类：联用有协同杀菌作用，尤其是治疗肠球菌性心内膜炎疗效高，宜间隔 1h 以上分别给药，给予第二种药物时，使用空白输液冲洗给药通路。

③ 甲硝唑：联用抗厌氧菌感染有协同作用，但不宜混合给药。

④ 氨溴索：联用使氨苄西林在支气管和肺组织中浓度升高 24.3%。

⑤ 山楂：联用增强氨苄西林对大肠杆菌和粪链球菌的效力，调高对泌尿系统感染的治疗效果。

⑥ 氟康唑：联用产生浑浊，不宜联用。

⑦ 红霉素：联用有拮抗作用。

⑧ 林可霉素：联用降低氨苄西林对金黄葡萄球菌的体外抗菌作用。

⑨ 氯喹：联用减少氨苄西林吸收。

⑩ 雌激素：联用促进雌激素代谢或减少肝肠循环，使雌激素药效降低。

⑪ 别嘌呤：联用可能升高氨苄西林皮疹发生率。

⑫ 食用纤维：联用降低氨苄西林的口服吸收量。

⑬ 其他参见青霉素。

【用药注意】

① 本品可致过敏反应。与青霉素有交叉过敏反应，多见荨麻疹和斑丘疹，发生率较其他青霉素类药物高，宠物注射前需皮试，有青霉素过敏史或皮试阳性者不得使用本品。

② 不宜用于对青霉素耐药细菌感染。

③ 成年反刍动物禁止内服，马属动物不宜长期内服，兔内服后易发腹泻、肠炎、肾小管损害。

④ 进食影响吸收，宜于饭前 0.5～1h 口服。

⑤ 宜静脉滴注给药；肌注给药应缓慢、深入注射以减轻局部疼痛。

⑥ 对神经组织有一定刺激性，避免鞘内注射，特别是老龄患畜。

⑦ 尿路感染患畜使用本品期间可能发生变形杆菌、产气杆菌、白色念珠菌引起的二重感染，也可能发生假膜性肠炎。

⑧ 休药期：氨苄西林可溶性粉，休药期鸡 7d，蛋鸡产蛋期禁用；注射用氨苄西林钠，休药期牛 6d，猪 15d，弃奶期 48h；氨苄西林混悬注射液，休药期牛 6d，猪 15d，弃奶期 48h。

⑨ 其他参见概述及青霉素。

阿莫西林

Amoxicillin

【药理作用及适应证】 又名羟氨苄青霉素。抗菌谱、适应证同氨苄西林，杀菌作用较强，对肠球菌属和沙门菌效力比氨苄西林强2倍，对肺炎球菌和变形杆菌也较氨苄西林强，与氨苄西林完全交叉耐药。本品内服吸收好，单胃动物吸收 74%～92%，等剂量阿莫西林内服，血药浓度比氨苄西林高 1.5～3 倍，食物降低吸收速率，但不影响吸收量，能透过胎盘屏障，乳中药物浓度很低。消除半衰期分为：马 0.66h、驹 0.74h、山羊 1.12h、绵羊 0.77h、犬 1.25h、猪 1.56h。

【上市剂型】

① 阿莫西林可溶性粉，规格：5%，10%。

② 复方阿莫西林粉，规格：50g，阿莫西林 5g＋克拉维酸 1.25g。

③ 阿莫西林片，规格：10mg。

④ 阿莫西林片剂：50mg，100mg，150mg，200mg，400mg。

⑤ 阿莫西林口服悬液用粉末：50mg/mL，15mL/瓶或 30mL/瓶。

⑥ 阿莫西林口服大药丸：400mg。

⑦ 注射用阿莫西林钠，规格：0.5g，1g。

⑧ 阿莫西林注射液，规格：10mL：1.5g，100mL：15g，

250mL：37.5g。

⑨ 阿莫西林克拉维酸钾注射液：10mL，阿莫西林 1.4g 与克拉维酸 0.35g；50mL，阿莫西林 7g 与克拉维酸 1.75g；100mL，阿莫西林 14g 与克拉维酸 3.5g。

⑩ 阿莫西林悬液（注射）用粉末：3g/瓶和 25g/瓶。

⑪ 阿莫西林乳房内灌注：62.6mg/注射器，20mL 注射器。

【联用与禁忌】

① 苯唑西林：联用治疗耐药性金黄色葡萄球菌感染有协同作用。

② β-内酰胺酶抑制剂：联用治疗耐药菌感染增效明显。

③ 氨基糖苷类抗生素：联用有协同抗菌作用。

④ 某些抑菌剂（如四环素类、大环内酯类、酰胺醇类等）：联用可能减弱本品的抗菌活性。

⑤ 其他参见青霉素和氨苄西林。

【用药注意】

① 宜在饲后服用，避免发生呕吐、恶心等胃肠道症状，应用阿莫西林克拉维酸钾比单独使用阿莫西林多见。

② 使用本品后，个别患畜发生注射部位静脉炎、肝功能异常和血尿素氮升高。

③ 本品不宜与血液制品、含蛋白质的液体及脂肪乳混合。

④ 休药期：阿莫西林注射液，牛、猪 28d；弃奶期 4d。阿莫西林克拉维酸钾注射液，牛、猪 14d；弃奶期 60h。阿莫西林可溶性粉，鸡 7d。

⑤ 其他参见青霉素和氨苄西林。

【同类药物】

青霉素 V（Penicillin V） 抗菌谱同青霉素，抗菌活性不及青霉素。耐酸，可口服给药是其主要优点，口服约 60%可被吸收，个体差异较大，30%经肝脏代谢，代谢物与原型药物随尿排出。适应证同青霉素相似，一般不用于重度感染。上市剂型有青霉素 V 钾片。

氯唑西林（Cloxacillin） 又名邻氯青霉素。耐酸、耐酶，适应证同苯唑西林，作用比苯唑西林强，尤对金黄色葡萄球菌有较强杀菌活性，称为“抗葡萄球菌青霉素”。上市制剂有注射用氯唑西林钠规格 0.5g，休药期牛 10d，弃奶期 48h。

海他西林（Hetacillin） 原型无抗菌活性，在水和中性液体水解为氨苄西林，发挥抗菌作用。内服血药峰浓度比氨苄西林高，肌注则远低于氨苄西林。已上市剂型有复方氨苄西林片（每片氨苄西林 40mg，海他西林 10mg）和复方氨苄西林粉（每 100g 含氨苄西林 80g 与海他西林 20g）。

羧苄西林（Carbenicillin） 又名羧苄青霉素。对铜绿假单胞菌、变形杆菌及大肠杆菌有较强效力。注射给药吸收较好，用于铜绿假单胞菌全身性感染。

（二）头孢菌素类

又名先锋霉素类抗生素。其特点是：抗菌谱较青霉素广、抗菌作用强、对 β-内酰胺酶的稳定性高于青霉素、变态反应少、毒性小。依抗菌谱、对 β-内酰胺酶的稳定性、抗革兰阴性杆菌活性及肾脏毒性的差异等，将本类药物分为四代：第一代头孢菌素，代表药物有头孢氨苄、头孢羟氨苄、头孢噻吩、头孢唑啉等，对革兰阳性菌作用强于第二、三、四代，对阴性菌作用弱于第二、三代，对铜绿假单胞菌无效，对近黄色葡萄球菌产生的 β-内酰胺酶稳定，但对阴性菌产生的 β-内酰胺酶不稳定，某些品种对肾脏有一定毒性。第二代头孢菌素，代表药物有头孢克洛、头孢孟多、头孢呋辛等，除对革兰阴性菌有较广的作用范围外，与第一代抗菌作用相似，对多数 β-内酰胺酶稳定，肾毒性低于第一代。第三代头孢菌素，代表药物有头孢噻肟、头孢曲松、头孢克肟、头孢噻呋等，对革兰阴性菌作用强于第一、二代，对阴性菌产生的广谱 β-内酰胺酶高度稳定，抗革兰阳性菌活性弱于第一、二代，对厌氧菌作用弱。第四代头孢菌素，代表药物有头孢喹肟等，抗菌谱更广，对 β-内酰胺酶更稳定，对耐药金黄色葡萄球菌等杀菌活性明显高于第三代，对多数耐第三代头孢菌素的革兰阴性菌也有效，对肠杆菌活性更高，对铜绿假单胞菌有效，对多数厌氧菌有抗菌作用。

本类药物大部分品种需注射给药，吸收好，生物利用度高，分布广泛。第三代头孢菌素组织穿透力强，分布广，机体各部位均可达有效浓度。本类药物主要以原型从尿排出，肾功能障碍时，消除半衰期显著延长。

合理使用头孢菌素应注意：①正确选用，头孢菌素应根据革兰阴性菌或革兰阳性菌感染类型，选择一代、二代或三代、四代；②仍有过敏反应发生，但较少，与青霉素偶有交叉过敏反应，尤其是部分品种对宠物过敏反应发生率较高，慎用；③注射溶液需现配现用，溶液稀释后，室温下保存不宜超过 6h，否则易降效，增加过敏反应发生率；④肌注给药，局部刺激导致注射部位疼痛，犬肌注或静注头孢拉定，常出现严重过敏反应，甚至死亡，应慎用；⑤肌注制剂禁用于静脉注射；⑥肾功能不良动物注意调整用药剂量。

头孢氨苄

Cefalexin

【药理作用及适应证】第一代头孢菌素。对革兰阳性菌、革兰阴性菌均有作用，但对革兰阳性菌（除肠球菌外）抗菌活性较强，敏感菌有耐药金黄色葡萄球菌、溶血性链球菌、肺炎球菌、白喉杆菌等；对部分大肠杆菌、克雷伯菌、奇异变形杆菌、沙门菌属、志贺菌属和梭杆菌属也有作用；对铜绿假单胞菌、支原体、真菌等无效。本品内服吸收迅速，食物影响其吸收；肌注吸收迅速，约 0.5h 达峰浓度，肝、肾浓度最高，不易透过脑脊液，以原型从尿排出，犬、猫、犊牛、奶牛、绵羊消除半衰期介于 1～2h。用于耐药金黄色葡萄球菌及敏感菌所致呼吸道、消化道、泌尿生殖道、皮肤和软组织感染，及牛乳腺炎等。

【上市剂型】

① 头孢氨苄胶囊，规格：0.125g，0.25g。

② 头孢氨苄片，规格：0.125g，0.25g。

③ 头孢氨苄乳剂，规格：100mL∶2g，100mL∶15g。

④ 头孢氨苄注射液，规格：10mL∶1g。

【联用与禁忌】

① 氨基苷类抗生素：联用有协同作用，但肾毒性增加，肾功

能不良者慎用。

② 丙磺舒：联用延缓头孢菌素类排出，使之血药浓度升高。

③ 香豆素类抗凝血药：联用增强抗凝作用。

④ 抑菌性抗菌药物：联用降低本品药效。

⑤ 考来烯胺：联用与头孢氨苄在肠道结合，使其吸收减慢，血药浓度降低，但总吸收量不受影响。

⑥ 强利尿药：联用加重肾毒性。

⑦ 与下列药物存在配伍禁忌：盐酸土霉素、盐酸金霉素、盐酸四环素、硫酸黏菌素、多黏菌素 E、乳糖酸红霉素、林可霉素、磺胺异噁唑、氯化钙等。

【用药注意】

① 犬肌注可能引发严重过敏反应，如流涎、呼吸急促和兴奋不安甚至死亡。

② 犬、猫常见胃肠道反应，出现厌食、呕吐、腹泻等，与剂量正相关。

③ 有潜在肾毒性，肾功能不良时调整剂量。

④ 严重肾功能不全、孕畜、哺乳期母畜及青霉素过敏动物慎用。

⑤ 服药期间可能出现尿糖假阳性反应。

⑥ 偶见皮疹等过敏反应，青霉素过敏动物慎用。

⑦ 休药期：头孢氨苄乳剂，弃奶期 48h。

⑧ 其他参见概述和其他头孢菌素类药物。

头孢噻呋

Ceftiofur

【药理作用与适应证】动物专用第三代头孢菌素。抗菌活性强，抗菌谱广，对革兰阴性菌如大肠杆菌、沙门杆菌、多杀性和溶血性巴氏杆菌、胸膜肺炎放线杆菌等有强效；抗革兰阳性菌作用弱于第一、二代；对产 β-内酰胺酶菌株及厌氧菌有效。本品内服不吸收，肌内及皮下注射吸收迅速，分布广泛，有效血药浓度维持时间长，体内先代谢为有活性的脱氧呋喃甲酰头孢噻呋，再代谢为无活性产物，大部分在肌注后24h内由尿和粪便排出。消除半衰期有明显的种属差异：马3.15h、牛7.12h、绵羊2.83h、猪14.5h、犬4.12h、鸡6.77h、火鸡7.45h。用于敏感菌引发的动物呼吸道、泌尿道感染，如牛运输热和肺炎，猪黄痢、嗜血性放线杆菌引发猪传染性胸膜肺炎，链球菌引起的马呼吸道感染，大肠杆菌与奇异变形菌引起的犬泌尿道感染，鸡大肠杆菌感染。

【上市剂型】

① 盐酸头孢噻呋注射液，规格：10mL∶1g，20mL∶500mg，20mL∶1g，20mL∶2g，50mL∶1.25g，50mL∶5g，100mL∶5g，100mL∶10g。

② 注射用头孢噻呋钠，规格：0.1g，0.2g，0.5g，1g，4g。

③ 注射用头孢噻呋，规格：1g。

【联用与禁忌】参见头孢氨苄。

【用药注意】

① 马在应激条件下应用头孢噻呋易发急性腹泻，可致死，一旦发生应立即停药，并采取相应治疗措施。

② 注射用头孢噻呋钠按规定剂量、疗程和投药途径应用，无宰前休药期和牛奶废弃期。

③ 休药期：注射用头孢噻呋钠，牛3d，猪2d；注射用头孢噻呋，猪1d。

④ 其他参见概述和头孢氨苄。

头孢喹肟

Cefquinome

【药理作用及适应证】又名头孢喹诺、克百特。动物专用第四代头孢菌素。抗菌活性强于头孢噻呋，抗菌谱广，对头孢菌素类敏感的革兰阳性菌和革兰阴性菌（包括产β-内酰胺酶菌）有很强杀灭作用。本品内服吸收很少，肌内和皮下注射吸收迅速，体内分布并不广泛，消除较快，马、牛、山羊、猪和犬体内消除半衰期介于0.5～2h，各动物生物利用度均高于93%，主要以原型从尿排出。乳房灌注时，药物快速分布于整个乳房组织，且能维持高浓度，随乳汁排泄。用于敏感菌引起的牛、猪呼吸系统感染等疾病，如牛支气管肺炎、奶牛乳腺炎；猪放线杆菌性胸膜肺炎、渗出性皮炎及母猪子宫炎-乳房炎-无乳综合征。

【上市剂型】

① 硫酸头孢喹肟注射液，规格：10mL∶0.25g，20mL∶0.5g，50mL∶1.25g，100mL∶2.5g。

② 注射用硫酸头孢喹肟，规格：0.2g，0.5g。

【联用与禁忌】 参见头孢氨苄。

【用药注意】

① 避光，24℃以下保存。

② 使用前摇匀，药品启封后应在4周内用完。

③ 避免同一部位肌肉多次注射。

④ 其他参见概述及头孢氨苄。

【同类药物】

头孢羟氨苄（Cefadroxil） 第一代头孢菌素。作用和适应证同头孢氨苄，作用较强，内服吸收较好，且不受食物影响。其他参加头孢氨苄。

头孢维星（Cefovecin） 动物专用第三代头孢菌素，主要用于犬、猫皮肤和软组织感染，对皮肤和皮下创伤、脓肿、脓皮病有效。禁用于哺乳期、8月龄以下或配种12周内的犬、猫；禁用于豚鼠和兔。本品吸收缓慢，犬皮下注射血药浓度达峰时间为6.2h，消除更慢，半衰期为133h。猫皮下注射吸收较为迅速，2h即达血药峰浓度，但消除半衰期长达166h。生物利用度为犬100%，猫99%。上市剂型有注射用头孢维星钠。

（三）β-内酰胺酶抑制剂

β-内酰胺酶抑制药的代表药物包括克拉维酸、舒巴坦等。本类药物结构与β-内酰胺类药物相似，但自身仅有很弱的抗菌活性，能不可逆的与β-内酰胺酶结合而使其失活，常与青霉素类和头孢菌素类抗生素联用，恢复增强其对耐药菌株的杀菌效力。一般不单独应用，联用时宜考虑β-内酰胺酶抑制剂与β-内酰胺类药的药代动力学特点尽量相同。

克拉维酸

Clavulanic acid

【药理作用及适应证】又名棒酸，常用其钾盐。克拉维酸钾对金黄色葡萄球菌等产生的β-内酰胺酶有强大的抑制作用。自身抗菌作用弱，常与β-内酰胺类药物联用，防治敏感菌引起的呼吸道和泌尿道感染，如防治产酶和不产酶金黄色葡萄球菌、葡萄球菌、链球菌、大肠杆菌等引起的犬、猫皮肤和软组织感染。

【上市剂型】

① 阿莫西林-克拉维酸钾片，规格：0.125g，阿莫西林 0.1g+克拉维酸 0.025g。

② 复方阿莫西林粉，规格：50g，阿莫西林 5g+克拉维酸 1.25g。

③ 阿莫西林、克拉维酸钾注射液，规格：10mL，阿莫西林 1.4g+克拉维酸 0.35g；50mL，阿莫西林 7g+克拉维酸 1.75g；100mL，阿莫西林 14g+克拉维酸 3.5g。

④ 注射用阿莫西林钠克拉维酸钾，规格：0.6g，1.2g，2.4g。

【联用与禁忌】参见概述和其他β-内酰胺类抗生素。

【用药注意】

① 单次用量和每日用量严格按照说明书，不宜随意加大剂量给药。

② 休药期：复方阿莫西林粉，鸡 7d，蛋鸡产蛋期禁用。

③ 其他参见概述和其他β-内酰胺类药物。

舒巴坦

Sulbactam

【药理作用及适应证】又名青霉烷砜钠。其抑β-内酰胺酶范围较克拉维酸广，抑制头孢菌素耐药菌产β-内酰胺酶作用略强于克拉维酸，对质粒和染色体导入的β-内酰胺酶均有抑制作用，多与氨苄西林联用治疗敏感菌所致的呼吸道、泌尿道、皮肤软组织、骨和关节等部位感染以及败血症等。本品内服吸收很少，注射后分布快且广，主要经肾排泄。

【上市剂型】

① 注射用舒他西林，规格：0.75g，氨苄西林0.5g+舒巴坦0.25g；1.5g，氨苄西林1g+舒巴坦0.5g。

② 氨苄西林-舒巴坦甲苯磺酸盐，规格：分子比为1∶1，内服用。

③ 托西酸舒他西林片，规格（按舒他西林计算）：0.125g，0.25g，0.375g。

【联用与禁忌】【用药注意】参见概述和其他β-内酰胺类药物。

二、氨基糖苷类抗生素

氨基糖苷类是一类由氨基糖与氨基环醇以苷键相结合的碱性抗生素，包括天然和半合成两大类，天然氨基糖苷类有链霉素、卡那霉素、庆大霉素、新霉素、大观霉素及安普霉素等，半合成氨基糖苷类包括阿米卡星等，多用其硫酸盐。本类药物抗菌谱较广，对革兰阴性菌活性强，有明显的抗菌后效应（PAE），缺点是无抗厌氧菌活性，口服不吸收及毒性较严重。

氨基糖苷类抗生素是一类杀菌性细菌蛋白质合成抑制剂，作用机制为抑制蛋白质合成，并增强细胞膜通透性，使胞内钾离子、核苷酸等重要物质外漏。其抗菌谱较广、抗菌活性强，对需氧革兰阴性杆菌如大肠杆菌、沙门菌、巴氏杆菌、变形杆菌属、肠杆菌属、志贺菌属等有强大的杀菌作用；对铜绿假单胞菌也有效；对革兰阳性菌作用较弱，对少数耐药金黄色葡萄球菌作用较强，但对链球菌和厌氧菌无效，是防治需氧革兰阴性杆菌感染的首选药物。

本类药物内服很少吸收，但不被破坏，胃肠道内保持活性，可用于肠道感染。肌注吸收迅速而完全，分布广泛，多数组织中的药物浓度低于血药浓度，可透过胎盘屏障，约90%以原型从尿排出，多次给药肾皮质聚集，浓度高达血药浓度数十倍，肾功能障碍时消除半衰期延长，排泄减缓。

细菌通过质粒介导产生修饰或灭活氨基糖苷类抗生素的转移酶

或钝化酶，或改变胞膜通透性，或细胞内转运异常，或氨基糖苷类抗生素靶位的改变等耐药。不同氨基糖苷类药物可被同一种酶所钝化，一种药物也可被多种酶钝化，本类药物间有部分或完全交叉耐药。

本类药物不良反应有：①耳毒性，致前庭功能失调作用。强弱表现为卡那霉素＞链霉素＞庆大霉素＞妥布霉素，致耳蜗神经损害作用，卡那霉素＞阿米卡星＞庆大霉素＞妥布霉素；②肾毒性，损害肾脏近曲小管上皮细胞，一般不影响肾小球；③神经-肌肉接头阻滞作用，表现为心肌抑制、血压下降、呼吸骤停等，引起严重后果，作用强度为链霉素＞卡那霉素或阿米卡星＞庆大霉素或妥布霉素，动物临床时有发生，可注射新斯的明和钙剂救治；④易损害肠壁绒毛器官，影响脂肪、蛋白质、糖、铁等吸收，严重者引发脂肪性腹泻、营养不良及二重感染，兔尤易发，应禁用。

使用本类药物，应注意：①均为有机碱，其硫酸盐水溶性好，性质稳定，碱性环境中抗菌活性强；②其杀菌速率和杀菌时程为浓度依赖性，即浓度越高，杀菌速率愈快，杀菌时程也越长；③具有较长时间的PAE，且PAE持续时间呈浓度依赖性；④具有初次接触效应，即细菌首次接触氨基糖苷类抗生素时即迅速杀死，未被杀死的细菌再次接触同种抗生素，其杀菌作用明显降低；⑤注射给药，宜足量饮水以免在肾脏积聚，肾功能不全动物尤易发肾损害，使用时首次可按正常剂量给药，以后调整剂量或延长给药间隔，易透过胎盘，孕畜慎用，肝功能不全时，肾损害发生率升高，慎用；⑥局部用于皮肤、黏膜感染时，易发过敏反应和加速耐药菌产生，慎用；⑦猫对本类药物的耳毒性极敏感，禁用，需要敏锐听觉的犬禁用。

链　霉　素

Streptomycin

【药理作用及适应证】 静止期广谱杀菌剂，主要对需氧革兰阴性菌，尤其是革兰阴性杆菌有较强，抗结核杆菌作用属本类药物中最强，对钩端螺旋体、放线菌也有一定作用；对革兰阳性球菌如金葡菌作用差，对链球菌、铜绿假单胞菌无效。口服因极性及解离度较大，吸收极少；不同动物肌注，消除半衰期马 3.05h，水牛 2.36h，黄牛 4.07h，奶山羊 4.73h，猪 3.79h，24h 内能排出给药剂量的50％～60％，其排泄速率可随肾功能的减退或年龄的增加而逐渐减慢。临床主要用于敏感菌所致的急性感染，如大肠杆菌引起的各种腹泻、乳腺炎、子宫炎、败血症、膀胱炎等；巴氏杆菌引起的牛出血性败血症、犊牛肺炎、猪肺疫、禽霍乱等；及猪布氏杆菌病、鸡传染性鼻炎、马志贺菌引发脓毒败血症、棒状杆菌引发的幼驹肺炎；单独用于兔热病的治疗，效果良好。

【上市剂型】 注射用硫酸链霉素，规格：0.75g，1g，2g，4g，5g。

【联用与禁忌】

① 青霉素类：联用治疗各种细菌性感染，减缓耐药菌产生，如与青霉素联用于草绿色链球菌；与耐酶青霉素类合联用于金黄色葡萄球菌；与青霉素或氨苄西林联用于李斯特菌；与羧苄西林联用于铜绿假单胞菌等。注意二者联用时，应分别注射，不能在体外混合。

② 头孢菌素：联用有协同作用，但有加重肾毒性可能。

③ 亚胺培南：联用有协同作用，但易致肾毒性增强，注意监测。

④ 四环素类、氯霉素、红霉素及磺胺类：联用对大肠杆菌、产碱杆菌、布氏杆菌、变形杆菌、肺炎杆菌或草绿链球菌抗菌作用增强，但毒性亦增加，仅在必要时联用。

⑤ 利福平、异烟肼：联用于结核病治疗时，可延缓耐药菌产生。

⑥ 吲哚美辛：联用使链霉素血药浓度升高。

⑦ 碱性药物（如碳酸氢钠等）：碱化尿液，联用使链霉素增效，但 pH 值超 8.4 时效力减弱，杂食及肉食动物用药时尤应注意。

⑧ 硼砂：联用氨基糖苷类药物吸收增加，排泄减少，疗效增强，但毒性亦增加，相应减量。

⑨ 白僵蚕：联用能较好地防治链霉素毒性。

⑩ 骨碎补：联用减轻链霉素耳鸣、耳聋、平衡障碍等毒性。

⑪ 黄精：联用减轻链霉素的不良反应，治疗药物性耳聋，疗效优。

⑫ 甘草：联用减轻链霉素对前庭神经的毒性，而不影响链霉素吸收和抗菌活性。

⑬ 响铃草：具有清热利尿、解毒作用，联用防治链霉素毒性反应疗效较好。

⑭ 白头翁：联用有协同抗菌作用。

⑮ 松萝：联用增强链霉素的抗菌作用。

⑯ 肉桂：联用增强链霉素的抗菌作用。

⑰ 甲氨蝶呤：口服氨基糖苷类药物减少甲氨蝶呤在胃肠道吸收。

⑱ 阿司匹林：联用耳毒性增强，不宜联用。

⑲ 甘露醇：联用增加耳毒性。

⑳ 骨骼肌松弛药：联用增强肌肉阻滞作用，禁止联用。

㉑ 强利尿药（如呋塞米、依他尼酸）：联用加重肾毒性和（或）耳毒性。

㉒ 维生素 C：酸化尿液，联用减弱氨基糖苷类抗菌作用。

㉓ 钙离子、镁离子、氯化物、磷酸盐、乳酸盐和枸橼酸盐等：联用降低本品抗菌活性。

㉔ 安宫牛黄丸、至宝丹、紫金锭等含雄黄中药：硫酸链霉素的硫酸根使雄黄中硫化砷氧化，毒性增加。

㉕ 厚朴：联用加重氨基糖苷类呼吸抑制作用。

【用药注意】

① 过敏反应：发生率比青霉素低，但也见现皮疹、发热、血管神经性水肿、嗜酸粒细胞增多等，偶见过敏性休克。

② 肌内注射致注射部位疼痛、肿胀及硬结等，宜深部注射，常换注射部位。

③ 对皮肤有刺激性，配药时避免与皮肤直接接触。

④ 细菌对本品易产生耐药性，反复使用加快耐药菌产生，不易恢复，应限制使用，必须应用时宜联合用药。

⑤ 动物肾功能障碍时排泄延缓，需减量或延长给药间隔。

⑥ 休药期：牛、羊、猪 18d；弃奶期 72h。

⑦ 其他参见概述和其他氨基糖苷类药物。

庆大霉素

Gentamycin

【药理作用及适应证】体外抗菌活性在本类药物中最强，对大多数需氧革兰阴性菌均有较强杀菌作用，革兰阳性菌中对耐药金葡菌也有较强作用，对耐药的溶血性链球菌、炭疽杆菌等也有效果；对支原体有一定作用；对结核杆菌、真菌、阿米巴原虫无效。主要用于敏感菌所致呼吸道、肠道、泌尿道感染和败血症等。细菌耐药性维持时间较短，停药后易恢复敏感。本品内服和子宫灌注极少吸收；肌内注射吸收迅速而完全；皮下注射血药浓度达峰较肌注慢；局部冲洗经体表吸收一定量；新生仔畜及肾功能障碍患畜排泄显著减慢。发热使本品血药浓度降低，贫血使血药浓度升高。

【上市剂型】

① 硫酸庆大霉素注射液，规格：2mL∶0.08g，5mL∶0.2g，10mL∶0.2g（20 万单位），10mL∶0.4g。

② 硫酸庆大霉素可溶性粉，规格：100g∶5g。

【联用与禁忌】

① β-内酰胺类抗生素：联用协同杀菌效应明显。但体外混合破坏庆大霉素抗菌活性，增强肾毒性，对庆大霉素的灭活能力为：氨苄西林＞羧苄西林＞甲氧苯青霉素＞青霉素＞氯唑西林。宜分别注射给药。

② 氨茶碱：联用抗菌效力增强，应分别注射，并相应减少庆大霉素用量。

③ 常用中药金钱草、柴胡、郁金、木香、枳实、香附、乌梅、厚朴、汉防己、海桐皮等以及茵陈蒿汤、茵陈胆道汤、复方大柴胡汤：联用提高胆道中庆大霉素浓度，增强疗效。

④ 肉桂：联用两者抗菌作用显著增强。

⑤ 冬虫夏草：联用减轻庆大霉素急性肾毒性损害。

⑥ 痧气散（含硼砂、蟾蜍、牛黄、珍珠、朱砂和冰片）：联用抗菌活性明显增强，但不良反应也随之增强。

⑦ 高蛋白食物：联用增加庆大霉素在机体内清除率达70%。

⑧ 其他氨基糖苷类抗生素：联用不能增强疗效反而增加毒性作用，均不宜与庆大霉素联用。

⑨ 氯霉素：分别及合用进行静注或滴注均有致死报道，禁止联用。

⑩ 克林霉素：联用可引起急性肾功能衰竭。

⑪ 复方氨基比林：联用易致严重毒副作用和过敏反应，甚至死亡。

⑫ 两性霉素B：联用加重肾毒性。

⑬ 异丙嗪：联用易掩盖庆大霉素所致耳损害的早期症状。

⑭ 镁盐：联用血镁浓度升高，严重时呼吸停止。

⑮ 柴胡注射液：混合肌内注射，易发过敏性休克。

⑯ 含钙中药：联用增加毒性反应。

⑰ 酸性中药（山楂、山茱萸、乌梅、五味子等）：酸化尿液，使庆大霉素在泌尿系统的抗菌效力降低。

⑱ 其他参见其他氨基糖苷类药物。

【用药注意】

① 对肾脏有较严重的损害作用，临床应用不能随意加大剂量及延长疗程，宜补充体液降低肾毒性，且老龄动物、孕畜慎用。

② 新生仔畜、肾功能障碍动物排泄显著延缓，给药方案应适当调整。

③ 偶见皮疹、皮肤瘙痒等过敏反应，一般不影响治疗。

④ 本品会发生消化系统不良反应，如恶心、呕吐、食欲减退等。

⑤ 静脉推注易引起呼吸抑制，禁用。

⑥ 局部应用易于细菌耐药性产生，避免采用。

⑦ 其他参见概述和其他氨基糖苷类药物。

安普霉素

Apramycin

【药理作用及适应证】动物专用氨基糖苷类药物。抗菌谱同庆大霉素，主要用于幼龄畜禽大肠杆菌、沙门菌感染，猪密螺旋体性痢疾及支原体病，对断奶仔猪腹泻有良效。内服有少量吸收，幼龄动物吸收相对较多，仍不超过10%。

【上市剂型】

① 硫酸安普霉素可溶性粉，规格：100g∶10g，100g∶40g，100g∶50g。

② 硫酸安普霉素预混剂，规格：100g∶3g，1000g∶165g。

③ 硫酸安普霉素注射液，规格：5mL∶0.5g，10mL∶1g，20mL∶2g。

【联用与禁忌】参见其他氨基糖苷类药物。

【用药注意】

① 猫较敏感，毒性反应大。

② 应密封贮存于阴凉干燥处，饮水、给药必须当天配制。

③ 本品遇铁锈失效，饮水系统应注意防锈，不要与微量元素补充剂混合。

④ 鸡产蛋期禁用。

⑤ 其他参见概述和其他氨基糖苷类药物。

卡那霉素

Kanamycin

【药理作用及适应证】同链霉素。抗菌活性稍强。细菌易耐药，与链霉素单向交叉耐药，与新霉素完全交叉耐药。用于治疗多数革兰阴性杆菌和部分耐青霉素金黄色葡萄球菌所引起的感染如呼吸道、肠道和泌尿道感染，乳腺炎，禽霍乱和雏鸡白痢，猪萎缩性鼻炎等。本品肌注吸收迅速且完全，马、犬生物利用度分别为100%和89%，胆汁、唾液、支气管分泌物及脑脊液中含量低，有40%～80%以原型从尿排出。

【上市剂型】

① 硫酸卡那霉素注射液，规格：2mL：0.5g，5mL：0.5g，10mL：0.5g，10mL：1g，100mL：10g。

② 注射用硫酸卡那霉素，规格：0.5g，1g，2g。

③ 单硫酸卡那霉素可溶性粉，规格：100g：12g。

【联用与禁忌】参见其他氨基糖苷类药物。

【用药注意】

① 过敏反应，引起皮疹、药物热及嗜酸粒细胞增多症等，罕见过敏性休克。

② 口服易发胃肠道反应，如呕吐、腹泻等，长期服用偶见吸收不良、脂肪痢。

③ 口服吸收慢，静注易引起静脉炎，常用肌注。

④ 易致注射部位疼痛，宜采用深部肌内注射。

⑤ 剂量不宜随意加大，疗程不宜超过10d。

⑥ 其他参见概述及其他氨基糖苷类药物。

【同类药物】

新霉素（Neomycin）　毒性大，一般不注射给药。细菌耐药性产生较慢，与链霉素、卡那霉素和庆大霉素部分或完全交叉耐药。内服用于大肠杆菌感染；子宫或乳管注入防治奶牛、母猪子宫内膜炎和乳腺炎；外用治疗敏感菌引起的皮肤、眼、耳感染。上市剂型有：硫酸新霉素片；硫酸新霉素口服液200mg/mL；硫酸新霉素可溶性粉；硫酸新霉素预混剂；硫酸新霉素；甲溴东莨菪碱溶液。

大观霉素（Spectinomycin）　又名壮观霉素。对需氧革兰阴性菌作用较强，对革兰阳性菌作用较弱，对支原体有一定作用。多用于防治大肠杆菌病、禽霍乱、禽沙门菌病；常与林可霉素联用防治仔猪腹泻、支原体肺炎和鸡慢性呼吸道病；与氯霉素或四环素同用呈拮抗作用。本品耳毒性和肾毒性低于其他氨基糖苷类抗生素，但能引起神经肌肉阻滞作用。鸡产蛋期禁用。

小诺霉素（Micronomicin）　多用硫酸庆大小诺霉素，对氨基糖苷乙酰转移酶稳定，对卡那霉素、阿米卡星和庆大霉素等耐药菌仍有效。

阿米卡星（Amikacin） 又名丁胺卡那霉素，半合成氨基糖苷类药物。是抗菌谱最广的氨基糖苷类抗生素，抗菌作用与卡那霉素相似或略优，比庆大霉素差。本药最突出的优点是对多种细菌产生的多种钝化酶稳定，常作为防治耐氨基糖苷类菌株所致感染的首选药物。对耐庆大霉素、卡那霉素的铜绿假单胞菌、大肠杆菌、变形杆菌等仍有效；对耐药金黄色葡萄球菌效果较好。临床用于耐药菌引起的菌血症、败血症、呼吸道感染、腹膜炎及敏感菌感染；子宫灌注用于子宫内膜炎、子宫炎和子宫蓄脓。本品β-内酰胺类抗生素联合可获得协同抗菌作用，如与羧苄西林联用协同抗铜绿假单胞菌，但不宜混合应用。与环丙沙星联用会产生变色沉淀。本品不宜静注给药。

三、四环素类抗生素

四环素类抗抗生素是一组带有共轭双键四元稠合环结构的抗生素，分天然和半合成品两类，天然品有四环素、土霉素、金霉素、去甲金霉素；半合成品包括多西环素、米诺环素等。

本类药物为广谱快效抑菌抗生素，高浓度时对某些细菌呈杀菌作用。对革兰阳性菌效力强于阴性菌；对支原体、立克次体、非典型分枝杆菌属、螺旋体、阿米巴原虫及某些疟原虫均有抑制作用；对革兰阳性菌如金黄色葡萄球菌、链球菌、梭状芽孢杆菌、破伤风梭菌、炭疽杆菌等作用强，但弱于青霉素和头孢菌素类；对革兰阴性菌如大肠杆菌、痢疾杆菌、沙门菌、布氏杆菌和巴氏杆菌等有较强作用，但弱于氨基糖苷类和酰胺醇类；对变形杆菌、铜绿假单胞菌无效。抗菌作用强度为米诺环素＞多西环素＞美他环素＞金霉素＞土霉素。厌氧菌对半合成四环素类敏感，多西环素对70％以上的厌氧菌有效。

本类药物作用机制是与细菌核糖体30S亚基特异结合，抑制肽链延长和蛋白质合成，或改变细胞膜通透性致细菌细胞内重要成分外漏发挥抗菌作用。细菌通过减少药物摄入，或主动外排，或产生灭活酶而耐药。耐药质粒能转移、诱导其他敏感菌耐药。耐药现象较严重，天然四环素类之间交叉耐药，天然和半合成品交叉耐药不明显，肠球菌属对四环素类抗生素均耐药。

本类药物口服吸收差异较大，内服吸收率金霉素＜土霉素＜多西环素，分布广泛，能透过胎盘，乳汁中药物浓度高，但脑脊液中浓度较低，不适用于中枢神经系统感染的治疗，主要经肾脏排泄，肾功能障碍会造成体内蓄积。

本类药物不良反应有：①土霉素和多西环素，易引起胃肠道不良反应，口服给药更为严重，局部刺激随剂量增加而加重，严重者发生食道溃疡或狭窄；②静脉给药易引起血栓性静脉炎，肌内注射疼痛明显，应避免使用；③长期用药可影响外周血象；④偶可引发共济失调伴恶心、呕吐等前庭功能紊乱症状，常见于最初几次给药，停药后恢复。

合理使用本类药物，应注意：①多是盐酸盐，酸性环境中稳定，碱与高温促进其分解；②服药期间应低脂肪、高维生素饮食，避免与乳制品和含钙、镁、铝、铁、铋等药物及含钙量较高饲料同时服用；③除土霉素外，其他四环素类药物均不宜肌注，静注勿漏出血管外，速度应缓慢；④食物阻滞吸收，空腹给药较好；⑤肝肾功能严重损害时忌用；⑥首选用于衣原体感染、立克次体病、支原体肺炎、布氏杆菌病的治疗。

土　霉　素

Oxytetracycline

【药理作用及适应证】又名氧四环素。对革兰阳性菌和革兰阴性菌均有较强抗菌作用；对立克次体、衣原体、支原体、螺旋体、放线菌和某些原虫亦有效。用于大肠杆菌或沙门菌引起的犊牛白痢、羔羊痢疾、仔猪黄痢和白痢、雏鸡白痢；多杀性巴氏杆菌引起的牛出败、猪肺疫、禽霍乱等；支原体引起的牛肺炎、猪气喘病、鸡慢性呼吸道病等；局部用于子宫脓肿、子宫内膜炎等；也用于泰勒焦虫病、放线菌病、钩端螺旋体病。本品内服吸收不完全，抑制反刍动物瘤胃微生物活性，肌注给药吸收迅速；吸收后广泛分布于机体各组织和体液中，易渗入胸腔、腹腔、胎畜及乳汁中，不易透过血脑屏障，主要以原型经肾脏排泄，部分经肝肠循环，胆汁和尿中浓度高。

【上市剂型】

① 土霉素片，规格：0.05g，0.3g，0.125g，0.25g。

② 盐酸土霉素可溶性粉，规格：7.5%，10%，20%，50%。

③ 土霉素预混剂，规格：100g∶3g，500g∶2.5g，100g∶7.5g，100g∶50g。

④ 土霉素注射液，规格：1mL∶0.1g，1mL∶0.2g，5mL∶0.5g，10mL∶1g，10mL∶2g，10mL∶3g，50mL∶2.5g，50mL∶10g，10mL∶15g。

⑤ 注射用盐酸土霉素，规格：0.2g，1g，2g，3g。

⑥ 长效土霉素注射液，规格：100mL∶20g，250mL∶25g。

⑦ 长效盐酸土霉素注射液，规格：100mL∶10g。

【联用与禁忌】

① 其他抗生素：联用宜分别给药。

② 5%葡萄糖、0.9%氯化钠：盐酸土霉素可与大多数常用静注剂配伍，但在pH值>6，特别是含钙溶液中不稳定。

③ 含人参、柴胡、甘草制剂、黄柏、黄连及葛根：联用提高四环素类药物疗效，降低毒副作用。

④ 酸性食物、饮料和中药：联用促进四环素类在胃肠道吸收，增强四环素类抗菌作用，但山楂易与四环素类络合，减少吸收，不宜联用。

⑤ 青霉素类：四环素类属快速抑菌药，干扰青霉素类对繁殖期细菌作用，避免同用。

⑥ 红霉素、利福平、异烟肼、地西泮等具有肝毒性药物：联用干扰这些药物的肝肠循环，影响疗效，增强肝毒性，不宜联用。

⑦ 杆菌肽、多黏菌素等肾毒性药物：联用肾毒性加剧。

⑧ 强利尿药：联用肾毒性加重。

⑨ 葡萄糖液：联用减少吸收，降低疗效。

⑩ 肌松药：联用加重呼吸抑制反应。

⑪ 抗惊厥药：联用使脱氧土霉素血药浓度降低显著，其他四环素类不受影响。

⑫ 碳酸氢钠：联用使四环素类吸收减少，活性降低。

⑬ 含金属离子钙、镁、铝、铋、铁等的药物（包括中草药）：联用与四环素类形成不溶性络合物，减少吸收，降低疗效。

a. 白矾：联用生成难溶性络合物，降低四环素类的抗菌作用。

b. 绛矾丸（含绛矾、苍术、陈皮、厚朴、甘草、红枣）：联用生成难溶性络合物，降低四环素类的抗菌作用。

c. 煅牡蛎（主含碳酸钙）：联用减少四环素类吸收，降低抗菌活性。

⑭ 虎杖（含鞣质、黄酮类、大黄素、虎杖苷等）：联用生成难溶性络合物，降低四环素类的抗菌作用。

⑮ 黄连上清丸（含黄连、栀子、黄芩、防风、练球、石膏等）：联用生成难溶性络合物，降低四环素类的抗菌作用。

⑯ 解热丸（含胆南星、竹黄、青礞石、猪牙皂等）：联用生成难溶性络合物，降低四环素类的抗菌作用。

⑰ 十灰散（大蓟、小蓟、荷叶、侧柏叶、茜草根、白茅根、牡丹皮、山楂、大黄、棕榈皮）：炭类中药能吸附四环素，联用使之疗效降低。

⑱ 痧气散：联用胃酸降低，影响四环素类发挥疗效。

⑲ 银翘解毒片（含金银花、连翘、薄荷、荆芥、淡豆豉、牛蒡子、桔梗、淡竹叶、芦根、甘草）：联用使银翘解毒片的作用减弱。

⑳ 保和丸（含山楂、连翘、六曲、半夏、陈皮、莱菔子、麦芽）：联用四环素类药物抑制保和丸活性，使其功效减弱或消除。

㉑ 乌梅丸：联用降低四环素类药物抗菌效果。

㉒ 四季青（主含黄酮类四季青素等）：联用使四环素类抗菌活性降低，肝毒性增加。

㉓ 牛奶、奶制品：联用显著降低四环素类药物的吸收，影响疗效。

㉔ 碱性食物（如苏打饼干、汽水、啤酒等）：联用使四环素类吸收减少，疗效降低。

【用药注意】

① 水溶液不稳定，宜现配现用。

② 局部刺激：本品盐酸盐水溶液属强酸性，刺激性大，不宜肌注给药。

③ 二重感染：内服可致肠道菌群紊乱、消化功能失常，引发肠炎和腹泻，形成二重感染。

④ 成年反刍动物、马属动物和兔不宜内服给药。

⑤ 本品应避光密闭保存，忌日光照射，忌与含氯较多的如自来水和碱性溶液混合，勿用金属容器盛药。

⑥ 休药期：内服，牛、羊 5 日，产奶期禁用；猪 5 日。注射，牛 22 日，产奶期禁用；猪 20 日。

⑦ 其他参见概述和其他四环素类药物。

四 环 素

Tetracycline

【药理作用及适应证】作用与适应证与土霉素相似，对革兰阳性杆菌作用稍强。与土霉素交叉耐药。内服后血药浓度较土霉素略高，组织透过率亦较高，易透入胸腹腔、胎盘屏障及乳汁中。

【上市剂型】

① 四环素片，规格：0.05g，0.125g，0.25g。

② 注射用盐酸四环素，规格：0.25g，0.5g，1g，2g，3g。

【联用与禁忌】

① 甲氧苄啶：联用对四环素有增效作用。

② 氯化铵：联用增强四环素在泌尿系统的抗菌作用。

③ 尼克酰胺：联用治疗免疫介导性皮肤疾病，例如治疗犬的天疱疮。

④ 硫酸锌：联用使四环素吸收降低 50%。

⑤ 皮质类固醇：与四环素长期联用易发严重二重感染。

⑥ 食物：饭后服用四环素，吸收降低 50%～80%，疗效相应降低，宜空腹服用。

⑦ 其他参见其他四环素类药物。

【用药注意】

① 注射制剂溶解后室温保存，24h 内用完；静注制剂应用无菌水

配成 50mg/mL 溶液，12h 内稳定，进一步稀释后立即静脉注射。

② 对四环素或其他四环素类药物过敏患畜禁用。

③ 易延缓胎儿骨骼发育，孕畜利大于弊时使用，尽量用于妊娠后半期。

④ 口服剂量过大可致胃肠功能紊乱，必要时补充电解质，缓解呕吐和腹泻。

⑤ 静注易引起疼痛和血栓性静脉炎，快速静注后，多数动物出现短暂虚脱和心律失常，宜提前给予钙制剂。

⑥ 本品肝毒性强，特别是肝功能不全动物慎用。

⑦ 本品对牙齿和骨骼发育有影响，幼龄动物及母乳期母畜慎用。

⑧ 有致畸作用，局部使用对胎儿的危险性降低。

⑨ 其他参见概述和其他四环素类药物。

多西环素

Doxycycline

【药理作用及适应证】又名脱氧土霉素、强力霉素。为土霉素的脱氧衍生物，抗菌谱及适应证同土霉素，抗菌活性比土霉素强。具有速效、强效和长效的特点，现已取代天然四环素类作为各种适应证的首选或次选药物。本品内服吸收迅速而完全，受食物影响小，有效血药浓度维持时间长，分布广泛，肝肠循环显著，肝内大部分灭活后，从粪便排出，不易引起二重感染，对动物胃肠菌群及消化功能无明显影响，肾功能障碍不易蓄积。在肾脏排出时，因其脂溶性强，易被重吸收，排泄缓慢。

【上市剂型】

① 盐酸多西环素片，规格：10mg，25mg，50mg，100mg。

② 盐酸多西环素可溶性粉，规格：100g∶5g，100g∶10g。

【联用与禁忌】

① 巴比苯妥英钠或卡马西平：长期使用后，与多西环素联用，使多西环素血药浓度显著降低而失效，其他四环素类药物不受影响。

② 利福平：联用使本品在个别患畜的血药浓度明显下降。

③ 肝毒性药物如对氨基水杨酸钠、利福平、氯丙嗪、地西泮、噻嗪类利尿药等：联用加重多西环素的肝肾毒性。

④ 其他参见土霉素。

【用药注意】

① 在四环素类中毒性最小，犬、猫内服可见恶心、呕吐等不良反应，与食物同服减轻。猫口服易致引食道狭窄，如口服片剂，至少用6mL水送服，不可干服。

② 马静注低剂量时即常伴发心律失常、虚脱和死亡，禁用。

③ 排泄较慢，肾功能不良患畜慎用。

④ 本品会引发肝损害，症状有黄疸、转氨酶升高，严重时昏迷而死。

⑤ 鸡产蛋期禁用。

⑥ 其他参见概述和其他四环素类药物。

【同类药物】

金霉素（Chlortetracucline） 作用机制及适应证与土霉素几乎一致，对耐青霉素金黄色葡萄球菌感染作用比土霉素强。刺激性强，稳定性差，仅供局部应用或饲料添加剂。

四、酰胺醇类抗生素

酰胺醇类又称氯霉素类抗生素，包括氯霉素、甲砜霉素和氟苯尼考，已人工全合成。氯霉素因可致人致死性再生障碍性贫血，已禁止在食品动物使用。氟苯尼考为动物专用。

本类药物为广谱快效抑菌剂，对阴性菌、阳性菌、支原体、钩端螺旋体及立克次体均有一定的抑杀作用，不仅可有效地对抗各种需氧菌和厌氧菌感染，且对革兰阴性菌作用强于阳性菌；肠杆菌、伤寒和副伤寒杆菌对本类药物高度敏感。作用机制是与细菌核糖体50S亚基受体不可逆结合，抑制肽链延伸和蛋白质合成而抑菌。细菌因产生灭活酶或改变细胞膜通透性而耐药。甲砜霉素和氟苯尼考之间完全交叉耐药。

甲砜霉素

Thiamphenicol

【药理作用及适应证】对革兰阴性菌作用强于阳性菌。敏感菌有：革兰阴性菌如大肠杆菌、沙门菌、产气荚膜梭菌、布氏杆菌及巴氏杆菌等；革兰阳性菌有炭疽杆菌、链球菌、棒状杆菌、肺炎球菌、葡萄球菌等；对支原体、钩端螺旋体及立克次体也有一定作用；对铜绿假单胞菌无效。用于仔猪副伤寒、黄痢、白痢，幼驹副伤寒、大肠杆菌病，禽副伤寒、雏鸡白痢等；鱼类嗜水气单胞菌、肠炎菌引发的败血症、肠炎等，以及河蟹、鳖、虾、蛙等敏感菌感染。本品吸收迅速而完全，体内分布较广，肝内代谢少，多数（70%～90%）以原型从尿排出，肾功能障碍时排泄减慢。

【上市剂型】

① 甲砜霉素片，规格：25mg，100mg。

② 甲砜霉素粉，规格：5%，15%。

【联用与禁忌】

① 抗凝血药（双香豆素、华法林）：联用增强抗凝作用，应调整抗凝血药用量。

② 青霉素类、头孢菌素类、氨基糖苷类、大环内酯类及林可霉素类：联用有拮抗作用。

③ 利福平：联用使甲砜霉素血药浓度下降。

④ 维生素 B_6 和维生素 B_{12}：联用有拮抗作用。

⑤ 经肝药酶代谢药物：氯霉素类对肝脏微粒体的药物代谢酶有抑制作用，能影响药物代谢，如显著延长戊巴比妥钠动物的麻醉时间等。

⑥ 环磷酰胺：联用使活性产物减少，治疗效果降低。

⑦ 甲氨蝶呤：联用增强毒性反应。

【用药注意】

① 仍有血液系统毒性，抑制红细胞、白细胞和血小板生成，程度较氯霉素轻，未见再生障碍性贫血报道。

② 肾功能不全患畜减量或延长给药间期。

③ 免疫抑制作用比氯霉素强数倍，疫苗接种期间或免疫功能降低动物禁用。

④ 长期内服易发消化功能紊乱，致维生素缺乏或二重感染。

⑤ 有胚胎毒性，妊娠期及哺乳期家畜慎用。

⑥ 欧盟和美国禁用于食品动物。

氟苯尼考

Florfenicol

【药理作用及适应证】又名氟甲砜霉素。动物专用。抗菌谱同甲砜霉素，抗菌活性较强。对部分耐氯霉素和甲砜霉素的大肠杆菌、志贺菌、沙门菌、克雷伯菌及耐氨苄西林嗜血杆菌仍有效。主要用于牛、猪、鸡和鱼类的细菌性疾病，如牛的呼吸道感染、乳腺炎；猪传染性胸膜肺炎、黄痢、白痢；鸡大肠杆菌病、霍乱等。氟苯尼考内服和肌注均吸收迅速，饲喂几乎不影响吸收，体内分布较广，半衰期长，有效血药浓度维持时间较长，生物利用度高，50%～65%以原型从尿排出。

【上市剂型】

① 氟苯尼考注射液，规格：2mL∶0.6g，5mL∶0.25g，5mL∶0.5g，5mL∶0.75g，5mL∶1g，10mL∶0.5g，10mL∶1g，10mL∶1.5g，10mL∶2g，50mL∶2.5g，100mL∶5g，100mL∶10g，100mL∶30g。

② 氟苯尼考粉，规格：2%，5%，10%，20%。

③ 氟苯尼考预混剂，规格：2%。

④ 氟苯尼考溶液，规格：5%，10%。

【联用与禁忌】参见甲砜霉素。

【用药注意】

① 有胚胎毒性，禁用于哺乳期和孕期母牛。

② 不引起骨髓抑制或再生障碍性贫血，用药后牛出现短暂厌食、饮水减少和腹泻，注射部位会出现炎症。

③ 休药期：氟苯尼考注射液，猪 14d，鸡 28d；氟苯尼考粉，猪 20d，鸡 5d；氟苯尼考预混剂，猪 14d；氟苯尼考溶液，鸡 5d。

鸡产蛋期禁用。

④ 其他参见甲砜霉素。

五、大环内酯类抗生素

大环内酯类为快效抑菌性抗生素，对大多数革兰阳性菌、部分革兰阴性菌、支原体、衣原体、立克次体、螺旋体等具有较强的抑杀作用。本品内服安全，毒性低，不良反应少。兽医临床应用广泛，除作为抗菌、抗支原体药物使用的红霉素、泰乐菌素、替米考星、酒石酸异戊酰泰乐菌素外，吉他霉素、竹桃霉素等还常作为抑菌添加剂使用。

本类药物对革兰阳性菌、革兰阴性球菌、厌氧菌、军团菌属、钩端螺旋体、支原体、衣原体有良好作用，对其他革兰阴性菌作用较差。作用机制是与细菌核糖体50S亚基结合，阻碍细菌蛋白质合成而抑菌。细菌易对红霉素产生耐药，同类之间存在部分或完全交叉耐药。用药时间不宜超过1周，停药数月后可恢复敏感性。

本类药物给药途径广泛，内服可吸收，但早期品种如红霉素、麦迪霉素等，对胃酸不稳定，吸收不完全，个体差异大；后上市的品种如替米考星、阿奇霉素等，对胃酸稳定性提高，吸收增加，消除半衰期延长。肌注或静注副作用较多，如替米考星静注可致死。体内分布广泛，不易透过血脑屏障，主要经胆汁和肾脏排泄。

本类药物不良反应如下。①胃肠道反应：呕吐、腹泻等。②肝毒性：主要表现为胆汁淤积，肝酶升高，停药后可恢复。③静脉给药时可能引发耳鸣和听觉障碍。④变态反应。

合理使用该类药物，应注意：①对本类药物过敏者慎用；②肝功能异常患畜慎用；③局部刺激，注射局部刺激大，不宜肌注，静脉滴注易引发静脉炎，宜稀释后缓慢滴注。

红　霉　素

Erythromycin

【药理作用及适应证】对革兰阳性球菌如金黄色葡萄球菌、肺炎球菌等各组链球菌，革兰阳性杆菌如猪丹毒杆菌、梭状芽孢杆菌、李斯特菌、炭疽杆菌、棒状杆菌等作用强，但弱于青霉素，对耐青霉素金黄色葡萄球菌有效；对支原体、立克次体和螺旋体亦有效；对部分革兰阴性菌如脑膜炎球菌、巴氏杆菌、流感嗜血杆菌、布氏杆菌作用弱，对大肠杆菌、克雷伯杆菌、沙门菌无效。用于耐青霉素金黄色葡萄球菌所致轻、中度感染，及对青霉素过敏病例；对禽慢性呼吸道病、猪支原体性肺炎有较好疗效。有多种前体药物或盐存在，动物专用的有硫氰酸红霉素。注射宜用红霉素乳糖醛酸盐，肌注吸收迅速，但刺激性大；分布广泛，可透过胎盘屏障，易进入关节腔，脑膜炎时脑脊液中浓度较高，大部分在肝代谢失活，主要经胆汁排泄，极少经肾脏排出；肝功能不全时，血药浓度达峰时间前移，排泄减慢。

【上市剂型】

① 红霉素片，规格：0.05g，0.125g，0.25g。

② 硫氰酸红霉素可溶性粉，规格：2.5%，5%。

③ 注射用乳糖酸红霉素，规格：0.25g，0.3g。

④ 红霉素胶囊（蚕用），规格：5万单位。

【联用与禁忌】

① 氨基糖苷类药物：联用有协同作用。

② 酰胺醇类药物：联用有相加抗菌作用，部分感染中也会发生拮抗，联用时必须间隔3～4h。

③ 碱性药物：联用减少红霉素在胃酸中的破坏，增强抗菌效力。

④ 山莨菪碱：针剂10mg加于红霉素静脉滴注中（0.6g/500mg），防止红霉素不良反应（恶心、呕吐、静脉炎等）。

⑤ 氨溴索：联用使支气管及肺组织中红霉素浓度增加，增强对肺部感染疗效。

⑥ 复方氨基酸：联用对胆石症有协同作用，尤其纠正胆囊排空障碍及预防胆汁潴留。

⑦ 环孢素：联用使环孢素血药浓度升高，应减量。

⑧ 非洛地平：联用抑制非洛地平代谢，使其血药浓度升高。

⑨ 白喉抗毒素：联用有协同作用。

⑩ 碱性食物：同服增强疗效。

⑪ 强心苷：联用易引发洋地黄中毒。

⑫ 地高辛：联用提高地高辛生物利用度和血药浓度，但易于引起洋地黄毒性反应，宜调整地高辛剂量。

⑬ 卡马西平：联用抑制卡马西平代谢，致其血药浓度升高发生毒性反应，宜调整剂量。

⑭ 华法林：联用致华法林作用加强和出血，宜调整剂量。

⑮ 氨茶碱：联用降低氨茶碱消除率，发生氨茶碱中毒，宜调整剂量。

⑯ β受体阻滞剂：联用使β受体阻滞剂血药浓度增加2倍，易发不良反应。

⑰ β-内酰胺类药物：联用有拮抗作用，且针剂配伍出现浑浊、沉淀或变色。

⑱ 四环素类药物：联用有拮抗作用，加剧肝损害，且与红霉素针剂配伍，效价降低，产生浑浊。

⑲ 林可霉素：联用有拮抗作用。

⑳ 硫酸多黏菌素E：联用药物活性降低。

㉑ 阿司匹林：联用降低红霉素的抗菌作用。

㉒ 维生素 B_6：二者联合静注使红霉素效价降低。

㉓ 糖皮质激素：与红霉素有协同性免疫抑制作用。

㉔ 丙磺舒：联用降低红霉素血药浓度。

㉕ 无机盐溶液：红霉素针剂忌用氯化钠、氯化钾或其他无机盐溶液作为溶剂，以免发生沉淀。

㉖ 穿心莲：联用降低穿心莲促进白细胞吞噬功能。

㉗ 巴豆、牵牛子：加速肠蠕动，减少红霉素吸收。

㉘ 华山参片：联用降低红霉素抗菌作用。

㉙ 千里光（含胆碱、鞣质、毛茛黄素等）：联用生成不溶性沉淀，降低红霉素的抗菌作用。

㉚ 山楂：联用因酸度增加而使红霉素分解，影响其抗菌作用。

㉛ 含有机酸中药：同服显著降低红霉素抗菌活性。

㉜ 酸性溶液及食物：联用使红霉素效价降低。

【用药注意】

① 毒性低，但刺激性强，肌注发生局部炎症反应，宜深部肌注，静注应速度缓慢，避免漏出血管外。

② 普鲁卡因过敏及肝功能障碍者禁用。

③ 大剂量有耳毒性（听力下降、耳鸣），增高谷氨酰胺脱氢酶活性，引起尖端扭转型室性心动过速，如发现应立即停药。

④ 驹偶发轻度自限性腹泻，成年马可见严重甚至致命腹泻，应慎用。

⑤ 犬猫内服易发呕吐、腹痛、腹泻等，应慎用。

⑥ 新生幼畜禁用乳糖酸红霉素。

⑦ 应用红霉素的酯化物易发肝损害，肝功能不全时避免使用。

⑧ 静脉注射浓度过高，过快可致输液局部疼痛和血栓性静脉炎，且静脉滴注时室温越高，效价下降越快。

⑨ 乳糖酸红霉素应避免直接用生理盐水或其他无机盐类溶剂溶解分针，以防产生沉淀，宜用等渗葡萄糖液稀释。

⑩ 休药期：硫氰酸红霉素可溶性粉，蛋鸡产蛋期禁用；注射用乳糖酸红霉素，牛 14d，羊 3d，猪 7d，弃奶期 3d。

⑪ 其他参见本类药物概述。

泰乐菌素

Tylosin

【药理作用及适应证】动物专用。抗菌谱同红霉素，对革兰阳性菌作用弱于红霉素，抗支原体作用强，对敏感菌并发支原体感染尤为有效。主要用于防治猪、禽支原体病，如鸡慢性呼吸道病、传染性窦腔炎，猪弧菌性痢疾、传染性胸膜肺炎，牛莫拉菌感染及犬结肠炎等；亦用于浸泡种蛋预防鸡支原体传播。本品内服可吸收，有效血药浓度维持时间短，肌注吸收迅速，组织药物浓度比内服高2～3倍，有效浓度维持时间较长；体内分布广泛主要经肾脏和胆汁排泄。

【上市剂型】

① 泰乐菌素注射液，规格：5mL∶0.5g，10mL∶0.5g，10mL∶

1g，50mL：2.5g，50mL：10g，100mL：5g，100mL：10g，100mL：20g。

② 注射用酒石酸泰乐菌素，规格：2g（200万单位），3g（300万单位），6.25g（625万单位）。

③ 酒石酸泰乐菌素可溶性粉，规格：100g：10g，100g：20g，100g：50g。

④ 磷酸泰乐菌素预混剂，规格：100g：2.2g，100g：8.8g，100g：10g，100g：22g。

【联用与禁忌】

① 盐酸多西环素：联用增强抗菌效力。

② 磺胺二甲氧嘧啶：联用增强抗菌效力。

③ 洋地黄糖苷：联用使泰勒菌素血药浓度升高。

④ 聚醚类抗生素：联用使聚醚类抗生素毒性增强。

⑤ 其他参见其他大环内酯类药物。

【用药注意】

① 本品水溶液遇铁、铜、锡等离子可形成络合物而减效。

② 牛静脉注射引起震颤、呼吸困难及精神沉郁等，马注射本品致死，应禁用。

③ 易引起兽医接触性皮炎。

④ 细菌对其他大环内酯类耐药后，对本品常不敏感。

⑤ 鸡皮下注射有时发生短暂颜面肿胀；猪偶见直肠水肿和皮肤红斑、瘙痒等，仔猪过量致休克和死亡；犬耐受量达800mg/kg，长期（2年）内服400mg/kg未见器官毒性。

⑥ 产蛋母鸡和泌乳奶牛禁用。

⑦ 其他参见概述和其他大环内酯类药物。

替米考星

Tilmicosin

【药理作用及适应证】动物专用大环内酯类药物。药理作用及适应证同泰乐菌素，对胸膜肺炎放线杆菌、巴氏杆菌及支原体活性强于泰乐菌素。用于家畜肺炎、禽支原体病及泌乳动物乳腺炎。本品内服、皮下注射吸收迅速但不完全，分布广泛，组织穿透力强，乳中药物浓度高，维持时间久。

【上市剂型】

① 替米考星注射液，规格：10mL∶3g。

② 替米考星预混剂，规格：100g∶10g，100g∶20g。

③ 替米考星溶液，规格：10%。

【联用与禁忌】

① 与肾上腺素联用促进猪死亡。

② 其他参见其他大环内酯类药物。

【用药注意】

① 本品禁止静注给药。

② 肌内注射和皮下注射出现局部反应（水肿等），皮下注射部位应选牛肩后肋骨上的区域内。

③ 不能与眼接触。

④ 毒作用靶器官是心脏，易引起心动过速和收缩力减弱。

⑤ 禁止静脉注射，牛一次静脉注射 5mg/kg 即致死，皮下注射 150mg/kg 致死；猪肌内注射 10mg/kg 引起呼吸增数，呕吐和惊厥，20mg/kg 使 3/4 的试验猪死亡；猴一次肌内注射 10mg/kg 无中毒症状，20mg/kg 引起呕吐，30mg/kg 致死；马也有致死性危险。

⑥ 应用本品时应密切监视心血管状态。心脏 β_1 受体激动剂多巴酚丁胺能解除犬负性心力效应，而β受体阻滞剂普萘洛尔加剧犬心动过速的负性心力效应。

⑦ 其他参见概述和其他大环内酯类药物。

【同类药物】

吉他霉素（Kitasamycin） 又名北里霉素、柱晶白霉素。药理作用及适应证同红霉素，对大多数革兰阳性菌作用弱于红霉素，对耐药金黄色葡萄球菌作用优于红霉素，对支原体作用弱于泰乐菌素。常用作猪、鸡的抑菌促生长添加剂，提高饲料转化率。

螺旋霉素（Spiramycin） 药理作用及适应证同红霉素，抗菌活力较红霉素弱，与红霉素、泰乐菌素部分交叉耐药。内服吸收良好，体内维持时间长，组织中药物浓度高于血液。2000年开始欧盟禁用本品作促生长剂。

泰万菌素（Tylvalosin） 动物专用。抗菌谱同泰乐菌素，抗菌和抗支原体活性均强于泰乐菌素。鸡产蛋期禁用，非治疗动物及人避免皮肤和眼睛直接接触。

六、林可胺类抗生素

林可胺类抗生素为窄谱抑菌剂，对革兰阳性菌、厌氧菌、支原体及钩端螺旋体有较强作用，对革兰阴性菌无效。其突出优点是对厌氧菌有较好的抑杀作用，骨组织能够达到有效血药浓度。作用机制为与细菌核糖体50S亚基结合，抑制肽链延长和蛋白质合成而抑菌。该类药物为高脂溶性碱性化合物，易从肠道吸收，体内分布广泛，肝、肾、骨髓浓度较高，能透过胎盘，不易进入脑脊液，肝代谢有活性代谢物产生，原型及代谢物从尿、粪便与乳汁中排出，孕畜和新生幼龄动物禁用。

林可霉素

Lincomycin

【药理作用及适应证】 又名洁霉素。对革兰阳性菌如葡萄球菌、溶血性链球菌、肺炎球菌、炭疽杆菌等作用较强，但弱于青霉素类和头孢菌素类；对厌氧菌有强大的抑杀作用；对支原体作用与红霉素相似；对猪痢疾密螺旋体有一定作用；对革兰阴性菌无效。与克林霉素完全交叉耐药，与红霉素部分交叉耐药。用于敏感菌感染及猪、鸡的支原体病，猪的密螺旋体血痢等；也作饲料添加剂可促进肉鸡和育肥猪生长，提高饲料利用率。内服吸收不完全，肌注吸收良好。

【上市剂型】

① 盐酸林可霉素可溶性粉，规格：5%，10%。

② 盐酸大观霉素、盐酸林可霉素可溶性粉，规格：100g，大观霉素10g+林可霉素5g；100g，大观霉素40g+林可霉素20g。

③ 盐酸林可霉素注射液，规格：2mL∶0.12g，2mL∶0.2g，

2mL：0.3g，2mL：0.6g，5mL：0.3g，5mL：0.5g，10mL：0.3g，10mL：0.6g，10mL：1g，10mL：1.5g，10mL：3g。

【联用与禁忌】

① 大观霉素：联用治疗禽败血性支原体和大肠杆菌感染疗效增加。

② 庆大霉素：联用能增强对链球菌作用，但庆大霉素肾毒性加重。

③ 甲氧苄啶（TMP）：联用有协同作用，减少不良反应。

④ 新霉素、卡那霉素：联用不可置于同一容器中。

⑤ 氨苄西林：联用相互拮抗，注射液混合会发生沉淀。

⑥ 大环内酯类：联用因竞争作用位点而拮抗，不宜联用。

⑦ 磺胺嘧啶：联用产生沉淀，不可配伍。

⑧ 抗蠕动止泻药：联用使肠内毒素排出延缓，致腹泻延长和加剧，避免联用。

⑨ 神经肌肉阻滞剂：联用可能增强神经肌肉阻滞作用，不宜联用。

⑩ 维生素C：联用发生氧化还原反应，生成新的复合物，使林可霉素失效。

⑪ 白陶土、果胶：联用使林可霉素胃肠吸收减少，抗菌作用降低。

⑫ 食物、饮料：饭后服药减少吸收，使林可霉素的血药浓度降低2/3，但克林霉素不受影响。

【用药注意】

① 草食动物易发严重胃肠反应（峻泻等）甚至死亡，应禁用。

② 马内服或注射可引起出血性结膜炎、腹泻甚至死亡。

③ 牛内服引起厌食、腹泻、酮血症、产奶量减少。

④ 具神经阻断作用，肌内注射有疼痛刺激或吸收不良。

⑤ 对本品过敏或已感染念珠菌动物禁用。

⑥ 部分经乳汁排泄，哺乳期幼犬、猫可能发生腹泻。

⑦ 犬、猫内服易发胃肠炎（呕吐、稀便，犬偶发出血性腹泻）；肌内注射局部疼痛；快速静脉注射引起血压升高和心肺功能

停顿；猪也有胃肠反应，大剂量给药多数猪出现皮肤红斑及肝门或阴道水肿。

⑧ 严重肾功能减退及肝功能障碍动物慎用。

⑨ 泌乳期奶牛、产蛋鸡禁用。

克林霉素

Clindamycin

【药理作用及适应证】 又名氯林可霉素、氯洁霉素。药理作用及适应症同林可霉素，但抗菌活性比林可霉素强4～8倍。常推荐用于犬、猫金黄色葡萄球菌引起的伤口脓肿和骨髓炎，也用于原虫感染，如弓形虫。内服吸收明显优于林可霉素，受食物影响小，不能透过脑脊液，乳汁浓度与血药浓度相同。

【上市剂型】

① 盐酸克林霉素口服胶囊，规格：25mg，75mg，150mg，300mg。

② 盐酸克林霉素口服片剂，规格：25mg，75mg，150mg。

③ 盐酸克林霉素口服液，规格：25mg/mL，30mL/瓶。

【联用与禁忌】

① 甲硝唑：联用抗菌效应增强。

② 肌肉松弛药：联用增强神经肌肉阻滞作用。

③ 红霉素：联用有拮抗作用。

④ 林可霉素：联用有拮抗作用。

⑤ 环匹氨磺酸：联用降低克林霉素的吸收和抗菌作用。

⑥ 其他参见林可霉素。

【用药注意】

① 犬、猫易发胃肠炎如呕吐、稀便。

② 肌内注射致注射部位疼痛。

③ 肝肾功能严重不全动物代谢减慢，宜减量，使用过程中密切观察病情变化。

④ 偶见轻微皮疹、瘙痒和药物热等过敏反应。

⑤ 乳汁中药物浓度与血药浓度相当，哺乳期母畜慎用。

⑥ 其他参见概述和林可霉素。

【同类药物】

吡利霉素（Pirlimycin） 动物专用林可胺类，抗菌作用优于林可霉素和克林霉素。国外推荐防治金黄色葡萄球菌、无乳链球菌、停乳链球菌等引起的奶牛泌乳期临床型乳房炎和隐性乳房炎。

七、多肽类抗生素

多肽类抗生素属窄谱慢效杀菌剂。本类药物抗菌谱窄，抗菌活性强。对革兰阴性杆菌有杀灭作用的仅有多黏菌素E，其余如杆菌肽、维吉尼亚霉素、恩拉霉素等，均对革兰阳性菌有抑杀作用。肌注毒性大，引起神经症状和肾毒性。口服不吸收，多用作饲料添加剂。

多黏菌素E
Polymycin E

【药理作用及适应证】又名抗敌素。对革兰阴性杆菌如大肠杆菌、沙门菌、巴氏杆菌、布氏杆菌、痢疾杆菌等作用强大，特别对铜绿假单胞菌有强效；对变形杆菌和所有革兰阳性菌无效。作用机制是增加细菌细胞膜通透性，使重要物质外漏，或进入细菌胞质内干扰正常功能。细菌不易对其耐药。内服用于治疗大肠杆菌性下痢及对其他药物的耐药的细菌性痢疾（菌痢）；外用于烧伤和外伤引起的铜绿假单胞菌局部感染，眼、耳、鼻等部位敏感菌感染；作为饲料添加剂，有促生长作用。本品内服吸收少，注射给药肾毒性、神经毒性明显，且发生率较高，慎用。

【上市剂型】

① 硫酸黏菌素可溶性粉，规格：100g∶2g，100g∶5g，100g∶10g。

② 硫酸黏菌素预混剂，规格：100g∶2g，100g∶4g，100g∶5g，100g∶10g。

③ 硫酸黏菌素注射液，规格：2mL∶50mg，5mL∶0.1g，10mL∶0.2g。

④ 阿莫西林硫酸黏菌素注射液，规格：20mL，阿莫西林 2g+

黏菌素 0.17g；100mL，阿莫西林 10g＋黏菌素 0.85g。

【联用与禁忌】

① 青霉素、氨苄西林、氯唑西林钠：联用治疗肺炎杆菌有协同作用，但不宜混合注射。

② 金霉素、土霉素、四环素：多黏菌素 E 能增强此类药物的细菌穿透力，联用呈协同作用。

③ 磺胺药、利福平和甲氧苄啶：联用增强对大肠杆菌、肺炎杆菌、铜绿假单胞菌的抗菌作用，但不能混合应用。

④ 左氟沙星、恩诺沙星、环丙沙星：联用治疗效果比单用好。

⑤ 杆菌肽锌：联用有协同作用。

⑥ 两性霉素 B：联用增强两性霉素 B 对球孢子菌属作用，但不能混合应用。

⑦ 肾毒性药物如庆大霉素、新霉素、杆菌肽：与多黏菌素 E 交替使用或联用治疗铜绿假单胞菌、大肠杆菌感染有协同作用，易加重肾毒性和神经肌肉阻滞作用，一般不联用。

⑧ 头孢菌素类：联用增强肾毒性。

⑨ 肌松药和神经肌肉阻滞剂：联用可能引起肌无力和呼吸暂停。

⑩ 其他多肽类药物：联用增强毒性反应。

⑪ 维生素 B_{12}：联用抑制维生素 B_{12} 的胃肠道吸收。

⑫ 维生素 C：对多黏菌素 E 有灭活作用，不宜配伍。

⑬ 肝素、氢化可的松、氨茶碱、碳酸氢钠、能量合剂、细胞色素 C 等：联用易产生毒性、沉淀或降效。

⑭ 聚醚类药物：联用增强毒性反应。

⑮ 镁、铁、钴、锌等金属离子：联用使多黏菌素 E 失活。

⑯ 酸化尿液的药物：合用可增强其抗菌活性。

【用药注意】

① 内服很少吸收，不用于全身感染。

② 易引起肾脏和神经系统毒性反应，剂量过大、疗程过长以及注射给药和肾功能不全时易发。

③ 连续使用不应超过 1 周。

④ 注射过快引起呼吸抑制，禁用于静脉注射；肌内注射毒性较大，少用，常见皮肤瘙痒、皮疹、支气管哮喘和药物热，偶见过敏性休克，抗组胺药治疗有效。

⑤ 一般不作首选药应用。

⑥ 休药期：猪、鸡 7d，蛋鸡产蛋期禁用。

杆 菌 肽

Bacitracin

【药理作用及适应证】为促生长的专用饲料添加剂。属慢效杀菌剂，作用机制是抑制细菌细胞壁合成，损伤细胞膜，使内容物外漏。对多数革兰阳性菌特别是耐药金黄色葡萄球菌、肠球菌、链球菌等作用强大；对放线菌和螺旋体有一定作用；对革兰阴性杆菌无效。不适于全身感染；局部用药治疗革兰阳性菌所致的皮肤、伤口感染、眼部感染和乳腺炎等；二价金属离子盐如杆菌肽锌即能增其稳定性，又能增强其杀菌作用，常作饲料添加剂，促生长作用良好。欧盟从 1999 年起禁用；本品内服几乎不吸收，大部分从粪便排出；肌注易吸收，肾毒性大。

【上市剂型】

① 杆菌肽片剂，规格：每片 2.5 万单位。

② 亚甲基水杨酸杆菌肽可溶性粉，规格：100g∶50g。

③ 杆菌肽锌预混剂，规格：1g∶100mg，1g∶150mg，100g∶10g（药典），100g∶15g（药典），250g∶25g。

④ 杆菌肽锌、硫酸黏菌素预混剂，规格：100g（5g 杆菌肽锌＋1g 硫酸黏菌素）。

⑤ 杆菌肽粉针剂，规格：每支 5 万单位。

⑥ 杆菌肽软膏，规格：8g。

⑦ 杆菌肽眼膏，规格：2g。

⑧ 复方新霉素软膏，规格：1000g（硫酸新霉素 200 万单位与杆菌肽 25 万单位）。

【联用与禁忌】

① 青霉素、链霉素、新霉素、黏杆菌素 B、金霉素：联用治

疗各种动物的菌痢或细菌性肠道疾病有协同作用，但宜分别给药。

② 多黏菌素 E：联用治疗牛乳腺炎有协同作用。

③ 二价金属离子：特别是锌离子联用增强抗菌效能。

④ 土霉素、金霉素、吉他霉素、恩拉霉素、喹乙醇、维吉尼霉素：联用有拮抗作用，禁止联用。

⑤ 维生素 B_{12}：联用抑制维生素 B_{12} 在胃肠道的吸收。

【用药注意】

① 水溶液宜低温保存，在 pH 值 4～7、4℃冷藏 2～3 个月，活性仅丧失 10%。

② 肾毒性大，能引起肾功能衰竭，故目前仅限于局部应用。

③ 注射给药的急性毒性大于内服。

④ 口服可引起呕吐，腹部不适等胃肠道反应，与剂量正相关。

⑤ 易引起注射部位疼痛，用 2%盐酸普鲁卡因稀释成 10000U/mL 溶液，再进行注射，可减轻疼痛。

⑥ 杆菌肽锌毒性较强，不宜被肠道吸收，不用于全身性感染。

【同类药物】

多黏菌素 B（Polymycin B）　药理作用和适应证与多黏菌素 E 相同，在肾、肺、肝等组织中的浓度比多黏菌素 E 低，在脑组织中的浓度比多黏菌素 E 高。肾毒性更明显，多局部应用。

维吉尼霉素（Virginiamycin）　又名弗吉尼亚霉素。抗菌谱与杆菌肽似，用作促生长添加剂。小剂量促生长，提高饲料转化率；中剂量预防细菌性痢疾；高剂量用于防治鸡白痢、坏死性肠炎、猪痢疾。欧盟从 1999 年开始禁用本品作为促生长添加剂使用。

八、其他抗生素

泰妙菌素

Tiamulin

【药理作用及适应证】又名泰妙灵、支原净。广谱抑菌剂，对革兰阳性菌（如金黄色葡萄球菌、链球菌等）、胸膜肺炎放线杆菌、支原体、密螺旋体等有较强作用；对支原体作用强于大环内酯类；

但对革兰阴性菌尤其是肠道菌作用弱。其通过与细菌核糖体50S亚基结合，抑制蛋白质合成而抑菌。临床用于猪肺炎、血痢；鸡慢性呼吸道病、葡萄球菌滑膜炎；低剂量促生长，提高饲料利用率。本品单胃动物内服，生物利用度高，体内分布广，组织和乳中浓度是血清的几倍，代谢为20多种代谢物，部分有抗菌活性，代谢物主要从胆汁排泄，约20%从尿排出。

【上市剂型】

① 延胡索酸泰妙菌素可溶性粉，规格：100g∶45g。

② 延胡索酸泰妙菌素预混剂，规格：100g∶10g，100g∶80g。

【联用与禁忌】

① 四环素类：联用有协同作用。

② 大环内酯类、林可胺类：联用竞争作用部位，导致减效。

③ 聚醚类抗生素如莫能菌素、盐霉素等：配伍引起药物中毒，使鸡生长延缓，运动失调，麻痹、瘫痪，直至死亡，猪反应较轻，禁止配伍。

【用药注意】

① 环境温度超过40℃时，含药饲料贮存期不得超过7d。

② 有刺激性，避免与皮肤或黏膜接触。

③ 鸡、猪内服较安全，常量偶见皮肤发红等反应；过量引起猪短暂流涎、呕吐和中枢神经系统抑制，应停药并对症治疗。

④ 休药期：鸡、猪5d。

沃尼妙林

Valnemulin

【药理作用及适应证】 动物专用抗生素，为泰妙菌素半合成衍生物，抗菌谱同泰妙菌素，作用强于泰妙菌素。主要用于猪痢疾、地方性肺炎、结肠螺旋体病；对支原体引起的呼吸道疾病有良效。本品内服吸收迅速，生物利用度高，重复给药易轻微蓄积，有明显的首过效应，主要分布在肺和肝，在猪体内广泛代谢，代谢物经胆汁和粪便迅速排泄。

【上市剂型】 盐酸沃尼妙林预混剂，规格：10%，50%。

【联用与禁忌】【用药注意】参见泰妙菌素。

黄 霉 素

Flavomycin

【药理作用及适应证】窄谱抗生素，通过干扰细菌细胞壁合成而杀菌。对革兰阳性菌如金黄色葡萄球菌、链球菌等作用强；对革兰阴性菌作用弱。内服不吸收，用作饲料添加剂，对牛、猪、鸡有促生长、提高饲料利用率作用。

【上市剂型】黄霉素预混剂，规格：1%，4%，8%，12%，20%。

【用药注意】

① 不宜用于成年畜、禽。

② 休药期：猪、鸡 0d。

第二节 化学合成抗菌药

一、磺胺类药物及抗菌增效剂

磺胺类药物为广谱慢效抑菌剂。其抗菌谱较广，抗菌活性弱，通过与对氨基苯甲酸竞争细菌的二氢叶酸合成酶，导致细菌体内叶酸合成受阻而使细菌的生长繁殖受阻。本类药物性质稳定、价格便宜、使用方便，兽医临床应用较普遍。

磺胺类药物对多种革兰阳性菌、革兰阴性菌以及放线菌、猪痢疾密螺旋体某些原虫病（球虫、住白细胞虫、疟原虫、弓形虫）均有抑杀作用。链球菌、肺炎球菌、沙门菌、大肠杆菌等对其高度敏感；葡萄球菌、变形杆菌、巴氏杆菌、肺炎球菌、炭疽杆菌、铜绿假单胞菌等对其较为敏感；对螺旋体、立克次体、结核杆菌、病毒等无作用。

根据内服是否吸收和应用部位，该类药物分肠道易吸收、肠道难吸收及外用三类。①肠道易吸收磺胺药（用于防治全身感染），包括磺胺噻唑（ST）、磺胺嘧啶（SD）、磺胺喹噁啉（SQ）、磺胺二甲嘧啶（SM_2）、磺胺异噁唑（SIZ）、磺胺甲噁唑（SMZ）、磺胺间甲氧嘧啶（SMM）、磺胺对甲氧嘧啶（SMD）、磺胺二甲氧嘧啶（SDM）、磺胺氯吡嗪（Esb_3）等；②肠道难吸收磺胺药（用于消化道感染），包括磺胺脒（SG）、琥磺噻唑（SST）、酞磺噻唑（PST）、柳氮磺吡啶（SASP）、酞磺醋酰（息拉米，PSA）等；③外用磺胺药，如磺胺醋酰钠（SA-Na）、磺胺嘧啶银（烧伤宁，SD-Ag）、磺胺米隆等。肠道易吸收磺胺药在兽医临床使用较多。

不同磺胺类药物对病原菌的作用有差异：SMM＞SMZ＞SD＞SDM＞SMD＞SM_2。不同种类动物对该类药物的吸收表现为：禽＞犬＞猪＞马＞羊＞牛。不同磺胺在同一动物的半衰期不同，同一药物在不同动物的半衰期亦不一样（见表 2-1）。

表 2-1　部分磺胺类药物在不同动物体内的半衰期

药物	半衰期/h				
	马	黄牛	水牛	奶山羊	猪
SDM′	14.13	5.65	4.39	11.95	15.51
SMM	4.45	1.49	1.43	1.45	8.87
SMD	5.76	2.72	3.68	4.38	6.13
SM_2	12.92	10.69	5.84	4.74	15.32
SD	5.41	2.57	2.35	1.82	2.38
TMP	4.20	1.37	3.14	0.94	1.43

细菌易对磺胺类药物易产生耐药性。葡萄球菌最易产生耐药性，大肠杆菌、链球菌次之。存在交叉耐药性，但与其他抗菌药之间没有交叉耐药现象。

抗菌增效剂为二氨基嘧啶类，因能增强磺胺类和许多抗菌药物、中药的疗效而得名。我国临床使用甲氧苄啶（TMP）和二甲氧苄啶（DVD）等。其抗菌谱与磺胺类相似而抗菌活性较强，抑制二氢叶酸还原酶而抑菌。单用易产生耐药性，故一般不单独使用。磺胺药与抗菌增效剂联合使用，抗菌谱扩大，抗菌活性增强，可从抑菌作用变为杀菌。

大剂量静注磺胺钠盐或速度过快致急性中毒，表现为神经症状。如共济失调、痉挛性麻痹、昏迷、呕吐、厌食和腹泻等。牛、羊反应敏感，并可见散瞳、视觉障碍等；雏鸡会出现大批量死亡。连续使用或剂量较大会引起慢性中毒，主要表现为：①泌尿系统损伤，出现结晶尿、血尿和蛋白尿等；②抑制胃肠道菌群，导致消化系统障碍和食草动物的多发性肠炎等；③血液系统受损，出现溶血性贫血、凝血时间延长和毛细血管渗血，粒细胞减少，再生障碍性贫血等；④抑制幼畜和幼禽免疫系统，免疫器官受损伤甚至萎缩并不再生长；⑤禽类会造成增重减缓，产蛋量降低，产蛋品质下降。

合理使用该类药物，应注意：①首次剂量加倍，并要有足够剂量和合理疗程。一般待症状消失后，仍应以维持量用2～3d，以巩固疗效。②因其在体内的代谢产物乙酸化物的溶解度低，易于泌尿道中析出结晶，引起结晶尿、血尿等。尿道感染应选用对泌尿道损伤小、尿中浓度高的磺胺嘧啶、磺胺异噁唑；且用药期间应充分饮水，增加尿量；幼畜、杂食或肉食动物可服用碳酸氢钠碱化尿液，促进排泄。③肾功能受损时会延缓磺胺药的排泄，应慎用。④磺胺药可引起肠道菌群失调，抑制大肠杆菌的生长，妨碍B族维生素和维生素K在肠内的合成和吸收减少，长时间使用本类药物宜补充B族维生素和维生素K。⑤长期大剂量服用本药物，应注意添加叶酸制剂。⑥蛋鸡产蛋期禁用。⑦如出现中毒等不良反应，应立刻停药，并供给充足饮水，在饮水中可加0.5%～1%碳酸氢钠或5%葡萄糖；可在饲料中加0.05%维生素K或加倍使用B族维生素。⑧本类药物一般仅抑菌，故应加强饲养管理，提高机体抗病力。⑨磺胺药之间有交叉耐药性，对一种药物敏感后不宜换用其他磺胺药。⑩除专供外用的磺胺类外，应尽量避免局部应用磺胺类，以免发生过敏反应和产生耐药性，外用时注意清理干净伤口，否则会影响药物疗效。⑪本类药物的钠盐易溶于水，但呈碱性，不可与酸性较强的药物如维生素C、氯化钙、青霉素、庆大霉素、阿米卡星、酚磺乙胺、阿托品、红霉素等配伍使用。

磺胺嘧啶

Sulfadiazine（SD）

【药理作用及适应证】本品属广谱慢效抑菌剂，对大多数革兰阳性菌、部分革兰阴性菌及某些原虫有效。尤对肺炎链球菌、溶血性链球菌、淋球菌、沙门菌、大肠杆菌等抑制作用较强，对葡萄球菌作用较差。易扩散进入组织和脑脊髓液中。临床用于各种敏感菌感染所致的呼吸道、消化道、泌尿道感染及敏感菌所致乳腺炎、子宫内膜炎、腹膜炎、败血症等；对马腺疫、坏死杆菌病，牛传染性腐蹄病，猪萎缩性鼻炎、链球菌病、仔猪水肿病、弓形虫病，羔羊多发性关节炎，兔葡萄球菌病，鸡传染性鼻炎、禽霍乱、副伤寒、球虫病、卡氏住白细胞虫病等均有效。一般与TMP合用。

【上市剂型】

① 磺胺嘧啶片，规格：每片0.5g。

② 磺胺嘧啶钠注射液，规格：2mL∶0.4g，5mL∶1g，10mL∶1g，50mL∶5g，100mL∶10g。

③ 增效磺胺嘧啶片，规格：每片含磺胺嘧啶25mg、甲氧苄氨嘧啶5mg。

④ 复方磺胺嘧啶混悬液，规格：100mL，磺胺嘧啶10g＋甲氧嘧啶2g；100mL，磺胺嘧啶25g＋甲氧苄啶5g；200mL，磺胺嘧啶80g＋甲氧苄啶16g。

⑤ 增效磺胺嘧啶钠注射液，规格：10mL内含磺胺嘧啶钠1g和TMP 0.2g。

⑥ 复方磺胺嘧啶钠注射液，规格：1mL，5mL，10mL。

【联用与禁忌】

① 抗菌增效剂（TMP、DVD）：联用有协同作用。

② 链霉素：联用可以增强治疗布氏杆菌病的效果。

③ 制霉菌素：联用有协同作用。

④ 薄荷醇和冰片：联用促进磺胺嘧啶透过血脑屏障的作用。

⑤ 口服抗凝血药（如华法林）：联用时抗凝作用增强（阻止华法林的代谢），增加出血倾向。

⑥ β-内酰胺类：磺胺类药物减少β-内酰胺类排泄，肾毒性增强。

⑦ 氯唑西林：属于配伍禁忌，不可混合注射。

⑧ 氨基糖苷类药物：联用会产生浑浊或沉淀，应避免配伍。

⑨ 盐酸林可霉素：联用产生沉淀，不能配伍使用。

⑩ 莫能霉素、盐霉素：与磺胺类联用可引起中毒。

⑪ 两性霉素 B：联用可以增加肾毒性。

⑫ 5%葡萄糖：磺胺嘧啶钠注射液与其配伍联用会析出结晶，输入后有引起死亡的危险。最好将磺胺嘧啶钠稀释在 200mL 生理盐水中，并限定在 2h 内滴完。空气中的二氧化碳也可使磺胺嘧啶钠析出游离磺胺结晶。在输液中禁入碳酸氢钠配伍，因可产生沉淀。

⑬ 噻嗪类或呋塞米：联用能增加磺胺嘧啶肾毒性和引起血小板减少，不可联用。

⑭ 酸性较强的药物如氯丙嗪、维生素 C 等：磺胺嘧啶钠注射液或水溶液呈碱性，不可与这些药物联用。

⑮ 硼砂：联用减少磺胺类药物吸收，降低疗效。

⑯ 巴比妥：联用抑制肝药酶活性，使巴比妥、苯妥英钠的代谢减慢，中枢抑制作用增强。

⑰ 药用炭、矽碳银、次碳酸铋：其吸附作用可使口服磺胺类药物吸收减少，降低疗效。

⑱ 氨茶碱：可与磺胺类药物竞争蛋白结合部位，两药联用时，氨茶碱血药浓度增高，应注意调整剂量。

⑲ 丙磺舒：联用使磺胺类药物肾排泄减慢。

⑳ 局麻药（普鲁卡因、丁卡因、苯佐卡因）、对氨基水杨酸、叶酸：在体内代谢产生对氨基苯甲酸（PABA），可拮抗磺胺类药物的抗菌活性（竞争二氢叶酸合成酶）。酵母片中含有细菌代谢所需要的 PABA，降低磺胺嘧啶作用，不宜联用。复方磺胺甲噁唑可降低或消除叶酸治疗巨幼细胞性贫血的疗效，对氨基苯甲酸可减弱磺胺类药物的疗效，故含有氨苯甲酰基的局麻药不宜与磺胺类药物配伍。

㉑ 对氨基苯甲酸（PABA）：可降低或对抗磺胺类药物的抗菌作用，避免联用。

㉒ 硫酸镁、硫代硫酸钠：可以引起硫化血红蛋白症。各种泻

药可以减弱或清除磺胺药的作用。

㉓ 保泰松、阿司匹林：与磺胺类药物联用时，药理作用和毒副作用都会增强。

㉔ 食母生（含有多种B族维生素）、核酸、氨基酸：均可使体内对氨基苯甲酸（PABA）含量增加，从而减弱复方磺胺甲噁唑的抗菌作用。磺胺类药物的抗菌作用亦可使乳酶生失效。

㉕ 大山楂丸、乌梅丸、川芎茶调散及生脉散等：含有机酸中成药可能使尿酸化，减少磺胺类药物排泄，易发生毒副作用，增加磺胺结晶形成。

㉖ 神曲：联用拮抗磺胺类药物的抑菌作用。

㉗ 十灰散：可吸附磺胺类药物降低疗效，磺胺类药物不宜与含药炭的中成药同时服用。

㉘ 含鞣质中药（地榆、石榴皮、五倍子、诃子、大黄、虎杖等）：与磺胺类药物结合，减少排泄，导致血中和肝内磺胺药物浓度增高，严重者可发生中毒性肝炎。

㉙ 保和丸：含神曲、麦芽等多种消化酶，磺胺类药物抑制酶活性，联用时降低中药健胃消食作用，并降低磺胺类药物的抗菌效价。

㉚ 乙醇、药酒：磺胺类药物可加强乙醇的毒性作用。

㉛ 白陶土、果胶：联用使复方磺胺甲噁唑的血药浓度降低约10％。

【用药注意】

① 磺胺嘧啶钠注射液碱性强，对局部组织有很强的刺激性，宜深部肌内注射，宠物不宜肌内注射。

② 磺胺嘧啶易于在泌尿道内形成结晶，引起血尿、结晶尿等不良反应，所以饲喂时不可任意加大剂量，增加用药次数或延长疗程，以防蓄积中毒。

③ 磺胺嘧啶钠注射液不宜做皮下或鞘内注射，要避免与酸类制剂合用，否则会析出磺胺嘧啶结晶。注射时不能用葡萄糖稀释。

④ 动物用药期间应充分饮水，以增加尿量，促进排泄。幼

畜、杂食动物、肉食动物使用磺胺嘧啶溶解度，宜与等量碳酸氢钠同服，以碱化尿液，促进排出；注意补充B族维生素和维生素K。

⑤ 休药期为：牛10d，猪10d，鸡1d。

⑥ 其他参见本类药物概述。

磺胺二甲嘧啶

Sulfadimidine（SM_2）

【药理作用及适应证】 抗菌效力比SD稍弱，对球虫有较强抑制作用。生产成本低，还可防治畜、禽球虫病，而且细菌较难形成耐药性。兽医临床上应用，见磺胺嘧啶。本品吸收较迅速而完全，排泄较慢，可以在家畜体内维持较长时间的有效浓度，但疗效稍差，属于中效磺胺。特点是不良反应较少，不易引起泌尿道损害。

【上市剂型】

① 磺胺二甲嘧啶片剂，规格：0.5g。

② 磺胺二甲嘧啶注射液，规格：2mL∶0.4g，5mL∶0.5g，5mL∶1g，10mL∶1g，10mL∶2g，50mL∶10g。

③ 磺胺二甲嘧啶钠注射液，规格：5mL∶0.5g，10mL∶1g，100mL∶10g。

【联用与禁忌】

① 泰乐菌素：联用于防治猪痢疾、鸡传染性鼻炎，猪禽细菌性肠道、呼吸道感染。

② 巴喹普林配伍：联用于牛、猪、犬的细菌性感染。

③ 其他参见磺胺嘧啶。

【用药注意】

① 本品及其乙酰化物的溶解度较高，不易引起结晶尿和血尿，可不加碳酸氢钠。

② 休药期：牛10d，猪15d，禽10d。

③ 其他参见概述和其他磺胺类药物。

磺胺甲噁唑

Sulfamethoxazole（SMZ）

【药理作用及适应证】又名新诺明，抗菌谱与磺胺嘧啶相近，但抗菌作用较强、排泄较慢、作用维持时间长。本品的抗菌作用较其他磺胺药强，与磺胺间甲氧嘧啶相同，均可名列首位。如与抗菌增效剂TMP合用，抗菌作用可增强数倍至数十倍，疗效近似氯霉素、四环素和氨苄青霉素，临床应用范围也相应扩大。可用于禽霍乱、禽副伤寒、禽慢性呼吸道病等。本品内服易吸收，但吸收较慢，在胃肠道和尿中的排泄较慢，乙酰化率高，且溶解度低，所以较易造成泌尿系统损伤，出现结晶尿和血尿等。

【上市剂型】

① 磺胺甲噁唑片，规格：每片0.5g。

② 增效新诺明片，规格：每片含SMZ 0.4g和TMP 0.08g。

③ 注射液，规格：5mL∶2g。

④ 复方磺胺甲噁唑片，规格：每片含磺胺甲噁唑400mg＋甲氧苄啶80mg。

【联用与禁忌】

① 咪康唑：与复方磺胺甲噁唑联用，增强体内外抗白色念珠菌的效力。

② 抗菌增效剂（TMP）：联用使磺胺甲噁唑的抗菌作用增强数倍至数十倍，并具有杀菌作用，疗效近似四环素和氨苄西林。

③ 左旋咪唑：联用治疗弓形虫病，可破坏虫体、减少抗原刺激、改善症状。

④ 对乙酰氨基酚：联用增强或延长复方磺胺甲噁唑的作用，使血药浓度升高，增强药效和不良反应（相互竞争血浆蛋白结合位点）。

⑤ 其他参见磺胺嘧啶。

【用药注意】

① 本品与其他同类药物相比，乙酰化率高，溶解度低，易引

起血尿和结晶尿，服用时应配用等量碳酸氢钠，并充足饮水。

② 休药期 28d；弃奶期 7d。

③ 其他参见概述和其他磺胺类药物。

磺胺对甲氧嘧啶

Sulfamethoxydiazine (SMD)

【药理作用及适应证】 本品抗菌谱同磺胺间甲氧嘧啶 (SMM)，但抗菌活性不及 SMM，对链球菌、肺炎球菌、伤寒杆菌、沙门菌等有良效。内服吸收良好，适用于敏感菌所致的各系统感染，尤其对尿路感染的疗效显著。与 DVD 制成预混剂，可用于防治禽的细菌感染和球虫病。细菌对此药产生耐药性较慢。本品制造工艺简单，价格低廉，是一种较有前途的磺胺类药物。

【上市剂型】

① 磺胺对甲氧嘧啶片剂，规格：每片 0.5g。

② 复方磺胺对甲氧嘧啶片，规格：每片含磺胺对甲氧嘧啶 400mg+甲氧苄啶 80mg。

③ 磺胺对甲氧嘧啶、二甲氧苄啶预混剂，规格：10g，磺胺对甲氧嘧啶钠 2g+甲氧苄啶 0.4g；100g，磺胺对甲氧嘧啶钠 20g+二甲氧苄啶 4g；500g，磺胺对甲氧嘧啶钠 100g+二甲氧苄啶 20g。(手册)

④ 增效磺胺对甲氧嘧啶钠注射液，规格：10mL，SMD 1g 和 TMP 0.2g；5mL，SMD 0.5g 和 TMP 0.1g。

⑤ 复方磺胺对甲氧嘧啶注射液，规格：10mL，磺胺对甲氧嘧啶钠 1g+甲氧苄啶 0.2g；10mL，磺胺对甲氧嘧啶钠 2g+甲氧苄啶 0.4g。

【联用与禁忌】

① 抗菌增效剂 DVD：联用对金黄色葡萄球菌、大肠杆菌和变形杆菌体外增加抗菌活性 10～30 倍。

② 抗菌增效剂 TMP：联用增效效果较其他磺胺类药物更为显著。

③ 其他参见磺胺嘧啶。

【用药注意】

① 用药期间，动物应充分饮水。

② 利用磺胺对甲氧嘧啶、二甲氧苄啶预混剂对动物进行连续饲喂时，疗程应控制在10d以内。

③ 肾功能损害的动物禁用。

④ 休药期28d；弃奶期7d。鸡的休药期为10d，蛋鸡产蛋期禁用。

⑤ 其他参见概述和其他磺胺类药物。

磺胺间甲氧嘧啶

Sulfamonomethoxine（SMM）

【药理作用及适应证】为一种较新的磺胺药，抗菌作用强，是磺胺类药物中抗菌活性最强的品种之一。内服吸收快、安全，体内抗菌活性高，副作用小。本品对细菌感染效果良好，可用于治疗敏感菌所引起的各种感染如肺炎、菌痢、肠炎及泌尿道感染，尤其是对猪弓形虫病、仔猪水肿病和禽、兔球虫病等的疗效较高，对猪萎缩性鼻炎也有一定疗效。在治疗乳腺炎和子宫内膜炎时，可以用其钠盐溶液局部灌注。较少引起泌尿道损害，内服吸收良好，血药浓度较高。

【上市剂型】

① 磺胺间甲氧嘧啶片剂，规格：0.5g。

② 磺胺间甲氧嘧啶注射液，规格：10mL∶1g，20mL∶2g，50mL∶5g。

③ 磺胺间甲氧嘧啶钠注射液，规格：10mL∶1g，20mL∶2g，50mL∶5g。

【联用及禁忌】参见磺胺嘧啶。

【用药注意】

① 为保证药效，首次量应加倍。用药至症状消失后2～3d停药，用药期间动物应该充分饮水，必要时应该给予碳酸氢钠碱化尿液。

② 连续用药不应该超过10d。

③ 休药期：28d。鸡的休药期为 7d。

④ 其他参见磺胺类药物。

【同类药物】

磺胺噻唑（Sulfathiazole，ST）　磺胺噻唑抗菌作用要强于磺胺二甲嘧啶和磺胺嘧啶，且廉价易得，但是磺胺噻唑属短效磺胺，排泄较以上两药更快，且除了易引起结晶尿和血尿外，其他的副作用也较多。

磺胺异噁唑（Sulfafurazole，SFZ，SIZ）　磺胺异噁唑的抗菌效力比 SD 强，吸收排泄快，并且在尿液中的溶解度高，是治疗泌尿道感染的首选药物，也可以用于其他感染。

磺胺氯达嗪（Sulfachlorpyridazine）　抗菌谱与磺胺间甲氧嘧啶相似，但抗菌作用较之要弱，其他作用与磺胺间甲氧嘧啶相似，可用于猪、鸡的大肠杆菌和巴氏杆菌感染等。上市的剂型有复方磺胺氯达嗪钠可溶性粉，用于内服。但是磺胺氯达嗪不能作为饲料添加剂长期应用，且禁用于反刍动物。不良反应较少，偶有轻度胃肠道反应如恶心、食欲不振、过敏性皮疹及白细胞减少等。休药期：猪 4d，鸡 2d。

磺胺二甲氧嘧啶（Sulfadimoxine，SDM）　又名磺胺地索辛。抗菌谱同磺胺嘧啶，活性较之稍弱，与甲氧苄啶合用能产生较好疗效。本品有较好的抗球虫、抗弓形虫的作用，不易引起尿路损害。用于禽的慢性或轻度呼吸系统和消化系统感染，也可用于防治鸡的球虫病。

磺胺多辛（Sulfadoxine，SDM′）　又名周效磺胺、磺胺邻二甲氧嘧啶。抗菌谱同磺胺嘧啶，但是活性较之稍弱。与甲氧苄啶合用能产生较好疗效，本品有较好的抗球虫、抗弓形虫的作用，不易引起尿路损害。人体内半衰期长达 150h 而成为周效磺胺，但在畜禽体内无周效特点。用于禽的慢性或轻度呼吸系统和消化系统感染，也可用于防治鸡的球虫病。

磺胺甲氧哒嗪（Sulfamethoxypyridazine，SMP）　本品对内服吸收缓慢，排泄较慢，作用维持时间长，与磺胺邻二甲氧嘧啶一样属长效磺胺，SMP 可用于链球菌、葡萄球菌、肺炎球菌、大肠杆菌、李氏杆菌等敏感菌的感染，且有较强的抗菌作用。

磺胺胍（Sulfaguanidine，SG） 本品抗菌活性较弱，内服吸收很少，在肠道内药物浓度较高，大部分随粪便排出，用于防治的肠炎和菌痢等肠道细菌感染疾病，现已少用。

磺胺嘧啶银

Sulfadiazine Silver（SD-Ag）

【药理作用及适应证】抗菌谱同磺胺嘧啶，但对铜绿假单胞菌的抗菌作用较磺胺米隆强。治疗烧伤等有控制感染、促进创面干燥和加速愈合等功效。临床适用于创面感染，特别是铜绿假单胞菌引起的创面感染和Ⅱ度、Ⅲ度烧、烫伤。刺激性小。

【上市剂型】磺胺嘧啶银软膏、乳膏，规格：1%，外敷于创伤面。

【联用与禁忌】与氯己定联用治疗铜绿假单胞菌感染有协同作用。其他参见其他磺胺类药物。

【用药注意】

① 禁用于对磺胺类药物过敏的患畜。

② 禁用于葡萄糖-6-磷酸脱氢酯酶缺乏的患畜。

③ 孕畜、幼畜及有肝肾疾病的动物禁用。

④ 本品与金属离子可产生反应而变黑，变黑后不可再用。

⑤ 大面积应用时，应先清洗创面。敷用药物后，局部若有脱落应立即补药，时刻保持全部覆盖的状态，不可随意停药，直至创口愈合为止。

⑥ 其他参见概述和其他磺胺类药物。

【同类药物】

磺胺米隆 又名甲磺灭脓。与磺胺嘧啶银一样是外用的广谱磺胺药，其对铜绿假单胞菌的作用弱于磺胺嘧啶银，但是较其他磺胺类药物强。磺胺米隆和磺胺嘧啶银一样可以用于烧伤创面感染，但是前者更可以用于外科手术和外伤的局部感染，且前者不受对氨基苯甲酸的影响，并能渗入灼烧的焦痂，还能促进烧伤创面上皮生长愈合。磺胺米隆局部应用时会有疼痛、烧灼感，有时还会引起变态反应。由于磺胺米隆在血中很快失活，所以只能局部使用，不能内服和注射。

磺胺醋酰钠（Sulfacetamide Sodium，SA-Na） 磺胺醋酰钠在水中溶解度大，溶液近中性，对黏膜刺激性小，所以临床上主要用于眼部感染，如结膜炎、角膜化脓性溃疡等。上市的剂型有10%～30%滴眼液或软膏，作局部用药，且用药时要注意不能与泼尼松龙合用。

甲氧苄啶

Trimethoprim（TMP）

【药理作用及适应证】又名甲氧苄胺嘧啶。抗菌谱与磺胺类基本相同，抗菌作用稍强，抑制二氢叶酸还原酶而抑菌，与磺胺类药物联用抗菌效果增加显著，可增强十倍至数十倍，甚至有杀菌作用，并可以减少耐药菌株的产生，同时由于用药剂量的减少，也降低了毒副作用的发生。本品也能增强其他抗菌药物和中药的抗菌活性。本品内服和注射均吸收迅速，用药后1～4h就可以在血中达到有效抑菌浓度。对其高度敏感的细菌有大肠杆菌、沙门菌、梭菌属、巴氏杆菌属、链球菌、流感嗜血菌、炭疽杆菌等；布氏杆菌、葡萄球菌、肠道球菌、放线菌、脑膜炎链球菌、变形杆菌、棒状杆菌属等对本品的敏感性次之。临床上，磺胺类药物与本品的复方制剂（常按5∶1）对畜、禽的呼吸道、消化道、泌尿道等感染和皮肤、创伤感染、急性乳腺炎等都有良好的效果，但是对铜绿假单胞菌、猪丹毒杆菌、结核杆菌和钩端螺旋体引起的感染无效。

【上市剂型】多与磺胺类药物按5∶1比例，联合使用于粉剂、预混剂和注射剂。

【联用与禁忌】

① 磺胺类药物：联用增强疗效，且不易产生耐药菌株。

② 青霉素类：联用有显著增效作用。

③ 头孢菌素类：联用增强疗效，并减缓细菌耐药性的产生。

④ 氨基苷类药物如庆大霉素、卡那霉素、阿米卡星、新霉素、安普霉素等：联用均有增效作用。

⑤ 土霉素类：联用有显著增效作用。

⑥ 大环内酯类（如红霉素、麦迪霉素等）：体外试验有增效作用。

⑦ 多西环素：联用对小部分的菌株的抗菌效力有增强作用，对大部分菌株物增效作用。

⑧ 林可霉素：配伍有协同作用，可以增强抗菌效力，减少药物的不良反应。

⑨ 黏菌素类：联用增效作用达到 2～3 倍，且对铜绿假单胞菌的作用增强。

⑩ 喹诺酮类如吡哌酸、氟哌酸、恩诺沙星、氧氟沙星：联用增效作用显著，药物的副作用也得以降低。

⑪ 黄连素：联用显著增强抗菌效果。

⑫ 氨苯砜：联用防止感染的作用得到增强。

⑬ 异烟肼：联用治疗大肠杆菌、沙门菌疗效显著。

⑭ 利福平：联用有协同作用。

⑮ 呋喃唑酮、呋喃西林：联用可显著增强抗菌消炎的作用，且降低不良反应的发生。

⑯ 苦参合剂（含苦参、黄柏、甘草、仙鹤草）、苦十合剂（含苦参、十大功劳、仙鹤草、甘草）、复方地榆片、水杨梅：联用有协同作用。

⑰ 忍冬藤、黄芩、黄柏、贯众、墨旱莲：联用可增强这些药物的抗菌作用。

⑱ 蒲公英、女贞：联用可增强抗菌作用，且作用大于相加作用。

⑲ 鱼腥草：联用有协同作用，但是与鱼腥草挥发油联用有拮抗作用。

⑳ 青蒿：联用可增强抗原虫的作用，对于防治球虫病也有很好的疗效。

㉑ 白头翁、仙鹤草、马齿苋：联用对于防治大肠杆菌、沙门菌有协同作用。

㉒ 复方地榆片（含地榆、秦皮、山楂）：联用增强抗痢疾杆菌

作用。

㉓ 水杨酸：联用增强抗伤寒杆菌作用。

㉔ 对乙酰氨基酚：大剂量或长期联用，会引起贫血、血小板降低、白细胞减少等，不可联用。

【用药注意】

① 不良反应：本品毒性较低，偶见白细胞、血小板减少，但是大剂量长期使用会引起骨髓造血功能抑制。个别动物应用时会出现胃肠道反应，如恶心、呕吐、食欲不振等。

② 本品不适合单独应用，单独应用易产生耐药性。

③ 怀孕初期的动物禁止使用。

④ 本品与磺胺类药物的钠盐用于肌内注射时，刺激性较强，宜做深部肌内注射。

⑤ 严重肝肾疾病的动物禁用。

【同类药物】

二甲氧苄啶（diaveridine，DVD） 又名二甲氧苄氨嘧啶，抗菌谱与TMP相似，抗菌作用也大致相似或较TMP稍弱。本品是畜禽专用药，对磺胺药和抗生素也有明显的增效作用，而且与抗球虫的磺胺药合用增效作用要比TMP明显。但是本品内服吸收很少，其最高血药浓度值为TMP的1/5，但是由于DVD在胃肠道的浓度较高，所以用于肠道抗菌增效剂的作用要比TMP好。DVD主要由粪便排泄，排泄速度较TMP慢。国内现在用于防治鸡球虫病、兔球虫病、鸡白痢、禽霍乱、羔羊痢疾、仔猪白痢等有良好的效果。其联用与禁忌和用药注意参见甲氧苄啶。

二、喹诺酮类药物

喹诺酮类为广谱杀菌性抗菌药，具有抗菌谱广、杀菌力强、给药途径多样、体内药动学优良、不良反应少、价格便宜等优点，兽医临床广泛使用。主要通过选择性干扰细菌DNA拓扑异构酶，干扰细菌的DNA的复制而杀菌。有研究证实，该类药物还能致菌体肿胀破裂、细胞重要内容物外漏，也是其杀菌重要的作用机制。

本类药物由于上市时间较晚，动物专用品种较多，如三代喹诺酮类药物恩诺沙星、达氟沙星、二氟沙星、沙拉沙星，我国兽医临床应用尚有诺氟沙星、培氟沙星、氧氟沙星、环丙沙星、洛美沙星等。四代动物专用药有麻保沙星、奥比沙星、依巴沙星等。

本类药物对革兰阴性菌、革兰阳性菌、支原体、衣原体、某些厌氧菌等均有较好的抑杀作用，尤对革兰阴性杆菌作用强，敏感菌包括金黄色葡萄球菌、链球菌、化脓放线菌、大肠杆菌、沙门菌、巴氏杆菌、克雷伯菌、变形杆菌、铜绿假单胞菌、嗜血杆菌、波氏菌、丹毒杆菌、支原体；对耐青霉素金黄色葡萄球菌、耐磺胺类+TMP细菌、耐庆大霉素铜绿假单胞菌、耐泰乐菌素或泰妙菌素支原体也有效；氧氟沙星、环丙沙星及麻保沙星对分枝杆菌有一定作用。

由于食品动物大量高频次使用，耐药性发展迅速。产生原因包括发生基因突变，使药物失去作用靶点；或改变膜孔道蛋白阻碍药物进入菌体内；或主动外排。本类药物间存交叉耐药性，与其他抗菌药无明显交叉耐药。

本类药物给药途径广泛，无论内服或注射，吸收迅速、体内分布广泛，组织药物浓度远高于血浆药物浓度，有利于治疗全身及各个系统或组织的感染性疾病，代谢物或以原型主要经肾排泄。

不良反应主要有：①中枢神经系统反应，出现兴奋症状，鸡兴奋后呆滞或昏迷死亡；②胃肠道反应，食欲下降、饮水增加、拉绿粪、拉稀等；③过敏反应，症状有红斑、瘙痒、光敏反应及药物热等，严重者发生过敏性休克；④肝肾毒性，大剂量或长期服用易发间质性肾炎，肝细胞变性和坏死，尤以环丙沙星明显；⑤影响软骨发育，特别是负重关节；⑥尿路损害，大剂量使用或饮水不足易产生结晶尿；⑦眼毒性，高剂量诱发猫视网膜变性，导致失明。

合理使用该类药物，应注意：①幼龄动物（尤其是马和小于8周龄的犬）、蛋鸡产蛋期和孕畜禁用；患癫痫的犬、肉食动物、肝肾功能不良患畜慎用；②耐药菌株增多，不应在亚治疗剂量下长期使用；③配合用药多给动物饮水；④雏鸡对本类注射液敏感，严格控制用量；⑤光敏反应产物毒性比原药增高10倍以上，应用期间避免阳光直接照射皮肤。

恩诺沙星

Enrofloxacin

【药理作用及适应证】 又名乙基环丙沙星。动物专用。广谱杀菌药，对革兰阴性菌、革兰阳性菌、支原体、衣原体均有较好的抑杀作用，尤对支原体、衣原体、革兰阴性菌作用强；对金黄色葡萄球菌、化脓放线菌、丹毒杆菌等也有较好作用；对铜绿假单胞菌、链球菌作用较弱；对厌氧菌作用弱。本品对敏感菌有明显抗菌后效应，抗菌活性呈浓度依赖性。用于敏感菌所致的呼吸道、肠道、泌尿道和皮肤软组织感染，如犊牛大肠杆菌病、牛肺疫；猪白痢、水肿病、支气管肺炎、子宫-乳腺炎综合征；鸡传染性鼻炎、白痢、禽出血性败血症及家禽各种支原体感染等。本品吸收迅速，肌注较内服吸收好，分布广泛，体内代谢主要脱乙基成环丙沙星，仍具强大活性，猪体内缺乏脱乙基酶而直接灭活，15%～50%以原型从尿排出。

【上市剂型】

① 恩诺沙星片剂：2.5mg、5mg。

② 恩诺沙星可溶性粉，规格：2.5%，5%，10%。

③ 恩诺沙星注射液，规格：5mL∶0.25g，10mL∶50mg，10mL∶0.25g，10mL∶0.5g，100mL∶5g。

④ 恩诺沙星溶液，规格：2.5%，5%，10%。

【联用与禁忌】

① 青霉素类、头孢菌素类、氨基糖苷类、林可胺类：联用对肠杆菌、革兰阴性菌及部分铜绿假单胞菌等有协同作用，并减少耐药菌产生。

② 抗菌增效剂（TMP等）：联用增强喹诺酮类药物的抗菌活性，减少耐药菌产生。

③ 克林霉素：联用对链球菌、葡萄球菌等革兰阳性菌作用增强。

④ 甲硝唑：联用抗厌氧菌有协同作用。

⑤ 丙磺舒：联用降低本品肾消除率，使血药浓度升高，半衰

期延长。

⑥ 甲氧氯普胺：联用使恩诺沙星吸收增加，但混合注射产生沉淀。

⑦ 氨茶碱：联用抑制氨茶碱代谢，增强毒副作用，应减少氨茶碱的剂量。

⑧ 咖啡因、华法林：联用抑制咖啡因、华法林的代谢，必须联用应减量。

⑨ 大环内酯类、四环素类、酰胺醇类、利福平：均为蛋白质合成抑制剂，作用位点在喹诺酮类药物作用位点后部，联用疗效降低，甚至增加副作用，不宜联用。

⑩ 两性霉素 B、美帕曲星：联用产生拮抗作用。

⑪ 非甾体抗炎药物：如布洛芬增加喹诺酮类药物的神经毒性；与吲哚美辛联用引起痉挛、惊厥和癫痫等。除阿司匹林外，避免联用。

⑫ β受体阻滞剂（如倍他洛尔等）：联用使β受体阻滞剂血药浓度升高，不宜联用。

⑬ H_2 受体阻断剂、碳酸氢钠等抗酸药：联用降低喹诺酮类药物吸收，避免联用。

⑭ 含阳离子（如 Al^{3+}、Mg^{2+}、Ca^{2+}、Fe^{2+}、Zn^{2+}）药物及饲料添加剂：联用发生螯合反应，影响吸收，使血药浓度下降，抗菌作用减弱或消失。必须联用间隔 2～6h。

⑮ 食母生等活性制剂：联用被喹诺酮类药物灭活。

⑯ 牛奶、酸奶：联用使喹诺酮类药物吸收减少，血药浓度降低。

【用药注意】

① 犬、猫不良反应发生率较其他动物高，犬用于 8 周龄以下，供繁殖用幼龄种畜及马驹慎用。

② 食肉动物及肾功能不全动物慎用，有严重肾病或肝病动物调节用量，以免体内药物蓄积。

③ 恩诺沙星注射液不适用于马，肌内注射有一过性刺激，犬静脉注射时不良反应易发。

④ 休药期：恩诺沙星片剂，鸡 8d，蛋鸡产蛋期禁用。

⑤ 其他参见概述和其他喹诺酮类药物。

达氟沙星

Danofloxacin

【药理作用及适应证】 又名达诺沙星、达氟沙星。动物专用。抗菌谱与恩诺沙星相似，作用比恩诺沙星强 2 倍。对呼吸道致病菌作用强；对牛溶血性巴氏杆菌、多杀性巴氏杆菌、支原体，猪胸膜肺炎放线杆菌、肺炎支原体，鸡大肠杆菌、多杀性巴氏杆菌、支原体有良效；用于牛巴氏杆菌病、肺炎；猪传染性胸膜肺炎、支原体性肺炎；禽大肠杆菌病、禽霍乱、慢性呼吸道病等；本品内服、肌内和皮下注射吸收均迅速而完全，在肺组织中浓度高，主要经肾排泄，其次是胆汁。

【上市剂型】

① 甲磺酸达氟沙星粉，规格：2%，2.5%，10%。

② 甲磺酸达氟沙星溶液，规格：2%。

③ 甲磺酸达氟沙星注射液，规格：5mL∶50mg，5mL∶100mg，5mL∶125mg，10mL∶100mg，10mL∶250mg。

【联用与禁忌】 硝基呋喃类拮抗单诺沙星的抗菌活性，使其疗效降低，不宜联用。

【用药注意】

① 休药期：甲磺酸达氟沙星粉，鸡 5d，蛋鸡产蛋期禁用；甲磺酸达氟沙星溶液，鸡 5d，蛋鸡产蛋期禁用；甲磺酸达氟沙星注射液，猪 25d。

② 其他参见喹诺酮类药物。

二氟沙星

Difloxacin

【药理作用及适应证】 动物专用，抗菌谱与恩诺沙星相似，抗菌活性略低，对部分单胞菌、大多数肠球菌及多数厌氧菌无效。内服后吸收完全，血药浓度高而持久。

【上市剂型】

① 盐酸二氟沙星粉，规格：2.5%，5%。

② 盐酸二氟沙星溶液，规格：2.5%，5%。

③ 盐酸二氟沙星注射液，规格：10mL∶0.2g，10mL∶2.5g。

【联用与禁忌】

① 氨基糖苷类：联用有协同抗菌作用，但毒性也增强。

② 硝基呋喃类：联用有拮抗作用。

③ 其他参见恩诺沙星。

【用药注意】

① 犬、猫内服本品易发胃肠反应，如厌食、呕吐、腹泻。

② 犬空腹给药易蓄积，致中毒甚至严重肾衰竭。

③ 其他参见概述和其他喹诺酮类药物。

沙拉沙星

Sarafloxacin

【药理作用及适应证】动物专用，抗菌谱及适应证同恩诺沙星，对支原体的效力略低于二氟沙星。用于鱼敏感菌如杀鲑产气单胞菌、杀弧菌、鳗弧菌感染性疾病。本品混饮吸收迅速，生物利用度高，混饲吸收缓慢，生物利用度较低，分布广泛，组织中药物浓度高于血浆，消除迅速、残留期短。

【上市剂型】

① 盐酸沙拉沙星片剂，规格：5mg，10mg。

② 盐酸沙拉沙星可溶性粉，规格：50g∶1.25g，100g∶2.5g，50g∶2.5g，100g∶5g。

③ 盐酸沙拉沙星溶液，规格：100mL∶1g，100mL∶2.5g，100mL∶5g。

④ 盐酸沙拉沙星注射液，规格：10mL∶0.1g，100mL∶1g，100mL∶2.5g。

【联用与禁忌】参见恩诺沙星。

【用药注意】

① 鸡产蛋期禁用。

② 其他参见概述和其他喹诺酮类药物。

马波沙星

Marbofloxacin

【药理作用及适应证】动物专用四代喹诺酮类，对革兰阴性菌、支原体作用同三代，增强了抑杀革兰阳性菌作用。用于敏感菌引发的犬、猫呼吸道、消化道、泌尿道及皮肤感染，对牛、羊乳腺炎及猪乳腺炎-子宫炎-无乳综合征亦有效。本品吸收迅速，分布广泛，部分在肝代谢为无活性代谢物，30%～45%以原型经肾排泄。有效血药浓度浓度维持时间长，消除半衰期长。

【上市剂型】

① 马波沙星片，规格：5mg，20mg，80mg。

② 马波沙星注射液，规格：1mL∶100mg。

【联用与禁忌】【用药注意】参见恩诺沙星。

环丙沙星

Ciprofloxacin

【药理作用及适应证】同恩诺沙星。对部分革兰阴性菌的作用明显优于其他喹诺酮类药物，尤其对铜绿假单胞菌的体外抗菌活性最强。内服吸收迅速，但不完全，肌注生物利用度高于内服，动物生物利用度种属间差异大，低于恩诺沙星，主要以原型经肾脏排泄。

【上市剂型】

① 盐酸环丙沙星可溶性粉，规格：100g∶2g。

② 乳酸环丙沙星可溶性粉，规格：50g∶1g。

③ 盐酸环丙沙星注射液，规格：100mL，环丙沙星0.2g和葡萄糖0.5g。

④ 乳酸环丙沙星注射液，规格：10mL∶0.05g，10mL∶0.2g。

【联用与禁忌】

① 阿米卡星、阿洛西林：联用抗铜绿假单胞菌和金黄色葡萄球菌有协同作用。

② 甲氧氯普胺：联用增加环丙沙星抗菌活性。

③ 两性霉素B、美帕曲星：联用产生拮抗作用。

④ 呋喃妥因、多柔比星：联用毒性增强。

⑤ 地塞米松、呋塞米、肝素、硫酸镁、甲泼尼龙：配伍产生沉淀，不宜配伍。

⑥ 两性霉素B、美帕曲星（抗真菌药）：联用两性霉素B、美帕曲星抗菌活性降低。

⑦ 磷酸盐结合剂：联用会降低血清中本品的浓度达到75%～92%，避免配伍使用。

⑧ 其他参见恩诺沙星。

【用药注意】

① 大剂量或长期使用，肝损害较其他喹诺酮类药物更为严重。

② 长期重复用药，易发二重感染。

③ 每次静脉滴注时间应在1h以上，过快易引起惊厥或癫痫发作。

④ 用药期间，多饮水，注意保持尿液的pH低于6.8，以免产生结晶尿。

⑤ 本品遇光易变质分解，应避光保存。

⑥ 对本药物过敏者，幼畜、孕畜、哺乳期母畜禁用，产蛋鸡禁用。

⑦ 肾功能不全的动物、有癫痫病史的动物慎用。

⑧ 其他参见概述和其他喹诺酮类药物。

诺氟沙星

Norfloxacin

【药理作用及适应证】 又名氟哌酸。抗菌谱同恩诺沙星，作用不及恩诺沙星，对金黄色葡萄球菌作用比庆大霉素强。内服生物利用度较低。用于敏感革兰阴性菌所致的消化道、呼吸道、泌尿生殖道感染，如禽的大肠杆菌病、禽巴氏杆菌病、鸡白痢、仔猪黄痢、仔猪白痢等。

【上市剂型】

① 烟酸诺氟沙星预混剂，规格：10%。

② 乳酸诺氟沙星可溶性粉，规格：100g∶5g。

③ 烟酸诺氟沙星可溶性粉，规格：100g∶5g。

④ 烟酸诺氟沙星溶液，规格：100mL∶2g。

⑤ 烟酸诺氟沙星注射液，规格：100mL∶2g。

【联用与禁忌】

① 甲氧氯普胺：加速胃排空，增加诺氟沙星的吸收，增强疗效。

② 糖皮质激素（如泼尼松等）：常配伍制成局部外用新剂型，如滴眼剂、滴耳剂、滴鼻剂等。

③ 格列本脲：联用使诺氟沙星失去抗菌活性。

④ 其他参见恩诺沙星。

【用药注意】

① 本品有致光敏性皮炎可能，治疗期间避免阳光和紫外线照射。

② 出现肌腱炎症时，停止用药。

③ 其他参见概述和其他喹诺酮类药物。

氧氟沙星

Ofloxacin

【药理作用及适应证】抗菌谱、活性同恩诺沙星。内服吸收完全，体内分布广泛，组织药物浓度高。用于禽敏感菌所致的急慢性呼吸道、泌尿道、胆管、肠道、皮肤软组织感染及家畜、家禽的各种支原体感染。

【上市剂型】

① 氧氟沙星可溶性粉剂，规格：50g∶1g。

② 氧氟沙星注射液，规格：5mL∶0.1g，5mL∶0.2g，10mL∶0.1g，10mL∶0.2g，10mL∶0.4g，50mL∶2g，100mL∶4g。

【联用与禁忌】参见恩诺沙星。

【用药注意】

① 对软骨发育有阻碍，孕畜、哺乳期母畜、幼龄动物禁用。

② 犬静脉注射易发生不良反应。

③ 不宜与食物同用，应间隔1～2h。

④ 其他参见概述和其他喹诺酮类药物。

【同类药物】

奥比沙星（Orbifloxacin） 动物专用喹诺酮类，抗菌谱同其他喹诺酮类药物，主要用于犬、猫的敏感菌感染。

左氧氟沙星（Levofloxacin） 抗菌活性为氧氟沙星的2倍，尤其对甲氧西林敏感的葡萄球菌、溶血性链球菌、肺炎球菌、流感杆菌、大肠杆菌以及支原体的治疗效果明显强于环丙沙星、恩诺沙星。

三、硝基呋喃类药物

硝基呋喃类药物主要有呋喃唑酮、呋喃它酮、呋喃苯烯酸钠、呋喃妥因和呋喃西林等。本类药物因有潜在致突变和致癌的危险，已禁用于食品动物。

呋喃唑酮
Furazolidone

【药理作用及适应证】 又名痢特灵。抗菌谱广，抗菌效力不受血液、脓汁、组织分解产物影响。对大多数革兰阳性菌、革兰阴性菌及某些真菌和原虫有杀灭作用，其中对大肠杆菌、沙门菌作用较强；对产气杆菌、变形杆菌、铜绿假单胞菌、结核杆菌作用较弱，对贾第属、霍乱弧菌、毛滴虫属、球虫也有效。用于仔猪白痢、仔猪副伤寒、禽白痢、禽副伤寒、鸡和火鸡盲肠肝炎、球虫病等。耐药性产生缓慢，与其他抗菌药无交叉耐药。本品内服吸收少，难以维持有效血药浓度，不宜用于全身感染，肠道中浓度高，主要用于肠道感染。

【上市剂型】

① 呋喃唑酮片，规格：0.1g。

② 呋喃唑酮预混剂，规格：10g∶2g，100g∶20g，500g∶100g。

【联用与禁忌】

① 甲氧苄啶：联用使本品作用增强16倍，使TMP抑菌能力提高32倍，两者最佳配比1∶1。

② 胰岛素：联用增强和延长胰岛素降糖作用。

③ 麻醉药：联用使麻醉药分解减慢，应减量。

④ 丁螺环酮、司立吉林、交感胺（苯丙醇胺、麻黄碱等）、三环类抗抑郁药、其他单胺氧化酶抑制剂：联用抑制单胺氧化酶，发生严重过敏反应。因此也不能用于鱼类和禽类。

⑤ 哌替啶：联用易出现高热反应。

⑥ 萘啶酸：联用产生拮抗作用，不宜配伍。

⑦ 麻黄及其中成药：联用加重不良反应，甚至出现严重心肌梗死，禁止联用。

⑧ 硼砂：联用呋喃唑酮杀菌效力显著降低。

⑨ 扁豆：联用增加不良反应发生率，出现血压升高，甚至表现为高血压危象。

⑩ 药酒：联用易发醛中毒，出现高血压危象。

【用药注意】

① 不良反应微小，主要有厌食、呕吐、痉挛、腹泻、药物热、皮疹等，长期连用，可见出血综合征。

② 连续使用时，猪不得超过7d，禽不得超过10d。

③ 幼龄动物及肝功能异常动物慎用，对本品过敏动物禁用。

呋喃妥因

Nitrofurantoin

【药理作用及适应证】又名呋喃坦啶、硝呋妥因。作用机制为干扰细菌氧化酶系统而发挥抗菌作用，抗菌谱与呋喃唑酮似，用于敏感菌所致肾盂肾炎、肾盂炎、膀胱炎、尿道炎等。内服吸收快，排泄也快，有40%～50%以原型从尿排出，尿中浓度高，治疗泌尿道感染有良效，不适于全身感染。

【上市剂型】呋喃妥因片剂，规格：50mg，100mg。

【联用与禁忌】

① 抗胆碱能药物：联用增加口服呋喃妥因生物利用度。

② 丙磺舒：联用抑制呋喃妥因排泄，致血药浓度升高，半衰期延长。

③ 维生素 C：联用显著减少本品过敏反应发生。

④ 维生素 B_6：联用使本品从肾脏排出增加。

⑤ 甘草：联用保留呋喃妥因的抗菌作用，同时降低胃肠道不良反应。

⑥ 山楂：联用增强呋喃妥因抗菌作用，提高对泌尿系统感染的治疗作用。

⑦ 喹诺酮类药物：联用有拮抗作用。

⑧ 碳酸氢钠：呋喃妥因在碱性环境中的杀菌效力不及在酸性环境中，不宜与碱性药物配伍。

⑨ 痧气散：联用时呋喃妥因的抗菌作用降低。

⑩ 胃舒宁片（含氢氧化铝、三硅酸镁、氧化镁、白芨、木香、甘草、蛋壳粉、颠茄流浸膏）：联用使二者疗效均降低。

⑪ 其他参见呋喃唑酮。

【用药注意】

① 不良反应：易发犬、猫胃肠道功能紊乱和肝病，致雄畜不育或外周神经疾病。

② 孕畜、哺乳期母畜、新生幼畜慎用。

③ 肾功能不全患畜禁用。

④ 对本品过敏者禁用。

⑤ 注射液需现配现用。

【同类药物】

呋喃西林（Furacillin） 本品是呋喃类药物中毒性最大的，内服毒性大，以外用为主，临床上主要用作创伤、烧伤及黏膜的各种炎症。上市剂型有 0.02%～0.1%溶液、0.2%～0.1%软膏等。

呋喃它酮（Furaltadone） 主要对治疗禽支原体、沙门败血杆菌、鼠伤寒杆菌等有效，对禽支原体感染疗效高于泰乐菌素。

呋喃苯烯酸钠（Sodium Nifurstyrenate）　主要用于治疗鲈目鱼类的类结节菌及鲽目鱼类的滑行细菌感染。

四、硝基咪唑类抗菌药

硝基咪唑类包括甲硝唑、地美硝唑、替硝唑、氯甲硝唑、硝唑吗啉和氟硝唑等。兽医临床常用甲硝唑和地美硝唑，禁用于食品动物作抑菌促生长剂使用。

甲　硝　唑
Metronidazole

【药理作用及适应证】又名灭滴灵、甲硝咪唑。广谱抗厌氧菌及抗原虫药。对大多数转性厌氧菌有效，包括粪菌属、梭杆菌属、韦荣球菌、梭菌属、消化球菌属和消化链球菌属；放线杆菌易耐药。对滴虫和阿米巴原虫有效，能直接杀死阿米巴原虫；对需氧菌无效。用于厌氧菌引发的各种感染；易进入中枢神经系统，为脑部厌氧菌感染首选药。本品内服吸收迅速，生物利用度介于60%～100%，体内分布广泛，能透入血脑屏障，体内发生生物转化，原型及代谢物经肾脏及胆汁排泄。

【上市剂型】

① 甲硝唑片，规格：0.2g，0.5g。

② 甲硝唑可溶性粉，规格：10%，100g：20g。

③ 氟苯尼考甲硝唑滴耳液，规格：20mL，氟苯尼考500mg+甲硝唑60mg。

【联用与禁忌】

① 抗生素：联用增强抗感染范围和疗效，治疗由厌氧菌和需氧菌所致混合感染效果好，如与螺旋霉素配伍，用于家畜厌氧菌、阳性菌与支原体混合感染，与磺胺药、TMP配伍，用于禽球虫病、细菌与厌氧菌混合感染。

② 氯霉素：联用使甲硝唑消除延缓，清除降低。

③ 庆大霉素：输液稀释后才能与甲硝唑配伍，建议在2h内输完。

④ 甲氧氯普胺：联用减轻甲硝唑肠道副作用。

⑤ 抗胆碱药：联用治疗瘢痕性胃、十二指肠溃疡，疗效增强。

⑥ 氯喹：联用可见急性肌张力障碍，两药交替应用，治疗阿米巴肝脓肿有较好效果。

⑦ 薄荷脑：联用促进甲硝唑的经皮吸收。

⑧ 氨曲南、硝酸头孢孟多酯及盐酸多巴胺：存在物理配伍禁忌，避免使用。

⑨ 土霉素：联用降低甲硝唑抗滴虫作用。

⑩ 华法林或其他香豆素类抗凝血药：甲硝唑可以延长凝血时间，应避免联用。

⑪ 苯巴比妥或苯妥英：联用促进甲硝唑代谢，使血药浓度降低。

⑫ 糖皮质激素：联用使甲硝唑血药浓度降低。

⑬ 氢氧化铝：联用降低甲硝唑胃肠吸收，降低生物利用度。

【用药注意】

① 大剂量使用不良反应发生率可高达15％～30％。

② 本品遇光易变色，应避光、密闭保存。

③ 本品常见不良反应有食欲不振、恶心、腹泻、腹痛。

④ 禁用于食品动物。

⑤ 对本品或对硝基咪唑代谢物过敏，恶病质，孕畜或哺乳期幼畜慎用。

⑥ 肝功能障碍患畜慎用，必须使用时剂量为常规剂量25％～50％，肾功能不全动物亦需减量。

⑦ 硝基咪唑类药物可能对啮齿动物有致癌作用，对细胞有致突作用，不宜用于孕畜。

⑧ 偶致白细胞减少，有血液系统疾病动物慎用或禁用。

⑨ 长时间中等或大剂量治疗，或短时间内给予大剂量，可致神经功能紊乱，出现震颤、抽搐、共济失调、惊厥等症状。

⑩ 长期使用可诱发白色念珠菌病。

地美硝唑

Dimetridazole

【药理作用及适应证】又名二甲硝唑、二甲硝咪唑。动物专用，广谱抗菌和抗原虫作用，对厌氧菌、大肠弧菌、链球菌、葡萄球菌和密螺旋体有较好作用，能抗组织滴虫、纤毛虫、阿米巴原虫等，主要用于猪密螺旋体性痢疾、鸡组织滴虫病、肠道和全身厌氧菌感染。

【上市剂型】

① 地美硝唑预混剂，规格：20%。

② 复方地美硝唑可溶性粉，规格：100g，地美硝唑 8g＋磺胺对甲氧嘧啶 7.4g＋甲氧苄啶 2g。

【联用与禁忌】参见甲硝唑。

【用药注意】

① 鸡对本品敏感，大剂量引起平衡失调、肝肾功能损害。

② 休药期：猪、禽 3d，产蛋期禁用。

【同类药物】

替硝唑（Tinidazole） 药理作用及适应证与甲硝唑相似，对脆弱拟杆菌及梭形杆菌作用比甲硝唑强，对梭状芽孢杆菌作用比甲硝唑弱。

五、喹噁啉类药物

喹噁啉类药物为人工合成的广谱抑菌促生长药。具有抑制细菌 DNA，改变动物肠道菌群，提高能量物质和蛋白质的利用率，增加动物体内蛋白质合成的功效。主要用作饲料添加剂，因已上市品种有潜在致突变和致癌作用，美国、欧盟、日本等禁用于食品动物。

本类药物对革兰阳性菌、革兰阴性菌有效，部分药物对密螺旋体有良效。内服和肌注吸收良好，分布较广，组织中药物浓度高，多以原型从尿排出。

合理应用该类药物，应注意：①组织中药物浓度较高，药物残留危害人类，尤其禽类使用应严格执行休药期；②禁止与抗生素混合或同时使用；③严格按规定的剂量给药，均匀拌料，以防动物中毒，雏鸡尤其敏感；④产蛋鸡禁用；⑤部分品种如卡巴多司，对动物染色体有潜在性不良影响，多加注意。

乙酰甲喹

Mequindox

【药理作用及适应证】又名痢菌净。对猪痢疾密螺旋体作用突出，为首选药；对革兰阴性菌如巴氏杆菌、大肠杆菌、沙门菌作用较强；对革兰阳性菌如金黄色葡萄球菌、链球菌有一定作用。用于仔猪黄痢、白痢，犊牛副伤寒，鸡白痢、禽大肠杆菌病等疗效好。内服吸收良好，体内分布广泛，消除迅速，大部分以原型从尿中排出。

【上市剂型】

① 乙酰甲喹片，规格：0.1g，0.5g。

② 乙酰甲喹注射液，规格：2mL∶0.1g，5mL∶0.25g，10mL∶0.2g，10mL∶0.5g。

【联用与禁忌】不宜与其他抗生素联合使用。

【用药注意】

① 本品安全性良好，正常剂量使用未见不良反应，高于常规剂量3倍以上或长时间持续使用会致中毒甚至死亡。家禽对本品比其他动物敏感。

② 只能做治疗用药，不能作促生长剂使用。

③ 其他参见其他喹噁啉药物。

喹乙醇

Olaquindox

【药理作用及适应证】属抗菌促生长剂，对革兰阴性菌，特别是溶血性大肠杆菌作用很强；对革兰阳性菌效力高于金霉素；对密螺旋体有一定作用。作抗菌促生长剂用于猪促生长，仔猪白痢、仔猪黄痢、马和猪胃肠炎的防治。本品内服吸收迅速且完全，生物利用度高，约85%经肾脏随尿排出。

【上市剂型】喹乙醇预混剂，规格：100g∶5g，500g∶25g。

【联用与禁忌】不宜与杆菌肽锌、恩拉霉素、吉他霉素、维吉尼霉素、黄霉素、泰乐菌素、金霉素、土霉素、螺旋霉素、卡那霉素等配伍使用。

【用药注意】

① 体重超过35kg猪禁用，猪屠宰前35d停止给药。

② 猪超量易中毒，发生肾小球损伤，不能随意加大混饲浓度。

③ 禽类对本品敏感，安全范围小，禁用。

④ 人接触本品后发生光敏反应，防止手和皮肤接触。

⑤ 可能有致癌和致突变作用。

⑥ 本品加热放冷后易结晶，不宜用加热助溶的方式进行饲喂。

喹烯酮

Quinocetone

【药理作用及适应证】抗菌谱广，敏感菌有金黄色葡萄球菌、大肠杆菌、克雷伯杆菌、变形杆菌、巴氏杆菌、痢疾杆菌等，尤其对消化道致病菌作用较强，预防下痢，促进蛋白质同化，加快动物生长，提高饲料的转化率。用于革兰阴性菌和金黄色葡萄球菌引起的呼吸道和泌尿道感染，尤其适用于肠道感染如鸡白痢、禽大肠杆菌病、伤寒、副伤寒等。内服吸收快，大部分以原型从粪便排出。

【上市剂型】喹烯酮预混剂，规格：5%。

【联用与禁忌】禁止与其他抗生素联用。

【用药注意】预混剂与饲料分级混合，充分混匀。其他参见喹噁啉药物的用药注意。

【同类药物】

卡巴多司（Carbadox） 抗菌性能和乙酰甲喹相似，主要用于猪霍乱沙门菌引起的肠炎和猪痢疾的防治，也作饲料添加剂使用。

六、植物成分抗菌药

盐酸小檗碱

Berberine Hydrochloride

【药理作用及适应证】广谱抗菌药，对革兰阳性菌、革兰阴性菌均有作用，敏感性较强有溶血性链球菌、金黄色葡萄球菌、霍乱弧菌、脑膜炎球菌、志贺菌属、伤寒杆菌、白喉杆菌等；阿米巴原虫、钩端螺旋体、某些皮肤真菌敏感性次之；志贺菌属、溶血性链球菌、金黄色葡萄球菌对本品极易产生耐药性。内服主要用于敏感菌所致胃肠炎、细菌性痢疾等肠道感染，肌内注射用于敏感菌所致的全身感染，如肺炎、马腺疫、血尿、疮疡肿等。

【上市剂型】

① 盐酸小檗碱片，规格：0.1g，0.5g。

② 硫酸小檗碱注射液，规格：5mL∶0.05g，10mL∶0.1g，5mL∶0.1g，10mL∶0.2g。

③ 诺氟沙星盐酸小檗碱预混剂，规格：100g，诺氟沙星 9g＋盐酸小檗碱 2g。

④ 盐酸环丙沙星、盐酸小檗碱预混剂，规格：100g，盐酸环丙沙星 10g＋盐酸小檗碱 4g。

【联用与禁忌】

① 甲氧苄：联用有协同作用。

② 盐酸环丙沙星：配伍使用制成预混剂，用于治疗鳗鱼顽固性细菌性疾病、肝肾病。

③ 含鞣质中药：合用易生成难溶性鞣酸盐沉淀，降低疗效。

④ 灰黄霉素：联用使灰黄霉素的吸收降低 35%。

⑤ 犀角、珍珠及其中成药：联用使两类药物均减效。

⑥ 滑石：联用降低盐酸小檗碱的抗菌作用。

【用药注意】

① 不良反应：内服偶见恶心、呕吐，停药后即消失。

② 硫酸小檗碱不能静脉注射，遇冷易产生结晶，用前可以浸

入热水，用力振摇，促进溶解。

③ 妊娠早期动物禁止使用。

④ 混饮用药时应降低鸡饮水量。

穿心莲内酯

Andrographolide

【药理作用及适应证】即亚硫酸氢钠穿心莲。具有清热解毒、抗菌消炎作用，用于细菌性痢疾、肺炎、急性扁桃体炎等。

【联用与禁忌】氨基糖苷类药物：联用可见轻中毒可逆性急性肾功能损伤，禁止联用。

【用药注意】

① 本品不宜与其他药物在同一容器内混合使用。

② 孕畜和对本品有过敏反应的动物禁用。

③ 肾功能不全时尽量不用或慎用，应监测肾功能。

④ 老龄和幼龄畜禽、哺乳母畜避免使用。

⑤ 静脉滴注过程中应增加饮水或输液给水量。

大　蒜　素

Allicin

【药理作用及适应证】又名大蒜新素。对革兰阳性菌、革兰阴性菌、真菌、病毒、阿米巴原虫、滴虫、蛲虫等均有一定的抑杀作用。敏感菌为金黄色葡萄球菌、链球菌、肺炎球菌、大肠杆菌、伤寒杆菌、百日咳杆菌、痢疾杆菌、白喉杆菌、结核杆菌等。用于治疗肺部和消化道感染、隐球菌性脑膜炎、急慢性菌痢和肠炎、百日咳、肺结核等。

【上市剂型】大蒜素粉（水产用），规格：2%，5%，10%。

【联用与禁忌】与氨茶碱联用易引起茶碱血药浓度升高而致中毒。

【用药注意】静脉滴注对局部有刺激性，高浓度引起红细胞溶解，故应用稀溶液。

鱼腥草素

Houttuyfonate

【药理作用及适应证】具有抗菌、消炎等作用，敏感菌有金黄色葡萄球菌、流感杆菌、卡他球菌、肺炎双球菌、白色念珠菌。其他作用包括镇痛、止血、清热、解毒、利尿消肿、抑制组织浆液分泌、促进组织再生和抗病毒等。用于慢性支气管炎、小儿肺炎和其他呼吸道炎症。

【用药注意】

① 对本品有过敏史或过敏体质禁用，表现为过敏性休克、药疹和呼吸困难等，有药源性过敏性休克死亡案例。

② 口服有鱼腥味。

七叶树皂角素

Escin

【药理作用及适应证】通过抑制细菌细胞壁合成发挥抗菌作用。对金黄色葡萄球菌、表皮葡萄球菌、各种链球菌、肺炎链球菌及部分大肠杆菌、流感杆菌等作用较强；对耐青霉素的金黄色葡萄球菌有良效。用于敏感菌引起的上、下呼吸道感染，如急性咽炎、扁桃体炎、支气管炎、细菌性肺炎等；上下泌尿道感染，如急性单纯性膀胱炎、再发性尿道感染、急性肾盂肾炎；也用于创伤、皮肤和软组织感染、耳科、口腔科感染。

【用药注意】

① 对头孢菌素类药物过敏者禁用。

② 偶见恶心、呕吐、腹泻、食欲不振、胃部不适。

七、其他化学合成抗菌药

洛克沙胂

Roxarsone

【药理作用及适应证】对多种肠道致病菌有较强的抑制作用。

作饲料添加剂用于猪、鸡促生长；与抗球虫药联合用于球虫病。内服吸收很少，大部分以原型从粪便排出，易污染环境。

【上市剂型】 洛克沙胂预混剂，规格：5%，10%，20%。

【联用与禁忌】

① 金霉素和盐霉素：联用于鸡球虫病的防治。

② 抗球虫药如磺胺喹噁啉、氨丙啉等：联用治疗球虫病有协同作用。

【用药注意】

① 过量使用易中毒。

② 鸡产蛋期禁用。

【同类药物】

氨苯胂酸（Arsanilic Acid）　对大肠杆菌、弧菌、螺旋体所致的下痢有治疗作用，对沙门菌感染无效；对球虫有一定作用。用于鸡促生长和抗球虫作用，在鸡日粮里低剂量添加可以促进鸡生长，提高饲料利用率和生长率，高剂量添加时可控制家禽大肠杆菌病。

乌洛托品

Urotropine

【药理作用及适应证】 又名环六亚甲四胺。本身无作用，在酸性尿液中分解出甲醛和氨，甲醛能使蛋白质变性发挥非特异性的抗菌作用。对革兰阴性菌，尤其是大肠杆菌有作用强。主要用作消毒防腐药，及用于磺胺类、抗生素疗效不好的尿路感染。有促进抗菌药进入脑脊液作用。

【上市剂型】

① 乌洛托品可溶性粉，规格：50%。

② 乌洛托品注射液，规格：5mL∶2g，10mL∶4g，20mL∶8g，50mL∶20g。

【联用与禁忌】

① 抗生素：常联用治疗脑部感染。

② 氯化铵：联用增强乌洛托品的尿路防腐作用。

③ 金钱草：酸化尿液，联用增强乌洛托品作为尿路防腐剂的

药效。

④ 磺胺类药物：乌洛托品分解产生的甲醛使磺胺药形成不溶性沉淀，增加结晶尿危险。

⑤ 碳酸氢钠、枸橼酸盐、噻嗪类利尿药（如氢氯噻嗪），碳酸酐酶抑制剂（如乙氧苯唑胺），镁制剂等：使尿液过酸，降低乌洛托品疗效，不可联用。

⑥ 鞣酸、氧化剂：联用使乌洛托品分解失效。

【用药注意】

① 对胃肠道有刺激作用，长期应用出现排尿困难。

② 部分患畜长期使用混悬液治疗易发脂质性肺炎。

③ 禁用于对本药敏感、肾功能不全、严重肝损害和严重脱水的患畜。

第三章　消毒防腐药合理应用及联用禁忌

消毒防腐药是指具有杀灭或抑制病原微生物生长繁殖的一类药物。

消毒药一般指能迅速杀灭病原微生物的药物，包括能杀灭所有的细菌、芽孢、病毒、霉菌、滴虫及其感染的微生物而不伤害宿主动物的组织。防腐药是指能抑制病原微生物生长繁殖的药物，对细菌的作用较缓慢，但对动物组织细胞的伤害也较小，可用于生物体表如皮肤、黏膜及伤口的防腐，有些还用于食品和药物防腐。但消毒药低浓度时抑菌，防腐药高浓度时也可杀菌，两者无严格界限，故统称为消毒防腐药。

消毒防腐药作用机制可归纳为：①使病原微生物的蛋白质变性、凝固，既具有原浆毒，也能破坏宿主组织，如酚类、醇类、醛类、酸类和重金属盐类等。②改变菌体胞浆膜的通透性，如阳离子表面活性剂苯扎溴铵等。③干扰病原微生物重要的酶系统，如氧化剂、卤素类等。

理想的消毒防腐药应具有以下性质：抗微生物范围广、活性强；作用产生迅速、溶液有效寿命长；有较高的脂溶性；分布均匀；对人和动物安全；无臭、无色、无着色性，性质稳定；无易燃、易爆性；对金属、塑料、衣物等无腐蚀作用；价廉易得等。

消毒防腐药种类较多，按其化学结构分为：酚类、醛类、碱类、酸类、卤素类、氧化物类、重金属类、醇类、表面活性剂、碘与碘化物、有机酸、过氧化物类、染料类等。

选择使用消毒防腐药，应注意以下几点。

（1）消毒剂的种类　不同种类消毒剂杀病原微生物能力强弱不同，临床应根据使用目的，有针对性的选用。依消毒防腐药作用强弱，一般将其分为高效消毒防腐药（如醛类、强酸、强碱、强氧化剂类）；中效消毒防腐药（如含氯消毒剂、含碘消毒剂、醇类等）；低效消毒防腐药（如有机弱酸、有机弱碱、染料类、阳离子表面活性剂类）。

（2）药物的浓度、作用时间及溶剂　一般消毒剂药物浓度越高，抗病原微生物作用就越强。但治疗创伤时，还同时考虑对组织的刺激性和防腐性。药物与病原微生物的作用时间越长，抗菌作用越能得到充分发挥。同一药物可因溶剂不同致消毒效果不同。如碘酊的作用好于碘甘油。

（3）药物作用环境　①有机物的存在：多数消毒防腐药，都因环境中粪、尿或创面上有脓、血、坏死组织及其他有机物存在而减弱抗菌能力。有机物越多对消毒防腐药效力的影响就越大。故使用消毒剂前，应充分清洁被消毒对象，能更好地发挥作用。②温度：药物抗菌效力随温度的增加而增加，一般每升高10℃杀菌效力增强1～1.5倍。如氢氧化钠溶液，15℃ 6h杀死炭疽杆菌芽孢，在55℃时仅需1h，75℃仅需6min即可。③pH值：酸类消毒药在酸性环境中作用增强，表面活性剂在碱性环境中作用较强。④水的硬度：硬水中矿物质能与某些消毒防腐药如季铵盐类、碘等结合形成难溶性盐，影响这些消毒防腐药药效的发挥。需要特别指出的是，不同种类消毒防腐药受上述作用环境因素的影响不同。

（4）病原体状况　①对药物的敏感性：不同种类的微生物对药物的敏感性有很大的差别，如多数消毒防腐药对细菌的繁殖型有较好的抗菌作用，而对芽孢型的作用很小；病毒通常对碱类较敏感，对酚类常耐药。因此对不同的微生物应选用不同的敏感药物。②污染量：一般污染量越大，所需消毒药量越大，消毒时间越长。

（5）配伍禁忌　两种或两种以上消毒防腐药合用时，因物理或化学性的配伍禁忌致消毒效果下降。如苯扎溴铵等季铵盐类阳离子表面活性剂若与阴离子表面活性剂如肥皂合用时，可发生置换反应而使消毒效果减弱。高锰酸钾等氧化剂若与碘等还原剂合用时，发生氧化还原反应，不仅减弱消毒效力，还会加重对皮肤的刺激性。硬水可拮抗苯扎溴铵、氯己定的作用。

一、醛类

又称挥发性烷化剂。化学活性很强，常温易挥发。通过发生烷基化反应，使菌体蛋白变性，酶和核酸功能发生改变。对芽孢、真菌、结核杆菌、病毒等均有较强的杀灭作用。常用药物有甲醛、聚甲醛和戊二醛等。

甲　　醛
Formaldehyde

【药理作用与用途】 本品对细菌、芽孢、真菌、病毒都有效，为第一代高效消毒剂。可凝固蛋白质，直接作用于氨基、巯基、羟基和羧基，生成次甲基衍生物，从而破坏机体蛋白质和酶，导致微生物死亡。甲醛溶液与其蒸气均可用于各种污染表面的消毒与灭菌。甲醛蒸气用于厩舍、孵化室、器具物品等的熏蒸消毒；2%～4%甲醛溶液用于手术器械消毒；5%～10%甲醛溶液用作固定标本、保存尸体；也可用于胃肠道制酵药。本品刺激性强，对人、动物的毒害是其不足。

【上市剂型】

① 甲醛溶液，规格：含甲醛不得少于36%。

② 甲醛溶液（蚕用），规格：含甲醛不得少于36%。

【影响因素及用药注意】

① 有机物：可明显降低其杀微生物作用。

② 温度：甲醛蒸气熏蒸消毒温度最好高于18℃。

③ 湿度：相对湿度宜在70%以上。

④ 甲醛气体产生方法：a. 喷雾法，用细粒子喷雾器将甲醛溶液喷洒在甲醛消毒箱内，使其蒸发气化。b. 煮沸法，用量为

18mL/m^3，视湿度情况加入2～6倍水，更有利于保持相对湿度在70%～90%。c. 氧化法：利用氧化剂高锰酸钾、氯制剂等与甲醛或多聚甲醛发生化学反应，在反应过程中产生大量的热，促使甲醛气化。

⑤ 甲酸气体穿透力差，熏蒸消毒时，应尽量将附着的污物去净，使物品的污染表面充分暴露。

⑥ 甲醛被国际癌症研究中心（IARC）列为疑似人类致癌物质（2A）级别，应避免吸入和皮肤接触。

⑦ 甲醛对金属有轻微腐蚀作用，消毒或灭菌应予注意，防止对物品的损害。

⑧ 动物误服大量甲醛溶液，应立即灌服稀氨水解毒。

⑨ 消毒或灭菌后操作后，应以无菌水冲净残留甲醛才可使用。

戊二醛

Glutaraldehyde

【药理作用与用途】戊二醛为第三代高效消毒剂，可杀灭各种微生物，包括耐酸菌、芽孢、真菌和病毒等。具有广谱、高效、速效、腐蚀性小、水溶液比较稳定等优点。以pH 7.5～8.5的水溶液效力最强，是甲醛的2～10倍。细菌繁殖体对戊二醛高度敏感，一般仅需1～2min即可杀灭。临床有多种不同配方的制剂上市，强化酸性戊二醛可提高戊二醛的稳定性，加强药物表面活性作用，其杀菌作用同碱性戊二醛。对皮肤和黏膜刺激性较甲醛小。

【上市剂型】

① 浓戊二醛溶液，规格：20%，25%。

② 浓戊二醛溶液（水产用），规格：20%。

③ 稀戊二醛溶液（水产用），规格：5%，10%。

④ 稀戊二醛溶液，规格：2%，5%。

⑤ 稳定化浓戊二醛溶液，规格：20%。

⑥ 复方浓戊二醛溶液（水产用），规格：100mL，戊二醛10g+苯扎溴铵10g。

⑦ 复方浓戊二醛溶液，规格：100mL，戊二醛15.0g+烃胺盐

10.0g。

⑧ 戊二醛癸甲溴铵溶液，规格：100mL，戊二醛 5g＋癸甲溴铵 5g。

⑨ 2%碱性戊二醛，规格：由 2%戊二醛加 0.3%碳酸氢钠调 pH 至 7.7～8.3 制成。

⑩ 2%强化酸性戊二醛，规格：由 2%戊二醛加 0.25%聚氧乙烯脂肪醇醚制成，以保持其稳定性并提高杀菌作用。

【影响因素及用药注意】

① 浓度：无论是哪种戊二醛制剂，其使用浓度均不得低于 20g/L。使用戊二醛消毒灭菌失败，多数是浓度出现问题。

② pH：影响很大。戊二醛水溶液呈弱酸性，不具备杀细菌芽孢作用，只有加入碱性剂后，才能激活其杀微生物作用。但碱化之后，戊二醛的稳定性就急剧下降，一般在数周后失去杀菌作用。

③ 非离子表面活性剂或阳离子表面活性剂：保持酸性戊二醛的稳定性，又提高其杀菌效力。如上述制剂⑧和制剂⑩。

④ 温度：温度升高，戊二醛杀菌作用增强。

⑤ 有机物：对戊二醛杀菌作用影响相对较小。

⑥ 湿度：戊二醛蒸气消毒同样需要相对湿度达到 80%～90%。

⑦ 用戊二醛消毒或灭菌后的器械一定要用灭菌蒸馏水充分冲洗后再使用。戊二醛对皮肤黏膜有刺激性，接触溶液时应戴手套，防止溅入眼内或吸入体内，如接触后应及时用水冲洗干净。

⑧ 使用过程中不应接触金属器具，但对金属的腐蚀作用较甲醛小。

⑨ 戊二醛溶液性不稳定，应按规定时间及时更换新配药液。

【同类药物】

聚甲醛（Polyformaldehyde） 常温解聚很慢，本身无消毒作用，但加热熔融时（80～100℃）能很快产生大量甲醛气体，而呈现强大杀菌作用。熏蒸消毒每立方米 3～5g，消毒时间不少于 10h。温度要在 10℃以上，相对湿度 80%～90%，最少不低于 70%。

二、含氯消毒剂

指水溶液中能产生次氯酸的消毒剂。分无机化合物类和有机化合物类。前者以次氯酸类为主，作用较快，但不稳定，后者以氯胺类为主，性质稳定，但作用较慢。

本类消毒剂杀菌谱广，能有效杀死细菌、真菌、病毒、阿米巴包囊和藻类，作用迅速，价格低廉。虽使用年代久远，至今仍是兽医临床广泛使用的一类消毒剂。但存在易受有机物及酸碱度的影响、腐蚀物品、有难闻的氯味等不足。

含氯消毒剂中有效氯含量能反映其氧化能力的大小。所谓有效氯，指消毒剂的氧化能力相当于多少氯的氧化能力，不是指氯的含量。有效氯越高，消毒剂消毒能力越强；反之，消毒能力就越弱。

卤素和易释放出卤素的化合物具有强大的杀菌力，其中氯的杀菌力最强，碘较弱，故碘制剂主要用于皮肤消毒。卤素类化合物对菌体原浆蛋白具有高度亲和力，使原浆蛋白的氨基或其他基团卤化，或氧化活性基团而呈现杀菌作用。含氯化合物可使菌体蛋白氯化，而破坏或改变菌体细胞膜的通透性，或抑制对其敏感的酶的活性。

含氯石灰

Chlorinated Lime

【药理作用与用途】又称漂白粉，本品杀菌作用快而强。有效成分是次氯酸钙，加入水中可生成次氯酸，次氯酸可放出活性氯和新生态氯，对蛋白产生氯化和氧化反应，对细菌繁殖体、病毒、真菌孢子及芽孢都有一定的杀灭作用。1%溶液作用1min可抑制炭疽芽孢、沙门菌、巴氏杆菌、猪丹毒杆菌等繁殖型微生物的生长。对葡萄球菌和链球菌的作用也只需1～5min；但对结核杆菌、鼻疽杆菌效果较差，消毒不可靠。在实际消毒时，漂白粉与被消毒物的接触至少要15～20min，对高度污染的物体则需要1h之久。漂白粉中的氯可与氨及硫化氢发生反应，固有除臭作用。漂白粉为廉价的消毒药，广泛用于饮水消毒和厩舍、场地、车辆、排泄物等的消毒。

【上市剂型】

① 含氯石灰，规格：含有效氯≥25%。

② 含氯石灰（水产用、蚕用），规格：含有效氯≥25%。

【影响因素及用药注意】

① pH：含氯消毒剂的杀菌作用与未解离的次氯酸分子（HOCl）有关，次氯酸越高，杀菌作用越强。同一种消毒剂在不同pH值下，未解离的次氯酸浓度不同，其消毒作用也不同。pH越高，未解离次氯酸浓度越低，消毒剂的杀菌作用越弱。

② 有效氯含量：在pH、温度、有机物不变的情况下，含氯消毒剂溶液中有效氯浓度增加时，则消毒作用增强。

③ 温度：在一定范围内，温度升高能增强其杀菌作用。

④ 有机物：有机物存在可以消耗有效氯，降低其杀菌能力。这在低浓度时表现最为明显。

⑤ 氨和氨基化合物：因游离氯能和氨发生反应生成单氯胺和双氯胺，从而使消毒剂的杀菌作用降低。

⑥ 碘或溴：在含氯消毒剂溶液中加入适量的碘或溴，可以增强其杀菌能力。

⑦ 因其有漂白颜色作用，不能消毒有色衣物。

⑧ 漂白粉对皮肤有刺激性，消毒人员应用时应注意防护。

⑨ 漂白粉对金属有腐蚀作用，不宜用作金属物品的消毒。

⑩ 溶液宜现用现配，久放易失效。

二氯异氰尿酸钠

Sodium Dichloroisocyanurate

【药理作用与用途】本品杀微生物范围广，可杀灭细菌繁殖体、芽孢、病毒、真菌孢子。主要用于厩舍、鱼塘、排泄物和水的消毒。有腐蚀和漂白作用。用于水、食品加工场地及器具、车辆、厩舍、蚕室、鱼塘的消毒。0.5%～1%浓度用于杀灭细菌和病毒；5%～10%浓度用于杀灭细菌芽孢。鱼塘消毒用0.3g/m^3，饮水用0.5g/m^3，其他消毒用50～100g/m^3。

【上市剂型】

① 二氯异氰尿酸钠多聚甲醛粉（蚕用），规格：50g，二氯异氰尿酸钠 38g＋多聚甲醛 12g；100g，二氯异氰尿酸钠 76g＋多聚甲醛 24g；250g，二氯异氰尿酸钠 190g＋多聚甲醛 60g。

② 二氯异氰尿酸钠粉，规格：以有效氯计，10%，20%，30%，40%，45%。

③ 二氯异氰尿酸钠粉（蚕用），规格：以有效氯计，500g∶12.5g，1000g∶25g。

【影响因素及用药注意】

① 浓度与作用时间：浓度增高时溶液 pH 变小，含有效氯高。作用时间越长，杀菌效果越好。

② pH：越低，杀菌作用越强。

③ 有效氯含量：在 pH、温度、有机物不变的情况下，含氯消毒剂溶液中有效氯浓度增加时，消毒作用增强。

④ 温度：在一定范围内，温度升高能增强其杀菌作用。

⑤ 有机物：有机物对其影响相对较小。

⑥ 性能稳定，水溶性好。但水溶液不稳定。

⑦ 本品的干粉易吸潮。

⑧ 本品与多聚干粉混合点燃可熏蒸消毒。

⑨ 其他参见含氯石灰。

二氧化氯

Chlorine Dioxide

【药理作用与用途】为新一代高效、广谱、安全的消毒杀菌剂，是传统氯制剂最理想的替代品。二氧化氯杀菌作用依赖其氧化作用，氧化能力较氯强 2.5 倍，可杀灭细菌的繁殖体及芽孢、病毒、真菌。具有用量小、易从水中去除、不具残留毒性、除臭、去味等优点。可用于饮水消毒、食品保鲜防腐及医学、畜牧业、水产上用作消毒剂。

【上市剂型】

① 二氧化氯（Ⅰ），规格：二氧化氯不少于 8%。

② 二氧化氯（Ⅱ），规格：6.20%。

③ 二氧化氯（水产用），规格：100g∶6g，100g∶8g。

【影响因素及用药注意】

① pH 值：pH 值越小，二氧化氯的杀菌效果越好。将 pH 值控制在中性或弱酸性时还可增加其在水中的溶解度。

② 温度：随温度升高，二氧化氯的消毒效果增强，反之，温度降低杀菌作用下降。

③ 有机物：受有机物影响非常明显。

④ 浓度：随浓度的增加而增强。

【同类药物】

三氯异氰尿酸钠　又名强氯精，是一种高效的消毒杀菌漂白剂，对细菌、病毒、真菌、芽孢等都有杀灭作用，对球虫卵囊也有一定杀灭作用，由于其有效氯含量高而具有强烈的消毒杀菌与漂白作用，其作用高于一般的氯化剂，广泛用于医院、畜牧养殖、水产养殖、养蚕、空气及地面等的杀菌消毒。

溴氯海因　高效消毒剂，因在水中能够生成的次溴酸和次氯酸，其具有强氧化性，将微生物体内的生物酶氧化而达到杀菌的目的，可杀灭细菌、真菌、芽孢与病毒等，且不受水环境的条件限制，主要用于水体消毒，也可用于物质表面和环境消毒。

三、含碘消毒剂

碘具有强大的杀微生物能力，能杀死细菌、芽孢、霉菌、病毒、原虫。碘与碘化物的水溶液或醇溶液用于皮肤消毒或创面消毒，忌于重金属配伍。主要药物有碘、聚维酮碘、碘仿。

碘

Iodine

【药理作用与用途】 属高效消毒剂。碘能引起蛋白质变性（形成碘化蛋白质）而具有极强的杀菌力，能杀死细菌、霉菌、芽孢、真菌、病毒甚至原虫。其稀溶液对组织的毒性小，浓溶液有刺激性和腐蚀性。碘酊是常用的有效的皮肤消毒药。一般使用 2%碘酊，大家畜皮肤和术野消毒用5%碘酊。碘甘油刺激性较小，用于黏膜表面消毒。2%碘溶液不含酒精，适用于皮肤浅表破损和创面防腐。

【上市剂型】

① 碘酊（碘酒），规格：100mL，碘2g+碘化钾1.5g。

② 浓碘酊，规格：10%。

③ 碘附，规格：3%。

④ 氯氰碘柳胺钠注射液，规格：10mL：0.5g，100mL：5mL。

⑤ 聚维酮碘溶液，规格：1%，5%，7.5%，10%。

⑥ 碘解磷定注射液，规格：10mL：0.25g，20mL：0.5g。

⑦ 碘甘油，规格：1000mL，碘10g+碘化钾10g。

【影响因素及用药注意】

① pH值：酸性条件有利于碘的游离状态，偏酸有利于杀菌作用。但在2～7之间杀菌效果变化不大。

② 有机物：残留血液、脓液等有机物可消耗大量有效碘，影响其杀菌效果。

③ 浓度：碘在室温下易升华。碘的水溶液和碘酊均不稳定，要在有效期内使用。碘溶液在室温下放置颜色会慢慢地变淡，这是浓度下降的标志。

④ 游离碘对皮肤有明显的刺激性。

⑤ 禁止与含汞药物配伍。

⑥ 对碘过敏的动物禁用。

⑦ 碘酊必须涂于干燥的皮肤上；如涂于湿皮肤上不仅杀菌效力降低，且易引起发疱和皮炎。

⑧ 配制碘液时，如碘化物过量（超过等量）加入，可使游离碘变为过碘化物，反而导致碘失去杀菌作用。

⑨ 碘可着色，沾有碘液的天然纤维织物不易洗除。

聚维酮碘

Povidone Iodine

【药理作用与适应证】系中、高效消毒剂。对多种细菌、芽孢、病毒、真菌等有杀灭作用。杀灭细菌繁殖体速度很快，但杀芽孢需要较高浓度和较长时间。0.2% 10min就能杀灭金黄色葡萄球菌、大肠杆菌和铜绿假单胞菌，3% 2h能杀灭枯草杆菌、黑色变种芽孢和蜡样杆菌芽孢。3% 30min能完全破坏乙型肝炎表面抗原（HBsAg）。0.1% 2min能杀灭结核杆菌。还能杀灭畜禽寄生虫虫卵，并能抑制蚊、蝇等昆虫的滋生。本品在消毒的同时，还有洗涤清洁去污作用。对皮肤黏膜无刺激，可用于体腔、黏膜及溃疡面的消毒与治疗。不易使微生物产生耐药性，不易发生过敏反应。使用持久，稳定性好，贮存有效期长。易清洗，不污染或损坏织物及其他物品。与碘酊相比，其性能稳定、容易脱色、刺激性小。

【上市剂型】

① 聚维酮碘溶液，规格：1%，5%，7.5%，10%。

② 聚维酮碘溶液（水产用），规格：1%，5%，7.5%，10%。

③ 聚维酮碘软膏，规格：10%。

【影响因素及用药注意】

① pH值：当碘伏呈酸性时，杀菌作用较强，呈碱性时，杀菌作用减弱。

② 温度：低温也具有良好的杀菌作用。

③ 有机物：受有机物影响明显，但较氯制剂和溴制剂小。

④ 浓度：随稀释变稀，颜色逐渐变淡即由红变黄，稳定性降低。

⑤ 对碘过敏者慎用。

⑥ 烧伤面积大于20%者不宜用。

⑦ 应避光、密闭、阴暗处保存。

⑧ 对细菌芽孢杀灭作用较差，只可用于消毒处理，不宜用于灭菌。

⑨ 因对银、铜、铝和碳钢等有轻微腐蚀作用，该类金属制作的物品不宜长期浸泡于消毒液内。

⑩ 消毒后，应及时将残留药物冲净。

⑪ 可使某些塑料制品着色，使用时亦应予以注意。

⑫ 稀释液稳定性差，配置后避光密闭于阴凉处保存，不可用

生理盐水稀释。

【同类药物】

碘仿（Iodoform） 本身无杀菌作用，应用于局部组织，慢慢释放出元素碘而有缓和的消毒防腐作用。因作用慢而弱，且易由创面吸收中毒，现已少用。对组织刺激性小，能促进肉芽生产。具有防腐、除臭和防蝇作用。常制成碘仿纱布或软膏，用于深部创口、瘘管等。

四、碱类

碱类消毒药的效力取决于解离的 OH^- 的浓度，解离度越大杀菌作用越强，强碱如氢氧化钠、氢氧化钾等为高效消毒剂。对细菌、病毒的杀灭作用均较强，高浓度时能杀死芽孢。在 pH＞9 时可杀灭病毒、细菌和芽孢。有机物可使碱类消毒药杀菌效力有所降低。对铝制品、纤维织物有损害作用。用于厩舍的地面、饲槽、车船等环境消毒。

氢氧化钠
Sodium Hydroxide

【药理作用与用途】高效消毒药。属原浆毒，能杀死细菌繁殖型、芽孢和病毒，还能皂化脂肪和清洁皮肤。2%溶液用于口蹄疫、猪瘟和猪流感等病毒性感染以及猪丹毒和鸡白痢等细菌性感染的消毒；5%溶液用于炭疽芽孢污染的消毒。习惯上应用其加热溶液（不仅能杀菌和寄生虫卵，且可溶解油脂，加强去污能力，但并不增强氢氧化钠的杀菌效力）。

【影响因素及用药注意】

① 在消毒厩舍前应驱除家畜。

② 消毒人员应注意防护，配制和使用时应戴橡胶手套，戴防护眼镜，避免被灼伤。

③ 消毒畜舍地面后 6～12h，应注意再用清水冲洗干净，以免家畜蹄部和皮肤受伤害。

④ 对组织有腐蚀性，能损坏织物和铝制品。

氧 化 钙
Calcium Oxide

【药理作用与用途】石灰的水溶性很小，解离出来的 OH^- 不多，对繁殖性细菌有良好的消毒作用，而对芽孢和结核杆菌无效。石灰乳涂刷厩舍墙壁畜栏、地面等，也可直接将石灰撒于阴湿地面、粪池周围和污水沟等处。为防疫目的，畜牧场门口常放置浸透20%石灰乳的湿草进行鞋底消毒。

【影响因素及用药注意】

① 宜现配现用。

② 若是水泥地面，不宜直接撒布。

五、过氧化物类

过氧化物类消毒防腐药多依靠其强大的氧化能力杀灭微生物，又称为氧化剂。通过氧化反应，可直接与菌体或酶蛋白中的氨基、羧基、巯基发生反应而损害细胞结构或抑制代谢机能，导致细菌死亡；或者通过氧化还原反应，加速细菌的代谢，损害生长过程而致死。此类杀毒药杀菌能力强，多可作为灭菌剂。可分解为无毒成分，不引起残留毒性。

过 氧 乙 酸
Peracetic Acid

【药理作用与用途】又称为过醋酸，为过氧乙酸和乙酸的混合物。本品兼具酸和氧化剂的特性，是高效消毒剂，其气体、水溶液、气溶胶均具有强的灭菌作用，并强于一般的酸或氧化剂。作用产生快，能杀死细菌、芽孢、真菌和病毒。过氧乙酸能分解为醋酸、水和氧，这些产物对动物无害，在消毒后不留气味和痕迹，故可用于畜舍、食品加工厂和食品（鸡蛋、肉、水果等）的消毒；也可用于外科手术器械和废水等的消毒；还可用于治疗家畜真菌病。0.1%过氧乙酸 1min 能杀死大肠杆菌和皮肤癣菌；0.5%过氧乙酸 10min 能杀死所有芽孢菌；0.04%溶液可杀死脊髓灰质炎病毒、腺病毒、疱疹病毒；0.1%～0.2%浓度溶液20min可杀死口蹄疫病毒。

【上市剂型】 过氧乙酸溶液，规格：16.0%～23.0%。

【影响因素及用药注意】

① 浓度与作用时间：过氧乙酸的杀菌作用随浓度增加与时间的延长而加强。

② 温度：一般温度高杀菌力强，但过氧乙酸熏蒸消毒受温度影响较小。

③ 有机物：有机物能降低过氧乙酸的杀菌效果，其影响与菌种、有机物种类及浓度有关。有机物可消耗消毒剂，降低其作用浓度。

④ 湿度：相对湿度在20%～80%时，湿度越大，过氧乙酸的杀菌效果越好。

⑤ 重金属离子、碱性物质、还原性物质：减弱其杀菌作用。

⑥ 乙醇：可增加其杀菌作用。

⑦ 长期使用过氧乙酸消毒亦可导致水泥和水磨石地面，腐蚀损坏。

⑧ 本品腐蚀性强，有漂白作用。过氧乙酸喷雾或熏蒸时，应做好防护，避免眼、手、皮肤等刺激。

⑨ 按其有效成分含量以蒸馏水现用现配制。配制时，宜用塑料容器，以防腐蚀。稀释液在常温下保存不应超过2d。

⑩ 过氧乙酸溶液很不稳定，应在阴凉通风处保存，环境温度宜低于25℃。

过氧化氢溶液

Hydrogen Peroxide Solution

【药理作用与用途】 为高效消毒剂，与组织或机体中过氧化氢酶相遇时，立即释放出新生态氧，产生杀菌、除臭及清洁作用。可有效杀灭各种细菌繁殖体、真菌、芽孢和各种病毒。具有杀菌作用快、杀菌能力强、杀菌谱广、刺激性小、腐蚀性低、不残留有毒物质等优点。在接触创面时，由于迅速分解产生大量气泡，机械地松动血块、坏死组织及与组织粘连的敷料，有利于清洁创面。3%的过氧化氢溶液常用于清洗化脓性创面、去除痂皮，对厌氧菌感染尤为适用。稀释至1%浓度，可用于口腔炎、扁桃体炎等的口腔含漱。

【上市剂型】 过氧化氢溶液，规格：3%，25%（水产用），26%～28%（水产用）。

【影响因素及用药注意】

① 时间：作用时间越长，杀菌效果越好。

② pH值：过氧化氢不适宜在碱性条件下作用。酸性条件可增强其杀菌效果且可使其稳定性增强。

③ 温度：随温度升高而杀菌作用增强，但提高并不明显。

④ 浓度：随过氧化氢浓度增加，杀菌作用增强。但其浓度系数不大。

⑤ 相对湿度：空气中相对湿度太低或太高，对过氧化氢的杀菌作用均有不利影响。

⑥ 有机物：有机物的保护对过氧化氢的杀菌作用有一定影响，故杀灭被血液、脓液、痰液、大小便等污染的微生物时，作用时间需延长。

⑦ 协同因子：热、紫外线均能增强其杀菌作用。

⑧ 碘化钾：可增加过氧化氢的杀菌作用。

⑨ 金属离子：如铁、铜等对过氧化氢的杀菌作用均有很好的协同作用。

⑩ 过氧化氢成品性能稳定，但经水稀释后不稳定，光、热、金属离子均可加速其分解。

⑪ 高浓度对皮肤和黏膜产生刺激性灼伤。

⑫ 当含过氧化氢浓度≥0.75g/100mL注入密闭体腔或腔道、或气体不易逸散的深部脓疡时，由于产气过速，可发生气栓和（或）肠坏疽。

⑬ 使用时，防止溅入眼内。一旦溅入，应立即用水清洗。

⑭ 对金属器材有腐蚀作用，勿长期浸泡。消毒后应将残留药物冲洗干净。

高锰酸钾

Potassium Permanganate

【药理作用与用途】 本品可用作消毒剂、除臭剂、水质净化剂。高锰酸钾为强氧化剂，遇有机物即放出新生态氧而具杀灭细菌作用。杀菌力极强，但极易被有机物所减弱，故作用表浅而不持久。可除臭，用于杀菌、消毒，且有收敛作用。高锰酸钾在发生氧化作用的同时，还原生成二氧化锰，后者与蛋白质结合而形成蛋白盐类复合物，此复合物和高锰离子都具有收敛作用。在酸性环境中杀菌作用增强，2%～5%溶液能在 24h 杀死芽孢；在 1%溶液中加 1%盐酸则在 30s 内可杀死芽孢。0.1%～0.2%溶液能杀死多种繁殖性细菌，常用于创面冲洗。0.05%～0.1%溶液可用于洗胃解毒及冲洗阴道、子宫、膀胱等腔道黏膜。

【影响因素及用药注意】

① 温度：在一定范围内，温度越高杀菌作用越强。

② 有机物：降低其杀菌作用。

③ 还原剂：如醇类、碘化物、亚铁盐等易和其发生氧化还原反应而消耗一部分有效成分，降低其消毒效果而表现为拮抗作用。

④ 浓度：根据适应证严格掌握溶液的浓度，过高的浓度会造成局部腐蚀溃烂。

⑤ 固体成分禁止与还原剂如甘油、碘等混研，以防爆炸。

⑥ 水溶液易失效，需新鲜配制并避光保存。

⑦ 新配溶液呈亮紫色，使用一定时间后色泽变污，此时杀菌能力减弱，应换新液。

⑧ 高浓度对黏膜有刺激作用。误服大量可产生中毒症状，呕吐、流涎，甚而引起蛋白尿以致死亡。

⑨ 消毒后的物品和容器可被染为深棕色，应及时洗净，以免反复使用着色加深难以去除。必要时，污垢可试用草酸或亚硫酸溶液去除。

⑩ 对金属有一定腐蚀性，故不宜长久浸泡。消毒后应将残留药液冲净。

⑪ 勿用湿手直接拿取本药结晶，否则手指可被染色或腐蚀。

六、酚类

包括纯酚及其含有卤素和烷基的替代物。为表面活性物质，主要损害菌体细胞膜增加细胞膜通透性、使蛋白质变性、干扰电子传递系统、抑制细菌脱氢酶和氧化酶。对多数无芽孢的繁殖性细菌和真菌有杀灭作用，对芽孢、病毒作用不强。有轻度的局麻作用。

酚类化学性质稳定，贮存条件基本不影响其药效。其抗菌活性不易受环境中有机物和细菌数目的影响，故可用于排泄物消毒。酚类与乙醇、肥皂合用，杀菌力增强，与卤素类、碱类、过氧化物不宜合用。兽医临床多用于环境及用具消毒。常用药物包括苯酚、甲酚、间苯二酚（雷锁辛）、六氯酚、氯甲酚、硫双二氯酚（别丁）、松馏油（松焦油）、愈创木酚、鱼石脂（依克度）、臭药水（煤焦油溶液）等。市售酚类消毒药多是两种或两种以上有协同作用的复方制剂，以扩大其抗菌作用范围。

苯　　酚

Phenol

【药理作用与用途】低效消毒药。可杀灭细菌繁殖体和某些种类的病毒，较高浓度对某些芽孢和真菌也有一定的杀灭作用。常由酚、醋酸、十二烷基苯磺酸等组成复合酚，为深红褐色黏稠液，有特臭。能有效杀灭口蹄疫病毒、猪水疱病病毒及其他多种细菌、真菌、病毒、寄生虫卵等致病微生物。用于畜禽圈舍、器具、场地、排泄物等消毒。

【上市剂型】

复合酚：苯酚（41%～49%）和醋酸（22%～26%）加十二烷基苯磺酸。

【影响因素及用药注意】

① 浓度与时间：苯酚杀菌效果与其浓度和作用时间成正比。浓度越高，时间越长，其杀菌效果越好。

② 酸碱度：可明显影响其消毒效果。消毒液 pH 值越低，消

毒效果越好。

③ 温度：温度升高，可加速其杀菌作用。

④ 有机物：能减弱其杀菌效果，但相对其他酚，影响较小。

⑤ 氯化钠和氯化钙：增强其杀菌效果。故可用生理盐水配制苯酚消毒液以增强其作用。

⑥ 阴离子表面活性剂：可提高其杀菌效果。

⑦ 其他物质：乙醇、氯化铁、氯化亚铁可明显提高其杀菌效果。

⑧ 浓度高于0.5%时具有局部麻醉作用；0.1%～1%的溶液有抑菌作用；1%～2%溶液有杀菌和杀真菌作用；5%溶液即对组织有强烈的刺激和腐蚀作用。

⑨ 对吞服苯酚动物可用植物油（忌用液体石蜡）洗胃，内服硫酸镁导泻，对症治疗，给予中枢兴奋药和强心药等。皮肤、黏膜接触部位可用50%乙醇或者水、甘油、植物油清洗。眼可先用温水清洗，再用3%硼酸液冲洗。

⑩ 与水合氯醛、樟脑、薄荷脑、冰片、雷琐辛、麝香草酚共研即软化或液化，所形成的混合物可减少苯酚的刺激性。

⑪ 本品呈酸性，浸泡器械时应加入碳酸氢钠与甘油，以防器械生锈。

⑫ 本品遇碘、溴即生成沉淀，遇碱式醋酸铝溶液即发生白色沉淀，如溶液中含甘油，则可阻止沉淀发生。

甲　酚

Cresol

【药理作用与用途】 对繁殖期细菌作用强，对芽孢无效，对病毒作用不确定。杀菌作用较苯酚强3～10倍，毒性较低。由于水溶性低，常用肥皂乳化制成50%的甲酚皂溶液。甲酚皂溶液的杀菌性能与苯酚相似，其苯酚系数随成分与菌种不同介于1.6～5.0。5%～10%甲酚皂溶液用于厩舍、器械、排泄物和染菌材料等消毒。

【上市剂型】

① 甲酚皂溶液（Saponated Cresol Solution）：又称来苏尔

（Lysol），为煤酚与植物油、氢氧化钠、水混合制成的黄棕色至红棕色的黏稠液体。可与水任意混合，与乙醇混合成澄清液体，须遮光密封保存。以甲酚计 50%。

② 甲酚磺酸溶液：常用为 0.1%，可代替过氧乙酸用于环境消毒。

③ 甲酚磺酸钠溶液：可代替煤酚。

【影响因素及用药注意】

① 甲酚有特臭，不宜在食品加工厂等应用。

② 可引起色泽污染。

③ 对皮肤有刺激性。

④ 其他参见苯酚。

【同类药物】

六氯酚（Hexachlorophene）　对多种革兰阳性菌效果好，而对革兰阴性菌作用差，对芽孢无作用。能溶解在皮肤的脂肪内，可在皮肤内积聚，重复应用超过 2～4d，可造成一个稳定状态的皮肤药物贮存库。有机物如脓、血可降低本品效力。但局部应用时，其活性不受肥皂、油脂和赋形剂的影响。

七、醇类

醇类为使用较早的一类消毒防腐药。各种脂肪族醇类如乙醇、异丙醇、苯甲醇三氯叔丁醇等，都有不同程度的杀菌作用，常用乙醇。优点是性质稳定、作用迅速、无腐蚀性、无残留作用，与其他消毒药配伍常起协同增效作用。缺点是不能杀灭细菌芽孢，亲水性病毒，受有机物影响大，抗菌有效浓度较高。

乙　醇

Alcohol

【药理作用与用途】中效消毒剂。应用广泛，效果可靠。能杀死繁殖型细菌，对真菌、分枝杆菌、亲脂病毒也有杀灭作用，但对细菌芽孢无效，对亲水病毒作用较弱，一般只用于消毒，不能用于灭菌。乙醇使细菌胞浆脱水，并进入蛋白肽链的空隙破坏构型，使菌体蛋白变性和沉淀；溶解类脂质，不仅易渗入菌体破坏其胞膜，而且能溶解动物的皮质分泌物，从而发挥机械性除菌作用。

常用75%乙醇消毒皮肤以及器械浸泡消毒。无水乙醇的杀菌作用微弱，因它使组织表面形成一层蛋白凝固膜，妨碍渗透而影响杀菌作用，另一方面蛋白变性需有水的存在。浓度低于20%时，乙醇的杀菌作用微弱，高于95%作用不可靠。与某些消毒剂可配制成酊剂以增强杀菌效果。乙醇能扩展局部血管、改善局部血液循环，用稀乙醇涂擦久卧病畜的局部皮肤，可预防褥疮的形成；浓乙醇涂擦可促进炎性产物吸收，减轻疼痛，用于治疗急性关节炎、腱鞘炎和肌炎等。无水乙醇纱布压迫手术出血创面5min可立即止血。乙醇对黏膜的刺激性大，不能用于黏膜和创面抗感染。

【影响因素及用药注意】

① 浓度：乙醇消毒剂需要含一定量的水分，杀菌作用才能达到最高水平。高浓度的乙醇消毒剂可迅速凝固生物活性物质中的蛋白质和其他有机物，形成固化层，该作用保护微生物，影响乙醇溶液与之有效接触，影响消毒效果。60%～80%乙醇消毒效果最强。

② 有机物：乙醇能使蛋白质凝固变性，并形成保护层，影响乙醇继续发挥杀菌作用，因此不宜用于被血液、脓液和粪便污染的表面消毒。

③ 温度：随温度升高，乙醇杀菌能力随之增强，但增强作用不如酚类、醛类明显。

④ 乙醇对其他类消毒剂如醛类（戊二醛）、碘、氯己定等有增效和协同杀菌作用。

八、阳离子表面活性剂

季铵盐类阳离子表面活性剂，可杀灭大多数繁殖期细菌和真菌以及部分病毒，但不能杀灭芽孢、结核杆菌和铜绿假单胞菌。季铵盐类溶于水时，解离出亲水的阳离子，可与带负电的细菌、病毒膜磷脂上的磷酸基结合，低浓度时可使膜通透性增加，呈抑菌作用；高浓度时可使膜和胞浆内蛋白质的荷电性改变而呈杀菌作用。对革兰阳性菌的作用比对革兰阴性菌好。对革兰阳性菌作用强，杀菌迅速、刺激性小、毒性低、不腐蚀金属和橡胶；杀菌效果受到有机物影响大。故不适用于厩舍和环境消毒。不能与阴离子活性剂混合使用。

苯扎溴铵

Benzalkonium Bromide

【药理作用与用途】本品为常用的一种阳离子表面活性剂，属低效消毒剂。具有广谱杀菌作用和去垢效力。其作用部位在细胞膜，可改变细菌细胞膜的通透性，使菌体胞浆物质外渗，阻碍其代谢而起杀菌作用。可杀灭细菌繁殖体，不能杀灭细菌芽孢。对革兰阳性菌的杀灭能力比革兰阴性菌强。对病毒的作用较弱，对亲脂性病毒如流感、牛痘、疱疹等病毒有一定的杀灭作用，对亲水性病毒无效。对真菌和结核杆菌效果甚微。对人体组织刺激性小，作用发挥迅速，能湿润和穿透组织表面，并具有除垢、溶解角质及乳化作用。用于皮肤、黏膜和伤口消毒。

【上市剂型】

① 苯扎溴铵溶液（水产用），规格：5%，10%，20%，45%。

② 苯扎溴铵溶液，规格：5%，20%。

【影响因素及用药注意】

① pH 值：一般随 pH 值升高而增高，有文献报道，pH 值 3 时所需的杀菌浓度是 pH 值 9 时的 10 倍。

② 温度：随温度升高而加强。

③ 有机物：妨碍苯扎溴胺与微生物接触，消耗消毒剂能量，影响效果。

④ 水的硬度：苯扎溴胺与金属钙、镁、铝等产生沉淀，减低其杀菌作用。故不宜用硬水配制。

⑤ 拮抗物质：阴离子表面活性剂，如肥皂、卵磷脂、洗衣粉、吐温 80 等均有拮抗作用。

⑥ 其他：碘、碘化钾、蛋白银、硝酸银、水杨酸、枸橼酸、硫酸锌、硼酸、过氧化物、升汞、磺胺类药物及钙、镁、铁、铝等

金属离子，对其均有拮抗作用。

⑦ 器械消毒时应加0.5%的亚硝酸钠防腐。

⑧ 可引起人体过敏。

⑨ 耐热、耐光，可贮存较长时间而效力不减。

⑩ 血液、棉花、纤维和其他有机物存在时，可使杀菌效力减弱，因此消毒前宜尽量先去除物品上的有机物。不宜用于皮革类物品、眼科器械以及合成橡胶制物品的消毒；不适用于痰液、粪便、呕吐物、污水及饮用水的消毒。可腐蚀铝制品，勿置该类器皿中存放；水溶液不得贮存于聚乙烯制作的容器内，以避免与增塑剂起反应而使药液失效。

醋酸氯己定

Chlorhexidine Acetate

【药理作用与用途】 又称醋酸洗必泰，抗菌谱广，对多数革兰阳性菌及革兰阴性菌都有杀灭作用，对铜绿假单胞菌也有效。抗菌作用强于苯扎溴铵，作用迅速且持久，毒性低，无刺激性。本品不宜被有机物灭火，但易被硬水中的阴离子沉淀而失去活性。常用于术前手、皮肤、创面、刨面及器械等的消毒。

【上市剂型】 醋酸洗必泰外用片。

【影响因素及用药注意】

① 乙醇：有很强的协同作用。

② 拮抗物质：肥皂、碱性物质和其他阴离子表面活性剂以及碘酊、高锰酸钾、升汞、硫酸锌、甲醛等。

③ 浓溶液可刺激黏膜等，偶见皮肤过敏。

④ 与铁、铝等金属物质可发生反应，配制时禁忌用金属制品，水溶液贮存于中性玻璃瓶中，每隔2周换1次。

⑤ 器械消毒时需加0.5%亚硝酸钠防腐。

【同类药物】

度米芬（Domiphen） 本品用作消毒剂、除臭剂和杀菌防霉剂。具有广谱杀菌作用，对革兰阳性菌和革兰阴性菌均有杀灭作用，作用比苯扎溴铵稍强。对芽孢、病毒和抗酸杆菌效果不显著。

在中性或弱碱性溶液中作用效果更好，在酸性溶液中效果下降。用于黏膜、皮肤、创面和器械的消毒。度米芬含片可预防和治疗口腔、咽喉感染如咽喉炎、扁桃体炎等。

癸甲溴铵溶液（Deciquan Solution） 本品能吸附于细菌表面，改变菌体细胞膜的通透性，使菌体内的酶、辅酶和中间代谢物逸出，使细菌的呼吸及糖酵解过程受阻，菌体蛋白变性，因而呈现杀菌作用。具有广谱、高效、无毒、抗硬水、抗有机物等特点，适用于环境、水体、餐具、器械等的消毒，以及水体的净化、灭藻。对治疗弧菌、嗜水气单胞菌及温和气单胞菌等病原菌有较高的疗效，可用于治疗水产动物出血病、细菌性败血病等细菌性疾病。受有机物影响较苯扎溴胺小，可用提高浓度的方法来弥补。杀菌作用随温度升高而增强。阴离子表面活性剂如肥皂、洗衣粉、卵磷脂等可降低其杀菌活性。

辛氨乙甘酸溶液（Octicine Solution） 为两性离子表面活性剂。对化脓球菌、肠道杆菌等及真菌有良好的灭杀作用，对细菌芽孢无灭杀作用。对结核杆菌1%溶液需作用12h。具有高效、低毒、无残留等特点，并有较好的渗透性。用于环境、器械、种蛋和手的消毒。

九、酸类

包括有机酸、无机酸。无机酸为原浆毒，具有强烈的刺激和腐蚀作用，包括硫酸、盐酸、硼酸等，有强大的杀菌和杀芽孢作用。2mol/L硫酸用于消毒排泄物；2%盐酸添加15%食盐，并加温至30℃，用于炭疽芽孢杆菌污染的皮张浸泡消毒。有机酸类有乳酸、醋酸、苯甲酸、水杨酸等，可作为饲料、药品、粮食等的防腐剂；内服可用于消化不良和瘤胃膨胀；2%～3%溶液可冲洗口腔，0.5%～2%溶液可冲洗感染创面，5%溶液具有抗菌作用。

醋　　酸

Acetic Acid

【药理作用与用途】用作防腐药，醋酸溶液对细菌、真菌、芽孢和病毒均有较强的杀灭作用，但作用的强弱不尽相同。一般来说，以对细菌繁殖体最强，依次为真菌、病毒、结核杆菌及细菌芽孢。1%醋酸杀灭最强的病原体如真菌、肠病毒及芽孢等，需要10min，但芽孢被有机物保护时，作用时间则延长30min。5%醋酸溶液有抗嗜酸杆菌、铜绿假单胞菌等假单胞菌属的作用。

醋酸可将反刍动物瘤胃内的氨转化为铵离子，从而降低瘤胃内的pH值，可用于治疗瘤胃内非蛋白氮产生的氨引起的毒性。醋酸稀释液也可用于瘤胃膨胀、消化不良等症治疗。本品用于空气消毒，可预防感冒和流感。

硼　　酸

Boric Acid

【药理作用与适应证】本品为弱防腐剂，与细菌蛋白质中的氨基结合，对细菌及真菌抑制作用较弱，但无刺激性。可用于皮肤、黏膜的防腐，及急性皮炎、湿疹渗出的湿敷液；也可用于口腔、咽喉嗽液，外耳道、慢性溃疡面、褥疮洗液，及真菌、脓疱疮感染的杀菌液。外用一般毒性不大，但不适用于大面积创伤和新生肉芽组织，以避免吸收后蓄积中毒。急性中毒的早期症状为呕吐、腹泻、皮疹、中枢神经系统先兴奋后抑制，严重时可引起循环衰竭或休克。

【上市剂型】

① 硼酸溶液，规格：3%。

② 硼酸软膏，规格：10%。

十、染料类

染料类消毒剂仅能抑制细菌繁殖，且抗菌谱不广。染料可分为碱性（阳离子）和酸性（阴离子）染料两类。染料中的阳离子或阴离子能与细菌蛋白质的羧基或氨基相结合，影响细胞膜的通透性、离子交换功能或通过抑制巯基酶反应，产生杀菌作用。兽医临床常用的乳酸依沙吖啶、甲紫属碱性染料，它们在解离时带正电荷，对革兰阳性菌有选择性作用，在碱性环境中有杀菌力，碱度越高杀菌力越强。

乳酸依沙吖啶

Ethacridine Lactate

【药理作用与用途】是染料中最有效的消毒防腐药。当解离为阴离子后，对革兰阳性菌呈现最大的作用，对各种化脓菌均有较强的作用。抗菌活性与其在不同 pH 值溶液中的解离常数有关。常以0.1%～0.3%的水溶液用于外科创伤、皮肤黏膜的洗涤和湿敷。此外，经过提纯及消毒后本品能刺激子宫肌肉收缩，使子宫肌紧张度增加，可应用于中期妊娠引产，用药后除阵缩疼痛外无其他不适症状，胎儿排出快，效果尚可。

【上市剂型】乳酸依沙吖啶溶液，规格：0.1%。

【影响因素及用药注意】

① 要避光保存。

② 长期使用可能延缓伤口愈合。

③ 用时以注射用水新鲜配制。

④ 不能与含氯化物溶液或碱性溶液配伍，以免析出沉淀。

甲　紫

Methylrosanilinium Chloride

【药理作用与用途】因其阳离子能与细菌蛋白质的羧基结合，影响细菌的代谢，而具有较好的杀菌作用。甲紫对革兰阳性菌，特别是葡萄球菌、白喉杆菌作用较强，对白色念珠菌等真菌及铜绿假单胞菌也有较好的抗菌作用。对组织无刺激性，且能与黏膜、皮肤表面凝结成保护膜而起收敛作用。1%～2%溶液可用于浅表创面、溃疡及皮肤感染；0.1%～1%水溶液用于烧伤，因有收敛作用，能使创面干燥，也可防止真菌感染。

【上市剂型】甲紫溶液，规格：1%。

【影响因素及用药注意】

① 大面积破损皮肤不宜使用。

② 不宜长期使用。

第四章 抗寄生虫药合理应用与联用禁忌

抗寄生虫药物是指能杀灭或驱除动物体内外寄生虫的药物。根据药物作用的特点，可分为抗蠕虫药、抗原虫药和杀虫药三大类。

抗寄生虫药种类繁多，化学结构和作用不同，作用机制亦各不相同。抗寄生虫药物机制总结如下。

（1）抑制虫体内的某些酶　如左旋咪唑、硫双二氯酚、硝硫氰胺和硝氯酚等能抑制虫体内琥珀酸脱氢酶（延胡索酸脱氢酶）的活性，阻碍延胡索酸还原为琥珀酸，阻碍 ATP 产生，导致虫体缺乏能量而死亡；有机磷酸酯类能与胆碱酯酶结合，使酶丧失水解乙酰胆碱的能力，使虫体内乙酰胆碱蓄积，引起虫体兴奋、痉挛，最后麻痹死亡。

（2）干扰虫体的代谢　如苯并咪唑类药物能抑制虫体对葡萄糖的摄取；氯硝柳胺能干扰虫体氧化磷酸化过程，影响 ATP 的合成，使绦虫缺乏能量，头节脱离肠壁而排出体外；有机氯杀虫药能干扰虫体内的肌醇代谢。

（3）作用于虫体的神经肌肉系统　如哌嗪有箭毒样作用，使虫体肌细胞膜超级化，引起弛缓性麻痹；阿维菌素类则能促进 γ-氨基丁酸（GABA）的释放，使神经肌肉传递受阻，导致虫体产生迟缓性麻痹，最终可引起虫体死亡或排出体外；噻嘧啶能与虫体的胆碱受体结合，产生与乙酰胆碱相似的作用，引起虫体肌肉强烈收缩，导致痉挛性麻痹。

（4）干扰虫体内离子的平衡或转运　聚醚类抗球虫药能与钠、钾、钙等金属阳离子形成亲脂性复合物，使其能自由穿过细胞膜，使子孢子和裂殖子中的阳离子大量蓄积，导致水分过多地进入细胞，使细胞膨胀变形，细胞膜破裂，引起虫体死亡。

合理选择抗寄生虫药物，应注意以下事项。

（1）选用合适的抗寄生虫药　①广谱：动物寄生虫病多属于混合感染，特别是不同类寄生虫的混合感染，因此在生产实践中需要能同时驱杀不同类别寄生虫的药物。当前已有对多种虫种均有高效的药物，如吡喹酮（吸虫、血吸虫、多种绦虫）、伊维菌素（线虫、节肢动物）、阿苯达唑（线虫、吸虫、多种绦虫）等。②高效：即应用剂量小、驱杀寄生虫的效果好，而且对成虫、幼虫甚至虫卵都有较高的驱杀效果。③安全：抗寄生虫药的治疗指数＞3，一般才认为具有临床应用意义，凡是对虫体毒性大，宿主毒性小或无毒性的抗寄生虫药是安全的。④低残留：食品动物应用后，药物不残留或者低残留于肉、蛋和乳及其制品中。⑤低廉、给药方便以及适口性良好。⑥选择药物时要充分了解寄生虫种类、寄生部位、严重程度、流行病学资料，并了解畜种、性别、年龄、体质、病理过程、饲养管理条件对药物作用反应的差异，结合本地区、本牧场的具体情况，选用最合适的抗寄生虫。

（2）结合实际，选择适用剂型和投药途径　抗寄生虫药通常有内服、注射及外用各种剂型可供选择。选择驱除消化道寄生虫宜选用内服剂型，消化道以外的寄生虫可选择注射剂，而体外寄生虫以外用剂型为妥。为投药方便，大群畜群可选择预混剂混饲或饮水投药法，而灭体外寄生虫目前多选药浴、浇泼和喷雾给药法。

（3）防患于未然，避免药物中毒事故　为控制好药物的剂量和疗程，在使用抗寄生虫药进行大规模驱虫前，务必选择少数动物先做驱虫试验，以免发生大批中毒事故。

（4）轮换使用，防止产生耐药菌株　在防治寄生虫病时，应定期更换不同类型的抗寄生虫药物，以避免或减少因长期或反复使用某些寄生虫药而导致虫体产生耐药性。

（5）注重环境保护，保证人体健康　通常抗寄生虫药对人体都存在一定的危害性，某些药物还会污染环境，因此，在使用抗寄生虫药时为避免动物性食品中药物残留危害消费者的健康和造成公害，应熟悉掌握掌握抗寄生虫药物在食品动物体内的分布状况，遵守有关药物在动物组织中的最高残留限量和休药期的规定。

第一节　抗蠕虫药

抗蠕虫药亦称驱虫药，指能杀灭或驱除寄生于畜禽机体蠕虫的药物。分驱线虫药、抗绦虫药、抗吸虫药及抗血吸虫药。

一、驱线虫药

依药物作用线虫种类，分驱胃肠道线虫药、驱肺线虫药及抗丝虫药。主要包括苯并咪唑类、咪唑并噻唑类、四氢咪唑类、有机磷类以及抗生素类等。

（一）苯并咪唑类

自20世纪60年代美国合成噻苯达唑以来，已合成数百种广谱、高效、低毒的抗蠕虫药，主要药物有阿苯达唑、奥芬达唑、芬苯达唑、甲苯达唑、氟苯达唑、三氯苯咪唑、尼托比明等。

本类药物驱虫谱广，驱虫效果好，基本作用相似，主要对线虫具有较强的驱杀作用；有的不仅对成虫，而且对幼虫和虫卵也有一定的杀灭作用；有些药物如阿苯达唑对绦虫、吸虫也有驱除效果；同类三氯苯达唑则主要做驱吸虫药。

本类药物的一般毒性低，安全范围大。治疗剂量对幼龄、患病或体弱的家畜都不会产生副作用。但具有致畸作用，妊娠2～4周的母绵羊给予阿苯达唑、丁苯达唑或康苯咪唑均可诱发各种胚胎畸形，以骨骼畸形占多数。需关注的是，该类药物对人类也可引起与动物同样的潜在危险。

阿苯达唑

Albendazole

【药理作用及适应证】 本品为广谱、高效、低毒的驱虫药，对多种动物的多种线虫均有高效，对某些吸虫及绦虫也有较强驱除作用。本药脂溶性高，比其他本类药物更易从消化道吸收，肝脏代谢物亚砜具有抗蠕虫活性。对反刍动物、马、猪、犬及家禽等胃肠道线虫、肺线虫、肝片吸虫和绦虫均有效，单用本品即可驱除动物体内混合感染的寄生虫，如对反刍兽的肠道多种线虫、猪肾虫、食道口线虫、蛔虫、鞭虫、马圆线虫及蛲虫，鸡蛔虫及异刺线虫等均有较强的驱除作用。对牛的绦虫、肝片吸虫、前后盘吸虫、矛形双腔吸虫有效。特别对猪、牛囊尾蚴有明显效果，为当前治疗囊尾蚴病的良好药物。临床主要用于动物线虫病、绦虫病和吸虫病。

【上市剂型】

① 阿苯达唑片，规格：25mg，50mg，0.1g，0.2g，0.3g，0.5g。

② 阿苯达唑粉，规格：2.5%，6%（水产用），10%。

③ 阿苯达唑伊维菌素粉，规格：100g，阿苯达唑 10g＋伊维菌素 0.2g。

④ 阿苯达唑混悬液，规格：100mL∶10g。

⑤ 阿苯达唑、阿维菌素片，规格：153mg（阿维菌素 3mg＋阿苯达唑 150mg），255mg（阿维菌素 5mg＋阿苯达唑 250mg）。

⑥ 阿苯达唑、硝氯酚片，规格：0.14g（阿苯达唑 100mg＋硝氯酚 40mg）。

⑦ 阿苯达唑颗粒，规格：10%。

【联用与禁忌】

① 地塞米松、吡喹酮：联用可增加阿苯达唑在血浆中的浓度。

② 高脂食物：脂肪可提高阿苯达唑的吸收。

③ 西咪替丁：可提高阿苯达唑在胆汁和囊液中的浓度。

④ 辛硫磷：联用毒性增强。

⑤ 伊维菌素：联用可拓宽抗寄生虫范围。

【用药注意】

① 连续长期使用能使蠕虫产生耐药性，并且有可能与苯并咪唑类其他药物产生交叉耐药性。

② 马、兔、猫等对该药敏感，选用其他驱虫药为宜。

③ 具胚毒及致畸影响，牛、羊 45d 内，猪在妊娠 30d 内禁用本品，其他动物在妊娠期内亦不宜使用；产奶期禁用。

④ 本品无特效解毒药，药物过量应立即催吐或洗胃及对症支持治疗。

⑤ 有急性肠炎动物勿用，有癫痫史动物慎用。

⑥ 肝功能不良动物慎用。

⑦ 休药期：牛 14d，羊 4d，猪 7d，禽 4d，弃奶期 60h。

芬苯达唑

Fenbendazole

【药理作用与适应证】为广谱、高效、低毒的苯并咪唑类驱虫药，不仅对动物胃肠道线虫成虫、幼虫有高效驱虫活性，而且对网胃线虫、矛形双枪吸虫、片吸虫和绦虫亦有较佳效果，对其幼虫的驱除率大 90%以上。尚有极强的杀虫卵作用，对蛔虫的驱杀效果优于噻苯达唑。芬苯达唑溶解度较低，动物内服吸收较少。临床主要用于驱除马、猪、禽的大多数消化道线虫（如蛔虫等）和犬、猫的线虫和带状绦虫，亦用于驱除牛、羊血矛属、奥斯特属、毛圆属、古柏属、食道口属线虫，对其幼虫的驱除率大 90%以上，对牛、羊的某些吸虫、莫尼茨绦虫也有效。

【上市剂型】

① 芬苯达唑片，规格：25mg，50mg，0.1g。

② 芬苯达唑、伊维菌素片，规格：0.21g（芬苯达唑 0.2g+伊维菌素 10mg）。

③ 芬苯达唑粉，规格：5%。

④ 芬苯达唑颗粒，规格：3%，10%。

【联用与禁忌】

① 溴沙兰（抗肝片吸虫药）：与芬苯达唑、奥芬达唑联用时，可引起绵羊死亡、牛流产。

② 敌百虫：马属动物应用芬苯达唑时不能并用敌百虫，否则毒性大为增强。

③ 辛硫磷：与芬苯达唑联用，毒性增强。

④ 其他参见阿苯达唑。

【用药注意】

① 长期使用，可引起耐药虫株。

② 美国和英国批准通过饲料将一次剂量分开连续对牛给药，其驱虫效果优于一次给药，但分剂量对牛的毛首线虫和类圆线虫无效。

③ 本品瘤胃内给药（包括内服法）比真胃给药法驱虫效果好，甚至还能增强对耐药虫株的驱除效果。

④ 休药期：牛 8d，羊 6d，猪 5d。

【同类药物】

奥芬达唑（Oxfendazole） 芬苯达唑的衍生物，属广谱、高效、低毒的新型抗蠕虫药，驱虫谱与芬苯达唑相同，但驱虫活性比其强 1 倍。驱消化道线虫效果大多优于噻苯达唑。对绦虫、吸虫作用较差。内服吸收迅速，反刍兽吸收量明显低于单胃动物，而且舍饲反刍兽比放牧时吸收量多。

氧苯达唑（Oxibendzole） 窄谱、高效、低毒的苯并咪唑类驱虫药，为阿苯达唑在动物体内的活性产物，毒性极低。但驱虫谱较窄，仅对胃肠道线虫有高效，对艾氏毛圆线虫作用不稳定，对肺线虫、柔线虫、马丝状线虫无效，因而应用不广。

甲苯达唑（Mebendazole） 又名甲苯咪唑。对动物多种胃肠线虫有高效，有完全杀死钩虫卵、鞭虫卵以及杀死部分蛔虫卵的作用。对某些绦虫有良效，是为数不多治疗旋毛虫的良药之一。此外还抑制粪便中某些线虫的虫卵发育。

非班太尔（Febantel） 苯并咪唑类前体药物，体内转变为芬苯达唑和奥芬达唑而发挥有效的驱虫效应。用作各种动物的驱线虫药。临床多以复方制剂上市，用于犬、猫的产品多于吡喹酮、噻嘧啶配合，以扩大驱虫范围。

硫苯尿酯（Thiophanate） 苯并咪唑类前体药物，在动物体内转变成苯并咪唑氨基甲酸甲酯而发挥驱虫作用。广谱驱虫药，对大多数动物的胃肠线虫成虫及幼虫均有良好效果。

（二）咪唑并噻唑类

本类药物有噻咪唑（混旋体）和左旋咪唑（左旋体），驱虫范围较广，对动物主要消化道寄生线虫和肺线虫有效，噻咪唑驱虫活性仅为左旋咪唑的一半，但毒性要大好几倍，故临床多用左旋咪唑。

左旋咪唑
Levamisole

【药理作用与适应证】又称左咪唑，为广谱、高效、低毒的驱线虫药，对多种动物的胃肠道线虫和肺线虫及幼虫均有高效，但对消化道寄生虫的幼虫及童虫驱虫效果没有对成虫好。其作用为兴奋神经节，产生去极化型的神经肌肉的阻断作用，使线虫先兴奋后麻痹，然后随粪便排出体外；还可抑制琥珀酸脱氢酶，阻断延胡索酸还原为琥珀酸，减少能量的产生。本品对反刍动物皱胃中血矛属、奥斯特他属线虫，小肠的古柏属、毛圆属、仰口属线虫，大肠食道口属、毛首属线虫及牛的蛔虫、羊丝状网属线虫的成虫均有良好效果，对猪、鸡、猫、犬的蛔虫及其他肠道线虫成虫有良好驱除效果，对马的蛔虫有高效驱虫效果，但对大型原线虫驱除效果差。临床主要用作牛、羊、猪、犬、猫、禽的胃肠道线虫、肺线虫，犬心丝虫，猪肾虫感染的治疗。

本品对动物还有免疫增强作用，能使免疫缺陷或免疫抑制的动物恢复其免疫功能，如能使老龄动物、慢性病患畜的免疫功能低下状态恢复到正常，并能增加巨噬细胞数量及其吞噬功能，但对正常机体功能作用并不显著。虽无抗微生物作用，但可提高患处对细菌及病毒感染的抵抗力，但应使用低剂量（1/4～1/3），因剂量过大反而引起免疫抑制效应。故临床也用于免疫功能低下动物的辅助治疗和提高疫苗的免疫效果。

【上市剂型】

① 盐酸左旋咪唑片，规格：25mg，50mg。

② 盐酸左旋咪唑粉，规格：5%，10%。

③ 盐酸左旋咪唑注射液，规格：2mL∶0.1g，5mL∶0.25g，10mL∶0.5g。

④ 磷酸左旋咪唑注射液，规格：5mL∶0.25g，10mL∶0.5g，20mL∶1g。

【联用与禁忌】

① 乙胺嗪（海群生）：与左旋咪唑先后应用，可提高左旋咪唑治疗丝虫病的疗效。

② 噻嘧啶：联用可治疗严重钩虫感染，但毒性增加。

③ 山莨菪碱：联用治疗原发性血小板减少性紫癜有协同作用。

④ 噻苯咪唑、恩波吡维铵：联用可治疗肠线虫混合感染。

⑤ 抗真菌药如灰黄霉素：联用可提高疗效。

⑥ 复方磺胺甲噁唑：与左旋咪唑配合治疗弓浆虫病，可破坏虫体，减少抗原刺激，改善症状。

⑦ 三氯苯达唑：联用安全有效。

⑧ 疫苗：内服小剂量的左旋咪唑，可提高疫苗的免疫效果。

⑨ 环磷酰胺：联用可提高疗效。

⑩ 甲苯达唑：联用扩大抗寄生虫范围。

⑪ 伊维菌素：联用扩大抗寄生虫范围。

⑫ 转移因子：配合结膜下注射，可提高病毒性角膜炎治愈率。

⑬ 苯妥英钠：联用会增加苯妥英钠的血药浓度。

⑭ 哌西嗪：联用有协同作用。

⑮ 碱性药物：使左旋咪唑分解失效。

⑯ 含乙醇药物：与左旋咪唑联用，会导致严重的不良反应。

⑰ 四氯乙烯：联用毒性增加。

⑱ 有机磷化合物：在应用有机磷化合物 14d 内禁用左旋咪唑。

【用药注意】

① 临床注射给药，时有发生中毒死亡事故，因此，单胃动物除肺线虫宜选用注射给药外，一般宜内服给药。

② 局部注射时，对组织有较强刺激性，尤以盐酸左旋咪唑为甚，磷酸左旋咪唑刺激性较弱。

③ 左旋咪唑对马，特别是骆驼安全范围很小，不宜应用。禽类安全范围大，即使给予 10 倍治疗量也未出现死亡。

④ 应用左旋咪唑引起的中毒症状（如流涎、排粪、呼吸困难、心率变慢）与有机磷中毒相似，此时可用阿托品解毒，若发生严重呼吸抑制，可试用加氧的人工呼吸法解救。

⑤ 妊娠、泌乳、肝功能异常动物禁用。

⑥ 去势、去角、接种疫苗等应激状态下，不宜采用注射给药法。

⑦ 休药期：左旋咪唑片，内服，牛 2d，羊 3d，禽 28d，猪 3d。左旋咪唑注射液，牛 14d，羊 28d，猪 28d。磷酸左旋咪唑注射液，牛 14d，羊 28d，猪 28d 用。

（三）有机磷化合物

有机磷化合物为驱蠕虫及杀体外寄生虫药物。驱虫常用敌百虫、敌敌畏、哈乐松、蝇毒磷和萘肽磷，前两种用于马、犬和猪，后三种可驱除反刍兽寄生虫。其驱虫作用机理是抑制虫体胆碱酯酶活性，导致乙酰胆碱蓄积而引起寄生虫肌肉麻痹致死。

合理选择有机磷杀虫药，应注意以下几点。①驱虫范围：通常对马、猪和犬的主要线虫有效，而对反刍兽寄生虫作用有限，只对皱胃寄生线虫（特别是血矛线虫）、小肠线虫有效，而对食道口线虫、夏伯特线虫等肠道寄生虫效果不佳。因此，对后两种虫体在用哈乐松、萘肽磷等有机磷驱虫药无效时，应改用其他广谱抗线虫药。②对药物的敏感性：不同种属动物和虫体对药物的敏感度不同，如家禽对敌百虫最敏感，易中毒，不宜应用；治疗量哈罗松对绵羊很安全，但对鹅毒性很大。③用药剂量：高剂量对宿主胆碱酯酶也有一定抑制作用，治疗安全范围较窄，在用药过程中常发生中毒反应。此外，凡具有胆碱酯酶抑制效应的药物，如毒扁豆碱、新斯的明、肌松药、有机磷农药等，均不宜在2周内共用，以防增强毒性反应。④中毒解救：中毒后可用阿托品和胆碱酯酶复活剂如碘解磷定、氯解磷定、双复磷和双解磷等解毒一般轻度中毒单用阿托品即可，严重中毒者合用胆碱酯酶复活剂有协同作用，解毒效果更好。

敌百虫

Dipterex

【药理作用与适应证】兽用为精制敌百虫。不仅对消化道线虫有效，而且对姜片吸虫、血吸虫也有一定效果，对鱼鳃吸虫和鱼虱也有效，外用可做杀虫药。此外，本品对宿主胆碱酯酶活性也有抑制效应，使胃肠蠕动加强，加速虫体排出体外。临床主要用于马、猪的蛔虫成虫及未成熟虫体，牛、羊各种线虫和吸虫，犬、猫的各种体外寄生虫如蠕形螨、蜱、虱、蚤等的防治。

【上市剂型】

① 精制敌百虫粉，规格：20%（水产用），30%（水产用），80%（水产用），100g：33.2g。

② 精制敌百虫片，规格：0.3g，0.5g。

【联用与禁忌】

① 巴比妥类药物如苯巴比妥：可加速敌百虫的代谢，并降低其胆碱酯酶抑制作用，以及增加机体对敌百虫的抗毒能力，可用于敌百虫中毒。

② 山莨菪碱：对敌百虫中毒有解毒作用，而毒性反应较敌百虫低。

③ 胆碱酯酶复活剂如碘解磷定：与阿托品或山莨菪碱联用治疗敌百虫中毒，可提高疗效，减少用量和不良反应。

④ 阿托品：有拮抗作用，为敌百虫中毒的有效解毒药。

⑤ 硫酸铜：解毒药，它可还原并阻碍磷的氧化及吸收。

⑥ 左旋咪唑：联用增加敌百虫毒性，在应用敌百虫的14d内，禁止用左旋咪唑。

⑦ 胆碱酯酶抑制剂如毒扁豆碱和新斯的明等；在用敌百虫前后，禁用胆碱酯酶抑制剂，否则易引起中毒。

⑧ 乙醇：可增加敌百虫溶解吸收。

⑨ 醋：当敌百虫杀虫药污染动物体表时，可用米醋冲洗，以使有机磷分解破坏。

⑩ 硫酸铜：解毒药，它可还原并阻碍磷的氧化及吸收。

⑪ 苯并咪唑类药物如芬苯达唑：马属动物应用芬苯达唑时，不能并用敌百虫，否则毒性大为增强。

⑫ 氯丙嗪：可增强敌百虫的毒性反应。

⑬ 碱性物质：禁止配伍。

⑭ 甲硫酸新斯的明：联用毒性增强。

⑮ 肌松药（筒箭毒碱）、其他有机磷杀虫药：联用毒性大为增强。

⑯ 升麻：具有毒扁豆碱样作用，可加剧其毒性反应。

⑰ 刺蒺藜：可增强其毒性反应。

⑱ 槟榔：不可与敌百虫联用驱虫，以防止中毒反应。

【用药注意】

① 敌百虫安全范围较窄，不良反应有明显种属差异，对马、猪、犬较安全；反刍兽较敏感，常出现明显中毒反应，应慎用；家禽（鸡、鸭等）最敏感，易中毒，以不用为宜。

② 敌百虫肌内注射时，中毒反应更为严重，应禁止肌内注射。

③ 动物敌百虫中毒，症状主要为腹痛、流涎、缩瞳、呼吸困难、大小便失禁、肌痉挛、昏迷直至死亡；轻度中毒，常在数小时内自行耐过；中度中毒时应用大剂量阿托品解毒；严重中毒病例，应反复应用阿托品和碘解磷定解救。

④ 极度衰弱以及妊娠动物应禁用敌百虫。

⑤ 奶牛不宜使用，食品动物屠宰前7d禁用。

⑥ 休药期：精制敌百虫片28d。

【同类药物】

哈乐松（Haloxon）　属有机磷化合物中最安全的药物之一，对反刍动物毒性较小，是牛、羊专用的有机磷驱虫药。其驱虫范围与敌百虫相似，主要驱除真胃、小肠寄生线虫，对大肠寄生虫作用弱，对家禽、猪和马体内的某些寄生线虫效果良好。哈乐松与虫体接触时间的长短是影响驱虫效果的重要因素，接触时间越长，驱虫效果越佳，反之，驱虫效果则差。

蝇毒磷（Coumaphos）　最突出优点是能用于泌乳动物，其乳汁仍可食用。对家禽及畜体胃肠道寄生虫，牛及羊的各种线虫有效；对百尾鹿、黑尾鹿、野牛及红褐色美洲骆驼等动物的上述线虫感染也有治疗效果；内服本品也可用于鸡的蛔虫及毛细线虫的感染。但蝇毒磷的安全范围小，毒性较敌百虫大，一般不用于驱胃肠道寄生虫，而多用于杀灭体外寄生虫。

萘肽磷（Naphthalophos）　属中等驱虫谱有机磷化合物，主要对牛、羊皱胃和小肠寄生线虫有效，对大肠寄生虫通常无效。安全范围较窄，牛、羊应用治疗量有时亦出现精神委顿、食欲丧失、流涎等症状。鸡对萘肽磷敏感，2倍治疗量即致死，不宜应用。

（四）四氢嘧啶类

四氢嘧啶类药物属广谱驱线虫药，主要包括噻嘧啶、甲噻嘧啶和羟嘧啶，适用于马、猪、羊、牛、犬等动物胃肠道线虫驱除，均内服给药。羟嘧啶为抗毛首线虫特效药。甲噻嘧啶是噻嘧啶的甲基衍生物，其驱虫作用较噻嘧啶强，且毒性较小，安全范围较大。两者均为去极化神经肌肉阻滞剂，引起虫体肌肉产生乙酰胆碱样痉挛性收缩，继而阻断神经肌肉传导，导致虫体麻痹而死亡。

噻　嘧　啶

Pyrantel

【药理作用与适应证】本品为广谱、高效、低毒的胃肠线虫驱除药，对马、牛、猪、羊、骆驼、鸡、犬等多种消化道线虫都有良好的驱虫作用。但对猪鞭虫、肺线虫无效。酒石酸噻嘧啶是牛、羊高效广谱驱虫药。单胃动物内服酒石酸噻嘧啶，易充分吸收，反刍动物吸收较少。双羟萘酸噻嘧啶难溶于水，肠道极少吸收，从而能到达大肠末端发挥良好的驱蛟虫作用。酒石酸噻嘧啶除用于牛、绵羊及犬的治疗外，还可用作胃肠道寄生虫良好的预防药物，用药时可减少各种寄生虫感染。双羟萘酸噻嘧啶特别适用于驱除动物消化道后段蛲虫感染。

【上市剂型】 双羟萘酸噻嘧啶片，规格：0.3g（相当于盐基0.104g）。

【联用与禁忌】

① 左旋咪唑：联用有协同作用，但毒性亦增强。

② 乙胺嗪：联用有拮抗作用。

③ 拟胆碱药（如毛果芸香碱）、抗胆碱酯酶药（如毒扁豆碱）、肌松药（如琥珀胆碱）、安定药：禁止联用，因噻嘧啶对宿主具有较强的烟碱样作用，联用易引起中毒。

④ 哌嗪：联用能使彼此毒性加强。

【用药注意】

① 噻嘧啶毒性很小，在高于治疗量5～7倍时，未见宿主有中毒反应。对孕畜、幼龄动物也无不良临床反应。对宿主的作用与左咪唑和乙胺嗪相似，与大剂量乙酰胆碱的烟碱样作用相仿，对自主神经节、肾上腺、颈动脉体、主动脉体化学感受器和神经肌肉接头均可产生先兴奋后麻痹的作用。

② 马对酒石酸盐比双羟萘酸盐的耐受性差，中毒时可见有大汗与运动失调的反应，在特大剂量下，牛、猪中毒时，可见有运动失调。

③ 噻嘧啶具有拟胆碱样作用，妊娠及虚弱动物禁用本品（特别是酒石酸噻嘧啶）。

④ 酒石酸噻嘧啶易吸收而安全范围较窄，用于大动物（特别是马）时，必须精确计量。

⑤ 噻嘧啶遇光变质失效，双羟萘酸盐配制混悬液后应及时用完，而酒石酸盐国外不允许配制药液，多做预混剂，混于饲料中给药。

⑥ 食用马禁用。

⑦ 休药期：猪 1d，肉牛 14d。

【同类药物】

莫仑太尔（Morantel）　又称甲噻嘧啶，驱虫谱与噻嘧啶相似，作用较其更强，毒性更小。对牛、羊胃肠道线虫成虫及幼虫均有高效，猪蛔虫对本品更敏感，治疗量对禽食道口线虫、红色猪圆线虫的成虫及幼虫均有良好驱虫作用。内服一次量可使骆驼、野山羊和斑马的毛圆线虫、狮的狮弓蛔虫、野猪的食道口线虫、像镰刀缪西德线虫的粪便虫卵几乎全部转化为阴性。对骆驼毛首线虫、毛圆线虫、细颈线虫、类圆线虫有良好驱虫效应。忌与含铜、碘的制剂配伍。

（五）阿维菌素类

阿维菌素类（avermectins，AVM）药物是由阿维链霉菌产生的一组新型大环内酯类抗寄生虫药，主要包括阿维菌素、伊维菌素、多拉菌素、美贝霉素、莫西菌素等。阿维菌素类药物由于其优异的驱虫活性和较高的安全性，被视为一类新型广谱、高效、安全和用量小的理想抗内外寄生虫药。

阿维菌素类药物具有高度脂溶性，其药代动力学特征具有较大的表观分布容积和较缓慢的消除过程。不论经口还是注射给药，阿维菌素类药物均易吸收，且吸收速率较快，但皮下注射的生物利用度较高，体内药物持续时间较长，对某些寄生虫尤其节肢动物的杀灭作用优于内服给药。不同制剂配方、不同给药方式、不同种类动物及不同饲养方式等因素均可对这类药物的药动学特征产生明显影响。

AVM 可增强无脊椎动物神经突触后膜对 Cl^- 的通透性，从而阻断神经信号的传递，最终使神经麻痹，并可导致动物死亡。AVM 是通过两种不同的途径来增强神经膜对 Cl^- 通透性的，其一是通过增强无脊椎动物外周神经抑制递质 γ-氨基丁酸（GABA）的释放；另一种途径是引起由谷氨酸控制的 Cl^- 通道开放。哺乳动物外周神经传导介质为乙酰胆碱，GABA 主要分布于中枢神经系统，在用治疗量驱杀哺乳动物体内外寄生虫时，由于血脑屏障的影响，阿维菌素类药物进入其大脑的数量极少，与线虫相比，欲影响哺乳动物神经功能所需要的药物浓度要高得多，因而只有当大量的AVM进入哺乳动物的大脑时，才可能导致其中毒。此外，目前尚未在哺乳动物体内发现由谷氨酸控制的 Cl^- 通道。AVM对无脊椎动物有很强的选择性，因此阿维菌素类药物用作哺乳动物的抗内外寄生虫药较安全。与传统的抗寄生虫药物相比，阿维菌素类药物抗寄生虫的作用机制独特，因而不与其他类抗寄生虫药物产生交叉耐药性。

阿维菌素类药物对吸虫和绦虫无效，可能与吸虫和绦虫缺少GABA神经传导介质以及虫体内缺少受谷氨酸控制的 Cl^- 通道有关。

伊维菌素和阿维菌素对哺乳动物、鸟类、鸡、鸭毒性很小。淡水生物如水蚤和鱼类对阿维菌素类药物高度敏感，但由于药物与土壤紧密结合，不溶于水，迅速光解等特性极大地降低了其在自然环境中对水生生物的毒性。阿维菌素类药物对植物无毒，不影响土壤微生物，对环境是安全的。

伊维菌素

Ivermectin

【药理作用与适应证】本品为广谱、高效、低毒大环内酯类抗生素驱虫药。通过干扰虫体 γ-氨基丁酸（GABA），阻断中间神经元与运动神经元传递而致虫体死亡。对节肢动物是阻断神经肌肉间传递。对体内外寄生虫特别是线虫和节肢动物均有良好驱杀作用，对绦虫、吸虫及原生动物无效，还能减少蜱产卵，使反刍兽线虫虫卵形态异常和使丝状线虫（雄、雌）不育。临床广泛用于牛、羊、马、猪的胃肠道线虫、肺线虫和寄生节肢动物，犬的肠道线虫、耳螨、疥螨、心丝虫和微丝蚴，以及家禽胃肠线虫和体外寄生虫。

【上市剂型】

① 伊维菌素预混剂，规格：100g∶0.6g。

② 伊维菌素注射液，规格：1mL∶0.01g；2mL∶0.02g；5mL∶0.05g；50mL∶0.5g；100mL∶1g。

③ 伊维菌素溶液，规格：0.1%，0.2%，0.3%，0.4%（水

产用），1%（水产用）。

④ 伊维菌素浇泼剂，规格：250mL∶125mg；5mL/mL。

⑤ 伊维菌素顿服剂（口服溶液）：供绵羊专用。

⑥ 伊维菌素片，规格：2mg（2000单位），5mg（5000单位），7.5mg（7500单位）。

⑦ 阿苯达唑伊维菌素预混剂，规格：100g，阿苯达唑6g+伊维菌素0.25g。

⑧ 阿苯达唑伊维菌素粉，规格：100g，阿苯达唑10g+0.2g伊维菌素。

⑨ 阿苯达唑伊维菌素片，规格：每片含阿苯达唑350mg，伊维菌素10mg。

⑩ 芬苯达唑、伊维菌素片，规格：0.21g（芬苯达唑0.2g+伊维菌素10mg）。

⑪ 硝氯酚伊维菌素片，规格：每片含硝氯酚100mg，伊维菌素10mg。

【联用与禁忌】

① 苯并咪唑类如阿苯达唑、芬苯达唑：联用可拓宽抗寄生虫范围。

② 硝氯酚：联用可拓宽抗寄生虫范围。

③ 乙胺嗪：联用可能产生严重或致死性脑病。

【用药注意】

① 伊维菌素毒性较低，较安全，但肌内、静脉注射易引起中毒反应。除内服外，仅限于皮下注射，每个皮下注射点不宜超过10mL，皮下注射偶有局部反应，以马反应为重，用时应慎重。

② 含甘油缩甲醛和丙二醇的国产伊维菌素注射剂，仅专用于牛、羊、猪和驯鹿，用于其他动物，特别是犬和马易引起严重局部反应。

③ 多数品种犬应用伊维菌素均较安全。但英国长毛牧羊犬对本品敏感，100μg/kg以上剂量即出现不良反应，而60μg/kg的剂量，1日1次，连用1年，对预防心丝虫病仍安全有效。

④ 伊维菌素对虾、鱼及水生生物有剧毒，残存药物的包装品

切勿污染水源。

⑤ 伊维菌素安全范围较大，过量时亦可中毒，中毒解救可用印防己毒素（苦味素）。

⑥ 给马用药后 24h，由于死亡的盘尾丝虫引起过敏反应，腹中线附近常见水肿和瘙痒。

⑦ 用于治疗牛皮蝇蚴病时，如杀死的幼虫在关键部位，将会引起严重的不良反应。在脊椎管中，可引起瘫痪或蹒跚。在食道中，会导致流涎或胀气。在皮蝇季节或皮蝇移行期后，立即治疗，则可避免。

⑧ 杀微丝蚴时，犬可发生休克样反应，可能与死亡的微丝蚴有关。

⑨ 禽可见死亡、昏睡或食欲减退。

⑩ 伊维菌素注射给药时，通常一次即可，必要时每隔 7～9d 用药 1 次，连用 2～3 次。

⑪ 伊维菌素对线虫，尤其是节肢动物产生的驱除作用缓慢，有些虫种要数天甚至数周才能出现明显药效。

⑫ 阴雨、潮湿及严寒天气均影响伊维菌素浇泼剂的药效，而皮肤损害时能使毒性增强。

⑬ 泌乳动物及临产母牛禁用。

⑭ 伊维菌素商品制剂中含有的不同佐剂能影响药物的作用。

⑮ 休药期：伊维菌素注射液，牛 35d，羊 42d，猪 18d，驯鹿 56d；预混剂，猪 5d。牛、羊 35d，猪 28d。

莫西菌素

Moxidectin

【药理作用与适应证】 莫西菌素比伊维菌素脂溶性大，治疗时有效药物浓度更持久。具有广谱驱虫活性，对犬、牛、绵羊、马的线虫和节肢动物寄生虫有高度的驱除活性。与其他大环内酯类抗寄生虫药不同之处在于它是单一成分，且能维持更长时间的抗虫活性，主要用于反刍兽和马的大多数胃肠线虫和肺线虫，反刍兽的某些节肢动物寄生虫，以及犬恶丝虫发育中的幼虫，此外，对绵羊痒螨也有极好疗效。莫西菌素对犬的驱虫作用和美贝霉素相似，对犬钩口线虫有高效，但对弯口属钩虫如欧洲犬钩口线虫效果不佳。

【上市剂型】

① 莫西菌素片剂，规格：30μg，68μg，136μg。

② 莫西菌素顿服溶液，规格：100mL∶0.1g，100mL∶0.2g，250mL∶0.25g，250mL∶0.5g，1L∶1g，4L∶4g。

③ 莫西菌素注射液，规格：50mL∶0.05g，200mL∶0.2g，500mL∶1.25g，5L∶2.5g，10L∶5g。

④ 莫西菌素口服胶，规格：2%。

⑤ 莫西菌素缓释注射液，规格：1 瓶含 10%药物浓度死亡微球，1 瓶为溶剂。

⑥ 复方莫西菌素、吡虫啉。

【用药注意】

① 莫西菌素对动物较安全，并且对伊维菌素敏感的英国长毛牧羊犬亦安全，但高剂量对个别犬可能会出现嗜眠、呕吐、共济失调、厌食、下痢等症状。

② 牛应用浇泼剂后，6h 内不能雨淋。

【同类药物】

阿维菌素（Avermectin）　阿维菌素是阿维链霉菌的天然发酵产物。阿维菌素的药理及临床应用同伊维菌素相似，但本品性质较不稳定，特别对光线敏感，贮存不当时易氧化灭火减效。阿维菌素的毒性较伊维菌素稍强，相关内容可参考伊维菌素内容。

多拉菌素（Doramectin）　为新型、广谱抗寄生虫药，对胃肠道线虫、肺线虫、眼虫、虱、蛴螬、蜱、螨和伤口蛆均有高效。对牛眼虫、猪蛔虫、兰氏类圆线虫、红色猪圆线虫、肺线虫、肾虫成虫均有极佳驱除效果，对猪疥螨、猪血虱成虫及未成熟虫体也有良好驱杀效果，对长刺毛圆线虫效果不定，对毛首线虫和钝刺细颈线虫效果不太理想。本品的主要特点是血药浓度及半衰期均比伊维菌素高或延长 2 倍，与伊维菌素和莫细菌素一样，一次皮下注射能维持药效数周。

美贝霉素肟（Milbemycin Oxime）　对某些节肢动物和线虫有

高度活性，是犬专用的抗寄生虫药，对内寄生虫（线虫）和外寄生虫（犬蠕形螨）均有高效。对犬微丝蚴、犬蠕形螨有强效，对犬恶丝虫发育中幼虫极其敏感。对钩口线虫属的钩虫有效，但对弯口属钩虫不理想。

乙酰氨基阿维菌素（Eprinomectin） 抗菌谱与伊维菌素相似，对绝大多数线虫和节肢动物的幼虫和成虫都有效，但对虫卵及吸虫、绦虫无效。皮下注射本品对大多数常见线虫的成虫和幼虫驱杀率为95%。本品对古柏线虫、辐射食道口线虫和蛇形毛圆线虫的杀灭作用强于伊维菌素。对牛皮蝇的幼虫有100%杀灭作用，低牛蜱有较强的杀灭作用。本品的透皮剂对牛多种线虫的成虫和幼虫的驱杀率都超过99%。

（六）其他

哌　　嗪

Piperazine

【药理作用与适应证】 本品为窄谱驱线虫药，常用其枸橼酸盐和磷酸盐。对蛔虫的神经肌肉接头处具有胆碱样作用，阻断神经肌肉接头处冲动的传递，同时阻断虫体产生琥珀酸。药物通过兴奋GABA受体和阻断非特异性胆碱能受体的双重作用，导致虫体麻痹，失去附着宿主肠壁的能力，并借肠蠕动而随粪便排出体外。对动物蛔虫有良好的驱虫效果，尤其对马、猪、家禽、犬、猫的蛔虫驱除率近100%，对马尖尾线虫（马蛲虫）、普通圆形线虫、三齿线虫、鸡盲肠虫（鸡异刺线虫）、犬钩口线虫、反刍兽食道口线虫效果差，对绦虫、鞭虫、矛线虫（马尾虫）无效。主要用于马、牛、羊、猪、家禽、犬、猫的蛔虫驱除。

【上市剂型】

① 枸橼酸哌嗪片，规格：0.25g，0.5g。

② 磷酸哌嗪片，规格：0.2g，0.5g。

【联用与禁忌】

① 硫双二氯酚：联用有协同作用。

② 左旋咪唑：联用有协同作用。

③ 吩噻嗪类药物：联用时能使毒性增强。

④ 氯丙嗪：同用时有可能引起抽搐，故应避免联用。

⑤ 泻药如硫酸镁：禁止联用。

⑥ 噻嘧啶、甲噻嘧啶：联用呈拮抗作用。

⑦ 亚硝酸盐：联用时致癌作用加强，动物在内服哌嗪和亚硝酸盐后，在胃中哌嗪可转变成亚硝基化合物，形成 *N*,*N*-硝基哌嗪或 *N*-单硝基哌嗪，二者均为动物致癌物质。

【用药注意】

① 本品毒性较小，用治疗量的 4 倍时，犊牛、猪可呈现精神沉郁、腹泻等反应，再加大剂量，猪及犬可产生呕吐、腹泻，无其他明显毒副作用。

② 应用推荐剂量，犬、猫可见腹泻、呕吐和共济失调。

③ 哌嗪的各种盐对马的适口性较差，混于饲料中给药时，常因拒食而影响药效，此时以溶液剂灌服为宜。

④ 哌嗪的各种盐用于动物饮水或混饲给药时，必须在 8～12h 内用完，而且应禁食（饮）1d。

⑤ 未成熟的虫体对哌嗪没有成虫敏感，应重复用药，间隔用药时间犬、猫为 2 周，其他农畜为 4 周。

⑥ 有肝肾疾病动物慎用。

枸橼酸乙胺嗪

Diethylcarbamazine Citrate

【药理作用与适应证】能使血中微丝蚴迅速集中于肝脏微血管中而被网状内皮系统包围吞噬，成虫在淋巴结或淋巴管内被吞噬细胞吞噬或包围吞噬，药物无直接杀虫作用。对牛、羊网尾线虫的感染早期有较好效果，对羊原圆科线虫和猪后圆线虫也有一定驱除效果，还可用于犬的心脏丝虫、羊和马脑脊髓丝虫和人丝虫的驱除。本品为牛、羊、猪、马等有效驱肺线虫药。临床主要用于马、牛、羊、猪的肺线虫，牛、羊的网尾线虫，羊原圆科线虫，猪后圆线虫，马、羊脑脊髓丝状虫以及犬恶丝虫的防治。

【上市剂型】枸橼酸乙胺嗪片，规格：50mg，100mg。

【联用与禁忌】

① 卡巴胂：联用可提高对丝虫病的疗效。

② 左旋咪唑：与乙胺嗪先后应用可提高左旋咪唑治疗丝虫病、肠线虫的疗效。但在应用乙胺嗪2周内，禁用左旋咪唑。

③ 伊维菌素、阿维菌素：联用可能产生严重或致死性脑病。

④ 噻嘧啶、甲噻嘧啶：联用可使彼此的毒性加强。

【用药注意】

① 本品的特点是毒性反应小，但犬长期服用可引起呕吐或腹泻，个别微丝蚴阳性犬，应用乙胺嗪后会引起过敏反应甚至致死。

② 犬、猫一次内服大剂量（50～100mg/kg）才能去除蛔虫。但大剂量喂服时，常使空腹的犬、猫呕吐，因此宜喂食后服用。因药物对蛔虫未成熟虫体无效，10～20d后可再用药一次。

③ 为保证药效，在犬恶丝虫流行地区，在整个有蚊虫季节及此后2个月，实行每天连续不断喂药措施（6.6mg/kg），每隔6个月检查一次微丝蚴，若为阳性则停止预防投药，采取杀成虫、杀微丝蚴措施。

④ 微丝蚴阳性犬严禁使用乙胺嗪。

硫胂铵钠

Thiacetarsamide Sodium

【药理作用与适应证】硫胂铵钠为三价有机砷（胂）化合物，主要用于杀灭犬恶丝虫成虫。分子中的砷能与丝虫酶系统的巯基结合，破坏虫体代谢，而出现杀虫作用，但对微丝蚴无效。本品有强刺激性，静脉注射宜缓慢，并严防漏出血管。在治疗后1月内，务必使动物绝对安静，因此时虫体碎片栓塞能引起致死性反应。有显著肝毒、肾毒作用，肝肾功能不全动物禁用。如有砷中毒症状，应立即停药，6周后再继续治疗。反应严重时，可用二巯丙醇解毒。

二、抗绦虫药

绦虫通常依靠头节攀附于动物消化道黏膜上，依靠虫体的波动作用保持在消化道寄生部位。能杀死动物体内绦虫的药物称杀绦虫药，而促使或有助于绦虫排出的药物称驱绦虫药。理想的抗绦虫药应能完全驱杀虫体，目前人工合成的抗绦虫药多有此作用。本节重点介绍槟榔碱及人工合成的有机化合物，如丁奈脒、氯硝柳胺、硫双二氯酚、吡喹酮、伊喹酮等，苯并咪唑类药物如甲苯达唑、芬苯达唑和阿苯达唑的抗绦虫作用，可参见有关章节。

吡喹酮
Praziquantel

【药理作用与适应证】 本品为广谱抗绦虫和抗血吸虫药，对多种动物的多种吸虫、绦虫成虫和幼虫所致的疾病均有显著疗效。具有疗效高、毒性低、疗程短、代谢快等优点。本品能使宿主体内血吸虫产生痉挛性麻痹而脱落，并向肝脏移行；或能影响虫体肌浆膜对 Ca^{2+} 的通透性，使 Ca^{2+} 内流增加，还能抑制肌浆网钙泵再摄取，使虫体肌细胞内 Ca^{2+} 含量大增，而致虫体麻痹。临床首选用于各种动物吸虫病、绦虫病和囊虫病的防治。

【上市剂型】

① 吡喹酮片，规格：0.1，0.2g，0.5g。

② 吡喹酮粉，规格：50％。

③ 吡喹酮预混剂（水产用），规格：2％。

④ 吡喹酮注射液，规格：10mL∶0.568g，50mL∶2.84g。

【联用与禁忌】

① 阿苯达唑：联用时，吡喹酮可增加阿苯达唑的血药浓度。

② 糖皮质激素如地塞米松：连续应用地塞米松可使吡喹酮的血药浓度降低50％。

③ 非班太尔：联用增加早期流产频率。

④ 伊维菌素：联用可拓宽抗寄生虫范围。

【用药注意】

① 本品毒性虽较低，但高剂量也可使动物血清谷丙转氨酶浓度升高。治疗血吸虫病时，个别牛会出现体温升高、肌颤和瘤胃膨胀等现象。

② 大剂量皮下注射时有时会出现局部刺激反应甚至坏死。犬、

猫出现的全身反应（发生率为10%）为疼痛、呕吐、下痢、流涎、无力、昏睡等，但多能耐过。黄牛静脉注射给药时，可见有步态失调、发抖，停药后可自行恢复。

③ 个别有过敏反应如皮疹、发热等。

④ 治疗猪囊虫病可能出现囊液毒素吸收反应，如体温升高、沉郁、食少或废绝、呕吐、卧地不起、肌震颤、呼吸加速甚至困难、口流白沫、尿多尿频、肩臀处肿大、运动困难、可视黏膜外翻等。可静注高渗葡萄糖、碳酸氢钠以减轻反应。

⑤ 肝功能严重损害动物应减量。

⑥ 4 周龄以内幼犬和 6 周龄以内小猫慎用。

⑦ 本品无诱变性、致畸性和致癌性。

⑧ 休药期：28d，弃奶期 7d。

【同类药物】

伊喹酮（Epsiprantel） 吡喹酮的同系物。犬、猫专用抗绦虫药。与吡喹酮不同的是伊喹酮在用药部位（消化道）发挥抗绦虫作用。其在胃肠道极少吸收，对肠道外寄生虫如肺吸虫等作用不大。毒性较吡喹酮低，美国规定，不足 7 周龄犬、猫以不用为宜。

氢溴酸槟榔碱

Arecoline Hydrobromide

【药理作用与适应证】植物槟榔种子中的一种生物碱，常用其氢溴酸盐。对绦虫肌肉有较强的麻痹作用，使虫体失去黏附于肠壁的能力，加之药物对宿主的毒蕈碱样作用，使肠蠕动加强，消化腺体分泌增加，而更有利于麻痹虫体的迅速排出。对犬所有绦虫有效，还可驱除绵羊带绦虫、多头绦虫和细粒棘球绦虫。对禽类绦虫也有驱除作用。临床主要用于犬和家禽常见的绦虫病。

【上市剂型】氢溴酸槟榔碱片，规格：5mg，10mg。

【联用与禁忌】

① 氯硝柳胺：联用有显著的灭虫增效作用。

② 南瓜子：联用可驱除马裸头绦虫。

③ 阿托品：对槟榔碱有解毒和减轻症状的作用，可用于槟榔

碱中毒的解救。

④ 拟胆碱药物如毛果芸香碱：二者联用毒性加强。

【用药注意】

① 使用正常剂量的氢溴酸槟榔碱对犬的不良反应少，大剂量时可明显发生呕吐、腹泻及继发昏迷、昏厥。一般中毒剂量可为治疗量的 8 倍之多。

② 阿托品对本品中毒有解毒和减轻症状的作用。

③ 用药前犬应禁食 12h，用药 2h 后若仍不排便，即用盐水灌服，以加速麻痹虫体排出。

④ 鸡对本品耐受性强，鸭、鹅次之，马属动物较敏感，猫最敏感，以不用为宜。

⑤ 由于本品毒性大，美国已禁用。

丁萘脒

Bunamidine

【药理作用与适应证】有盐酸丁萘脒和羟萘酸丁萘脒，杀绦虫作用可能与其抑制虫体对葡萄糖摄取及使绦虫外皮破裂有关。由于具有杀绦虫作用，死亡的虫体通常在宿主肠道内已被消化，因而粪便中不再出现虫体，但当绦虫头节在寄生部位被黏液覆盖（患肠道疾病时）而受保护时，则影响药效而不能驱除头节，使疗效降低。盐酸丁萘脒对犬、猫大多数绦虫具有高效杀灭作用，是犬的专用杀绦虫药；而羟萘酸丁萘脒主要用于羊的莫尼茨绦虫病。本品对动物无致泻作用。临床主要用于犬、猫、羊及禽的绦虫病防治。

【上市剂型】盐酸丁萘脒片，规格：100mg，200mg。

【用药注意】

① 盐酸丁萘脒片剂不可捣碎或溶于液体中，因为药物不仅对口腔有刺激性外，而且因广泛接触口腔黏膜使其吸收加速，甚至中毒。

② 对犬毒性较大，肝病患犬禁用。用药后，部分犬出现肝损害以及胃肠道反应，但多能耐受。此外，该药可能影响犬的精子形成，但对猫无此作用。

③ 心室纤维性颤动，往往是应用丁萘脒致死的主要原因，因此用药后的军犬和牧羊犬应避免剧烈运动。

④ 绵羊和山羊在规定治疗量及加倍剂量使用时未见不良反应。

⑤ 适口性差，加之犬饱食后影响驱虫效果，因此，用药前应禁食3～4h，用药后3h进食。

氯硝柳胺
Niclosamide

【药理作用与适应证】 对多种绦虫均有高效。干扰绦虫的三羧酸循环，使乳酸蓄积而发挥杀绦虫作用。对牛、羊多种绦虫均有高效，对绦虫头节和体节具有同等驱排效果；对前后盘吸虫驱虫效果亦良好。对犬、猫绦虫有明显驱杀效果。治疗量对鸡各种绦虫几乎全部驱净。此外，氯硝柳胺还有较强的杀钉螺（血吸虫中间宿主）作用，对螺卵和尾蚴也有杀灭作用。通常绦虫与药物接触1h，虫体萎缩，继而头节脱落而死亡，一般在用药48h后，虫体即全部排出。临床主要用于马、牛、羊、犬、猫、家禽的绦虫病的防治。

【上市剂型】

① 氯硝柳胺片，规格：0.5g。

② 复方氯硝柳胺片，规格：氯硝柳胺200mg＋盐酸左旋咪唑10mg。

③ 氯硝柳胺粉（水产用），规格：25％。

【联用与禁忌】

① 噻咪唑：合用治疗犊牛和羔羊的绦虫与线虫合并感染有协同作用。

② 槟榔：联用灭螺有增效协同作用。

【用药注意】

① 本品安全范围较广，马、牛、羊较安全，但犬、猫较敏感，2倍治疗量则出现暂时性下痢，但能耐过，对鱼类毒性较强。

② 动物在给药前应禁食一宿。

③ 休药期：片剂，牛、羊28d。

硫双二氯酚

Bithionol

【药理作用与适应证】广谱驱绦虫和驱吸虫药，对吸虫成虫及囊蚴均有明显杀灭作用。可降低虫体的糖酵解和氧化代谢，特别是抑制琥珀酸脱氢酶的作用，干扰代谢，能使虫体丧失生命所需的能量。硫双二氯酚对宿主肠道有拟胆碱样作用，因而有下泄作用。对牛、羊的肝片吸虫、前后盘吸虫、莫尼茨绦虫，犬、猫的多种带绦虫，鹅的大多数绦虫有良效。对曼氏分体吸虫、矛形双腔吸虫无效，对猪的姜片吸虫有一定驱除效果。临床主要用于驱除犬、猫、家禽、牛、羊绦虫和瘤胃吸虫。

【上市剂型】硫双二氯酚片，规格：0.25g，0.5g。

【联用与禁忌】

① 哌嗪：联用有协同作用。

② 乙醇或增加溶解度的溶剂、稀碱液：禁止联用，易中毒致死。

③ 吐酒石、依米丁、六氯乙烷、四氯化碳：联用促使药物大量吸收，易中毒致死。

【用药注意】

① 多数动物对硫双二氯酚耐受良好，但治疗量常使犬呕吐，牛、马暂时性腹泻，虽多能耐过，但衰弱、下痢动物仍以不用为宜。

② 为减少不良反应，可减少剂量，联用2～3次。

三、驱血吸虫药

对人和动物危害严重的血吸虫有日本血吸虫、曼氏血吸虫等。我国曾广泛流行的是日本血吸虫。血吸虫病是人畜共患病，由于疫区内水源污染，故耕牛患病率也颇高，病牛虽无严重临床症状，但血吸虫能在牛体内发育产卵，随粪便排出而污染环境，对人体形成很大威胁，故防治耕牛血吸虫病是彻底消灭人血吸虫病的重要组成部分。目前，吡喹酮是首选且理想的防治血吸虫感染药物。传统抗血吸虫药物如硝硫氰酯、次没食子酸锑钠、酒石酸锑钾等因毒性太大，渐被淘汰。

硝硫氰酯
Nitroscanate

【药理作用与适应证】 硝硫氰胺的衍生物，具广谱抗吸虫作用，对耕牛血吸虫病及肝片吸虫病有较好疗效，对猪的姜片吸虫病、钩虫病也有极佳疗效。内服时杀虫效果较差，临床多选用第三胃注入法。犬、猫一次内服推荐量，对狮弓蛔虫、弓手蛔虫带绦虫、犬复孔绦虫、钩口线虫均有高效，对细粒棘球绦虫未成熟虫体也有良好驱除效果。反刍兽内服后驱除效果较差，可能是在瘤胃内被降解所致。临床主要用于牛、羊血吸虫病和肝片吸虫病的治疗。

【用药注意】

① 本品胃肠道刺激大，犬、猫反应较严重，国外有专用的糖衣丸剂。猪偶见呕吐，个别牛表现厌食、瘤胃臌气或反刍停止，但均能耐过。

② 本品疗效与微粒度有关，微粒越小，疗效越高。

③ 耕牛第三胃注入时，应配成3%的油性溶液。

次没食子酸锑钠
Antimony Sodium Subgallate

【药理作用与适应证】 为我国独创的抗血吸虫锑制剂。抗血吸虫机制可能是引起成虫功能以及形态结构上的改变，如能使吸盘和体肌功能丧失而不能吸附于血管壁，对雌虫卵巢和黄体退化作用最强，因而使产卵停止。由于本品的抗血吸虫作用较慢，最终还有赖于机体防卫功能才能消灭虫体，故适用于治疗耕牛早期的慢性血吸虫病。本品即可内服也可肌内注射，片剂含有硬脂酸等辅料，内服后再胃肠内缓慢释出锑，从而减低了对胃肠道的刺激性。其甘油注射剂同样可减少对局部的刺激性，临床较多用。水牛内服疗效较差。临床主要用于治疗慢性血吸虫病。

【上市剂型】 次没食子酸锑钠片，规格：0.2g。

【联用与禁忌】

① 肾上腺素、洋地黄、咖啡因：联用对心脏的毒性增强。

② 酒石酸锑钾：不宜同时使用。

【用药注意】

① 本品毒性虽较低，但有蓄积趋向，连续使用时会出现停食、高热、心缩加强、心内膜出血以及肝损伤等。

② 黄牛限体重 300kg，超过体重部分不得增加剂量（即不能超过 270g）。

③ 本品稀释后易氧化变色，应现用现配。如有沉淀，不宜应用。

④ 用药期间应保持家畜安静，防治骚扰，停止放牧，并加强饲养管理，以提高病牛抵抗力。

四、驱吸虫药

我国畜禽的主要吸虫病有羊肝片吸虫、矛形双腔吸虫、前后盘吸虫；猪姜片吸虫；犬、猫肺吸虫和鸡前殖吸虫，世界各国危害性最严重的是肝片吸虫病。

除本节药物外，前述吡喹酮、硫双二氯酚以及苯并咪唑类药物等均具有驱吸虫作用。

硝 氯 酚

Niclofolan

【药理作用与适应证】又称拜耳-9015，是国内外广泛应用的抗牛、羊肝片吸虫药，具有高效、低毒的特点。本品对牛、羊肝片吸虫的驱虫效果较四氯化碳、六氯乙烷更优、更高效，对羊、牛及猪的肝片吸虫的成虫有良好效果，对未成熟虫体也有较好杀灭作用。驱除童虫时，则周龄愈小用量愈大。随其剂量的增加，驱虫效果增强，但安全指数下降。作用机制可能是抑制虫体内琥珀酸脱氢酶的活性，降低虫体能量供应，导致虫体麻痹而死。临床主要用于牛、羊、猪等肝片吸虫病。

【上市剂型】

① 硝氯酚片，规格：0.1g。

② 硝氯酚注射液，规格：2mL∶80mg，10mL∶400mg。

③ 硝氯酚伊维菌素片，规格：每片含硝氯酚100mg，伊维菌素10mg。

④ 阿苯达唑、硝氯酚片，规格：0.14g（阿苯达唑100mg＋硝氯酚40mg）。

【联用与禁忌】

① 钙剂：硝氯酚中毒时，禁用钙剂如氯化钙、葡萄糖酸钙静注。

② 氯化钠溶液：硝氯酚配成溶液给牛灌服前，若先灌服氯化钠溶液，能反射性使食道沟关闭，使药物直接进入皱胃，虽增强了驱虫效果，但同时亦增加了毒副作用的发生率，不宜采用。

【用药注意】

① 本品毒性小，使用安全，中毒量为治疗量的3～4倍。黄牛内服16mg/kg，牦牛内服30mg/kg，绵羊内服12mg/kg时不见有明显的毒性反应。若超过上述剂量，即有不同程度的中毒，表现精神沉郁、食欲减退、步态蹒跚、心跳呼吸加快、体温稍升等症状。可根据症状，选用安钠咖、毒毛花苷、葡萄糖、维生素C及其他保肝药解救，但不可用钙剂，以免增加心脏负担。

② 硝氯酚注射液给牛、羊注射时必须根据体重精确计量，以防中毒。

③ 注射时宜深层肌内注射。

④ 休药期：片剂，28d。

碘醚柳胺

Rafoxanide

【药理作用与适应证】 本品是常用的杀灭牛、羊肝片吸虫药，对牛、羊的各种肝片吸虫的成虫与幼虫都有杀灭作用。其抗虫机制是其作为一种质子离子载体，跨细胞膜转运阳离子，最终对虫体线粒体氧化磷酸化过程进行解偶联，减少ATP的产生，降低糖原含量，并使琥珀酸积累，从而影响虫体的能力代谢过程，使虫体死亡。主要用于治疗牛、羊肝片吸虫病，对血矛线虫、巨片吸虫和羊鼻蝇蛆亦有明显疗效。

【上市剂型】

① 碘醚柳胺混悬液，规格：20mL∶0.4g。

② 碘醚柳胺片，规格：50mg。

③ 阿维菌素、碘醚柳胺片，规格：每片含碘醚柳胺100mg，阿维菌素3mg。

【配伍与禁忌】

① 双酰胺氧醚：合用有较理想的驱除吸虫效果。

② 噻苯达唑：联用治疗牛、羊肝片吸虫病和胃肠道线虫病，并不改变两者的安全指数。

【用药注意】

① 按推荐剂量未见不良反应，超剂量（150～450mg/kg）时，可见动物失明、瞳孔散大。

② 为彻底消除未成熟虫体，用药3周后，最好再重复用药1次。

③ 休药期：碘醚柳胺混悬液：牛、羊60d，泌乳期禁用。

氯氰碘柳胺钠

Closantel Sodium

【药理作用与适应证】属水杨酰苯胺类化合物，对牛、羊肝片吸虫、胃肠道线虫以及节肢类动物的幼虫均有驱杀活性。本品可有效驱除犬钩虫，但对体内的幼虫则无效。还可预防或减少马的普通圆线虫感染。对前后盘吸虫无效。临床主要用于防治牛、羊肝片吸虫、胃肠道线虫病及羊鼻蝇蛆病等。

【上市剂型】

① 氯氰碘柳胺钠混悬液，规格：5%。

② 氯氰碘柳胺钠注射液，规格：10mL∶0.5g，10mL∶5g。

③ 阿维菌素氯氰碘柳胺钠片，规格：每片含氯氰碘柳胺钠50mg，阿维菌素3mg。

④ 氯氰碘柳胺钠片，规格：50mg，500mg。

⑤ 复方氯氰碘柳胺钠、甲苯达唑口服混悬液，供绵羊专用。

【用药注意】

① 注射剂对局部组织有一定刺激性。

② 妊娠母畜在治疗量内安全有效。

③ 休药期：28d，乳废弃时间28d。

硝碘酚腈

Nitroxinil

【药理作用与适应证】 本品内服不如注射更有效，皮下注射与肌内注射疗效相似，临床多采用皮下注射。对牛、羊肝片吸虫、前后盘吸虫成虫均有良好效果，对猪肝片吸虫、牛羊捻转血矛线虫、犬蛔虫亦有良效。作用机制是阻断虫体的氧化磷酸化作用，降低ATP浓度，减少细胞分裂所需能量而导致虫体死亡。临床主要用于牛、羊、猪、犬肝片吸虫病和胃肠道线虫病。

【上市剂型】 硝碘酚腈注射液，规格：100mL：25g；250mL：62.5g。

【联用与禁忌】 硝碘酚腈注射液不能与其他药物混合注射，以免产生配伍禁忌。

【用药注意】

① 本品安全范围较窄，过量常引起心率增加、体温升高、呼吸深快甚至死亡，此时应保持动物安静，并静注葡萄糖生理盐水。

② 注射液对局部组织有刺激性，犬的反应最为严重，除半数以上出现严重局部反应外，还易引起脓肿。

③ 排泄时能使乳汁及尿液黄染，应注意垫料及时更换；药液能使毛发染黄，注射时应防止药液泄漏。

④ 本品内服驱虫效果不稳定，多选用皮下注射法，但注射液对组织有刺激性，一般牛、羊反应较微，犬则局部反应严重，甚至引起肿疡，用时慎重。

⑤ 在畜体内消除缓慢，一次用量需要31d以上的排泄期，在此期间不可屠宰供食用。

⑥ 泌乳期家畜禁用。

⑦ 牛和绵羊最大耐受量为40mg/kg。

⑧ 重复用药应间隔 4 周以上。

⑨ 休药期：牛、羊、猪 60d。

三氯苯达唑

Triclabendazole

为苯并咪唑类中专用于抗肝片吸虫药，对各种日龄的肝片吸虫均有明显驱杀效果，是较理想的杀肝片吸虫药。对牛、绵羊、山羊等反刍动物肝片吸虫具有极佳效果。临床主要用于马、牛、羊、鹿肝片吸虫病。

双酰胺氧醚

Diamphenethide

本品对童虫作用最强，并随肝片吸虫日龄的增长而作用下降，是治疗急性肝片吸虫病有效的药物。最适用于绵羊肝片吸虫童虫寄生在肝实质中引起的急性肝片吸虫病，对绵羊大片吸虫童虫亦有良效。临床主要用于驱除家畜肝片吸虫童虫。

第二节 抗原虫药

原虫病是由单细胞原生动物引起的一类寄生虫病，多呈季节性和地区流行性，亦可散在发生。我国发现的畜禽原虫病主要有球虫病、锥虫病、梨形虫病、卡氏白细胞原虫病和弓形虫病等，可造成畜禽大批死亡或使畜禽生产性能显著降低，给畜牧业带来严重损失。抗原虫药可分为抗球虫药、抗锥虫药、抗梨形虫药、抗滴虫药。

一、抗球虫药

球虫病畜禽都可感染，以雏鸡和幼兔受害最为严重，其他动物多危害轻微或无明显症状。引起雏鸡和幼兔发病的球虫主要是艾美耳属（*Eimeria*）的 9 种，但互不感染。它们多寄生于小肠，其中以寄生于鸡盲肠上皮细胞内和寄生于兔肝脏与胆管上皮细胞内的球虫危害最大，暴发时可大批死亡，以消瘦、贫血、下痢、便血为主要临床特征，慢性者生长发育受阻，生产性能下降，造成严重损失。

已知有100多种药物均有不同程度的抗球虫作用。分为两大类：一类是人工合成的抗球虫药，另一类是聚醚类离子载体抗生素，特点是高效、新型、低毒。

合理使用抗球虫药应注意以下几点。

（1）抗球虫药的种类　抗球虫药有多种，可分为抑球虫药和杀球虫药，前者仅能抑制球虫发育，后者对球虫生活周期很多阶段均有杀灭作用，但两者很难区分，因随用药时间、剂量与球虫的种类不同，同一药物可呈不同作用。

（2）重视药物预防　目前使用的抗球虫药，多是抑杀球虫发育过程的早期阶段（无性生殖阶段），一般从雏鸡感染球虫开始大约进行4d的无性生殖，故必须在感染后前4d内用药方能奏效。待出现血便等症状时，球虫发育基本完成了无性生殖而开始进入有性生殖阶段，此时用药为时已晚。

（3）抗球虫药的作用峰期　是指药物对球虫发育起作用的主要阶段。一般作用峰期在感染后第1～2天的药物，其抗球虫作用较弱，多用于预防和早期治疗；作用峰期在感染后3～4d的药物，其抗球虫作用较强，多作为治疗用药。常用的治疗性药物有尼卡巴嗪、妥曲珠利、地克珠利、磺胺氯丙嗪、磺胺喹噁啉、磺胺二甲嘧啶、二硝托胺等。但在实际用药过程中，应该重视预防用药而非过分依赖于急性治疗作用。

（4）选择适当的给药方法和合理的剂量　球虫病患鸡通常食欲减退甚至废绝，但是饮欲正常甚至增加，因此通过饮水给药可使患鸡获得足够的药物剂量，而且混饮给药比混料更方便，治疗性用药提倡混饮给药。有些药物的推荐治疗剂量与中毒剂量非常接近，如马杜霉素的预防剂量为5mg/kg，中毒剂量为9mg/kg，重复用药坏造成药物中毒。

（5）注意配伍禁忌　有些抗球虫药与其他药物有配伍禁忌，如莫能菌素、盐霉素禁止与泰妙菌素、竹桃霉素并用，否则会造成鸡只生长受阻，甚至中毒死亡。

(6) 注意抗球虫药对球虫免疫力的影响 目前使用的抗球虫药物有数种可在一定程度上影响机体对球虫病的免疫力，如拉沙洛西、莫能菌素、氯羟吡啶等具有较强或中等程度的免疫抑制作用；盐霉素、氨丙啉的免疫抑制作用最轻。使用时应加以注意。

(7) 注意球虫的耐药性问题 球虫对所有抗球虫药物均可产生耐药性，但耐药产生的快慢有所不同。在具体应用中，为了防止耐药性的产生，有以下几种给药方案：①肉鸡、肉兔全进全出给药方案，即在一批肉鸡或肉兔进出中，从一种抗球虫药改换成另一种抗球虫药。②“调换”给药方案，即在两批肉鸡或肉兔进出之间改换成抗球虫药。③穿梭用药，在同一个饲养期内，换用两种或三种不同性质的抗球虫药。④联合用药。

(8) 注意抗球虫药的不良影响 所有抗球虫药物对机体都有一定程度的不良影响，如生长抑制、饲料报酬降低、产品质量降低等方面，严重者可引起鸡的死亡。

(9) 为保障动物性食品消费者健康，严格遵守我国兽药残留和休药期规定 严格根据《动物性食品中兽药最高残留限量》的规定，认真监控抗球虫药残留；遵守《中国兽药典》关于抗球虫药休药期的规定以及其他有关的注意事项。

(一) 人工合成的抗球虫药

常用有磺胺喹噁啉、磺胺氯丙嗪、磺胺二甲嘧啶、尼卡巴嗪、氯羟吡啶、地克珠利、妥曲珠利（甲基三嗪酮）、常山酮、二硝托胺、氨丙啉、氯苯胍、硝酸二甲硫胺、乙氧酰胺苯甲酯、癸氧喹酯等。

磺胺喹噁啉

Sulfaquinoxaline

【药理作用与适应证】又称磺胺喹沙啉，为抗球虫的专用磺胺药。主要影响球虫第二代裂殖体的发育，对第一代裂殖体也有一定作用，作用峰期在感染后的第 4 天。对鸡巨型、布氏和堆型艾美耳球虫的作用较强，对柔嫩和毒害艾美耳球虫的作用较弱，仅在高浓度有效，对兔的肝艾美耳球虫、水貂等孢球虫病亦有较强作用。本品的抗菌作用较磺胺嘧啶强，抗球虫活性为磺胺二甲嘧啶的3～4倍。磺胺喹噁啉作抗球虫药物的优点是不影响宿主对球虫的免疫力，具有抗球虫、控制肠道感染双重功效。本品对有性周期阶段的球虫无效。临床多于氨丙啉配伍用于防治畜禽球虫病，与二甲氧苄氨嘧啶（DVD）或TMP配伍用于防治鸡、火鸡、鸟、兔、犊牛、羔羊及水貂的球虫病。亦用于禽霍乱、大肠杆菌病等家禽的细菌性感染。

【上市剂型】

① 磺胺喹噁啉钠溶液，规格：5%。

② 磺胺喹噁啉钠可溶性粉，规格：5%，10%，30%，50%。

③ 复方磺胺喹噁啉钠溶液，规格：100mL，磺胺喹噁啉20g+甲氧苄啶4g。

④ 磺胺喹噁啉、二甲氧苄啶预混剂，规格：1000g，磺胺喹噁啉200g+甲氧苄啶40g。

⑤ 复方磺胺喹噁啉钠可溶性粉，规格：100g，磺胺喹噁啉钠53.65g+甲氧苄啶16.5g。

⑥ 盐酸氨丙啉磺胺喹噁啉钠可溶性性粉，规格：100g，盐酸氨丙啉7.5g+磺胺喹噁啉钠4.5g。

【联用与禁忌】

① 氨丙啉：两者联用可扩大抗虫谱及增强抗球虫效应。

② 抗菌增效剂（DVD、TMP）：两者联用增强抗菌、抗球虫作用，但不易产生耐药性。

③ 乙氧酰胺苯甲酯：联用可增强抗球虫疗效。

④ 洛克沙胂、氨苯砷酸：联用防治球虫病有协同作用。

⑤ 盐霉素：联用可引起中毒。

⑥ 尼卡巴嗪：有配伍禁忌，不宜联用。

⑦ 其他可参见磺胺类药物的联用。

【用药注意】

① 本品对雏鸡、产蛋鸡均有一定的毒性，雏鸡高浓度联用5d以上，即引起与维生素K有关的出血和组织坏死现象，即使应用

推荐剂量拌料 8～10d，也可使红细胞和淋巴细胞减少因此连续饲喂不得超过 5d。

② 本品能使产蛋量下降，蛋壳变薄，因此，产蛋鸡禁用。

③ 磺胺喹噁啉抗菌谱窄，毒性较大，且与其他磺胺药物之间易产生交叉耐药性，因此，本品易于其他抗球虫药（如氨丙啉或抗菌增效剂）联合应用。

④ 休药期：肉鸡 7d，火鸡 10d，牛、羊 10d。

【同类药物】

磺胺氯丙嗪钠（Sulfachloropyrazine Sodium） 为抗球虫的专用磺胺药，多在球虫暴发时短期应用。与磺胺喹噁啉相似，抗球虫活性峰期是球虫第二代裂殖体，对第一代裂殖体也有一定作用，作用峰期是感染后第 4 天，不影响机体对球虫产生免疫力。同时对巴氏杆菌、沙门菌有较强的抗菌作用。本品首选用于暴发的小肠球虫及兔、羔羊球虫病。

磺胺二甲嘧啶（Sulfadimidine） 具抗菌和抗球虫作用。抗球虫机制及作用同磺胺喹噁啉。对鸡小肠球虫比盲肠球虫更有效，若欲控制盲肠球虫，必须应用高浓度药物。抗菌活性较磺胺喹噁啉更强，更适用于球虫的并发感染症。

尼卡巴嗪

Nicarbazin

【药理作用与适应证】抑制第二代无性裂殖体的生长繁殖，作用峰期为感染后第 4 天，对球虫生活史的其他时期无效。对鸡盲肠球虫（柔嫩艾美耳球虫）和堆型、巨型、毒害、布氏艾美耳球虫（小肠球虫）均有良好的预防效果。球虫对尼卡巴嗪产生的耐药速度很慢，且不影响机体对球虫产生免疫力，对氨丙啉及其他抗球虫药有耐药性时，改用本品，仍然有效。至今本品仍是一种具有实际使用价值的抗球虫药。临床主要用于肉鸡、火鸡球虫病的预防。

【上市剂型】

① 尼卡巴嗪预混剂，规格：12.5%，20%，25%。

② 尼卡巴嗪、乙氧酰胺苯甲酯预混剂，规格：100g，尼卡巴

嗪 25g 与乙氧酰胺苯甲酯 1.6g。

③ 马度米星铵尼卡巴嗪预混剂，规格：500g，马度米星 2.5g+尼卡巴嗪 62.5g。

【联用与禁忌】

① 乙氧酰胺苯甲酯：联用可增强疗效和扩大抗球虫范围。

② 甲基盐霉素：联用可致热应激（对热耐受力下降）。

③ 盐酸氨丙啉、磺胺喹噁啉、硝酸二甲硫胺、氯羟吡啶、氢溴酸常山酮、盐酸氯苯胍、莫能霉素钠、拉沙洛菌素、马杜拉霉素氨、二硝托胺、海南霉素钠：与尼卡巴嗪有配伍禁忌，尼卡巴嗪不能与上述的一种或一种以上同时使用。

【用药注意】

① 本品在推荐剂量下不影响鸡对球虫产生免疫力，且安全性较高，但混饲浓度超过每千克饲料 800～1600mg 时，可引起轻度贫血。

② 由于尼卡巴嗪能使产蛋率、受精率（致畸）以及单品质量下降和棕色蛋壳色泽变浅，故产蛋鸡禁用。

③ 尼卡巴嗪对雏鸡有潜在的生长抑制效应，不足 5 周龄幼雏以不用为宜。

④ 尼卡巴嗪可致鸡“热应激”（对热耐受力下降）。

⑤ 高温季节鸡舍应加强通风，否则应用尼卡巴嗪能增加雏鸡死亡率。

⑥ 在尼卡巴嗪预防用药过程中，若鸡群大量接触感染性卵囊而暴发球虫病时，应迅速改用更有效的药物治疗。

⑦ 休药期：尼卡巴嗪预混剂，鸡 4d。尼卡巴嗪、乙氧酰胺苯甲酯预混剂，鸡 9d。

二硝托胺

Dinitolmide

本品对鸡的多种艾美耳球虫，如柔嫩、毒害、布氏、堆型、巨型等和火鸡的球虫等都有效，特别是对柔嫩艾美耳球虫和毒害艾美耳球虫效果更佳，主要抑制第一代裂殖体，其作用峰期在感染后第

3天，同时对卵囊的子孢子形成也有抑制作用。球虫对本品可产生耐药性，但产生速度较慢。二硝托胺不影响机体对球虫的免疫力。抗球虫效力与颗粒大小有关，颗粒越细则作用越强。

地克珠利

Diclazuril

【药理作用与适应证】为三嗪类广谱抗球虫药，具有广谱、高效、低毒的特点。本品对球虫发育的各个阶段均有作用，对球虫的主要作用峰期，随球虫的不同种属而异，如对柔嫩艾美耳球虫主要作用点在第二代裂殖体，但对巨型、布氏艾美耳球虫裂殖体无效。对巨型艾美耳球虫作用点在球虫的合子阶段，对布氏艾美耳球虫小配子阶段有高效。对形成孢子化卵囊也有抑制作用。地克珠利对鸡柔嫩、堆型、毒害、布氏、巨型艾美耳球虫作用很强，用药后除能有效地控制盲肠球虫的发生和鸡的死亡外，甚至能使病鸡球虫卵囊全部消失，半衰期短，用药2d后作用基本消失，为理想的杀球虫药。本品对和缓艾美耳球虫也有高效，对鸭球虫和兔球虫也有良好的效果。临床主要用于鸡、鸭、兔的各种球虫病。

【上市剂型】

① 地克珠利预混剂，规格：100g∶0.2g，100g∶0.5g，5%。

② 地克珠利溶液，规格：0.5%。

③ 地克珠利预混剂（水产），规格：100g∶0.2g，100g∶0.5g。

④ 地克珠利颗粒，规格：100g∶1g。

【用药注意】

① 由于本品较易引起球虫的耐药性，故连用不得超过6个月。轮换用药时不宜应用同类药物，同类药物之间有交叉耐药性，如妥曲珠利。

② 本品抗球虫作用时间较短，停药1d后抗球虫作用明显减弱，2d后作用基本消失。因此，必须连续用药，以防球虫病再度暴发。

③ 由于用药浓度较低，药料容许变动值为0.8～1.2mg/kg，

否则影响疗效。因此，药料必须充分拌匀。

④ 混饮的溶液稳定器仅 4h，故必须现用现配，否则影响疗效。

⑤ 休药期：鸡 5d，产蛋鸡禁用。

【同类药物】

妥曲珠利（Toltrazuril） 属三嗪酮类新型光谱抗球虫药，作用于鸡、火鸡所有艾美耳球虫在机体细胞内的各个发育阶段，对鹅、鸽球虫也有效，而且对其他抗球虫药的虫株也十分敏感。毒性低，且不影响鸡对球虫产生免疫力。对哺乳动物球虫、住肉孢子虫和弓形虫也有效。对鸡堆型、布氏、巨型、柔嫩、毒害和缓艾美耳球虫、火鸡腺艾美耳球虫以及鹅的艾美耳球虫、截型艾美耳球虫均有良好的抑杀效应。10 倍治疗量无任何不良反应。

常 山 酮

Halofuginone

【药理作用与适应证】又名卤夫酮，为植物常山中提取出来的一种生物碱，现用人工合成。具有用量小、与其他抗球虫药物无交叉耐药性等优点。本品对球虫早期生殖性芽孢以及第一、第二代裂殖体均有明显抑杀作用，并能控制卵囊排出，减少再感染的可能性。作用峰期在感染后第 2～3 天。对鸡柔嫩、毒害、巨型、堆型、布氏艾美耳球虫以及火鸡的小艾美耳球虫、腺艾美耳球虫、孔雀艾美耳球虫均有较强的抑制作用。本品对鸡的 6 种艾美耳球虫以及对火鸡危害最大的 2 种艾美耳球虫均有较强的抑制作用，对兔艾美耳球虫也有抑制作用。其抗球虫活性超过聚醚类抗生素。对羊肉孢子虫、牛泰勒梨形虫也有效。常山酮对氯羟吡啶和喹诺啉类药物产生耐药性的球虫仍然有效。临床主要用于禽类及其他动物的球虫病防治，也用于牛泰勒梨形虫病治疗。

【上市剂型】氢溴酸常山酮预混剂，规格：0.6%。

【联用与禁忌】

① 尼卡巴嗪：有配伍禁忌，禁止联用。

② 聚醚类药物如海南霉素、盐霉素等：禁止联用。

③ 其他抗球虫药物：禁止与常山酮配伍使用。

【用药注意】

① 常山酮安全范围较窄，治疗浓度（3mg/kg）对鸡、火鸡、兔等均属安全，但能抑制水禽（鹅、鸭）生长率。珍珠鸡最敏感，易中毒死亡。鱼及水生生物对本品极敏感，易中毒，故喂鸡粪及装盛药的容器切勿污染水源。

② 据资料证实，由于常山酮对家禽及哺乳动物I型胶原细胞合成有抑制作用，从而易导致用药家禽皮肤撕裂。治疗浓度能影响健康雏鸡增重率，并使火鸡血液凝固加快，以及影响火鸡对球虫的免疫力。

③ 6mg/kg饲料浓度即影响适口性，使病鸡采食（药）减小，9mg/kg则多数鸡拒食，因此药料必须充分拌匀，并严格控制用药剂量，鸭对该药物拒食。

④ 由于连续应用，国内多数鸡场出现严重的球虫耐药现象。

⑤ 禁止与其他抗球虫药联用。

⑥ 12周龄以上火鸡、8周龄以上雏鸡、产蛋鸡、水禽、鱼类及水生动物禁用。

⑦ 休药期：肉鸡5d，火鸡7d。

盐酸氯苯胍

Robenidine Hydrochloride

【药理作用与适应证】主要抑制第一代裂殖体生殖，阻止裂殖体生产裂殖子，对第二代裂殖体也有作用，作用峰期在感染后的第3天。对鸡的多种球虫和鸭、兔的大多数球虫病均有良好的防治效果。临床主要用于禽、兔、犊牛、羔羊的各种球虫病及弓形虫病的防治。

【上市剂型】

① 盐酸氯苯胍片，规格：10mg。

② 盐酸氯苯胍预混剂，规格：10%。

③ 盐酸氯苯胍粉（水产用），规格：50%。

【联用与禁忌】

① 尼卡巴嗪：有配伍禁忌，禁止联用。

② 聚醚类药物如海南霉素、莫能菌素等：禁止联用。

【用药注意】

① 本品毒性小，将预防剂量提高20倍，未见对仔鸡有任何不良反应。

② 高饲料浓度（60mg/kg）喂鸡，能使鸡肉、鸡肝甚至鸡蛋出现令人厌恶气味，但低饲料浓度（30mg/kg）不会发生上述现象。因此对急性暴发性球虫病，宜先用高药料浓度，1～3周后再用低浓度维持为妥。

③ 产蛋鸡、肉鸡、兔肉不宜超剂量长期服用。

④ 由于氯苯胍长期应用已引起严重的球虫耐药性，鸡、鸭多已停用数年。建议再度合理利用氯苯胍，会有较好的抗球虫效果。

⑤ 应用氯苯胍时，某些球虫仍能继续存活达14d之久。因此，停药过早，常会引起球虫病复发。

⑥ 休药期：禽5d，兔7d。

氨 丙 啉

Amprolium

【药理作用与适应证】本品为广谱抗球虫药，主要作用于球虫第一代裂殖体，即感染后的第3天，对有性繁殖阶段和孢子形成的卵囊有一定程度的抑杀作用。对各种球虫均有作用，对柔嫩和堆型艾美耳球虫（盲肠球虫）的作用最强，对毒害、布氏和巨型艾美耳球虫的作用较弱，通常治疗浓度并不能全部抑制卵囊产生。常与乙氧酰胺酯、磺胺喹噁啉等联用，以增强疗效。本品对牛、羊球虫的抑制作用也较好。临床主要用于禽、牛、羊球虫病。

【上市剂型】

① 盐酸氨丙啉可溶性粉，规格：30g∶6g。

② 复方盐酸氨丙啉可溶性粉，规格：100g，盐酸氨丙啉5g+磺胺喹噁啉钠5g+维生素K_3 0.1g。

③ 盐酸氨丙啉、乙氧酰胺苯甲酯预混剂，规格：1000g，盐酸氨丙啉250g+乙氧酰胺苯甲酯16g。

④ 盐酸氨丙啉磺胺喹噁啉钠可溶性粉，规格：100g，盐酸氨丙啉7.5g+磺胺喹噁啉钠4.5g。

⑤ 盐酸氨丙啉乙氧酰胺苯甲酯磺胺喹噁啉预混剂，规格：100g，盐酸氨丙啉 20g＋乙氧酰胺苯甲酯 1g＋磺胺喹噁啉 12g。

【联用与禁忌】

① 乙氧酰胺苯甲酯：联用有协同作用，且疗效增强。

② 磺胺喹噁啉：氨丙啉主要作用于盲肠球虫，磺胺喹噁啉主要作用与小肠球虫，两者联用既增强了疗效，又扩大了抗球虫范围。

③ 促生长类抗菌药如杆菌肽锌、金霉素、潮霉素 B、林可霉素、维基尼亚霉素、普鲁卡因青霉素、阿散酸：可联合使用。

④ 洛克沙胂、氨苯砷酸：与氨丙啉配伍使用，对防治球虫病有协同作用。

⑤ 硫胺：氨丙啉与硫胺能产生竞争性拮抗作用。

⑥ 维生素 B_1：呈拮抗作用，不宜联用。

⑦ 尼卡巴嗪：有配伍禁忌，禁止联用。

⑧ 聚醚类药物如海南霉素、拉沙洛菌素：禁止联用。

【用药注意】

① 由于氨丙啉对维生素 B_1 有拮抗作用，若用药剂量过大或混饮浓度过高，易导致雏鸡患维生素 B_1 缺乏症。

② 犊牛、羔羊高剂量连喂 20d 以上，能出现由于维生素 B_1 缺乏引起的脑皮质坏死而出现神经症状。饲料中添加维生素 B_1，即可解除其中中毒症状。

③ 本品性质稳定，可与多种维生素、矿物质、抗菌药混合，但在仔鸡饲料中仍缓慢分解，在室温下贮藏 60d，平均失效 80%。因此，本品仍应现配先用为宜。

④ 产蛋鸡禁用。

⑤ 休药期：盐酸氨丙啉乙氧酰胺苯甲酯预混剂，鸡 3d。盐酸氨丙啉乙氧酰胺苯甲酯磺胺喹噁啉预混剂，肉鸡 7d。复方盐酸氨丙啉可溶性粉，鸡 7d。

乙氧酰胺苯甲酯

Ethopabate

又名乙帕巴酸酯，其作用机制及抗球虫作用与抗菌增效剂相似，能阻断球虫四氢叶酸的合成，对球虫的作用峰期是生活史周期的第4天。对鸡巨型、布氏艾美耳球虫以及其他小肠球虫具有较强作用，从而弥补了氨丙啉的抗球虫缺陷，而本品对艾美耳球虫缺乏活性的缺点，亦可被氨丙啉的活性作用所补偿。本品很少单独应用，多与氨丙啉、磺胺喹噁啉、尼卡巴嗪等配成预混剂而广泛应用。

（二）聚醚类离子载体抗生素

本类药物结构上含有许多醚基和一个一元有机酸基。在溶液中由氢链连接形成特殊构型，其中心由于并列的氧原子而带负电，起一种能捕获阳离子的“磁阱”作用。外部主要由烃类组成，具中性和疏水性。这种构型的分子能与生理上重要的阳离子 Na^+、K^+ 等相互作用，形成亲脂性络合物，攻击孢子和第一代裂殖体，是球虫体内 Na^+ 含量急剧增加，妨碍离子的正常平衡和运转，球虫体内过剩的 Na^+ 不能排除，使球虫细胞耗尽了能量，最后因能量耗尽且使虫体过度膨胀而死亡，因而也称离子载体抗球虫药。

聚醚类离子载体抗生素对哺乳动物的毒性较大，如莫能菌素的马内服 LD_{50} 为 2mg/kg；而对鸡的毒性相对较小，鸡的内服 LD_{50} 为 185mg/kg。对鸡艾美耳球虫的子孢子和第一代裂殖生殖阶段的初期虫体具有杀灭作用，但是对裂殖生殖后期和配子生殖阶段虫体的作用却极小，多用于鸡球虫病的预防。

莫能菌素

Monensin

【药理作用与适应证】本品对鸡的毒害、柔嫩、堆型、布氏、巨型等艾美耳球虫均有高效。主要抑制第一代裂殖体和子孢子，作用峰期为感染后第2天。莫能菌素除杀球虫作用外，对动物体内产气荚膜芽孢梭菌亦有抑制作用，可预防坏死性肠炎的发生。对肉牛有促生长和奶牛提高产奶量的作用。据报道，其疗效、增重及饲料报酬均优于氨丙啉。莫能菌素在应用较低剂量时，机体可逐渐产生较强的免疫力。对蛋鸡只能应用较低剂量，这样既能预防球虫病，又不影响鸡免疫力的产生。由于莫能菌素能改善瘤胃消化过程，使瘤胃发酵丙酸增加，肉牛（每只200mg）、羔羊（5.5mg/kg）连续喂用能使体重分别增加13.7%和9%。临床主要用于预防鸡和火鸡的球虫病，也可用于犊牛、羔羊和兔的球虫病。

【上市剂型】莫能菌素钠预混剂，规格：100g∶5g（500万单位），100g∶10g（1000万单位），100g∶20g（2000万单位），100g∶200g（2亿单位）。

【联用与禁忌】

① 亚硒酸钠维生素E、维生素AD_3、维生素C、维生素B_1、维生素B_{12}：联用可降低毒性。

② 酰胺醇类：有配伍禁忌，不宜联用。

③ 磺胺类药物：有配伍禁忌且副作用增强。

④ 多黏菌素：联用毒性增强。

⑤ 尼卡巴嗪：有配伍禁忌，不宜联用。

⑥ 其他抗球虫药物：联用后常使毒性增强而致动物中毒死亡。

⑦ 泰妙菌素：与莫能菌素联合应用易导致雏鸡体重减轻甚至中毒死亡。以为泰妙菌素能明显影响莫能菌素的代谢，因此在应用泰妙菌素前后7d内不能用莫能菌素。

⑧ 竹桃霉素：二者联用毒性增强，可致麻痹。

⑨ 亚硒酸钠：二者易相互作用，导致硒中毒。

⑩ 尼卡巴嗪：有配伍禁忌。

⑪ 大环内酯类、泰牧霉素、竹桃霉素：联用抑制动物生长，甚至会造成中毒死亡。

⑫ 氨丙啉、氨丙啉＋乙氧酰胺苯甲酯、硝酸二甲硫胺、尼卡巴嗪、常山酮、氯苯胍、二硝托胺：禁止与莫能菌素联用，且两种或两种以上不能联用。

⑬ 其他抗球虫药：禁止联用。

【用药注意】

① 每千克饲料混饲浓度达到150～200mg时，肉鸡会出现中毒症状，蛋鸡会出现产蛋量和采食量下降。

② 本品毒性较大，而且存在明显的种族差异，对马族动物毒性大，应禁用；10周龄以上火鸡、珍珠鸡及鸟类亦较敏感而不宜

应用。

③ 高剂量（120mg/kg 饲料浓度）莫能菌素对鸡的球虫免疫力有明显抑制效应，但停药后迅速恢复，因此对肉鸡应连续应用不能间断，对蛋鸡、雏鸡以低浓度（90～100mg/kg 饲料浓度）或短期轮换给药为妥。

④ 本品预混剂规格众多，用药时应以莫能菌素含量计算。

⑤ 工作人员搅拌配料时，应防止本品与皮肤和眼睛接触。

⑥ 泌乳期、超过 16 周龄鸡、产蛋鸡、奶牛、马属动物禁用。

⑦ 休药期：肉鸡、牛 5d。

马度米星铵

Maduramicin Ammonium

【药理作用与适应证】 又称马杜霉素铵，主要抑制第一代子孢子和裂殖体，作用峰期在感染后第 1～2 天。对鸡巨型、毒害、堆型、柔嫩、布氏艾美耳球虫均有良好的抑杀作用。按每千克饲料 5mg 浓度，其抗球虫效力优于莫能菌素、盐霉素、尼卡巴嗪等。临床用于肉鸡球虫病，并有促生长和提高肉鸡饲料利用率的作用。

【上市剂型】

① 马度米星铵预混剂，规格：1%，10%。

② 马度米星铵尼卡巴嗪预混剂，规格：500g，马度米星 2.5g＋尼卡巴嗪 62.5g。

③ 复方马度米星铵预混剂，规格：100g，马度米星 0.75g＋尼巴卡嗪 8g。

④ 马度米星铵溶液，规格：100mL：0.5g（马度米星），100mL：1g。

【联用与禁忌】

① 地克珠利：联用使抗球虫作用增强。

② 磺胺喹噁啉、红霉素、泰乐菌素：联用无不良反应。

③ 甲硝唑、二甲硝唑：使马杜霉素按毒性增强。

④ 其他可参见莫能菌素。

【用药注意】

① 本品毒性较大，除肉鸡外，禁用于其他动物。

② 本品肉鸡的安全范围较窄。超过 6mg/kg 饲料浓度即能明显抑制肉鸡生长；8mg/kg 饲料浓度喂鸡，能使部分鸡群脱羽；2 倍治疗浓度（10mg/kg）则引起雏鸡中毒死亡。

③ 当禽类急性中毒死亡时，几乎不出现任何症状。于 1～2d 内急性死亡的家禽，一般临床可见水样腹泻、腿无力、行走和站立不稳，严重者两腿麻痹、昏睡直至死亡。慢性中毒家禽表现食欲不振，被毛松乱，精神抑郁，腹泻，腿无力，增重及饲料转化率下降。不同动物的病理变化特点有所不同，对牛和禽而言，主要损害心肌，其次为肝脏和骨骼肌；马以心肌受损最严重；猪和犬以骨骼肌受损最严重。

④ 鸡喂马度米星铵后的粪便切勿用作牛、羊等动物饲料，否则会引起动物中毒死亡。

⑤ 休药期：肉鸡 5d。

【同类药物】

赛杜霉素（Semduramicin） 对球虫子孢子以及第一代、第二代无性周期的子孢子、裂殖子均有抑杀作用，对鸡堆型、巨型、布氏、柔嫩、和缓艾美耳球虫均有良好抑杀作用。作用峰期在感染后第 2 天。主要用于预防肉鸡鸡球虫病。

盐霉素（Salinomycin） 又称沙利霉素，抗球虫活性大致与莫能菌素相似，对鸡的堆型、柔嫩、巨型、毒害、布氏等艾美耳球虫均有明显防治效果。主要抑制第一、二代裂殖体，作用峰期在感染后的 2～3d。另外，盐霉素对革兰阳性菌和梭菌有抑制作用，对厌氧菌有高效，对猪有明显促生长效应，球虫对其产生耐药性的速率缓慢，安全范围较窄，应用受到一定限制。

拉沙洛西（Lasalocid） 又称拉沙菌素，广谱高效抗球虫药。对球虫子孢子以及第一代、第二代无性周期的子孢子、裂殖子均有明显抑杀作用，作用峰期在感染后的第 2 天，对 6 种常见鸡球虫均有杀灭作用，对鸡柔嫩、毒害、巨型、变位艾美耳球虫的抗球虫效力超过莫能菌素和盐霉素，对羔羊、犊牛球虫亦有明显疗效。是美国 FDA 准许用于绵羊球虫病的两种药物之一（另一种药物为磺胺喹噁啉）。本品的优点是可以与泰妙菌素或其他促生长剂合用，而且其增重效果优于单独用药。

海南霉素（Hainanmycin） 海南霉素可完全阻断柔嫩、毒害、堆型、巨型、布氏、和缓、早熟等 7 种艾美耳球虫的生命周期，对盲肠球虫、小肠球虫及二者混合感染的球虫病治疗有效率为 100%。其卵囊值、血便及病变值均优于盐霉素，但增重率明显低于盐霉素。主要用于肉鸡整个生长周期球虫病的防治。

二、抗滴虫药

对动物危害较大的滴虫病主要有毛滴虫病和组织滴虫病，前者多寄生于牛生殖器官，致使牛流产、不孕、生殖力下降等，后者寄生于禽盲肠和肝脏，引起盲肠肝炎（黑头病），常用的抗滴虫药有甲硝唑、地美硝唑、替硝唑等。此类药禁用于食品动物作抑菌促生长添加剂用。

甲　硝　唑
Metronidazole

【药理作用与适应证】本品具有广谱抗厌氧菌和抗原虫作用，对毛滴虫有较强的杀灭作用，对球虫、蠕形螨、滴虫有较佳疗效，对阿米巴原虫亦有效。还可用于丝虫病和绦虫病的治疗，并对抗生素诱发的假膜性肠炎、毛囊虫病、疖病等有一定疗效。此外，本品对各种专性厌氧菌具有极强杀菌活性，对大多数厌氧菌的 MIC 为 0.78～6.25μg/mL。体外杀菌活性超过氯林可霉素，对深部厌氧菌感染有极佳疗效，且好于酰胺醇类。本品对需氧菌、兼性厌氧菌及微需氧菌疗效差或无效。临床主要用于牛、犬的生殖道毛滴虫病，犬、猫、马的贾第鞭毛虫病，鸽、火鸡、兔的毛滴虫和球虫病，禽的组织滴虫病和犬的蠕形螨病等。此外，也用于外科手术中厌氧菌感染或与其他抗菌药物配伍，用于治疗中耳炎、牙周脓肿、肺炎或肺脓肿，本品易进入中枢神经系统，故为脑部厌氧菌感染的首选预防及治疗药物。

【上市剂型】

① 甲硝唑片，规格：0.2g。

② 甲硝唑胶囊，规格：0.2g。

③ 甲硝唑可溶性粉，规格：100g∶10g，100g∶20g。

④ 氟苯尼考甲硝唑滴耳液，规格：20mL，氟苯尼考500mg＋甲硝唑60mg。

【联用与禁忌】

① 抗生素：联用可增强抗感染范围和作用，提高疗效，但不可混合应用。

② 抗胆碱药如阿托品：联用治疗胃、十二指肠溃疡，可提高疗效。

③ 奥美拉唑：联用治疗胃、肠溃疡有协同作用。

④ 红霉素和甲氧苄氨嘧啶：三联用药对动物牙周炎有较好疗效。

⑤ 青霉素：在用甲硝唑治疗牛滴虫前2d加用青霉素，可提高治疗效果，因为青霉素不但能抑菌，而且可减慢硝基咪唑类药物代谢。

⑥ 氯喹：联用可出现急性肌张力障碍，两药交替使用，可治疗阿米巴肝脓肿。

⑦ 甲氧氯普胺：可减轻甲硝唑胃肠道副作用。

⑧ 土霉素：能干扰甲硝唑清除生殖道滴虫的作用。

⑨ 庆大霉素、氨苄西林钠：不宜制剂与甲硝唑注射液配伍（浑浊、变黄），降效。

⑩ 华法林等抗凝血药：甲硝唑抑制华法林代谢，使抗凝作用增强，两药联用时应调整华法林剂量。

⑪ 苯妥英钠：与甲硝唑联用时，个别动物血清苯妥英钠可达到中毒水平。

⑫ 苯巴比妥：加速甲硝唑从体内排泄，可使清除率增加1.5倍。

⑬ 糖皮质激素如地塞米松：加速甲硝唑从体内排泄，可使血药浓度下降31%，联用时需加大甲硝唑剂量。

⑭ 氟尿嘧啶：联用时清除率减少而毒性增加。

⑮ 西咪替丁：可减少甲硝唑从体内排泄，使总清除率下降约30%，导致血药浓度升高，毒性增加。

⑯ 氢氧化铝、考来烯胺：可略降低甲硝唑的胃肠吸收，降低生物利用度14.5%。

⑰ 马度米星：甲硝唑可使马度米星毒性增强。

⑱ 碳酸锂：甲硝唑可使碳酸锂血药含量升高46%，有时可达锂中毒水平。

⑲ 乙醇：甲硝唑阻止乙醇代谢。

⑳ 西沙必利（胃肠动力药）：甲硝唑可提高西沙必利的血药浓度，两药合用需注意引起严重的心律失常。

㉑ 胃安：可减轻甲硝唑的胃肠道副作用。

㉒ 薄荷脑：可促进甲硝唑经皮肤渗透吸收。

㉓ 芍药甘草汤：联用可提高治疗消化性溃疡、胃炎的疗效。

㉔ 蜂蜜、蜂胶：有协同性抗菌和抗原虫作用。

【用药注意】

① 本品毒性虽小，其代谢物常使尿液呈红棕色，如果剂量过大，则出现舌炎、胃炎、恶心、呕吐、白细胞减少、震颤抽搐、运动失调等神经症状，但通常均能耐过。长期应用时，应检测动物肝肾功能。

② 甲硝唑可能对啮齿动物有致癌作用，对动物有致突变（致畸）作用。

③ 由于本品能透过胎盘屏障及乳腺屏障，故乳母及妊娠早期动物禁用。

④ 本品静脉注射时速度应缓慢。

⑤ 食品动物禁用。

⑥ 休药期：动物屠宰前休药期28d。

【同类药物】

替硝唑（Tinidazole） 本品对所有的致病厌氧菌和滴虫、鞭毛虫、阿米巴等原虫都有较强的杀灭作用，其杀灭作用较甲硝唑强28倍。主要用于动物生殖道滴虫病、肠道及肠外阿米巴原虫病、犬贾第鞭毛虫病及禽的组织滴虫病和球虫病。此外，还用于由于梭状芽孢杆菌、消化链球菌及幽门螺旋菌引起的腹膜炎、溃疡性结肠炎、坏死性肺炎、肺脓肿、子宫内膜炎、外科术后感染等。还可与其他抗菌药联用治疗严重混合感染如败血症、心内膜炎、脑膜炎、蜂窝组织炎、骨及关节感染等。

地美硝唑（Dimetridazole） 动物专用。为广谱抗菌药和抗原虫药，尤其对家禽组织滴虫和猪密螺旋体有明显的抑杀作用，对大肠杆菌、链球菌和葡萄球菌等也有较强疗效。临床主要用于防治家禽组织滴虫病（黑虫病）和猪密螺旋体痢疾（猪血痢），亦可用于其他禽类组织滴虫病。

三、抗锥虫药

动物锥虫病是锥虫寄生于血液中引起的一类疾病。我国动物的主要锥虫病有伊氏锥虫病（危害马、牛、猪、骆驼等）和马媾疫（危害马等）。本类疾病的防控，除应用抗锥虫药外，还应重视消灭其传播媒介——吸血昆虫。抗锥虫药有喹嘧胺、萘磺苯酰脲、盐酸氯化氮氨菲啶（沙莫林）、新胂凡纳明等、三氮脒及双脒苯脲等，后二者将在抗梨形虫药中介绍。

喹 嘧 胺

Quinapyamine

抗锥虫范围较广，对伊氏锥虫、马媾疫锥虫、刚果锥虫、活跃锥虫作用明显，但对布氏锥虫作用较差。按规定量应用，较为安全。主要用于防治马、牛、骆驼伊氏锥虫病和马媾疫。注射用喹嘧胺多在流行地区作预防性给药，通常用药一次，有效预防期，马为3个月，骆驼为3～5个月。马属动物对本品较敏感，应用时谨慎。

萘磺苯酰脲

Suramin

本品对伊氏锥虫病有效，对马媾疫的疗效较差，用于早期感染效果显著。其预防锥虫作用，马为2个月，骆驼长达4个月，但预防性给药时效果稍差。本品对牛泰勒虫和无形体也有一定效果，对灵长类的盘尾丝虫各期幼虫也具杀灭作用。

氯化氮氨菲啶

Isometamidium Chloride

本品为长效抗锥虫药。对牛的刚果锥虫作用最强，但对活跃锥虫、布氏锥虫以及我国广泛流传的伊氏锥虫也有较好的防治效果，疗效较三氮脒差。临床主要用于牛、羊的锥虫病防治。

新胂凡纳明

Neoarsphenamine

本品对马媾疫锥虫和伊氏锥虫有效，适用于早期治疗，晚期疗效较差，对慢性病例仅能减轻只能减轻症状而不能根治。临床主要用于家畜锥虫病，也可用于治疗马、羊的传染性胸膜肺炎、兔螺旋体病等。本品毒性大，刺激性强，仅能静脉注射给药。

四、抗梨形虫药

家畜的梨形虫病包括巴贝斯虫病和泰勒虫病，是由蜱提高吸虫而传播的一种寄生虫病。早期的抗梨形虫药主要有台盼蓝、喹啉脲以及吖啶黄等，因毒性太大，除吖啶黄外，其他弃用。现常用的抗梨形虫药为双脒类、均二苯脲类化合物及我国独创的青蒿琥酯等。四环素类抗生素，尤其是土霉素和金霉素，不仅对牛、马的巴贝斯虫和牛泰勒虫有效，而且对牛无形体也能彻底消除带虫状态。

三　氮　脒

Diminazene Aceturate

【药理作用与适应证】广谱抗血液原虫药，对家畜梨形虫、锥虫和边虫均有较好治疗作用，但预防作用较差。对轻症病例一次用药即可使虫体驱尽，重症病例即使增加剂量，疗效也差。本品对马媾疫疗效较好，对牛伊氏锥形虫病疗效较差。由于骆驼对本品敏感，因而不适用于骆驼锥虫病治疗。临床主要用于马、牛、羊梨形虫病、锥虫病的治疗，其效果较好。

【上市剂型】注射用三氮脒，规格：0.25g，1g。

【用药注意】

① 本品毒性大，安全范围小。过量时，牛起卧不安，心跳加快肌颤，流涎。马治疗量可见有出汗、流涎、腹痛等反应。轻度反应数小时后会自行恢复，较重反应时需用阿托品和输液等对症治疗。注射液对局部组织有刺激性，羊反应较强，宜分点深部肌内注射。

② 大剂量能使乳牛产奶量减少。

③ 骆驼对本品敏感，以不用为宜；马较敏感，用大剂量时慎重；水牛较黄牛敏感，特别是连续应用时，应使用小剂量。

④ 休药期：食品动物 28d，弃奶期 7d。

双脒苯脲

Imidocarb

【药理作用与适应证】能直接作用于巴贝斯虫体，改变细胞核的数量和大小，并且使细胞质发生空泡现象。对巴贝斯虫病和泰勒虫病均有治疗作用和预防作用，本品疗效和安全范围均优于三氮脒和间脒苯脲。但对猫巴贝斯虫效果不理想。临床主要用于马、牛、犬的多种巴贝斯虫和牛无形虫的预防和治疗。

【上市剂型】二丙酸双脒苯脲注射液，规格：10mL∶1.2g。

【联用与禁忌】

① 胆碱酯酶抑制剂如新斯的明、毒扁豆碱、酶抑宁：由于双脒苯脲对宿主具有抗胆碱酯酶作用，故禁止联用。

② 抗胆碱药如阿托品：呈拮抗作用。

【用药注意】

① 本品毒性虽较其他抗梨形虫低，但 2mg/kg 的高限量已能使半数牛出现胆碱酯酶抑制症状（如咳嗽、肌震颤、流涎、疝痛），通常 1h 内恢复，若反应严重，可用小剂量阿托品解除。

② 高剂量注射时，对局部组织有刺激性。

③ 本品禁止静脉注射，否则反应强烈，甚至致死。

④ 马较敏感，驴、骡更敏感，用高剂量时应慎重。

⑤ 为彻底清除带虫状态，本品宜在用药 14d 后再用药一次。

⑥ 休药期：食品动物 28d。

青蒿琥酯

Artesunate

【药理作用与适应证】 对原虫细胞内期裂体有强大而迅速的杀灭作用，可用于杀灭动物体内的血吸虫、利什曼原虫、刚地弓形虫和卡氏肺孢子虫。另外，还具有抗肿瘤、抗心律失常及免疫调节功能，可显著提高淋巴细胞转化率，对抗原结合细胞和抗体形成细胞有非常显著的抑制作用。在小鼠体有诱生干扰素的作用，能增强巨噬细胞的活性。在鸡胚感染试验中，本品有抑制流感病毒的作用。临床主要用于防治动物的血吸虫（如牛、羊泰勒虫、双芽巴贝斯虫等)、利什曼原虫、卡氏肺孢子虫及犬、猫的弓形虫等。另外，还可用于禽流感的防治。

【上市剂型】 青蒿琥脂片，规格：50mg。

【联用与禁忌】

① 甲氟喹：青蒿琥酯半衰期极短，而甲氟喹半衰期极长，二者联用，可有效防止复发。

② 酸性药物：禁止与酸性药物混合静注。

【用药注意】

① 本品不良反应较轻，用量过大，可出现网织红细胞和白细胞一次性降低或转氨酶升高。犬每天静脉注射青蒿琥酯钠 10mg/kg 或 32mg/kg，连续 14d 未见有不良反应，但注射 100mg/kg 可出现呕吐、恶心和食欲减退，剂量增至 240mg/kg 可发生肌颤、阵发性抽搐及血尿并有死亡。

② 本品有明显胚胎毒性，故孕畜应禁用。

③ 本品溶解后应及时注射，如出现浑浊，不可使用。

④ 由于本品半衰期极短，故用量少或给药少于 5d 者复发率高。

⑤ 为确保治愈，应用本品治疗后，应给予一次治疗量的甲

氟喹。

第三节 杀 虫 药

具有杀灭外寄生虫作用的药物称杀虫药。由螨、蜱、虱、蚤、蝇、蚊等节肢动物引起的畜禽外寄生虫病，能直接危害动物机体，夺取营养，损害皮毛，影响增重，传播疾病，给畜牧业造成极大损失，且传播很多人畜共患病，严重地危害人体健康。

所有杀虫药对动物机体都有一定的毒性，甚至在规定剂量范围内也会出现程度不等的不良反应，故选用杀虫药，尤应注意其安全性。应选用已批准使用的品种，不可用一般农药作为杀虫药；产品质量上，要求较高的纯度和极少的杂质；具体应用时，除严格掌握剂量、浓度和使用方法外，还需要加强动物的饲养管理，大群动物灭虫前做好预试工作，如遇有中毒现象，应立即采用解救措施。

（一）有机磷化合物

本类药物具有杀虫谱广、残效期短的特性，大多兼有触毒、胃毒和内吸作用。

倍 硫 磷
Fenthion

【药理作用与适应证】为广谱低毒有机磷杀虫药，通过触杀和胃毒作用杀灭宿主体内外寄生虫，兼有内吸杀虫作用，杀灭作用比敌百虫强5倍。除了对马胃蝇蚴、家畜胃肠道线虫以及对虱、蜱、蚤、蚊、蝇等有杀灭作用外，用于防治蚊、虱子、蝇、臭虫、蟑螂也有良好效果。对牛皮蝇有特效（无论是第三期蚴还是第二期蚴），在牛皮蝇产卵期应用，可取得良好的效果。对螨类效果不如甲基对硫磷。由于性质稳定，一次用药可维持药效2个月左右。给乳牛用药后，奶中残留量极低，可用于乳牛。但应在用药6h后再行挤奶。临床主要用于杀灭牛皮蝇蚴，除对第三期蝇蚴有效外，对移行期蝇蚴也有效，也用于杀灭家畜体表虱、蜱、蚤、蚊、蝇等。

【上市剂型】倍硫磷乳油，规格：500mL：250g。

【联用与禁忌】参见敌百虫的联用与禁忌。

【用药注意】

① 外用喷洒或浇淋，重复应用应间隔 14d 以上。

② 蜜蜂对倍硫磷敏感。

③ 皮肤接触中毒时可用清水或碱性溶液清洗，忌用高锰酸钾液洗。

④ 休药期：牛 35d。

【同类药物】

二嗪农（Diazinon） 新型有机磷杀虫、杀螨剂，具有触杀、胃毒、熏蒸和较弱的内吸作用。对各种螨类、蝇、虱、蜱具有良好的杀灭效果，喷洒后在皮肤、被毛上附着力很强，能维持长期的杀虫作用，一次用药的有效期可达 6～8 周。被吸收的药物在 3d 内从尿和奶排出体外。主要用于驱杀家畜体表寄生的疥螨、痒螨及蜱、虱等。

敌敌畏（Dichlorvos，DDVP） 市售 80%敌敌畏乳油，其杀虫力比敌百虫高 8～10 倍，所以可减少应用剂量，而相对较安全，但对人、畜的毒性还是较大，易被皮肤吸收而中毒。内服驱消化道线虫及杀马胃蝇蛆和羊鼻蝇蛆；外用杀灭虱、蚤、蜱、蚊和蝇等吸血昆虫，还广泛用作环境杀毒剂。敌敌畏项圈用于消灭犬、猫的蚤和虱。禽、鱼和蜜蜂对本品敏感，慎用。孕畜和心脏病、胃肠炎患者禁用。

辛硫磷（Phoxim） 本品是近年来合成的有机磷杀虫药，具有高效、低毒、广谱、杀虫残效期长等特点，对害虫有强触杀及胃毒作用，对蚊、蝇、虱、螨的速杀作用仅次于敌敌畏和胺菊酯，强于马拉硫磷、倍硫磷等。对人、畜的毒性较低。辛硫磷室内喷洒滞留残效较长，一般可达 3 个月左右。可用于治疗家畜体表寄生虫病，如羊螨病、猪疥螨病等。

皮蝇磷（Fenchlorphos） 皮蝇磷又称为芬氯磷，是专供兽用的有机磷杀虫药。皮蝇磷对双翅目昆虫有特效，内服或皮肤给药有内吸杀虫作用，主要作用于牛皮蝇蛆。喷洒用药对牛、羊锥蝇蛆、蝇、虱、螨等均有良好的效果。对人和动物毒性较小。泌乳期乳牛禁用；母牛产犊前10d内禁用。肉牛休药期10d。

氧硫磷（Oxinothiophos） 为低毒、高效有机磷杀虫药。对家畜各种外寄生虫均有杀灭作用，对蜱的作用尤佳，如一次用药对硬蜱杀灭作用可维持10～20周。对动物毒性较小，药浴、喷淋、浇淋，配成0.01%～0.02%溶液。

巴胺磷（Propetamphos） 本品为广谱的有机磷杀虫药，主要通过触杀、胃毒其作用，不仅能杀灭家畜体表寄生虫，如螨、蜱，还能杀灭卫生害虫蚊蝇等。主要驱杀牛、羊、猪等家畜体表螨、蚊、蝇、虱等害虫。本品对家禽、鱼类具有明显毒性。休药期，羊14d。

马拉硫磷（Malathion） 马拉硫磷对蚊、蝇、虱、蜱、螨、臭虫均有杀灭作用。主要在害虫体内被氧化为马拉氧磷，后者拮抗胆碱酯酶活力增强1000倍。但是，马拉硫磷对人、畜的毒性很低。可用于治疗畜禽体表寄生虫病，例如牛皮蝇、牛虻、体虱、羊痒螨、猪疥螨等。

（二）有机氯化合物

有机氯杀虫药是一类含氯原子的有机合成化合物，是发现和应用最早的一类人工合成杀菌药。滴滴涕和六六六是这类杀虫药的杰出代表。由于大多数有机氯杀虫药对人、畜有一定慢性毒性，污染环境，能长期残存毒力，影响畜产品质量，多数已禁用。目前，用于畜禽及卫生害虫防护的有机氯主要有林丹、三氯杀虫酯、氯苯佳美等。

有机氯杀虫药主要是直接影响神经传导，先出现兴奋现象，活动不协调，肢体颤抖，最后出现麻痹而死亡。

林　丹

Lindane

【药理作用与适应证】 又称为γ-六六六、丙体-六六六，通过触杀、胃毒和熏蒸三方面的作用而杀灭虫体。对畜禽各种外寄生虫如螨、蜱、虱、蚤及其他吸血昆虫有效。在环境中容易分解，在食品和环境中的残留较六六六少，在动物体内的蓄积作用不到六六六的

1/10，所以在六六六被禁用后，仍可有限制地使用林丹。临床主要用于杀灭外寄生虫如虱、蜱、蚤和牛皮蝇蚴等，治疗畜禽疥螨、痒螨及膝螨等，杀灭蚊、蝇、蟑螂等害虫。

【上市剂型】

① 林丹乳油，规格：100mL∶100g。

② 林丹可湿性粉，规格：100g∶80g。

【用药注意】

① 本品急性毒性较六六六强，易造成动物中毒。大家畜中毒后以神经症状为主要表现，如精神沉郁、流涎、食欲废绝、痉挛，严重时震颤、抽搐、角弓反张，甚至因呼吸麻痹而死亡。

② 对鱼类毒性较大，使用时避免污染鱼塘、河水。

③ 不宜涂于外伤、皮肤破损处，不宜与眼、口部接触。

④ 本品禁用于食品动物，在所有食品动物的组织中不得检出。

⑤ 动物全身喷洒或药浴后，若重复处理需间隔 2 周。

【同类药物】

三氯杀虫酯（Acetofenate） 兼有触杀和熏蒸作用，具有高效、低毒、易降解的特点。对双翅目蝇类、蚊、虱子和家畜体表寄生虫均有良好的杀灭作用，其速杀效力类似于拟除虫菊酯，优于滴滴涕，对有机氯或有机磷产生抗性的蚊蝇也有杀灭作用。主要用于驱杀厩舍、环境中的蚊蝇，及家畜体表的虱、蚤、蜱等。

氯苯甲醚（Chlorodimeform） 又名杀虫脒。具有良好的内吸作用，有较好的杀虫、杀螨效力。除对成虫外，对幼虫、螨卵均有较强的作用，具有高效、低毒、残效期长等优点，是替代六六六较好的一种有机氯化合物。杀虫脒对人、畜急性中毒中等，但杀虫脒的代谢物有潜在的致癌性，很多国家现已禁止生产和使用。主要用于防治畜禽各种螨病。

（三）拟除虫菊酯类杀虫药

拟除虫菊酯类杀虫药是根据植物杀虫药除虫菊的有效成分——除虫菊酯的化学结构合成的一类杀虫药，具有杀虫谱广、高效、速效、残效期短、毒性低以及对其他杀虫药耐药的昆虫也有杀灭作用的优点。对卫生、农业、畜牧业各种昆虫及外寄生虫均有杀灭作用。

拟除虫菊酯类药物性质均不稳定，进入机体后，即迅速降解灭火，因此不能内服或注射给药。现场使用资料证明，虫体对本类药品能迅速产生耐药性。

溴氰菊酯
Deltamethrin

【药理作用与适应证】杀虫范围广，对多种有害昆虫有杀灭作用，具杀虫效力强、速效、低毒、低残留等优点，比有机磷酯有更大的脂溶性，其杀虫效力比滴滴涕大366倍，比二氯苯醚菊酯大4～5倍。兽医临床上主要用作灭蚊、蝇、蟑螂、虱、螨、蜱等的杀虫药，也可用于环境如畜禽棚舍杀虫。

【上市剂型】

① 溴氰菊酯溶液（水产用），规格：100g∶1g，100g∶2.5g，100g∶3.8g。

② 溴氰菊酯溶液，规格：5%。

③ 溴氰菊酯乳油，规格：5%。

【联用与禁忌】

① 碳酸氢钠、肥皂水：使溴氰菊酯分解失效，可用于溴氰菊酯中毒解救。

② 阿托品：能阻止溴氰菊酯中毒时的流涎症状。

③ 巴比妥类：能拮抗溴氰菊酯中毒时的中枢兴奋性。

【用药注意】

① 溴氰菊酯属中等毒性，对动物比较安全，以500mg/L药液外用，动物仍无不良反应。

② 本品对人、畜毒性虽小，但对皮肤、黏膜、眼睛、呼吸道有较强的刺激性，特别对大面积皮肤病或有组织损伤动物影响更为严重。

③ 动物误食本品后，症状轻时可出现流涎、兴奋、乏力、反应迟钝、瞳孔缩小、肌肉震颤、呼吸困难；中毒或重度中毒时，动物可出现昏迷、瞳孔缩小、对光反应消失、末梢循环衰竭，发绀。

尸体剖检时发现皮下出血，血液凝固不良，心、脾、肾脏肿大等。

④ 本品对鱼有剧毒，蜜蜂、家禽亦较敏感。

⑤ 溴氰菊酯急性中毒无特效解毒药，阿托品能阻止中毒时的流涎症状，主要以对症疗法为主，镇静药巴比妥能拮抗中枢兴奋性；对误食动物可用4%碳酸氢钠洗胃，皮肤接触中毒时可用肥皂水、碳酸氢钠溶液清洗；必要时可配合输液或补给维生素 B_1、维生素C，以增强机体的解毒能力。

⑥ 休药期：羊7d，猪28d。

氰戊菊酯

Fenvalerate

【药理作用与适应证】本品对动物的多种外寄生虫及吸虫昆虫如螨、虱、蚤、蜱、蚊、蝇、虻等有良好的杀灭作用，杀虫力强，效果确切。以触杀为主，兼有胃毒和趋避作用。杀虫作用快，与有害昆虫接触后，药物迅速进入虫体的神经系统，表现为强烈兴奋、抖动，很快转变为全身麻痹、瘫痪，最后击倒而死亡。对寄生于动物体表的螨、虱、蚤等寄生虫在有效浓度下喷淋体表10min开始中毒，15～20min开始死亡，4～12h后动物全身无一活虫体存在。其防治效果比敌百虫大50～200倍，加之又有一定的残效作用，可使虫卵孵化后再次杀死，一般情况下用药一次即可，不必重复用药。由于本品在体内外均能较快被降解，所以有不污染环境、畜产品中残留低的优点。临床主要用于驱杀动物体表寄生虫，如各类螨、蜱、虱、虻等，尤其对有机磷、有机氯杀虫药敏感的动物使用较安全。还可用于杀灭环境、畜禽棚舍昆虫如蚊、蝇等。

【上市剂型】

① 氰戊菊酯溶液（水产用），规格：100mL∶2g，100mL∶8g，100mL∶14g。

② 氰戊菊酯溶液，规格：5%，20%。

【联用与禁忌】

① 碱性物质：与氰戊菊酯合用，易使其分解失效。

② 25℃以上水温：配制溶液时，易使其药效降低或失效。

③ 阿托品：能阻止氰戊菊酯中毒时的流涎症状。

④ 巴比妥类：能拮抗氰戊菊酯中毒时的中枢兴奋性。

【用药注意】

① 氰戊菊酯对哺乳动物毒性属中等，防治猪螨病时药物浓度增加25倍，也未见任何毒性表现，安全系数较大。

② 本品毒性小，一般要用稀释液不易发生中毒。

③ 本品对蜜蜂、鱼虾、家蚕较高，使用时不要污染河流、池塘、桑园、养蜂场所。

④ 在临床上由于使用者保管不严，可发生误服或严重污染皮肤而中毒。中毒的主要症状是中枢神经和外周神经系统异常兴奋，乱跳，步态蹒跚，流涎，肌肉抽动，呼吸困难及强制性抽搐，严重时可导致死亡。

⑤ 拟除虫菊酯中毒基本上无特效解毒药，解救方法可参见溴氰菊酯项下。

⑥ 本品耐光性较强，稀释后的药液比较稳定，只要保管妥善，药效可保持1个月左右。

⑦ 配制溶液时水温以12℃为宜，如水温超过25℃将会降低药效，超过50℃则失效，应避免使用碱性水。

⑧ 治疗动物外寄生虫病时，无论是喷洒还是药浴，都应保证动物的被毛、羽毛被药液充分浸透。

⑨ 在使用过程中如药液溅到皮肤上，应立即用肥皂清洗，如药溅到眼中，应立即用大量清水冲洗。

⑩ 休药期：氰戊菊酯溶液，28d。

【同类药物】

二氯苯醚菊酯（Permethrin） 为广谱高效杀虫药，对多种动物体表与环境中的害虫如蜱、螨、虱、蚊、蟑螂等具有很强的触杀及胃毒作用，击倒作用强，杀虫速度快，其杀虫效力为滴滴涕的100倍，狄氏剂的30倍。对禽螨的杀灭效力可维持40日之多，70日后检查未发现有感染螨虫，药浴治疗羊螨，使用一次效力可维持2～4周，室内灭蝇效力可持续1～3个月。

氟胺氰菊酯（Fluvalinate） 本品为专用于防治蜂螨的杀螨剂。

通过触杀和胃毒作用杀灭蜂螨，无论是大蜂螨还是小蜂螨杀灭率接近100%。用药后数小时蜂螨即从蜂体脱落，24h内全部死亡。氟胺氰菊酯对蜜蜂比较安全，对蜜蜂的行为、寿命、死亡率以及雄蜂、蜂王的生殖、产卵均无不良影响。

(四) 其他杀虫药

双甲脒

Amitraz

【药理作用与适应证】为甲脒类接触性广谱杀虫药，兼有胃毒和内吸作用，对各种螨、蜱、蝇、蚤、虱等均有效，对人、畜安全，对蜜蜂相对无害。双甲脒产生杀虫作用缓慢，一般在用药后2h才能使虱、蜱等解体，48h使患螨部皮肤自行松动脱落，不像拟除菊酯那样迅速使虫体击倒，而且彻底给予杀灭。本品残留期长，一次用药可维持药效6～8周，可保护畜体不再受寄生虫的侵袭。此外，双甲脒对大蜂螨和小蜂螨也有良好的杀灭作用。临床主要用于防治牛、羊、猪、兔、犬的体外寄生虫如疥螨、痒螨、蜂螨、蜱、虱、蚤等。

【上市剂型】

① 双甲脒溶液，规格：12.5%。

② 双甲脒乳油，规格：0.5mL∶62.5mg；0.25mL∶31.25mg。

③ 双甲脒烟剂，规格：13～17mg。

【联用与禁忌】

① 乙醇：可使双甲脒分解失效。

② 碱性药物：禁忌混合使用。

【用药注意】

① 双甲脒对黏膜有刺激作用，应防止药液沾污皮肤和眼睛。

② 马属动物对双甲脒较敏感，对鱼有剧毒，用时慎重。

③ 对严重感染患畜用药7d后可再用1次，以彻底治愈。

④ 废弃包装妥善处理，切勿污染鱼塘、河流。

⑤ 禁用于产奶山羊和水生食品动物。

⑥ 在气温低于25℃以下使用，药效发挥作用较慢，药效较低，

高温时使用药效高。

⑦ 休药期：牛 1d，羊 21d，猪 7d，牛乳废弃时间为 2d。

升　华　硫

Sublimed Sulfur

【药理作用与适应证】升华硫为硫黄的一种，有灭疥和杀菌（包括真菌）作用。硫黄本身无此作用，但与皮肤组织有机物接触后，逐渐生成硫化氢、亚硫黄酸等，能溶解皮角质，使表皮软化并呈现灭螨和杀菌作用。另外，硫黄燃烧时产生二氧化硫，在潮湿情况下，具有还原作用，对真菌孢子有一定破坏能力。但对昆虫效果不佳。升华硫可用于治疗疥螨、痒螨病及防治蜜蜂小蜂螨等；还可用作蚕宝、蚕具的消毒，防治僵蚕病。

【上市剂型】

① 复方升华硫粉，规格：40g，升华硫 28g＋敌百虫 0.3g；60g，升华硫 42g＋敌百虫 0.45g；100g，升华硫 75g＋敌百虫 0.75g。

② 硫软膏，规格：10%。

【联用与禁忌】

① 铜、铁制品：硫制剂的配制与贮存过程中勿与铜、铁制品接触，以防变色。

② 汞制品：与汞制剂同用时，可引起化学反应，释放有臭味的硫化氢，对皮肤有刺激性，且能形成色素，使皮肤变黑。

③ 脱屑药制剂（如雷锁辛、过氧化苯甲酰、水杨酸、维 A 酸）、含酒精制剂、药用肥皂、清洁剂：与升华硫联用时，可增加皮肤的刺激及干燥感。

【用药注意】

① 长期大量局部用药，具有刺激性，可引起接触性皮炎，但很少引起全身反应。

② 本品易燃，应密闭在阴凉处保存。

③ 避免与口、眼及黏膜接触。

环丙氨嗪

Cyromazine

【药理作用与适应证】 本品主要作用于昆虫发育过程中的第二个阶段，对多种昆虫有强有力的杀虫抑虫活性。果蝇、黑胃蝇、烟草角虫、厩舍虫及其他蝇科、蚊科昆虫皆对本品敏感，其杀虫抑虫活性明显优于除虫菊酯类、氨基甲酸酯类。环丙氨嗪不污染环境，在土壤中可被降解。作肥料时的环丙氨嗪对农作物生长无不良影响，还可降低粪便的液化，减少氨气产生，降低畜舍内的臭味与氨的含量，净化舍内空气，减少呼吸道疾病的发生。本品对人、畜和蝇的天敌无害，经动物试验，无致突变、致畸作用，对生长、产蛋、繁殖无影响。临床主要用于控制厩舍内蝇幼虫的繁殖生长，杀灭粪池内蝇蛆，以保证环境卫生。

【上市剂型】

① 环丙氨嗪预混剂，规格：1%，10%。

② 环丙氨嗪可溶性粉，规格：50%。

③ 环丙氨嗪可溶性颗粒，规格：2%。

【用药注意】

① 本品对鸡基本无不良反应，但饲喂浓度过高或长期饲喂可影响摄食。药物浓度达 25mg/kg 时，可使饲料消耗量增加，500mg/kg 以上才使饲料量减少，1000mg/kg 以上长期饲喂可能因摄食过少而死亡。

② 每公顷土地以用饲喂本品的鸡粪 1000～2000kg 为宜，超过 9000kg 以上可能对植物生长不利。

③ 避免让儿童接触，避免眼、皮肤和衣服与药接触，避免吸入粉尘，如与身体某部位接触，应冲洗；避免污染食物器皿，勿与食物存放在一起，严密包装；混料过程中适当通风，使用后将手脸洗净。

非泼罗尼

Fipronil

本品杀虫活性是有机磷酸酯、氨基甲酸酯的 10 倍以上，对拟除虫菊酯类、氨基甲酸酯类杀虫药产生耐药性的害虫也具有较高的敏感性。残效期一般为2～4周，甚至可长达6周。临床主要用于控制动物厩舍内蝇蛆的繁殖生长，杀灭粪池内蝇蛆，以保证环境卫生和杀灭犬、猫体表跳蚤、犬蜱及其他体表害虫。

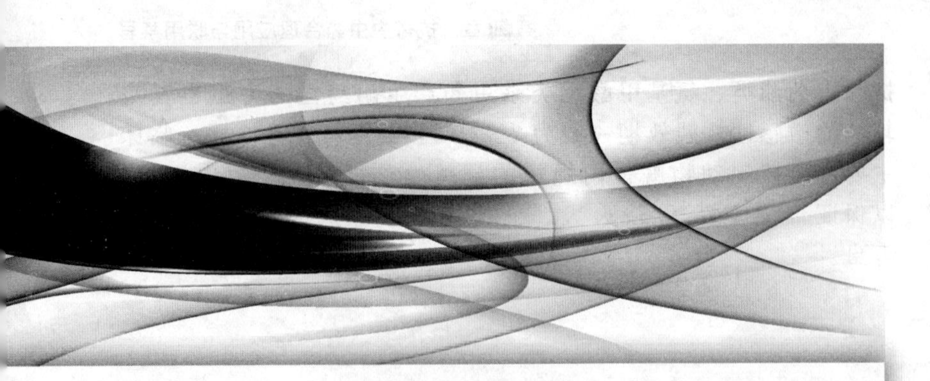

第五章　作用各系统药物合理应用及联用禁忌

第一节　中枢兴奋药

中枢兴奋药指能选择性地兴奋中枢神经系统，提高其功能活动的药物。按其主要作用部位可分为：①大脑兴奋药，主要兴奋大脑皮质的药物，可引起动物觉醒、精神兴奋与运动亢进。咖啡因为代表药物。②延脑兴奋药，又称呼吸兴奋药，主要兴奋延脑呼吸中枢的药物。如尼可刹米、多杀普伦、贝美格等。③脊髓兴奋药，小剂量提高脊髓反射兴奋性，大剂量导致强直性惊厥。士的宁为典型代表药。

本类药物作用的强弱与给药剂量和动物中枢神经功能状态有关。当中枢神经系统处于抑制状态时，药物的作用较明显。随着剂量增大，中枢兴奋药的作用部位也随之扩大，过量都可以引起中枢神经系统各个部位广泛兴奋，导致惊厥。严重的惊厥可因能量耗竭而转入抑制，此时，不能再用中枢兴奋药来对抗，否者由于中枢过度抑制而致死。对因呼吸麻痹引起的外周性呼吸抑制，中枢兴奋药无效。对循环衰竭导致的呼吸功能减弱，中枢兴奋药能加重脑细胞缺氧，应慎用。

咖 啡 因

Caffeine

【药理作用及适应证】本品内服或注射均易吸收，消化道吸收不规则，有刺激性。复盐吸收良好，刺激性亦小。能通过血脑屏障和胎盘屏障。有兴奋中枢神经系统、兴奋心肌、松弛平滑肌和利尿等作用。临床上主要用于麻醉药、镇静药、镇痛药中毒引起的呼吸抑制及感染性疾病引起的呼吸衰竭与昏迷，还用于治疗各种疾病引起的急性心力衰竭。

【上市剂型】苯甲酸钠咖啡因（安钠咖）注射液，规格：5mL，含咖啡因 0.24g 与苯甲酸钠 0.26g；5mL，含咖啡因 0.48g 与苯甲酸钠 0.52g；10mL，含咖啡因 0.48g 与苯甲酸钠 0.52g；10mL，含咖啡因 0.96g 与苯甲酸钠 1.04g。

【联用与禁忌】

① 吗啡：咖啡因可增强吗啡的镇痛作用，并可减缓吗啡产生耐受性和依赖性。

② 西咪替丁：可在一定程度上增加咖啡因的兴奋作用。

③ 口服避孕药：可增加咖啡因的兴奋作用。

④ 溴化物：合用可调节大脑皮质活动，恢复大脑皮质抑制与兴奋过程的平衡。

⑤ 高渗葡萄糖、氯化钙：配合静脉注射有缓解水肿的作用。

⑥ 三氟拉嗪：咖啡因可拮抗三氟拉嗪所致中枢抑制状态。

⑦ 玉米须：与咖啡因联用有利尿作用。

⑧ 羚羊角：可降低咖啡因致惊厥率和增加恢复率。

⑨ 阿司匹林：与咖啡因联用可增加胃酸分泌，加剧消化道刺激反应；但咖啡因与解热镇痛药联用可增强镇痛效果。

⑩ 苯巴比妥：与咖啡因联用可减弱或消除催眠作用。

⑪ 苯二氮䓬类药物：咖啡因可降低地西泮的镇静作用和抗焦虑作用。

⑫ 苯丙醇胺：与咖啡因联用可使升压作用加剧，产生高血压危象，增加颅内出血危险。

⑬ 甲氧沙林：可降低咖啡因的体内消除，可能引起咖啡因中毒。

⑭ 美西律：可使咖啡因的体内清除降低30%～40%。

⑮ 皮质激素：大量摄入咖啡因后，地塞米松抑制试验结果可能出现错误。

⑯ 牛黄：可对抗咖啡因的兴奋作用。

⑰ 喹诺酮类抗菌药：可增加咖啡因的血药浓度，增加咖啡因副作用（烦躁不安、失眠、紧张），其中依若沙星、吡哌酸作用明显；环丙沙星、诺氟沙星的作用程度较小；氧氟沙星不与咖啡因发生相互作用。

⑱ 盐酸四环素、盐酸土霉素、氯丙嗪等酸性药物：有拮抗作用，配伍在同一溶液中可发生沉淀。

⑲ 氨茶碱：同用可增加毒性。

⑳ 麻黄碱、肾上腺素：有相互增强作用，不宜同时注射。

㉑ 鞣酸、苛性碱、碘、银盐：接触可产生沉淀。

㉒ 柿寄生：具有中枢抑制作用，能明显抑制咖啡因的兴奋作用。

㉓ 钩藤：可对抗咖啡因的兴奋作用。

㉔ 地龙：具有镇静作用，可对抗咖啡因所致惊厥。

㉕ 桑寄生：可对抗咖啡因所致惊厥。

【用药注意】

① 咖啡因是一种比较安全的中枢兴奋药，治疗剂量一般无不良反应，但剂量过大会引起脊髓兴奋而发生惊厥，最后可因超限性抑制而死亡。肌注高浓度的苯甲酸钠咖啡因，可引起局部硬结，一般能自行恢复。

② 大家畜心动过速（100次/分以上）或心律不齐时，慎用或禁用。

③ 可引起先天性缺损，骨骼发育迟缓，所以孕畜慎用。

④ 因用量过大或给药过频而发生中毒（惊厥）时，可用溴化物、水合氯醛或巴比妥类药物解救。但不能使用麻黄碱或肾上腺素等强心药物，以防毒性增强。

⑤ 休药期：牛、羊、猪28d，弃奶期7d。

尼可刹米

Nikethamide

【药理作用及适应证】本品是人工合成的吡啶类衍生物。内服或注射给药均易吸收，以静脉注射间歇给药为最有效。能直接兴奋延髓呼吸中枢，增加每分钟通气量。也可通过刺激颈动脉体和主动脉体化学感受器反射地兴奋呼吸中枢，并能提高呼吸中枢对二氧化碳的敏感性。对大脑皮质、血管运动中枢及脊髓也有较弱的兴奋作用。一般可使血压回升。安全范围较大，但剂量过大时也可引起阵发性惊厥。适用于麻醉药、其他中枢抑制药及疾病引起的中枢性呼吸抑制，也可解救一氧化碳中毒、溺水和新生仔畜窒息。

【上市剂型】尼可刹米注射液，规格：1.5mL∶0.375g，2mL∶0.5g，10mL∶2.5g。

【联用与禁忌】

① 马兜铃中毒：尼可刹米可作为马兜铃中毒治疗中的呼吸兴奋药。

② 半夏中毒：尼可刹米和洛贝林均可用于半夏中毒时纠正呼吸不规律和呼吸抑制。

③ 蓖麻子中毒：尼可刹米对于组胺H_1、H_2受体均具有拮抗作用，故可能对抗蓖麻毒蛋白所致的过敏反应。

④ 不宜与含有鞣酸、有机碱的盐和各种金属盐制剂相混合，否则析出沉淀。

【用药注意】

① 剂量过大已接近惊厥剂量时可致血压升高、心律失常、肌肉震颤。

② 兴奋作用后，常出现中枢神经系统抑制现象。

③ 经验证明，在解救中枢抑制药中毒时，对吗啡中毒的效果优于对巴比妥类中毒。

【同类药物】

洛贝林（Lobelide） 治疗量可选择性刺激颈动脉体化学感受

器，反射兴奋呼吸中枢，对迷走中枢和血管活动中枢也有反射兴奋作用。作用快而弱，维持时间短，不易引起惊厥。适用于幼畜。用于解救中枢性呼吸衰竭、新生畜窒息以及巴比妥类等中枢抑制药中毒。

二甲弗林（Dimefline） 对延髓呼吸中枢有强烈的兴奋作用，可增大肺泡通气量，效力比尼可刹米强。作用快，但维持时间短。主要用于中枢抑制药过量、一些传染病及药物中毒所致的中枢性呼吸抑制。过量易引起动物惊厥，此时应停药。严重时可用地西泮或短效巴比妥类药物解救。孕畜禁用本品。静注时，需以葡萄糖注射液稀释后缓慢注入或滴注。

多沙普仑（Doxapram） 本品为人工合成的新型呼吸兴奋药。作用、用途及不良反应均与尼可刹米相似，而作用比尼可刹米强。主用于马、犬、猫麻醉中或麻醉后兴奋呼吸活动及加速苏醒，恢复反射；难产或剖腹产后新生犬、猫兴奋呼吸；巴比妥类和吸入麻醉药引起呼吸中枢抑制的专用兴奋药。剂量过大可引起反射亢进、心动过速或惊厥。联用及禁忌参见尼可刹米。

士的宁

Strychnine

【药理作用及适应证】本品对脊髓有高度选择性兴奋作用，使脊髓反射兴奋性提高，骨骼肌紧张度增加，并能提高大脑皮质感觉区的敏感性，使视、听、嗅、触觉机能变得敏锐。主要用于脊髓性不全麻痹和肌肉无力，但需在神经未断离时才有效。内服或注射均能迅速吸收，并均匀地进行分布。在肝脏内氧化代谢破坏。排泄缓慢，易产生蓄积中毒。主要用于治疗神经麻痹性疾病，特别是脊髓性不全麻痹，如后躯委顿、括约肌不全松弛、阴茎脱垂和四肢无力等。在中枢抑制药中毒引起呼吸抑制时，其解救效果不及戊四氮、印防己毒素和贝美格，且安全范围小。

【上市剂型】硝酸士的宁注射液，规格：1mL：2mg，10mL：20mg。

【用药注意】

① 本品过量易中毒，引起动物惊厥。解救时，大动物可静

脉注射水合氯醛，小动物宜静脉注射中效或短效巴比妥类药物。

② 孕畜、吗啡中毒的家畜及有中枢神经兴奋症状的家畜忌用。

③ 长期应用易引起蓄积中毒，故反复给药时应酌情减量。

第二节　镇静药与抗惊厥药

镇静药是能轻度抑制中枢神经系统而使动物安静的一类药物。主要用于消除动物的狂躁、不安和攻击行为等过度兴奋症状，便于诊断和生成。大剂量还具抗惊厥作用。

抗惊厥药是缓解和消除惊厥症状的药物。惊厥是在病理状态下中枢神经系统过度兴奋引起的全身骨骼肌突发性痉挛收缩或强直收缩。强烈而持久的惊厥可致呼吸窒息和循环衰竭，甚至危及生命，必须及早救治。

氯　丙　嗪

Chlorpromazine

【药理作用及适应证】又名冬眠灵。对中枢神经、自主神经与内分泌系统有多方面的作用。主要抑制大脑边缘系统和脑干网状结构上行激活系统，使上行性冲动传导受阻，对外界刺激的反应性降低，动物转为安静嗜睡。本品抑制下丘脑体温调节中枢，使体温显著下降，代谢降低。内服、肌内注射均易吸收，但吸收不规则，胃内容物及抗胆碱药的存在可影响吸收，并有个体和种属差异。主要用于动物的狂躁症，也用于人工降温及止吐等。内服、注射均易吸收，但内服吸收不规则，并有个体和种属差异。

【上市剂型】

① 盐酸氯丙嗪注射液，规格：2mL∶0.05g，10mL∶0.25g。

② 盐酸氯丙嗪片，规格：12.5mg，25mg，50mg。

【联用与禁忌】

① 与所有镇静药、其他安定药、抗组胺药及麻醉性镇痛药、苯妥英钠、阿托品、糖皮质激素等药物，可增强氯丙嗪作用。

② 利尿药：可增强氯丙嗪的降压作用。

③ 安乃近：氯丙嗪可增强安乃近的降温作用，联用时应减少安乃近用量。

④ 抗凝血药：氯丙嗪可使其血药浓度增高，抗凝作用增强。

⑤ 与地高辛配伍，可增强地高辛疗效。

⑥ 苯巴比妥：可使氯丙嗪在尿中排泄量加倍。

⑦ 与维生素 K_3、维生素 B_{12}、氨茶碱联用可发生沉淀。

⑧ 奎尼丁：与氯丙嗪联用可致心动过缓。

⑨ 抗酸药：可降低氯丙嗪的胃肠道吸收。

⑩ 甲基多巴：与氯丙嗪联用可增强锥体外系副作用，甚至有强烈抽搐致死的报道。

⑪ 抗胆碱药：可降低氯丙嗪血药浓度，而氯丙嗪可加重抗胆碱药副作用。

⑫ 四环素类：与氯丙嗪联用可加重肝损害。

⑬ 可增强有机磷中毒反应。

⑭ 与麻黄碱配伍，可产生药理性拮抗作用。

⑮ 不宜与肾上腺素配伍。

【用药注意】

① 用量过大引起血压下降时禁用肾上腺素解救，而应选择去甲肾上腺素解救。

② 静脉注射时应稀释后缓慢注入。

③ 有黄疸、肝炎及肾病的患畜慎用。

④ 体弱年老动物宜慎用。

⑤ 马用氯丙嗪往往表现不安定，易发生意外，故对马不主张使用本品。

⑥ 犬、猫等动物往往因剂量过大而出现心律不齐、四肢与头部震颤甚至四肢与躯干僵硬等不良反应。

⑦ 遇光颜色变红后，不可再用。

⑧ 休药期：盐酸氯丙嗪片、盐酸氯丙嗪注射液 28d，弃奶期 7d。

【同类药物】

乙酰丙嗪（Acepromazine） 作用类似氯丙嗪，但镇静作用强于氯丙嗪，故增强催眠药与麻醉药的作用较氯丙嗪强。毒性低于氯丙嗪，但仍能使心率加快。用途基本同氯丙嗪。

氟 哌 啶

Droperidol

【药理作用及适应证】作用及机制与氯丙嗪相似，可对抗苯丙胺对中枢神经系统的兴奋作用和阿扑吗啡的催吐效应，还可阻断肾上腺素能神经的作用。是强效镇吐药，作用强，维持时间短，安全范围大。主要用于治疗顽固性呕吐。本品与芬太尼或哌替啶等合用，可增强其镇痛作用。用作麻醉前给药或创伤性休克的辅助治疗药。

【上市剂型】氟哌啶-芬太尼注射液，规格：1mL：氟哌啶20mg＋芬太尼0.4mg。

【联用与禁忌】

① 抗震颤麻痹药：联用可增强疗效。停药时中应先停用氟哌啶，以免发生锥体外系症状。

② 氢氧化铝凝胶，维生素 B_6：可消除氟哌啶所致恶心、食欲不振等胃肠道反应。

③ 镇痛药：与氟哌啶联用可增强止痛作用。

④ 利福平：可降低氟哌啶的血药浓度，必要联用时应增加剂量。

⑤ 卡马西平：可使氟哌啶血药浓度降级一半，两药联用可发生神经毒性。

⑥ 氟西汀：与氟哌啶联用可发生严重锥体外系症状。

⑦ 吲哚美辛：与氟哌啶联用，可发生嗜睡和精神错乱。

⑧ 卡巴克洛：可降低氟哌啶等抗精神病药物的效应，使精神病恶化。

⑨ 氯丙嗪：与氟哌啶联用可引起重度休克。

【用药注意】

① 多见锥体外系反应，降低剂量可减轻或消失。可有迟发型运动障碍。小剂量氟哌啶也可诱发恶性综合征。

② 大剂量长期用药可引起心律失常。

③ 可影响肝功能，停药后逐渐恢复。

④ 本品与麻醉药、镇痛药、催眠药联用时应减量。

地　西　泮

Diazepam

【药理作用及适应证】又名安定、苯甲二氮唑，本品内服吸收迅速，肌内注射吸收缓慢且不规则，静脉注射后与血浆蛋白结合率高。具有安定、镇静、催眠、中枢性肌松弛、抗惊厥、抗癫痫等作用，并能增强麻醉药的作用。用于各种动物镇静、保定、癫痫发作、基础麻醉及术前给药，也可缓解破伤风的肌紧张及士的宁中毒。

【上市剂型】

① 地西泮片，规格：2.5mg，5mg。

② 地西泮注射液，规格：2mL∶10mg。

【联用与禁忌】

① 与苯巴比妥、苯妥英钠配伍，协同作用。

② 与吩噻嗪类药物配伍，协同作用。

③ 与吗啡配伍，协同作用。

④ 与氨茶碱、咖啡因配伍，拮抗作用。

⑤ 与山莨菪碱注射液在同一容器发生物理配伍禁忌，产生沉淀。

⑥ 与纳洛酮配伍，拮抗作用。

【用药注意】

① 本品静脉注射宜缓慢，以防造成心血管与呼吸抑制。大量用药可发生共济失调、乏力等不良反应。

② 本品有便秘等副作用。

③ 肝肾功能障碍的患畜慎用，孕畜忌用。

④ 休药期：地西泮注射液28d。

水合氯醛

Chloral Hydrate

【药理作用及适应证】本品是兽医外科应用最早的中枢神经系统抑制药。随着剂量的增加，可产生镇静、催眠和麻醉作用。作为麻醉药具有吸收快、兴奋期短、麻醉期长、无蓄积作用和价廉等优点。但其麻醉力弱，安全范围小。水合氯醛还可作为镇静、镇痛药，用于马疝痛、破伤风、脑炎、膀胱痉挛、子宫脱出等。

【上市剂型】

① 水合氯醛糖浆剂，规格：10%水合氯醛。

② 水合氯醛合剂，规格：5%水合氯醛+5%溴化钠。

【联用与禁忌】

① 与硫酸镁、氯丙嗪、哌替啶等配伍：协同作用。

② 与安钠咖、樟脑制剂和尼可刹米等药物等配伍：拮抗作用。

【用药注意】

① 水合氯醛对局部组织有强烈的刺激性，静脉注射时，不得漏出血管外。内服和灌肠时，应配成1%～5%的水溶液，并加粘浆剂。

② 注意安全，做好麻醉前检查，心脏病、肺水肿及机体虚弱的患畜禁用。

③ 水含氯醛抑制体温调节中枢，故在深麻醉尤其与氯丙嗪合用时，可使体温降低。因此，在手术中和手术后对动物均应注意保温。

④ 牛、羊等反刍动物支气管腺发达，麻醉时大量分泌黏液，易引起异物性肺炎。一般应在麻醉前15min注射硫酸阿托品，以减少分泌。

⑤ 安钠咖、樟脑制剂和尼可刹米等药物可解救水含氯醛中毒。但不能用肾上腺素解救，因肾上腺素能导致心脏纤颤而致死。

溴 化 钠

Sodium Bromide

【药理作用及适应证】 本品为镇静药。在体内解离出溴离子，对中枢神经系统有轻度抑制作用，使兴奋不安的患畜安静下来，但不催眠。与咖啡因合用可同时加强大脑皮质的兴奋与抑制过程，恢复兴奋与抑制之间的平衡，从而有助于调节内脏功能，能在一定程度上缓解胃肠痉挛，减轻腹痛。此外，溴化物尚有抗癫痫作用。

【上市剂型】

① 三溴片，规格：0.1g。

② 溴化钠注射剂，规格：10mL∶0.5g、10mL∶1g。

【联用与禁忌】

① 与咖啡因配伍，协同作用。

② 氯化钠可加快溴化钠排泄作用。

【用药注意】

① 出现中毒时应立即停药，并内服食盐水或静脉注射生理盐水，以促进溴的排泄。

② 本品有刺激性，不宜空腹服用。

③ 水肿病患畜忌用。

④ 本品在体内分布广泛，排泄缓慢，长期用药可发生蓄积中毒。

【同类药物】

溴化钾（Potassium Bromide） 白色结晶或结晶性粉末；味咸微苦。易溶于水。其他同溴化钠，但对胃的刺激性略强于溴化钠。

硫 酸 镁

Magnesium Sulfate

【药理作用及适应证】 本品内服不吸收，有下泻和利胆作用。肌内或静脉注射呈现镁离子的吸收作用，抑制中枢神经系统，松弛骨骼肌，呈现抗惊厥效应；对胆道平滑肌也有松弛作用；还能直接舒张血管平滑肌和抑制心肌，使血压快速而短暂下降。临床注射给药主要用于缓解破伤风、士的宁中毒等引起的肌肉僵直，治疗膈肌痉挛、胆道痉挛以及治疗牛、羊低镁血症等。

【上市剂型】硫酸镁注射液，规格：10mL∶1g，10mL∶2.5g。

【联用与禁忌】

① 硫喷妥钠与硫酸镁静脉注射联用，中枢抑制作用加深。

② 与钙剂配伍，拮抗作用。

【用药注意】

① 静脉注射宜缓慢，也可用5%葡萄糖注射液稀释成1%静脉滴注。

② 过量或静脉注射过快，可致血压剧降、呼吸中枢麻痹，此时可立即静脉注射5%氯化钙注射液解救。

③ 严重心血管疾病、呼吸系统疾病、肾功能不全患畜慎用或不用。

苯巴比妥

Phenobarbital

【药理作用及适应证】本品属长效巴比妥类药物。具有抑制中枢神经系统的作用，随着剂量的增加可产生镇静、催眠、抗惊厥和麻醉等效果。此外，还有抗癫痫作用，对癫痫大发作有特效。临床上用于治疗癫痫，减轻脑炎、破伤风等疾病的兴奋症状和解救中枢兴奋药（如士的宁）中毒，也可用于犬、猫的镇静。

【上市剂型】

① 注射用苯巴比妥钠，规格：0.5g。

② 苯巴比妥片，规格：15mg，30mg，100mg。

【联用与禁忌】

① 其他镇静药、安定药、抗组胺药、镇痛药及解热镇痛药：有协同或增效作用。

② 苯妥英钠、维生素C、对氨基水杨酸：可增强本品作用。

③ 环磷酰胺：可使在体内活化的药物作用增加。

④ 与氯胺酮合用使苏醒延迟，应减少剂量。

⑤ 酸性药液：禁止配伍，以免发生沉淀。

⑥ 利多卡因：联用可见增强呼吸抑制作用。

⑦ 强心苷：联用可使强心苷减效。

⑧ 咖啡因、西咪替丁、利福平：拮抗作用。

【用药注意】

① 用量过大抑制呼吸中枢时，可用安钠咖、戊四氮、尼可刹米、印防己毒素等中枢兴奋药解救。

② 肝肾功能障碍的患畜慎用。

③ 短时间内不宜连续用药。

④ 妊娠动物长期服用，可使新生动物发生低凝血酶原血症。

⑤ 休药期：注射用苯巴比妥钠 28d，弃奶期 7d。

苯妥英钠

Phenytoin Sodium

【药理作用及适应证】本品对大脑皮质运动区有高度选择性抑制作用，对癫痫大发作疗效好，对小发作无效，正常用量无催眠作用。主要用于防治癫痫大发作，其作用缓慢，需连服数日才出现疗效。而苯巴比妥则作用较快，故控制症状仍以苯巴比妥为主，预防发作及维持疗效则以本品为优。此外，还有抗心律失常作用，可用于治疗强心苷中毒所致的早搏、室性心动过速。

【上市剂型】苯妥英钠片，规格：50mg，100mg。

【联用与禁忌】

① 本药可加速维生素 D 代谢，为防止因长期服用导致骨软症，可服用维生素 D 预防。

② 与西咪替丁合用，可使本品血药浓度升高，毒性亦增加。

③ 磺胺类药物、咪康唑、氟康唑可提高苯妥英钠的血药浓度。

④ 可能由于本药有抗叶酸作用而致巨幼细胞性贫血，发生时可加用叶酸和维生素 B_{12}。

⑤ 与苯巴比妥、利福平、氨茶碱配伍，拮抗作用。

⑥ 大剂量维生素 B_6、大剂量叶酸可能减弱本品的抗癫痫效果。

⑦ 与异烟肼联用，可增加苯妥英钠的毒性。

【用药注意】

① 久服骤然停药，可引起癫痫发作加剧，故应逐渐减量后停药。

② 静脉注射速度太快可抑制房室传导，甚至心跳突然停止，故应加5%葡萄糖注射液稀释后缓慢注入。

③ 长期服用可引起佝偻病、低钙血症，应注意补给维生素D。

④ 有致畸作用，孕畜忌用。

⑤ 本品易在猫体内蓄积，并产生毒性症状，不宜使用。

⑥ 本品长期服用可因蓄积中毒导致厌食、共济失调、眼球震颤、白细胞减少及视力障碍等。

第三节 解热镇痛抗炎药

解热镇痛抗炎药是一类具有退热和减轻局部慢性钝痛的药物，其中大多数兼有抗炎和抗风湿作用。组织损伤或发炎时的疼痛是由于该组织促使致痛物质如组胺、5-羟色胺、血管缓激肽等的释放以及前列腺素合成，作用于神经末梢而发生致痛效应。解热镇痛药因能抑制局部炎症组织中前列腺素的合成和释放，而具有缓解炎症和疼痛作用。

阿司匹林

Aspirin

【药理作用及适应证】解热、镇痛作用较好，消炎、抗风湿作用强，并可促进尿酸排泄。本品作用较强，疗效确实。还可抑制抗体产生及抗原抗体结合反应，并抑制炎性渗出，对急性风湿症有特效，抗风湿疗效确实。较大剂量时，还可抑制肾小管对尿酸的重吸收而增加排泄。内服后主要在胃肠道前部吸收，犬、猫、马吸收快，牛、羊较慢。用于发热、风湿症和神经、肌肉、关节疼痛及痛风症的治疗。

【上市剂型】阿司匹林片，规格：0.3g，0.5g。

【联用与禁忌】

① 麻黄碱、萘普生：配伍有协同作用。

② 可待因、吗啡：联用可增强镇痛效应。

③ 铜盐、锌盐：可增强疗效。

④ 维生素 C：可促进维生素 C 的排泄。

⑤ 维生素 K：联用可影响维生素 K 的效应。

⑥ 维生素 E：可加强阿司匹林治疗心血管疾病的作用。

⑦ 维生素 B_1：同时服用增加对胃黏膜的刺激性。

⑧ 氢氧化镁：氢氧化铝：可碱化尿液，使阿司匹林的肾清除率增加。

⑨ 硫喷妥钠（超短效巴比妥类药物）：联用可提高其游离药量和增强麻醉效果，过量时可引起中毒。

⑩ 苯巴比妥：联用可增强抗癫痫作用，但胃肠反应严重，一般不宜联用。

⑪ 叶酸：可降低叶酸吸收或增加叶酸代谢。

⑫ 烟酸：可阻止烟酸副作用。

⑬ 对氨基水杨酸、甲氯芬那酸、糖皮质激素：不宜联用。

⑭ 青霉素类：联用可提高青霉素类药物的血药浓度，延长半衰期，但大量联用可能出现毒副作用。

⑮ 丁苯氧酸：可降低其利尿效应。

⑯ 噻嗪类利尿药：联用可加剧机体电解质紊乱，以及诱发水杨酸中毒。

⑰ 甲氨蝶呤：加剧甲氨蝶呤的不良反应。

⑱ 呋塞米：可降低阿司匹林的排泄，诱发水杨酸中毒。

⑲ 氨基糖苷类药物：联用肾毒性增加。

⑳ 保泰松：合用血药浓度降低，而不良反应加剧。

㉑ 吲哚美辛：可互相减弱抗炎、镇痛、解热作用，增加不良反应。

㉒ 异烟肼：合用可降低其血药浓度，并增加毒性反应，两药应避免联用。

㉓ 抗凝血药：配伍有拮抗作用。

㉔ 红霉素：拮抗作用。

㉕ 肾上腺素、氨茶碱：合用可使治疗药效降低。

【用药注意】

① 对消化道有刺激性，剂量较大可致食欲不振、恶心、呕吐乃至消化道出血，故不宜空腹投药；长期使用可引发胃肠溃疡、胃炎、出血。肾功能不全患畜慎用。与碳酸钙同服可减少对胃的刺激性。

② 妊娠动物长期服用后死胎率升高、胎儿体重减轻以及新生动物死亡率增高，妊娠动物可以发生阴道出血及妊娠期延长。

③ 能抑制凝血酶原的合成，连续长期使用时若发生出血倾向，可用维生素 K 防治。

④ 治疗痛风时可同服等量的碳酸氢钠，以防尿酸在肾小管内沉积。

⑤ 本品为酚类衍生物，对猫毒性较大。

⑥ 休药期：0d。

安　乃　近

Analgin

【药理作用及适应证】 作用迅速，药效可持续 3～4h。在解热镇痛的同时，对胃肠运动无明显影响。解热作用较明显，镇痛作用亦较强，并有一定的消炎、抗风湿作用。临床上用于解热、镇痛、抗风湿，也常用于肠痉挛等症。

【上市剂型】

① 安乃近注射液，规格：2mL∶0.5g，5mL∶1.5g，5mL∶2g，10mL∶3g，20mL∶6g。

② 安乃近片，规格：0.25g，0.5g。

【联用与禁忌】

① 青霉素类药物：安乃近可使青霉素类药物的抗菌作用增强，但不宜混合注射。

② 金银花、黄芩：安乃近与金银花、黄芩联用，有广谱抗菌、抗病毒、抗真菌和解热作用。

③ 氯丙嗪：可增强安乃近降温作用，联用时应减少安乃近

用量。

④ 乙醇：安乃近不宜与酒类或药酒同服，以免降低药效和加重中枢神经系统抑制。

⑤ 巴比妥类、保泰松：不能与安乃近合用，因相互作用会影响肝微粒体酶活性。

⑥ 抗凝血药：有的报告认为，安乃近与香豆素类抗凝血药无相互作用；有的报告认为，双香豆乙酯的作用可短时间迅速加强。

【用药注意】

① 长期应用可引起粒细胞减少，应经常检查白细胞数。

② 不宜用于穴位注射，尤不适用于关节部位，以防引起肌肉萎缩及关节功能障碍。

③ 不能与巴比妥类及保泰松合用，因其相互作用影响微粒体酶。

④ 可抑制凝血酶原的形成，加重出血倾向。

⑤ 休药期：安乃近片、安乃近注射液，牛、羊、猪 21d，弃奶期 7d。

对乙酰氨基酚

Paracetamol

【药理作用及适应证】又名扑热息痛，解热作用阿司匹林相当，镇痛和消炎作用较弱。作用持久，副作用小。主要用作中小动物的解热镇痛药。

【上市剂型】

① 对乙酰氨基酚片，规格：0.1g，0.3g，0.5g。

② 对乙酰氨基酚口服液，规格：32mg/mL。

【联用与禁忌】

① 与金刚烷胺合用，退热作用加速。

② 与对氨基水杨酸钠合用，协同作用。

③ 与氯霉素、磺胺嘧啶、复方磺胺甲噁唑、可待因配伍，协同作用。

④ 与蛋氨酸合用可以预防本品对肝的损伤。

⑤ 与阿托品、药用炭、哌替啶和抗胆碱药联用时，能阻滞本品在胃肠道的吸收，延缓药效的发挥。

⑥ 与吗啡合用，拮抗作用。

⑦ 与阿司匹林联用退热作用加强，但毒性和副作用也加重，两药不宜联用。

⑧ 与苯巴比妥合用，药效下降，作用时间缩短，肝损害作用增大，不宜合用。

【用药注意】

① 剂量过大或长期使用，可致血红蛋白血症，引起组织缺氧、发绀。

② 猫易引起严重毒性反应，不宜使用。

③ 肝肾功能不全患畜、幼畜及贫血动物慎用。

④ 治疗量的不良反应较少，偶见发绀、厌食、恶心、呕吐等副作用。

氨基比林

Aminophenazone

【药理作用及适应证】解热、镇痛作用强而持久，还有抗风湿、消炎作用。内服吸收迅速，即时产生镇痛作用。广泛用于神经痛、肌肉痛、关节痛、急性风湿性关节炎、马骡的疝痛。

【上市剂型】

① 复方氨基比林注射液，规格：5mL，氨基比林 0.3575g＋巴比妥 0.1425g；10mL，氨基比林 0.715g＋巴比妥 0.285g；20mL，氨基比林 1.43g＋巴比妥 0.57g；50mL，氨基比林3.575g＋巴比妥 1.425g。

② 氨基比林注射液，规格：10mL∶0.2g，20mL∶0.2g。

③ 氨基比林片，规格：0.3g，0.5g。

【联用与禁忌】

① 与巴比妥类配伍，协同作用。

② 与氯化钙、葡萄糖酸钙、肾上腺素、葡萄糖醛酸等药物配

伍，能引起变色或沉淀。

【用药注意】

① 长期应用可引起粒细胞缺乏症。

② 猫禁用。

③ 肝、肾功能不全的患畜和幼畜慎用。

④ 休药期：马、牛、犬 28d，弃奶期 7d。

保　泰　松

Phenylbutazone

【药理作用及适应证】是人工合成的吡唑啉酮衍生物，具有镇痛、抗炎和退热及轻微的促尿酸排出功能。一般认为其作用机制是通过抑制环氧化酶活性减少前列腺素合成。保泰松的其他药理作用包括减少肾脏血流、降低肾小球滤过、削弱血小板凝聚和损伤胃黏膜。口服给药后，经胃和小肠吸收。药物可广泛分布于全身，肝、心、肺、肾血药浓度最高，保泰松和羟基保泰松都可以穿过胎盘，并可分泌到乳汁中。本品的半衰期和剂量有关。保泰松几乎可以被完全代谢，生成羟基保泰松。在碱性尿液中的排泄比在酸性尿液中快。主要用于缓解犬和马肌肉与骨骼系统的炎症，主要用于马的僵持症，偶尔用于犬、牛、猪的镇痛抗炎和退热治疗。

【上市剂型】

① 保泰松片，规格：100mg，200mg。

② 保泰松注射剂，规格：100mL∶20g。

【联用与禁忌】

① 青霉素：保泰松可明显延长青霉素的半衰期。

② 抗凝血药：保泰松可竞争血浆蛋白结合，使后者的血药浓度升高，增加不良反应发生率。

③ 左旋多巴：保泰松可对抗左旋多巴所致不随意运动，但有时亦降低左旋多巴疗效。

④ 磺胺类药物：与保泰松联用时，血药浓度升高，药理作用和毒副反应均增强。

⑤ 乙醇：可加重保泰松的胃黏膜损害程度。

⑥ 碘：保泰松可抑制甲状腺摄碘，联用影响碘对甲状腺疾病的疗效。

⑦ 杀虫药：丙体六六六和含氯杀虫药可加速保泰松的代谢。

⑧ 吲哚美辛：由于蛋白结合置换，增加游离保泰松浓度，可加重保泰松所致肾功能损害。

⑨ 巴比妥类药物：可使保泰松代谢增快，作用减弱。另外，保泰松又可抑制巴比妥代谢，使其血药浓度升高，作用增强。

⑩ 氯化钠：保泰松可抑制钠离子和氯离子排泄，可致高血压和水肿等不良反应。

⑪ 甘草：甘草制剂可使保泰松的消除加快，疗效降低，并可诱发或加重消化道溃疡，增加水钠滞留。

【用药注意】

① 本品禁用于患有骨髓或血液疾病、胃肠道溃疡的动物以及食品动物或哺乳期奶牛。

② 驹和小型马慎用。

③ 患有肾疾病或心力衰竭的动物应慎用。

④ 各个国家对保泰松在比赛动物中的使用有不同的标准。

⑤ 对本药过敏者禁用，有其他药物过敏史的动物也应慎用此药。

吲哚美辛

Indomethacin

【药理作用及适应证】又名消炎痛，解热作用是氨基比林的10倍，但镇痛作用弱，只对炎性疼痛有明显的镇痛作用。用于治疗慢性风湿性关节炎、神经痛、腱鞘炎、肌肉损伤等。

【上市剂型】吲哚美辛片，规格：25mg。

【联用与禁忌】

① 锌盐：配伍有协同作用。

② 抗菌药、降血糖药、糖皮质激素：配伍有协同作用。

③ 洋地黄、肝素、呋塞米等药物：配伍有拮抗作用。

④ 氨茶碱：配伍有拮抗作用。

【用药注意】

① 犬、猫可见恶心、腹痛、下痢等消化道症状，有的出现消化道溃疡。

② 可致肝和造血功能损害。

③ 肾病及胃溃疡患畜慎用。

布洛芬

Ibuprofen

【药理作用及适应证】 内服易吸收，显效较萘普生、酮洛芬快，半衰期比后两药物短。具有较好的解热、镇痛、抗休克作用。镇痛作用不如阿司匹林，但毒副作用比后者少。主要用于犬的肌肉骨骼系统功能障碍。

【上市剂型】 布洛芬片，规格：0.1g，0.2g。

【联用与禁忌】

① 降压药：布洛芬可使各种降压药的降压作用减低。

② 苯妥英钠：布洛芬可抑制苯妥英钠的降解。

③ 呋塞米：布洛芬可能降低呋塞米的利尿作用，这可能是由于低钠血症的低血容量所致。

④ 华法林：布洛芬使血清中华法林含量降低14%，似无临床意义。

【用药注意】 偶可引起视力减退、皮肤过敏。犬用2～6d可见呕吐，2～6周可见胃肠受损。

【同类药物】

萘普生（Naproxen） 又名萘洛芬、消痛灵。具有镇痛、消炎或解热作用，药效比保泰松强。用于解除肌炎和软组织炎症的疼痛及跛行和关节炎。本药在肝内代谢，用药48h后可在尿中检出。

第四节 镇 痛 药

镇痛药是选择性地作用于中枢神经系统以消除或缓解疼痛的药物。在镇痛时，动物意识清醒，其他感觉不受影响。典型的镇痛药为阿片生物碱类及其合成代用品，其特点是镇痛作用强大，但反复应用易成瘾，又称为成瘾性镇痛药或麻醉性镇痛药。另一种镇痛、镇静药是国外应用很多的二甲苯噻嗪及国内合成的二甲苯噻唑，它们的药理特性与吗啡有许多共同之处。

吗 啡
Morphine

【药理作用及适应证】本品主要作用于中枢神经系统及胃肠道平滑肌，能在不影响其他感觉的情况下选择性地抑制痛觉。镇痛作用强大，对各种疼痛均有效，对持续性钝痛比间断性锐痛及内脏绞痛的效果更强。在镇痛的同时有明显的镇静作用，可改善疼痛病畜的紧张情绪。能抑制咳嗽中枢，呈现镇咳作用。能兴奋延髓化学感受器而催吐，犬比猫尤为明显。能减弱肠管蠕动，提高胃肠及其括约肌紧张度，起止泻作用。吗啡对中枢神经系统的作用很不规则，小剂量抑制，大剂量兴奋，甚至引起惊厥。在兽医临床上极少应用，用作犬、猫镇痛药和犬的麻醉前给药。作为镇痛药可用于创伤、烧伤疼痛及肠炎腹痛等。

【上市剂型】盐酸吗啡注射液，规格：1mL：10mg，10mL：100mg。

【联用与禁忌】

① 食物：可增加口服吗啡的生物利用度，升高吗啡血药浓度。

② 甲氧氯普胺：联用有协同作用。

③ 异丙嗪：可加强麻醉药镇痛作用，其镇静作用与麻醉药的中枢抑制作用呈相加性。

④ 石蒜：可增强吗啡和延胡索素的镇痛效力。

⑤ 西咪替丁、雷尼替丁：合用可对吗啡的呼吸抑制作用有轻

度加强。

⑥ 安眠药、全身麻醉药、神经安定药：可使吗啡类麻醉性镇痛药的抑制呼吸作用加强。

⑦ 纳洛酮：配伍有拮抗作用。

⑧ 多巴胺：拮抗作用。

⑨ 细辛：可对抗吗啡所致呼吸抑制。

⑩ 吩噻嗪类：可增强吗啡对中枢神经系统的抑制作用，两药联用能导致明显的血压下降。

⑪ 利尿药：吗啡能减弱利尿药的作用。

⑫ 肌肉松弛药：与吗啡联用可使呼吸抑制作用增强，因为麻醉性镇痛药抑制呼吸中枢传入冲动，并损害传出神经对呼吸肌的支配。

【用药注意】

① 对猫、牛、羊等易引起强烈兴奋，需慎用。

② 胃扩张、肠阻塞、肠臌胀时禁用本品。

③ 中毒时可用纳洛酮解救。

④ 肝肾功能异常时慎用。

⑤ 幼畜对本品敏感，宜慎用或不用。

⑥ 易透过胎盘进入胎畜体内，抑制新生畜呼吸，故不宜用于产科镇痛。

⑦ 本品连续应用后可产生成瘾性，对呼吸中枢有抑制作用，必须严格管理和控制使用。

【同类药物】

哌替啶（Pethidine） 又名杜冷丁，作用与吗啡相似，镇痛强度较吗啡弱，但作用时间较快，维持时间较短。成瘾性及对呼吸的抑制也较吗啡弱。本品还有较强的解痉作用。与氯丙嗪、异丙嗪配伍成复方制剂，用于抗休克和抗惊厥等。

芬太尼（Fentanyl） 本品为强效麻醉性镇痛药。作用与吗啡相似。但镇痛效力强、起效快、持续时间短。与吗啡相似，可引起呼吸抑制，但程度轻于吗啡。耐受性与依赖性较吗啡小。用作各种剧痛的镇痛药。

埃托啡（Etorphine） 本品为人工合成的高效麻醉性强力镇痛药，镇痛有效时间较吗啡短，与吗啡相似可引起呼吸抑制，但程度轻于吗啡。耐受性与依赖性较吗啡小。此外尚有镇静及制动作用。兽医临床上以其复方制剂用作镇痛性化学保定剂。

赛 拉 嗪

Xylazine

【药理作用及适应证】又名隆朋，本品具有镇痛、镇静和中枢性肌肉松弛作用。特点是毒性低、安全范围大、无蓄积作用。本品可用于马、牛及野生动物的化学保定，以便进行诊疗和小手术。用大剂量或配合局部麻醉药，可行去角、锯茸、去势、乳房切开、剖腹产等手术。肌内注射或皮下注射吸收快。

【上市剂型】盐酸赛拉嗪注射液，规格：2mL∶0.2g，5mL∶0.1g，10mL∶0.2g。

【联用与禁忌】

① 与水合氯醛、硫喷妥钠、戊巴比妥钠等配伍，协同作用。

② 与盐酸苯噁唑、盐酸育亨宾配伍，拮抗作用。

【用药注意】

① 静脉注射本品，常可抑制心肌传导性，故注射宜缓慢，并在用药前需先注射阿托品。

② 衰弱的动物，有心、肝、肾病及伴有呼吸抑制的动物，应用本品时宜慎重。

③ 孕畜不宜使用本品，以防早产或流产。

④ 牛对本品最敏感，用量仅为马、犬、猫的1/10。猪不敏感，一般不用。

⑤ 使用本品中毒时，可注射肾上腺素或尼可刹米等呼吸兴奋药对症治疗，并可使用拮抗药盐酸苯噁唑等解救。

⑥ 休药期：牛、马14d，鹿15d。

【同类药物】

赛拉唑（Xylazole） 也称静松灵，作用基本同赛拉嗪，具有镇痛、镇静和中枢性肌肉松弛作用。主要用于化学保定，控制烈性动物，可单独或配合其他药物代替全身麻醉药，进行各种外科手术。牛对本品敏感，用药后出现睡眠状态。猪、兔和野生动物敏感性差。

第五节 麻醉药物

麻醉药是使动物感觉丧失的药物。感觉丧失可以是局部性的，即身体的某个部位，也可以是全身性的，即体现为动物全身知觉丧失，无意识。根据麻醉药影响机体的范围，将麻醉药分为局部麻醉药和全身麻醉药两类。处于麻醉药状态下的动物感觉不到疼痛、冷、热及触摸等外界刺激。兽医临床上，在施行手术时或进行诊断性检查操作时往往使用麻醉药，目的是消除疼痛、限制动物骚动及保护动物和工作人员、创造良好手术条件以有利于动物疾病的诊断和治疗。

临床麻醉方式的选择及麻醉药的合理使用，应综合考虑药物、动物种类及功能和手术种类等因素。①药物方面：应注意药物理化性质和用量，应用局麻药能够达到麻醉目的就不宜采用全麻药。②动物种类方面：马属动物痛感较牛、羊、猪敏感，施行较大手术时往往采用浅度全身麻醉，配以局部麻醉进行，有时还可联用使用安定药和麻醉前给药，以减少全麻药用量。反刍动物瘤胃存有大量内容物，为避免全身麻醉造成麻醉并发症，一般采用局部麻醉为宜。猪的麻醉一般不理想，如以巴比妥类静脉诱导麻醉，再以吸入性麻醉维持，尚可获得满意效果。犬、猫及实验动物多采用全身麻醉。③机体的功能状态：老弱及重危病动物，应用全身麻醉药时需随时观察其呼吸、心脏及瞳孔反射等情况，以防麻醉过深而死亡。对怀孕动物采用全身麻醉药时也要特别慎重，并尽力避免对胎儿的影响。④复合麻醉或麻醉手术条件，可采用联合或先后应用两种以上麻醉药物（复合麻醉）或其他辅助药物（麻醉前给药）等，如麻醉前应用阿托品或东莨菪碱以防止唾液及支气管分泌物所致的吸入性肺炎；麻醉同时注射使用琥珀胆碱或筒箭毒碱类以满足手术时肌松的要求等。

普鲁卡因

Procaine

【药理作用及适应证】本品为短效酯类局部麻醉药，能阻断各种神经的冲动传导。对黏膜的穿透力弱，一般不作表面麻醉用。可用作浸润、传导、硬膜外麻醉，注入组织后，约经几分钟即可呈现局麻作用。

【上市剂型】

① 盐酸普鲁卡因注射液，规格：2mL∶40mg，5mL∶0.15g，10mL∶0.1g，10mL∶0.2g，10mL∶0.3g，50mL∶1.25g，50mL∶2.5g。

② 注射用普鲁卡因青霉素，规格：40万单位，80万单位，160万单位，400万单位。

③ 普鲁卡因青霉素注射液，规格：10mL∶300万单位（普鲁卡因青霉素2967mg），10mL∶450万单位（普鲁卡因青霉素4451mg）。

④ 注射用盐酸普鲁卡因，规格：0.15g，1g。

【联用与禁忌】

① 奎宁：与普鲁卡因有协同做作用，可配制成长效局部麻醉药。

② 肾上腺素：与本品配伍，协同作用。

③ 中枢神经系统抑制剂：可加强普鲁卡因的局麻作用，减轻不良反应。

④ 青霉素：可与普鲁卡因形成盐，延缓吸收，使其具有长效性，普鲁卡因青霉素肌内注射后3d仍可在血和尿中检出。

⑤ 氯化琥珀酰胆碱：与普鲁卡因联用可相互抑制代谢过程，增强麻醉及肌肉松弛作用。

⑥ 麻黄碱：可预防普鲁卡因脊髓麻醉所致血压下降；但在缺氧状态下不可应用麻黄碱或肾上腺素，以免诱发心室纤颤。

⑦ 胆碱酯酶抑制剂：可减慢普鲁卡因代谢灭活，因而可增强和延长其麻醉作用，亦加剧其毒性反应，不宜联用。

⑧ 酸性药物：可加速普鲁卡因的排泄。

⑨ 碱性药物、生物碱沉淀剂：可使普鲁卡因分解失效或形成沉淀。

⑩ 强心苷：普鲁卡因的水解产物可增强洋地黄类药物的作用，联用时易发生强心苷中毒反应。

⑪ 杏仁：含氢氰酸，对呼吸中枢有抑制作用，如与普鲁卡因、利多卡因或硫喷妥钠等麻醉药联用，可加重呼吸中枢抑制。

【用药注意】

① 普鲁卡因的毒性较小，但必须控制用量。如果用量过大，可产生中枢兴奋、骚动、大出汗、脉搏频数、呼吸困难甚至惊厥等。过度的兴奋往往又可转为抑制，引起呼吸麻痹等。如果出现中毒症状，应立即采取对症治疗。如在兴奋期，可给予小剂量中枢抑制药（如异戊巴比妥钠等)。但若转为抑制期，则不可用兴奋药解救，因为神经细胞已由于过度兴奋而衰竭，此时只能采取人工呼吸等急救措施。

② 动物中，马对本品比较敏感。

③ 犬、猫禁用于硬膜外和蛛网膜下腔麻醉。

④ 用作局部麻醉和封闭疗法时，常加入 1∶10 万的盐酸肾上腺素溶液。

⑤ 休药期：普鲁卡因青霉素注射液，牛 10d，羊 9d，猪 7d，弃奶期 48h。

利多卡因

Lidocaine

【药理作用及适应证】本品属酰胺类中效局麻药。局麻作用和穿透力比普鲁卡因强，作用快，扩散广，对组织无刺激性，局部血管扩张作用不明显。毒性与普鲁卡因相似，但作用强，持续时间长。吸收后对中枢神经系统有抑制作用，并能抑制心室自律性，缩短不应期。但治疗量不影响房室结传导，多用于治疗心律失常。本品作为局麻药可用作表面、浸润、传导及硬膜外麻醉。

【上市剂型】盐酸利多卡因注射液，规格：5mL∶0.1g，10mL∶

0.2g，10mL∶0.5g，20mL∶0.4g。

【联用与禁忌】

① 碳酸氢钠：配伍有协同作用。

② 中枢神系统抑制药：可增强利多卡因的局麻作用。

③ 帕吉林：可使利多卡因的麻醉作用增强和延长。

④ 普鲁卡因：与利多卡因联用可增强麻醉效力。

⑤ 西咪替丁：可降低利多卡因代谢，联用应减少利多卡因用量；可用雷尼替丁代替。

⑥ 与氨基糖苷类抗生素联用，可增强神经阻滞作用。

⑦ 肾上腺素：可干扰利多卡因的阿托品样作用。

⑧ 胺碘酮用药期间进行利多卡因局麻，可能发生严重的窦性心动过缓。

⑨ 苯妥英钠：与利多卡因经静脉给药联用，可致心动过缓或窦房结性停搏；但经不同途径给药，苯妥英钠可防治利多卡因中毒所致惊厥。苯妥英钠可加速利多卡因代谢。

【用药注意】

① 患有严重心传导阻滞动物禁用。

② 肝肾功能不全及充血性心衰动物慎用。

③ 因本品渗透作用迅速而广泛，不宜做蛛网膜下腔麻醉。

④ 大量吸收后可引起中枢兴奋如惊厥，甚至发生呼吸抑制，必须控制用量。

【同类药物】

盐酸丁卡因（Tetracaine Hydrochloride）　本品属长效酯类局部麻醉药，对黏膜穿透力强，适用于表面麻醉。注射后，麻醉作用出现慢（约 10min），吸收后代谢也慢，局麻时间长达 3h 左右，适用于硬膜外麻醉，但不宜单独作浸润或传导麻醉。局麻作用和毒性均比普鲁卡因约大 10 倍。

麻醉乙醚

Anesthetic Ether

【药理作用及适应证】 吸入性麻醉药，能广泛抑制中枢神经系统，使痛觉消失，肌肉松弛，便于手术。麻醉浓度乙醚对呼吸和血压几乎无影响，对心脏、肝脏、肾脏毒性小，安全范围较广。

【上市剂型】 麻醉乙醚液体，规格：100mL，150mL，250mL。

【联用与禁忌】

① 与芬太尼配伍，协同作用。

② 与氨基糖苷类抗生素联用，可增强肌肉神经阻滞作用，故禁忌腹腔或静脉用药。

③ 与苯乙肼、抗生素、巴比妥类并用，可增强毒副作用。

④ 与氨茶碱、肾上腺素、去甲肾上腺素并用，易发生心律失常。

【用药注意】

① 急性上呼吸道感染、高热、休克、糖尿病、心脏病动物忌用。

② 乙醚开瓶后在室温中不能超过 1d 或冰箱内存放不超过 3d。

③ 可用于开放式、半封闭或封闭式的吸入麻醉法。

【同类药物】

氟烷（Halothane） 为国外兽医临床上最常用的吸入性麻醉药。麻醉作用强，是乙醚的 4 倍。但肌肉松弛及镇痛作用较弱。对呼吸系统无刺激性，但麻醉加深时可抑制循环与呼吸。临床主要用于手术的全麻和诱导麻醉。

氧化亚氮

Nitrous Oxide

【药理作用及适应证】 又名笑气。麻醉强度约为乙醚的 1/7，但毒性小，作用快，无兴奋性期，镇痛作用强，缺点是肌松差。主要用于诱导麻醉或与其他全麻药配伍使用。

【联用与禁忌】

① 氟哌利多：与氧化亚氮联用于复合麻醉可增强安定镇痛作用，并可减少麻醉药用量。

② 乙醚：氧化亚氮禁忌与乙醚混合使用，因可发生燃烧或呼吸道灼伤。

【用药注意】

① 麻醉时，动物吸入气体的总容积中氧化亚氮一般不宜超过70%，而氧的浓度不应低于30%。

② 应用本品麻醉前，应给动物先吸氧5min，麻醉结束后再吸氧10min。

氯　胺　酮

Ketamine

【药理作用及适应证】本品为镇痛性麻醉药。与传统的全身麻醉药相比，其特点是既可抑制丘脑新皮质系统，又能兴奋大脑边缘叶，引起感觉与意识分离，故称为分离麻醉。麻醉期间动物意识模糊而不完全丧失，眼睛睁开，骨骼肌张力增加，而痛觉却完全消失，呈现所谓木僵样麻醉。肌注或静注能快速产生作用，但持续时间较短。在兽医临床上，主要用于不需要肌肉松弛的麻醉、短时间的手术及诊疗处置等。

【上市剂型】

① 复方氯胺酮注射液，规格：2mL，盐酸氯胺酮0.3g＋盐酸二甲苯胺噻嗪0.3g。

② 盐酸氯胺酮注射液，规格：2mL∶0.1g，2mL∶0.3g，10mL∶0.1g，20mL∶0.2g。

【联用与禁忌】

① 安定药、镇痛药、巴比妥类等药物：配伍有协同作用。

② 配合局部麻醉时可减少本品用量。

③ 阿托品：可消除本品所致唾液分泌过多、咽喉反射活跃等反应。

④ 氨苄西林、呋塞米、氨茶碱、强心苷等药物：配伍有拮抗作用。

【用药注意】

① 肾病患畜不用。

② 在马会引起兴奋和癫痫发作，因此不单独使用。

③ 不能用于脑瘤或脑部受伤的患畜。

④ 若大剂量快速静脉注射，可能引起暂时性呼吸减慢甚至一过性呼吸暂停。

⑤ 本品静注宜缓慢，以免心跳过快。

⑥ 驴、骡及禽类不宜用氯胺酮。

⑦ 反刍动物应用前需停食半天至一天，并注射阿托品以防支气管分泌物增多而造成异物性肺炎。

⑧ 休药期：盐酸氯胺酮注射液 28d，弃奶期 7d。

硫喷妥钠

Thiopental Sodium

【药理作用及适应证】本品属超短效巴比妥类药物。主要用作静脉麻醉药，可单独使用，也可作基础麻醉，即先用它达到浅麻醉，再用其他麻醉药维持麻醉深度。其麻醉作用迅速，维持时间短。重复给药可增强麻醉深度，延长麻醉时间。本品还有较好的抗惊厥作用，可用于抗破伤风、脑炎及中枢兴奋药中毒引起的惊厥。

【上市剂型】注射用硫喷妥钠，规格：0.5g，1g。

【联用与禁忌】

① 不可配伍液体：5%葡萄糖溶液，葡萄糖盐水溶液，右旋糖酐。

② 一般不宜与其他药物配伍。

【用药注意】

① 本品安瓿破裂或粉末不易溶解而有沉淀，或溶液带颜色，即表示已变质，不宜再用。

② 本品水溶液性质不稳定，易现配现用，在室温中仅能保存 24h。

③ 反刍动物在麻醉前需注射阿托品，以减少唾液腺与支气管腺的过多分泌，防止呼吸道阻塞。

④ 有肝、肾疾病的动物忌用本品。

⑤ 中毒引起呼吸及循环抑制时，可用戊四氮等中枢兴奋药解救。

⑥ 本品仅供静脉注射，不可漏出血管，否则易引起静脉周围炎。

【同类药物】

戊巴比妥钠（Pentobarbital Sodium）　戊巴比妥钠和其他巴比妥类药物具有中枢神经系统的抑制作用，小剂量能催眠、镇静，大剂量能引起镇痛和深度麻醉以及抗惊厥。随着剂量的增加，巴比妥类药物引起动物镇静、催眠、镇痛和麻醉，较大剂量能抑制皮质运动中枢而具有抗惊厥作用。用于兔、豚鼠、大鼠、小鼠等动物麻醉，小动物的安乐死药，以及治疗士的宁中毒引起的惊厥或其他痉挛性惊厥。

第六节　胆碱药与抗胆碱药

拟胆碱药作用与递质乙酰胆碱相似。包括：①完全拟胆碱药，能直接激动 M 和 N 胆碱受体，如氨甲酰胆碱；②M 型拟胆碱药，能直接激动 M 胆碱受体，如毛果芸香碱、氨甲酰甲胆碱等；③康胆碱酯酶药，通过抑制胆碱酯酶，提高机体内乙酰胆碱的浓度，间接激动 M 和 N 胆碱受体，如新斯的明、毒扁豆碱等。本类药物中毒时，可用抗胆碱药阿托品解救。

抗胆碱药能与胆碱受体结合，妨碍递质乙酰胆碱或拟胆碱药与受体结合，产生抗胆碱作用。包括：M 胆碱受体阻断药，能选择性阻断 M 胆碱受体，如阿托品、东莨菪碱、山莨菪碱等；神经节阻断药，能选择性地阻断自主神经节内的 N_1 受体。

新斯的明

Neostigmine

【药理作用及适应证】 抗胆碱酯酶药，表现全部胆碱能神经兴奋的效应。对胃肠、子宫、膀胱及骨骼肌兴奋作用较强。尤其对骨骼肌，除抑制胆碱酯酶增强乙酰胆碱作用外，还能直接兴奋骨骼肌的运动终板。对各种腺体、支气管平滑肌、瞳孔虹膜括约肌的兴奋作用较弱。对心血管系统（抑制心脏、扩张血管）作用也较弱。临床上适用于马便秘、牛前胃弛缓，也可用于治疗术后腹部气胀或尿潴留、重症肌无力、箭毒中毒、牛子宫复位延缓和大剂量氨基糖苷类抗生素引起的呼吸衰竭等。

【上市剂型】 甲硫酸新斯的明注射液，规格：1mL：0.5g，2mL：1mg，1mL：1mg，5mL：5mg，10mL：10mg。

【联用与禁忌】

① 其他抗胆碱酯酶药、拟胆碱药：配伍有协同作用。

② 去极化型肌松药氯化琥珀酰胆碱：新斯的明可加强及延长其肌肉松弛作用。

③ 接触有机磷农药者：慎用新斯的明，有中毒表现者禁用新斯的明。

④ 乙酰唑胺、双嘧达莫、普鲁卡因胺、奎宁丁：可对抗新斯的明治疗肌无力的作用。

⑤ 吸入性全身麻醉药：可提高心肌应激性，易引起心律失常。

⑥ 普鲁卡因：新斯的明可阻碍其代谢灭活，增加毒性。

⑦ 苯巴比妥钠：配伍有拮抗作用。

⑧ 抗胆碱药：配伍有拮抗作用。

【用药注意】

① 年老、瘦弱、妊娠畜、患有心或肺疾病、完全阻塞的肠便秘患畜禁用。

② 本品作用强烈，中毒时可用硫酸阿托品解救。

卡巴胆碱

Carbachol

【药理作用及适应证】 能直接兴奋 M 和 N 胆碱受体。用治疗剂量时，主要表现为 M 样作用。作用强而持久，对心血管系统作用较弱，对胃肠、膀胱、子宫等平滑肌有较强的兴奋作用，并可使唾液、胃液、肠液分泌增强。临床上主要用于治疗胃肠弛缓、肠便秘、瘤胃积食、前胃弛缓、膀胱积尿、分娩时与分娩后子宫弛缓、胎衣不下、子宫蓄脓等。

【上市剂型】 氨甲酰甲胆碱注射液，规格：1mL：0.25mg，

5mL：1.25mg。

【用药注意】

① 本品不可肌内或静脉注射。

② 中毒时可用阿托品解救，但效果不理想。

③ 年老、瘦弱、妊娠、患有心或肺疾病的动物及肠管完全阻塞的肠便秘患畜禁用本品。

④ 为避免不良反应，可将一次剂量分2～3次注射，每次间隔30min左右。

阿托品

Atropine

【药理作用及适应证】本品属于抗胆碱药，能与乙酰胆碱竞争M胆碱受体，从而阻断乙酰胆碱的M样作用，临床上主要用于①解痉：治疗支气管痉挛和肠痉挛，可与氨茶碱及哌替啶配合使用。②解毒：能有效地解除有机磷制剂中毒、毛果芸香碱中毒等，迅速缓解M样中毒症状。解有机磷中毒可配合碘解磷啶等胆碱酯酶复活剂使用。此外，还可用以解除锑剂中毒引起的心动徐缓和传导阻滞。③麻醉前给药：可防止吸入性麻醉药引起的支气管腺分泌过多。④扩大瞳孔：点眼治疗虹膜炎、周期性眼炎，防止虹膜与晶状体粘连，或做眼底检查时扩瞳。⑤抢救感染中毒性休克：用于休克血管痉挛期，改善微循环。

【上市剂型】

① 硫酸阿托品注射液，规格：1mL：0.5mg，1mL：5mg，1mL：0.5g，2mL：1mg，5mL：25mg，5mL：50mg，10mL：20mg，10mL：50mg。

② 硫酸阿托品片，规格：0.3mg。

【联用与禁忌】

① 吗啡：阿托品可缓解吗啡所致胆道括约肌痉挛和呼吸抑制。

② 地高辛：阿托品可使地高辛缓释片吸收率提高约30%，对其他剂型无明显影响。

③ 与哌替啶联用，有协同解痉和止痛作用。

④ 氯丙嗪：可增强阿托品致口干、视物模糊、尿潴留及促发青光眼等副作用。

⑤ 本品抑制胃肠蠕动增加镁离子吸收，阿托品中毒忌用硫酸镁导泻。

⑥ 地西泮、苯巴比妥钠可拮抗阿托品中枢兴奋作用。

【用药注意】

① 用于治疗消化道疾病时，易发生肠膨胀、便秘等，尤其是当胃肠过度充盈或饲料强烈发酵时，可能造成全胃肠过度扩张甚至胃肠破裂。

② 各种家畜对阿托品的耐受性不同，一般是草食兽比肉食兽敏感性低。

③ 典型的中毒症状是：口腔干燥，脉搏及呼吸数增加，瞳孔散大，兴奋不安，肌肉震颤，进而体温下降，昏迷，感觉与运动麻痹，呼吸浅表，排尿困难，最后因窒息而死。中毒的解救主要是对症处理，可注射拟胆碱药对抗其周围作用，中枢神经兴奋时可用小剂量苯巴比妥钠、地西泮、水含氯醛等缓解。

【同类药物】

东莨菪碱（Scopolamine） 作用与阿托品相似，但其散瞳、抑制腺体分泌及兴奋呼吸中枢的作用比阿托品强，而对胃肠道平滑肌、支气管平滑肌及心脏的作用则较弱。对中枢神经系统有抑制作用，但因动物种类及剂量不同而异，如给犬小剂量，有镇静作用，但个别情况下也能兴奋；大剂量则可产生兴奋，出现不安和运动失调。马则产生兴奋作用，但若配合氯丙嗪、赛拉唑等则可作麻醉药。

第七节　拟肾上腺素药

拟肾上腺素药作用与递质去甲肾上腺素相似。根据它们对受体选择性不同，又分为：①主要激动α受体的药物，如去甲肾上腺素、间羟胺等；②β受体激动剂，如异丙肾上腺素；③α和β受体激动剂，如肾上腺素、麻黄碱、多巴胺等。

抗肾上腺素药能与肾上腺素受体结合，妨碍递质去甲肾上腺素或拟肾上腺素药与受体结合，拮抗去甲肾上腺素的作用。根据它们对受体选择性不用，又分为：①α 受体阻滞剂，如酚妥拉明、酚苄明等；②β 受体阻滞剂，如普萘洛尔、氧烯洛尔等。

肾上腺素

Adrenalline

【药理作用及适应证】本品对 α 和 β 受体都有激活作用。能使心肌收缩力加强，心率加快，心血输出量增多，心肌耗氧量也增加；使皮肤、黏膜和内脏血管收缩，但冠状动脉和骨骼肌血管则扩张；对血压的影响与剂量有关，常用剂量下，收缩压上升而舒张压并不升高，当剂量增大时，收缩压和舒张压都上升；对支气管平滑肌有松弛作用，能抑制胃肠平滑肌收缩，扩大瞳孔；能促进糖原分解而升高血糖和加速脂肪分解，从而血中游离脂肪酸增多；此外，还能使马、羊等动物发汗。其用途主要有：①抢救心脏骤停。当麻醉和手术中意外、药物中毒、窒息或心脏传导阻滞等引起心脏骤停时，可作为急救药。②抢救过敏性休克。本品具有兴奋心肌、升高血压、松弛支气管平滑肌等作用，故可缓解过敏性休克的症状。③本品还能降低毛细血管通透性，故对荨麻疹、血清反应等也有治疗作用。④与局麻药合用，可延长局麻时间。⑤如用浸润纱布压迫止血，或将药液滴入鼻腔，可治疗鼻衄。

【上市剂型】盐酸肾上腺素注射液，规格：0.5mL∶0.5mg，1mL∶1mg，5mL∶5mg。

【联用与禁忌】

① 山豆根：可增强肾上腺素升压作用。

② 麻黄碱：肾上腺素与麻黄碱两者均有外周小动脉收缩作用，能协同引起血压剧烈上升。

③ 局麻药：局麻药中加入肾上腺素可消除麻醉药所引起的血管扩张，收缩局部血管，减少麻醉药的吸收，增强并延长麻醉作用，减少不良反应。

④ 氯仿：联用时能增加心律失常、心室纤颤的发生率。

⑤ 降血糖药：肾上腺具有溶糖原作用，使血糖升高，与降血

糖作用相拮抗。

⑥ 牛黄：可拮抗肾上腺素升压作用。

⑦ 乌头碱：可加剧肾上腺素对心肌直接作用，联用时可发生室性自缚心律或结性心律。

⑧ 吩噻嗪类药物：可翻转肾上腺素的升压作用，故接受吩噻嗪类治疗期间不宜用肾上腺素。

⑨ 碱性药物：可使肾上腺素失效。

⑩ 血液制品、血浆、全血等，均不可与肾上腺素混合应用。

【用药注意】

① 可引起心律失常，表现为过早搏动、心动过速甚至心室纤颤。

② 用药过量尚可致心肌局部缺血、坏死。

③ 皮下注射误入血管或静脉注射剂量过大、速度过快，可使血压骤升、中枢神经系统抑制和呼吸停止。

【同类药物】

麻黄碱（Ephedrine） 内服或注射均可出现与肾上腺素相似的作用，如收缩血管、兴奋心脏、升高血压、松弛支气管平滑肌等，但其作用持久而较弱。另外，还有显著的中枢兴奋作用。若反复使用，易产生耐药性。其主要用于治疗支气管喘息，缓解支气管痉挛。消除黏膜充血，可治疗鼻黏膜充血与鼻阻塞。

异丙肾上腺素（Isoprenaline） 本品为β受体激动剂，对α受体几乎无作用。其主要用途有抗休克，如感染性休克、心源性休克，对血容量已补足，而心血输出量不足、中心静脉压较高的休克较适用。抢救心跳骤停，如溺水、麻醉意外引起的心跳骤停。治疗高度房室传导阻滞、心动徐缓。治疗支气管痉挛所致的喘息。

去甲肾上腺素（Noradrenaline） 本品主要兴奋α受体，对β受体兴奋作用很弱。具有很强的血管收缩作用，使全身小动脉和小静脉都收缩（但冠状血管扩张），外周阻力增高，收缩压和舒张压均上升。兴奋心脏及抑制平滑肌的作用都比肾上腺素弱。临床上作为升压药，用于各种休克。

第八节　血液循环系统药物

一、强心药

凡能提高心肌兴奋性，加强心肌收缩力，改善心脏功能的药物称为强心药。但具有强心作用的药物种类很多，其中有些是直接兴奋心肌，而有些则是通过神经系统调节心脏的机能活动。常用强心药有肾上腺素、咖啡因、强心苷等。它们的作用机制、适应证均有所不同，如肾上腺素适用于心脏骤停时的急救，咖啡因适用于过劳、中暑、中毒等过程中的急性心衰，而强心苷仅适用于急慢性充血性心力衰竭。因此临床必须根据药物的药理作用特点和疾病性质合理选用。肾上腺素和咖啡因的强心作用请参考相关章节内容，此处主要介绍治疗心功能不全的强心药。

洋地黄毒苷

Digitoxin

【药理作用及适应证】洋地黄毒苷对心脏具有高度选择作用，治疗剂量能明显地加强衰竭心脏的收缩力，使心肌收缩敏捷，并通过自主神经介导，减慢心率和房室传导速率。在洋地黄毒苷作用下，衰竭的心功能得到改善，使流经肾脏的血流量和肾小球滤过功能加强，产生利尿作用，从而使慢性心功能不全时的各种临床表现得以减轻或消失。中毒剂量则因抑制心脏的传导系统和兴奋异位节律点而发生各种心律失常的中毒症状。

洋地黄毒苷作用的主要受体是位于心肌细胞膜上的 Na^+-K^+-ATP 酶。当强心苷药物与 Na^+-K^+-ATP 酶结合后，诱导该酶结构发生变化，抑制其活性，使细胞内外 Na^+ 和 K^+ 转运受阻，结果导致细胞内 Na^+ 浓度升高、K^+ 浓度减少。细胞内 Na^+ 浓度的增加降低细胞膜两侧 Na^+ 的跨膜梯度，导致细胞外 Na^+ 离子与细胞内 Ca^{2+} 交换减少，致使细胞内 Ca^{2+} 浓度增加。此外，随着每一次动作电位的产生，将有更多的 Ca^{2+} 从肌浆网中释放激活肌收缩装置，使心肌收缩力加强。

洋地黄毒苷具有严格的适应证，兽医临床主要用于治疗马、牛、犬等充血性心力衰竭、心房纤颤和室上性心动过速等。

【上市剂型】 洋地黄毒苷注射液，规格：1mL：0.2mg，5mL：1mg。

【联用与禁忌】

① 红霉素、四环素：配伍有协同作用。

② 肾上腺素、钙剂、麻黄碱及其类似药物：应用本品期间或停用后7d内忌用这些药物，可能增强本品的毒性。

③ 保泰松、磺脲类：配伍可使强心苷类血药浓度升高，但注意可致中毒。

④ 硫喷妥钠、苯妥英钠、螺内酯、异烟肼、利福平：配伍有拮抗作用。

【用药注意】

① 洋地黄毒苷排泄慢，易蓄积中毒。用药前应详细询问病史，对2周内未曾用过洋地黄毒苷者，才能按常规给药。

② 禁用于急性心肌炎、心内膜炎、牛创伤性心包炎以及主动脉瓣关闭不全等。

③ 肝肾功能障碍患畜应酌减量。

④ 若在过去10d内用过其他强心苷，使用时剂量应减少，以免中毒。

⑤ 排钾利尿药：利尿所致低钾血症可引起严重洋地黄中毒，应注意补充钾盐。

⑥ 洋地黄毒苷安全范围窄，易于中毒。

【同类药物】

地高辛（Digoxin） 药理作用同洋地黄毒苷，其特点是排泄较快而蓄积性较小，临床使用比洋地黄毒苷安全。适用于治疗各种原因所致的急性心衰、阵发性室上性心动过速、心房颤动和心房扑动等。

毒毛花苷K

Strophanthin K

药理作用同洋地黄毒苷，但内服吸收很少，不宜内服给药。静脉注射作用快，3～10min即显效，0.5～2h作用达高峰，作用持续时间10～12h，以原型经肾排泄。维持时间短，蓄积性小。主要用于充血性心力衰竭。

二、止血药与抗凝血药

止血药和抗凝血药通过影响血液凝固和溶解过程中的不同环节而发挥止血和抗凝血作用。

止血药是指能加速血液凝固或降低毛细血管通透性，使出血停止的药物。止血药可通过影响某些凝血因子，促进或恢复凝血过程而止血，也可通过抑制纤维蛋白溶解系统而止血，后者亦称抗纤溶药，如氨甲环酸等。能降低毛细血管通透性的药物也常用于止血。

由于出血原因很多，各种止血药作用机制亦有所异。在临床上应根据出血原因、药物功能、临床症状等而采用不同的处理方法。制止大血管出血需要用压迫、包扎、缝合等方法；毛细血管和静脉渗血或凝血机制障碍等出血，除对因治疗外，选用止血药在临床上具有重要意义。

止血药据其作用范围可分为全身作用止血药和局部作用止血药。常用止血药有以下几种。

卡巴克洛

Carbazochrome

本品为肾上腺素缩氨脲与水杨酸钠的复合物，能增强毛细血管对损伤的抵抗力，降低毛细血管通透性，促进断裂毛细血管端回缩而止血。对大出血无效。卡巴克洛内服在胃肠道内可被迅速破坏、排出。用于毛细血管损伤所致的出血性疾病，如鼻出血、内脏出血、血尿、视网膜出血、手术后出血及产后出血等。

维生素K

Vitamin K

维生素K为肝脏合成凝血酶原的必需物质，另参与凝血因子的合成。维生素K缺乏可致凝血因子合成障碍，引起出血倾向或出血。临床用于因维生素 K 缺乏所致的出血。主要用于维生素 K 缺乏症和因维生素 K 缺乏所致的出血症状。

酚磺乙胺

Etamsylate

能使血小板数量增加，并增强血液的聚集和黏附力，促进凝血活性物质的释放，从而产生止血作用。此外，尚有增强毛细血管抵抗力及降低其通透性作用。适用于各种出血，如内脏出血、鼻出血及手术前预防出血和手术后止血。

肝 素 钠

Heparin Sodium

肝素钠在体内外均有抗凝血作用，可延长凝血时间、凝血酶原时间和凝血酶时间。肝素还有清除血脂和抗脂肪肝的作用。肝素钠内服无效，需注射给药。静脉注射后均匀分布于白细胞和血浆，很快进入组织，并与血浆、组织蛋白结合。在肝脏被代谢，经肾排出。其生物半衰期变异较大，并取决于给药剂量和给药途径。用于马和小动物的弥散性血管内凝血、各型血栓性疾病。

枸橼酸钠

Sodium Citrate

枸橼酸钠含有枸橼酸根离子，能与血浆中钙离子形成难解离的可溶性络合物，使血中钙离子减少，从而阻滞了钙离子参与血液凝固过程而发挥抗凝血作用。仅用于体外抗凝血。

三、抗贫血药

单位容积循环血液中红细胞数和血红蛋白量低于正常时，称为贫血。抗贫血药是指能增进机体造血功能，补充造血必需物质，改善贫血状态的药物。

贫血的种类很多，病因各异，治疗药物也不同。临床上按病因可分为三种类型，即缺铁性贫血、溶血性贫血和再生障碍性贫血。

本节主要介绍用于缺铁性贫血的抗贫血药。

缺铁性贫血是由于铁摄入不足或损失过多，导致体内供造血用的铁不足所致。兽医临床上常见的有哺乳期仔猪贫血及急慢性失血性贫血。铁剂如硫酸亚铁、枸橼酸铁铵、右旋糖酐铁等是防治缺铁性贫血的有效药物。

硫酸亚铁

Ferrous Sulfate

【药理作用及适应证】铁为机体所必需的元素，是体内合成血红蛋白必不可少的物质，同时亦是肌红蛋白、细胞色素和某些酶的组成部分。亚铁吸收率高，其进入血液后，立刻氧化为三价铁离子，并与血浆中转铁蛋白结合成血浆铁，并以转铁蛋白为载体转运到肝、脾、骨等组织，以铁蛋白形式贮存，在骨中铁蛋白的铁可结合成血红蛋白，在骨骼肌中成为肌红蛋白，在缺铁时，血浆铁转运率增加，吸收率也加速，使铁吸收量增加。临床主要用于缺铁性贫血，如慢性失血、营养不良、孕畜及哺乳仔猪等的缺铁性贫血。

【上市剂型】

① 硫酸铜硫酸亚铁粉（水产用），规格：670g。

② 硫酸铜、硫酸亚铁粉Ⅰ型（水产用），规格：1000g，五水硫酸铜492.5g＋七水硫酸亚铁209g。

【联用与禁忌】

① 酸性药物：有助于铁剂的吸收。

② 葡萄糖碳酸锌：与铁剂同服，血中铁浓度上升，而锌浓度略有下降。单独服锌组血锌浓度明显上升，血铅浓度明显下降。

③ 左旋多巴：硫酸亚铁可明显降低左旋多巴生物利用度。

④ 雄黄：可与亚铁盐、亚硝酸发生或化学反应生成硫代砷酸盐，降低疗效病增加毒性。含雄黄中成药有牛黄消炎丸、六神丸、牛黄解毒丸、安宫牛黄丸等。

⑤ 西咪替丁：可降低铁剂吸收，避免同时服用。两药联用也降低对消化性溃疡的疗效。

⑥ 新霉素：可减少铁剂和葡萄糖胃肠道吸收。铁剂亦降低新霉素活性。

⑦ 二巯丙醇：可与铁离子形成毒性铁复合物，铁中毒时不可应用二巯丙醇作为解毒药。

⑧ 乙醇：硫酸亚铁可与各种含有乙醇的制剂形成沉淀而影响吸收。

⑨ 抗酸药：降低胃内酸度影响铁吸收。

⑩ 胃肠刺激药物：可加重铁剂胃肠刺激性副作用。

⑪ 抗生素：四环素类可与铁离子形成难溶性络合物，影响两药吸收。氯霉素抑制红细胞对于铁的吸收和摄入，可使铁剂药效减弱或完全消失。

⑫ 降脂药：可降低铁吸收，不宜与铁剂同服。

⑬ 维生素 E：小剂量可促进铁吸收，但大剂量则阻碍铁吸收，加重贫血。维生素 E 可与铁离子结合，使铁剂失效。

【用药注意】

① 对胃肠道黏膜有刺激性，大量内服可引起肠坏死、出血，严重时可致休克。宜饲后投药。

② 铁与肠道内硫化氢结合，生成硫化铁，使硫化氢减少，减少了对肠蠕动的刺激作用，可致便秘，并排黑粪。

③ 禁用于消化道溃疡、肠炎等患畜。

【同类药物】

葡萄糖酸亚铁（Ferrous Gluconate） 本品主要经肠道、皮肤排泄，少量经胆汁和汗排泄。用于因慢性失血所致的缺铁性贫血。

枸橼酸铁铵（Ferrous Ammonium Citrate） 药理作用同硫酸亚铁。由于枸橼酸铁铵中的铁为三价铁，因此在体内必须还原成二价铁才能被吸收，故不如硫酸亚铁易吸收，但本品内服无刺激性。用于治疗轻度缺铁性贫血。

富马酸亚铁（Ferrous Fumarate） 药理作用同硫酸亚铁。本品的特点是含铁量高，且难以被氧化成三价铁。内服吸收好，血清铁浓度能迅速上升，并能维持较长时间的稳定性。适用于营养性、出血性或传染病或寄生虫感染等所致的缺铁性贫血，以及孕畜、哺乳仔猪的缺铁性贫血。

四、体液补充药与酸碱平衡调节药

体液由水分和溶于水中的物质（电解质及非电解质）所组成，细胞正常代谢需要相对稳定的内环境，这主要指体液容量和分布、各种电解质的浓度及彼此间比例和体液酸碱度的相对稳定性，此即体液平衡。为维持相对稳定的内环境，水的摄入量和排出量必须维持相对的动态平衡，否则便会产生水肿或脱水。

机体正常活动要求保持相对稳定的体液酸碱度，称为酸碱平衡。动物机体在新陈代谢过程中不断产生大量的酸性物质，饲料中也可摄入各种酸碱物质，当肺、肾功能障碍，代谢异常、高热、缺氧、腹泻或其他重症疾病引起酸碱平衡紊乱时，使用酸碱平衡调节药进行对症治疗，可使紊乱恢复正常。同时要进行对因治疗，才能消除引起酸碱平衡紊乱的原因，使动物恢复健康。

右旋糖酐

Dextran

本品分子较大，静脉注射后能提高血浆渗透压，扩充血容量，维持血压，自肾脏排出时可产生渗透性利尿作用。主要用于失血、创伤、烧伤及中毒性休克。

氯化钠

Sodium Chloride

电解质补充药。在动物体内，钠是细胞外液中极为重要的阳离子，是保持细胞外液渗透压和容量的重要成分。此外，钠还以碳酸氢钠形式构成缓冲系统，对调节体液的酸碱平衡具有重要作用。钠离子在细胞外液中的正常浓度是维持细胞的兴奋性、神经肌肉应激性的必要条件。氯化钠临床用于调节体内水和电解质平衡。在大量出血而又无法进行输血时，可输入本品以维持血容量进行急救。

氯 化 钾

Potassium Chloride

钾为细胞内主要阳离子，是维持细胞内渗透压的重要成分。钾通过与细胞外的氯离子交换参与酸碱平衡的调节；钾离子亦是心肌、骨骼肌、神经系统维持正常功能所必需的。另外，钾还参与糖、蛋白质的合成及二磷酸腺苷转化为三磷酸腺苷的能量代谢。氯化钾临床主要用于钾摄入不足或排钾过量所致的低钾血症，亦可用于强心苷中毒引起的阵发性心动过速等。

碳酸氢钠

Sodium Bicarbonate

本品内服后能迅速中和胃酸，减轻疼痛，但作用持续时间短。内服或静脉注射碳酸氢钠能直接增加机体的碱储备，迅速纠正代谢性酸中毒，并碱化尿液。本品用于严重酸中毒（酸血症），内服可治疗胃肠卡他，碱化尿液，防止磺胺类药物对肾脏的损害，以及提高庆大霉素等对泌尿道感染的疗效。

乳 酸 钠

Sodium Lactate

本品为纠正酸血症的药物，其高渗溶液注入体内后，在有氧条件下经肝脏氧化、代谢，转化成碳酸根离子，纠正血中过高的酸度，但其作用不及碳酸氢钠迅速和稳定。本品主要用于治疗代谢性酸中毒，特别是高钾血症等引起的心律失常伴有酸血症患畜。

葡 萄 糖

Glucose

本品是机体所需能量的主要来源，在体内被氧化成二氧化碳和水并同时供给热量，或以糖原形式贮存。葡萄糖对肝脏具有保护作用。等渗葡萄糖注射液及葡萄糖氯化钠注射液有补充体液作用，高渗葡萄糖还可提高血液渗透压，使组织脱水及短暂利尿作用。本品可用于重病、久病、体质虚弱的动物补充能量，也可用于脱水大失血、低血糖症、牛酮血症、农药和化学药物及细菌毒素等中毒病解救的辅助治疗。

第九节　呼吸系统药物

呼吸器官疾病时常出现多痰、咳嗽、喘息等症状，是机体在病理条件下发生的一种保护性反应。治疗呼吸系统功能紊乱的药物通常是一些针对痰、咳、喘的症状进行治疗，包括祛痰药、镇咳药、平喘药和干扰过敏反应或炎症过程的一些药物。呼吸中枢兴奋药中如尼可刹米等虽也能影响呼吸系统功能，但仅在呼吸中枢被抑制时才有效。

一、祛痰镇咳药

祛痰药能增加呼吸道分泌、使痰液变稀并易于排出，还有间接的镇咳作用，因为炎性的刺激使支气管分泌增加，或因黏膜上皮纤毛运动减弱，痰液不能及时排出，刺激黏膜下感受器引起咳嗽。痰液排出后，减少刺激，则可缓解咳嗽。

祛痰药按其作用方式可分为三类。①恶心性祛痰药和刺激性祛痰药：前者如氯化铵、碘化钾等；后者则是一些挥发性物质，如桉叶油。②黏液溶解剂：如乙酰半胱氨酸。③黏液调节剂：如溴己新等。因动物种属不同，本类药物对犬、马的祛痰效果良好，但对反刍动物作用不明显。

镇咳药是指能降低咳嗽中枢兴奋性、减轻或制止咳嗽的一类药物。此类药仅在阵发性或频繁性无痰干咳时才应用。目前常用镇咳药按其作用部位可分为两大类。①中枢性镇咳药，直接抑制延脑咳嗽中枢而产生镇咳作用，如吗啡及其他麻醉药品包括海洛因，这些药物多用于干咳。②末梢性镇咳药，凡抑制咳嗽反射弧中感受器、传入和传出神经以及效应器中任何一环节而止咳者，均属此类，这些药物包括甘油、蜂蜜及含有这些成分的糖浆合剂，可保护呼吸道黏膜，减少刺激而止咳，一些支气管扩张药缓解支气管痉挛亦可止咳。

氯 化 铵

Ammonium Chloride

【药理作用与适应证】本品内服后，刺激胃黏膜迷走神经末梢，反射性地引起腺体分泌增加，使痰液变稀，易于咳出，祛痰效果较强。此外，还有利尿作用。主要用于呼吸道炎症初期，特别是痰稠不易咳出的动物，还可用于心性水肿或肝性水肿的患畜。

【上市剂型】

① 氯化铵，规格：100g。

② 复方氯化铵可溶性粉，规格：100g，氯化铵 66.2g＋氯化钾 33.3g＋维生素 B_1 0.08g。

【联用与禁忌】

① 复方氯化钠、氯化钾、0.9％氯化钠、5％葡萄糖、葡萄糖氯化钠等药物：配伍有协同作用。

② 青霉素类：使青霉素解离度降低，重吸收率增加，排泄减少，血药浓度增高，抗菌活性增强。

③ 本品可增强汞剂的利尿作用以及四环素和青霉素的抗菌作用。

④ 大环内酯类：联用可降低大环内酯类作用，不宜联用。

⑤ 忌与呋喃妥因配伍使用。

⑥ 忌与磺胺类药物并用，因可促使磺胺药析出结晶，发生泌尿道损害如闭尿、血尿等。

⑦ 本品遇碱或重金属盐类即分解，故忌与碱性药物如碳酸氢钠或重金属配合使用。

【用药注意】

① 对于肝肾功能异常的患畜，内服氯化铵容易引起血氯过高性酸中毒和使血氨增高，应慎用或禁用。

② 单胃动物服用后有恶心，偶出现呕吐。

【同类药物】

碘化钾（Potassium Iodide） 内服可刺激胃黏膜，反射性地增加支气管分泌，同时部分经呼吸道腺体排出，刺激呼吸道黏膜，使腺体分泌增加，痰液得以稀释，易于咳出。本品刺激性较强，故不适于治疗急性支气管炎，而仅适用于慢性支气管炎等。

可待因
Codeine

本品直接抑制咳嗽中枢而发挥较强的镇咳作用。多用于剧痛性干咳，如对胸膜炎等的干咳、痛咳较为适用。禁用于痰多病畜。

喷托维林
Pentoxyverine

又名咳必清，为非成瘾性镇咳药，镇咳作用比可待因弱。具有中枢和外周性镇咳作用，除对延髓的呼吸中枢有直接的抑制作用外，还有微弱的阿托品样作用，吸收后可轻度抑制支气管内感应器，减弱咳嗽反射，并可使痉挛的支气管平滑肌松弛，减低气道阻力。临床上主要用于治疗急性呼吸道炎症引起的干咳。

二、平喘药

平喘药是指能解除支气管平滑肌痉挛、扩张支气管的一类药物。平喘药按其作用特点分为支气管扩张药和抗过敏药物。①支气管扩张药物主要使支气管平滑肌松弛，这些药物作用于支气管平滑肌和支气管黏膜上肥大细胞时，能激活这些细胞内腺苷酸环化酶，使细胞内 ATP 分解为 cAMP，提高细胞内 cAMP 浓度。cAMP 能使平滑肌松弛，又能抑制支气管黏膜上肥大细胞释放活性物质如组胺、慢反应物质等，从而减少由这些物质引起的黏膜充血性水肿、腺体分泌和支气管痉挛。临床上常用药物有拟肾上腺素类药物和茶碱类药物等。②抗过敏性平喘药包括糖皮质激素类和肥大细胞稳定药，这些药物在兽医临床很少应用。

氨茶碱
Aminophyline

【药理作用及适应证】本品可直接松弛支气管平滑肌，解除支气管平滑肌痉挛，缓解支气管黏膜的充血水肿，发挥相应的平喘作用。其作用机制是抑制磷酸二酯酶，使cAMP的水解速度变慢，抑制组胺和慢反应物质等过敏介质的释放，促进儿茶酚胺释放，使支气管平滑肌松弛；同时还有直接松弛支气管平滑肌的作用，从而解除支气管平滑肌痉挛，缓解支气管黏膜的充血水肿，发挥平喘功效。另外，本品还有较弱的强心和利尿作用。

【上市剂型】

① 氨茶碱片，规格：0.05g，0.1g，0.2g。

② 氨茶碱注射液，规格：2mL：0.25g，2mL：0.5g，5mL：1.25g。

【联用与禁忌】

① 螺旋霉素、麦迪霉素、红霉素等大环内酯类抗生素：协同作用。

② 西咪替丁：可使本品的半衰期延长，疗效增强。

③ 氯霉素：影响茶碱代谢，可使茶碱血药浓度明显升高。

④ 庆大霉素：茶碱可促进其重吸收，联用时只需应用庆大霉素原剂量的1/5。

⑤ 异烟肼：与茶碱联用时，茶碱消除速率减小，半衰期和达峰时间延长，生物利用度增加。

⑥ 呋塞米：联用可增强利尿作用。

⑦ 多潘立酮：两药联用时，茶碱出现近似缓释作用。

⑧ 酸性药物：可增加其排泄，碱性药物可减少其排泄。

⑨ 维生素C、促皮质素、去甲肾上腺素：静脉输液时应避免配伍。

⑩ 氯丙嗪：配伍可发生沉淀。

⑪ 麻黄碱、咖啡因、尼可刹米：禁止同用。

⑫ 喹诺酮类：其代谢产物可抑制茶碱代谢过程的重要环节——去甲基化，使氨茶碱代谢减慢。

⑬ 头孢噻呋：可使茶碱血药浓度明显升高，有可能增强其毒副作用。

⑭ 四环素：可抑制茶碱代谢，使茶碱药理作用和毒性反应均增强。

⑮ 两性霉素 B：可使茶碱血药浓度降低，平喘效果降低。

⑯ 利福平：可使茶碱血药浓度降低，联用时应注意调整茶碱剂量。

⑰ 复方氢氧化铝：使茶碱的血浓度明显降低。

⑱ 其他茶碱类药：合用时不良反应会增多。

⑲ 儿茶酚胺类及其他交感神经药：合用能增加心律失常的发生率。

【用药注意】

① 静脉注射太快或浓度过高，可引起心律失常、惊厥，故应缓慢注射，或用葡萄糖注射液稀释至 2.5%以下缓慢注入。

② 本品局部刺激性大，肌内注射会引起局部红肿疼痛。内服可引起恶心、呕吐等反应。

③ 严重心脏病、肝阻塞性疾病、肝功能低下患畜慎用。

④ 不可露置空气中，以免变黄失效。

⑤ 休药期：氨茶碱注射液 28d，弃奶期 7d。

【同类药物】

麻黄碱（Ephedrine） 本品有松弛支气管平滑肌的作用，比肾上腺素弱，但作用较持久，而且对心血管系统的副作用较缓和。缺点是反复应用可产生耐受性，使其作用减弱。可用于缓和气喘症状；也常与祛痰药配合，用于急性或慢性支气管炎，以减弱支气管痉挛和咳嗽。

第十节 消化系统药物

作用于消化系统的药物很多，主要通过调节胃肠道的运动和消化腺的分泌，维持胃肠道内环境和微生态平衡，从而改善和恢复消化系统机能。根据其药理作用和临床应用可分为健胃药、助消化药、瘤胃兴奋药、制酵药、消沫药、泻药及止泻药等。

一、健胃药和助消化药

凡能促进动物唾液和胃液的分泌，调整胃的功能活动，提高食欲和加强消化的药物称为健胃药。健胃药种类多，其中大多数为植物性药物。根据其性质和药理作用特点可分为苦味健胃药、芳香性健胃药和盐类健胃药。

大 黄

Radix Rhei

【药理作用与适应证】本品的药理作用与其所含的有效活性成分密切相关。内服小剂量大黄时，主要发挥其苦味健胃作用，刺激口腔味觉感受器，通过迷走神经的反射，使唾液和胃液分泌增加，从而提高食欲，加强消化；中剂量大黄则以鞣酸的收敛作用为主，内服时因分解出的大黄鞣酸而呈收敛止泻作用；大剂量时以大黄素起主要作用，内服分解出的大黄素和大黄酸能刺激肠黏膜和大肠壁，使胃肠道蠕动而引起泻下。

大黄素和大黄酸具有明显的抗菌作用，对胃肠道内某些细菌如大肠杆菌、痢疾杆菌等都有抑制作用。此外，大黄还有利胆、利尿、增加血小板、降低胆固醇等作用。大黄末与陈石灰配合作外用时，有促进伤口愈合的作用。大黄临床常用作健胃药和泻药，如用于食欲不振、消化不良。

【上市剂型】

① 复方大黄酊，规格：由大黄 100g、陈皮 20g、草豆蔻 20g 加 60%乙醇浸制而成。

② 大黄流浸膏，规格：由大黄 1000g 加 60%乙醇适量浸制而成。

【联用与禁忌】

① 碳酸氢钠（小苏打）：与大黄配伍增进食欲、助消化，具有协同作用。

② 硫酸镁：制成大黄镁散，用于小儿腹泻、消化不良等，对轻度肠炎、痢疾均有效。

③ 黄连素：与大黄并用有协同抑菌作用。

④ 氯霉素：降低大黄的泻下作用，但治疗急性泌尿系感染时联用可提高疗效。

⑤ 洋地黄类：可与大黄形成鞣酸盐沉淀物，使药物失活，降低疗效。

⑥ 阿司匹林：抑制环氧化酶活性，联用时可抑制大黄的泻下作用。

⑦ 氨基比林：可与大黄形成不易吸收的沉淀，降低药效。

【用药注意】 大黄毒性较低，但连续长期用药可发生甲状腺瘤样变或肝组织退行性变。

龙胆酊

Gentian Tincture

本品性寒味苦，强烈的苦味能刺激口腔内舌的味觉感受器，通过迷走神经反射性地兴奋食物中枢，使唾液、胃液的分泌增加以及游离盐酸也相应增多，从而加强消化和提高食欲。一般与其他药物配成复方，经口灌服。本品对胃肠黏膜无直接刺激作用，亦无明显的吸收作用。临床主要用于治疗动物的食欲不振、消化不良或某些热性病的恢复期等。

【同类药物】

马钱子酊（Strychnine Tincture） 本品小剂量经口内服时，主要发挥其苦味健胃作用，加强消化和提高食欲，对胃肠平滑肌也有一定的兴奋作用。临床作健胃药和中枢兴奋药时，用于治疗家畜的食欲不振、消化不良、前胃弛缓、瘤胃积食等，促进胃肠功能活动。

陈皮酊

Aurantium Tincture

内服发挥芳香性健胃药作用，呈现健胃、祛风等功效，常与本类其他药物配合，用于消化不良、积食、气胀等。

肉桂

Cortex Cinnamomi

对胃肠有缓和的刺激作用，能增强消化功能，排出消化道积气，缓解胃肠痉挛。此外，又有中枢性及末梢性扩张血管的作用，能增强血液循环。常用于治疗消化不良、胃肠气胀、产后虚弱。但孕畜慎用，以免引起流产。

人工盐

Artificial Salt

本品由干燥硫酸钠44%、碳酸氢钠36%、氯化钠18%和硫酸钾2%混合而成，具有多种盐类的综合作用。内服小剂量能增强胃肠蠕动，增加消化液分泌，促进消化吸收。内服大剂量，其作用同盐类泻药。此外还有利胆作用。常用于消化不良、胃肠弛缓、早期大肠便秘等。

稀盐酸

Dilute Hydrochloric Acid

盐酸是胃液中主要成分之一，盐酸在消化过程中起着重要作用。可使胃蛋白酶原转变为胃蛋白酶，并保持胃蛋白酶发挥作用时所需要的酸性环境；能调节幽门紧张度及胰腺的分泌作用。可使十二指肠内容物呈酸性，有利于钙、铁等盐类的溶解和吸收；抑制细菌繁殖，制止胃内发酵等。主要用于因胃酸不足或缺乏所引起的消化不良、胃内发酵、食欲不振、前胃弛缓、急性胃扩张、碱中毒等。

胃蛋白酶

Pepsin

本品是由动物的胃黏膜制得的一种蛋白质分解酶，内服后可使蛋白质初步分解为蛋白胨，有利于动物的进一步分解吸收，但不能进一步分解为氨基酸。临床常用于胃液分泌不足或幼畜因胃蛋白酶缺乏引起的消化不良。

干酵母

Dried Yeast

又名食母生，含多种B族维生素等生物活性物质，能参与体内糖、蛋白质、脂肪等的代谢过程和生物氧化过程，因而能促进机体各系统、器官的功能活动。常用于消化不良和B族维生素缺乏所引起的疾病（如多发性神经等炎、糙皮病、酮血病等）。

乳　酶　生

Lactasin

为活乳酸杆菌的干制剂。内服后在肠内分解糖类产生乳酸，使肠内酸性增高，并可抑制腐败菌的繁殖及防止蛋白质发酵，减少肠内产气。用于防治消化不良、肠胀气和幼畜腹泻等。

胰　　酶

Pancreatin

胰酶是从动物胰脏提取的混合酶，其中主要有胰蛋白酶、胰淀粉酶和胰脂肪酶。能促进蛋白质、脂肪和糖类的消化吸收，其效力以在中性或弱碱性中最好。主要用于消化不良、食欲不振及胰腺疾病所致的消化障碍。

二、瘤胃兴奋药及胃肠运动促进药

瘤胃兴奋药是指能加强瘤胃收缩、促进蠕动及兴奋反刍的药物，又称反刍兴奋药。瘤胃兴奋药均能兴奋瘤胃的活动性，加强瘤胃平滑肌收缩，促进反刍运动。临床上常用的瘤胃兴奋药有拟胆碱药和抗胆碱药，如氨甲酰甲胆碱、新斯的明以及浓氯化钠注射液、酒石酸锑钾等。

氨甲酰甲胆碱

Carbamylmethylcholine

可激动M胆碱受体，对N受体无作用，特别是对胃肠道和膀胱平滑肌的选择性较高，对心血管系统的作用几无影响。其性稳定，可以口服，在体内不易被胆碱酯酶灭活，故作用较持久。主要用于手术后腹气胀、尿潴留以及其他原因所致的胃肠道或膀胱功能异常。

甲氧氯普胺
Metoclopramide

又名胃复安，具有强大的止吐作用。止吐机制是阻断多巴胺 D_2 受体作用，抑制延髓催吐化学感受器，反射性地抑制呕吐中枢所致。用于胃肠胀满、恶心呕吐及用药引起的呕吐。

多潘立酮
Domperidone

该品可阻断催吐化学感受区多巴胺的作用，抑制呕吐的发生；可促进上胃肠道的蠕动和张力恢复正常，并能加速餐后胃排空。此外，还可增加贲门括约肌的紧张性，促进幽门括约肌餐后蠕动的扩张度。然而，该品并不影响胃液的分泌。由于其通过血脑屏障弱，故无明显的镇静、嗜睡及锥体外系的副作用。可用作小动物胃溃疡、胃炎、反流性食道炎及各种原因引起的腹胀和呕吐。

西沙比利
Cisapride

本品为一种胃肠道动力药，可加强并协调胃肠运动，防止食物滞留与反流。其作用机制主要是选择性地促进肠肌层神经丛节后处乙酰胆碱的释放（在时间上和数量上），从而增强胃肠的运动；但不影响黏膜下神经丛，因此不改变黏膜的分泌。本品可用于由神经切断术或部分胃切除引起的胃轻瘫，也用于X线、内镜检查呈阴性的上消化道不适；对胃-食道反流和食道炎也有良好作用，其疗效与雷尼替丁相同，与后者合用时其疗效可能得到加强；还可用于假性肠梗阻导致的推进性蠕动不足和胃肠内容物滞留及慢性便秘。适用于小动物食道反流和初期胃滞留。西沙比利对猫的便秘和巨结肠症也有效果。

三、制酵药与消沫药

凡能制止胃肠内容物异常发酵的药物称为制酵药。治疗胃肠道臌气时除放气和排除病因外，应用制酵药通过抑制微生物的作用，制止或减弱发酵过程，同时通过刺激使胃肠蠕动加强，促进气体排出。

消沫药是一类能降低泡沫液膜的局部表面张力，使泡沫破裂的药物，主要用于治疗反刍动物的瘤胃内泡沫性臌气病。良好的消沫药必须具备以下条件：①消沫药的表面张力较低，低于起泡液。②与起泡液不互溶，消沫药才能与泡沫液接触而降低液膜表面局部的表面张力，使液膜不均匀收缩而穿孔破裂。③能连续不断地进行消沫作用，使破裂的小气泡不断融合成更大的气泡，最后汇集为游离的气体排出体外。常用的消沫药有松节油、二甲硅油等。

鱼石脂

Ichthammol

有防腐、制酵、驱风等作用。内服能抑制胃肠道内微生物繁殖，促进胃肠蠕动，常用于瘤胃臌胀、急性胃扩张、前胃迟缓、胃肠气胀以及大肠便秘等。外用时具有局部消炎作用。

松节油

Terebenthene

本品内服后在瘤胃中比胃内液体表面张力低得多，能有效地降低泡沫性气泡的表面张力，可使泡沫破裂，进一步融合成大气泡使游离气体随嗳气排出体外起消沫作用。此外，本品还可轻度刺激消化道黏膜和具有抑菌作用，能促进胃肠蠕动和分泌，具有祛风和制酵作用。临床主要用于治疗反刍动物的瘤胃泡沫性臌胀、瘤胃积食，马属动物的胃肠臌气、胃肠弛缓等。

四、泻药与止泻药

泻药是指一类能促进肠道蠕动，增加肠内容积，软化粪便，加速粪便排泄的药物。临床上主要用于治疗便秘，排出胃肠内毒物及腐败分解物，过去还与驱虫药合用以驱除肠道寄生虫。一般泻药根据作用方式和特点可分为容积性泻药、刺激性泻药和润滑性泻药。

止泻药是指能制止腹泻，包括具有保护肠黏膜、吸附有毒物质和收敛消炎的药物。

硫 酸 钠
Sodium Sulfate

【药理作用及适应证】本品内服小剂量时，能轻度刺激消化道黏膜，加强胃的分泌与运动，有健胃作用。大剂量时，由于其不易被肠壁吸收，故能保持大量水分，增加肠内容积，并软化粪块，有利于泻下或排粪。故常用于大肠便秘，配成4%～6%溶液灌服，并常与大黄等药物配合应用。临床上小剂量内服可健胃，用于消化不良，常配合其他健胃药使用。大剂量用于大肠便秘，排出肠内毒物、毒素，驱虫药和辅助用药。

【上市剂型】

① 硫酸钠散剂，规格：500g。

② 硫酸钠注射液，规格：2g（20mL），2.5g（10mL）。

③ 硫酸钠溶液，规格：12%～15%。

【联用与禁忌】

① 大黄：适宜配伍。

② 药用炭：可减少毒物吸收并加速排泄。

③ 氯化钡：形成不溶性无毒硫酸钡排出，可用于口服氯化钡中毒治疗。

④ 顺铂：硫酸钠可消除顺铂所致肾损害。

⑤ 缩宫素：可降低缩宫素刺激子宫作用。

⑥ 牛黄消炎丸：产生的微量硫酸可使雄黄所含硫化砷氧化，使毒性增加。

⑦ 钙盐：禁止配伍。

【用药注意】

① 用时加水稀释成3%～4%溶液灌服。浓度过高的盐类溶液进入十二指肠后，会反射性地引起幽门括约肌痉挛，妨碍胃内容物的排空，有时甚至能引起肠炎。

② 小肠阻塞一般不用，因为小肠容积的过度增大容易继发急

性胃扩张而使病情恶化。

【同类药物】

硫酸镁（Magnesium Sulfate） 对消化道的作用与应用基本同硫酸钠。妊娠动物、急腹症、肠道出血动物严禁用硫酸镁导泻。

蓖麻油

Castor Oil

蓖麻油本身并无刺激性，内服到达十二指肠后，一部分经胰脂肪酶的作用，皂化分解为蓖麻油酸钠和甘油。蓖麻油酸钠可刺激小肠黏膜，促进小肠蠕动而引起下泻。另一部分未被分解的蓖麻油对肠道和粪块起润滑作用。由于蓖麻油酸钠能被小肠吸收，故不能作用于大肠，吸收后的一部分可经乳汁排出。本品主要用于小肠便秘，小家畜比较多用。对大家畜特别是牛致泻效果不确实。

液状石蜡

Liquid Paraffin

液状石蜡是一种矿物油，在肠道内不被吸收，也不被消化。对肠壁及粪便具有滑润作用，并能阻碍肠内水分的吸收，因此还有软化粪便的作用。适用于小肠便秘。其作用缓和，对肠黏膜无刺激性，比较安全，孕畜也可应用。

【同类药物】

植物油（plant oil） 大量灌服后，不易在肠内被消化分解，大部分以原型通过肠道，有润滑肠道、软化粪便、促进排粪的作用，适用于小肠便秘、瘤胃积食。妊娠动物和肠炎动物也可应用。

鞣酸

Tannic Acid

本品为一种蛋白质沉淀剂，内服后部分鞣酸在胃内与胃蛋白结合，形成鞣酸蛋白薄膜，被覆于胃黏膜表面起保护作用。形成的鞣酸蛋白到达小肠后，再被分解放出鞣酸而呈现收敛性消炎、止泻作用。但在肠内碱性环境中，大部分鞣酸可迅速被分解而失效，故其收敛作用不能到达肠道后部。外用可治疗创伤、湿疹、急性皮炎等。临床主要用于非细菌性腹泻和肠炎的止泄。

【同类药物】

鞣酸蛋白（Tannalbumin）药理作用特点和鞣酸相似。但作用较持久，能到达肠管后部。

碱式硝酸铋

Bismuth Subnitrate

由于本品不溶于水，内服后大部分可在肠黏膜上与蛋白质结合成难溶的蛋白盐，形成一层薄膜以保护肠壁，减少有害物质的刺激。同时，在肠道中还可以与硫化氢结合，形成不溶性的硫化铋，覆盖在肠黏膜表面，也呈现机械性保护作用，也减少了硫化氢对肠道的刺激反应，使肠道蠕动减慢，出现止泻作用。此外，本品能少量缓慢地释放出铋离子，铋离子与细菌或组织表面的蛋白质结合，故具有抑制细菌生长繁殖的防腐消炎作用。临床常用于胃肠炎和腹泻。

地芬诺酯

Diphenoxylate

本品为阿片类似物，属非特异性的抗腹泻药。内服后易被胃肠道吸收，能增加肠张力，抑制或减弱胃肠道蠕动的向前推动作用，收敛而减少胃肠道的分泌，从而迅速控制腹泻。主要用于急慢性功能性腹泻、慢性肠炎等对症治疗。

药用炭

Medicinal Charcoal

也称活性炭，本品颗粒小，表面积大，具有多数疏孔，因而具有广泛而强的吸附力。能吸附胃肠内多种有害物质，如细菌、发酵产物、色素、气体以及生物碱等，减轻肠内容物对肠壁的刺激，使肠蠕动减弱，呈现止泻作用。用于治疗腹泻、肠炎、胃肠臌气和毒物中毒。

【同类药物】

高岭土（Kaolin）　内服呈吸附性止泻药作用，吸附力弱于药用炭，可用于幼畜腹泻。

五、胃肠道溃疡药物和止吐药

西咪替丁
Cimetidine

【药理作用及适应证】有显著抑制胃酸分泌的作用，能明显抑制基础和夜间胃酸分泌，也能抑制由组胺、分肽胃泌素、胰岛素和食物等刺激引起的胃酸分泌，并使其酸度降低，对因化学刺激引起的腐蚀性胃炎有预防和保护作用，对应激性胃溃疡和上消化道出血也有明显疗效。用于治疗十二指肠溃疡、胃溃疡、上消化道出血、慢性结肠炎、带状疱疹、慢性荨麻疹等。对抗病毒及免疫增强有一定的作用。

【联用与禁忌】

① 西咪替丁片，规格：0.2g，0.8g。

② 西咪替丁胶囊，规格：0.2g。

③ 西咪替丁注射液，规格：0.2g（2mL）/支。

【联用与禁忌】

① 林可霉素：合用可使林可霉素吸收增加而血浓度升高19%。

② 环丙沙星：合用能加速溃疡病的愈合。

③ 四环素：本品干扰四环素片剂的吸收，但不干扰四环素糖浆的吸收。

④ 阿米替林：能导致阿米替林血浓度升高。

⑤ 普鲁卡因胺：可使普鲁卡因胺半衰期延长，肾清除率降低，活性代谢产物*N*-乙酰普鲁卡因的肾清除率明显降低。

⑥ 普萘洛尔（心得安）：可使普萘洛尔清除率显著降低，血浓度升高2～3倍。

⑦ 利多卡因：可使利多卡因血浓度、半衰期显著增加，全身清除率明显降低。

⑧ 胺碘酮：可引起胺碘酮血清浓度升高。

⑨ 托卡胺：本品使托卡胺的峰浓度、尿中原药回收量明显降低。

⑩ 酮康唑：干扰酮康唑在胃肠道的吸收。

⑪ 苯二氮䓬类：本品可干扰肝中药物解毒，使地西泮、硝西泮、氟硝西泮、氯氮䓬（利眠宁）等药物的血浆清除率明显降低，血浓度升高 1.2～2 倍。加重镇静及其他中枢神经抑制症状，并可发展为呼吸抑制及循环衰竭。但不经肝脏代谢的劳拉西泮或替马西泮则不受影响。

⑫ 氯霉素：联用有诱发缺铁性贫血的可能。

⑬ 氯甲噻唑：可降低其清除率，使镇静催眠时间延长和作用增强，甚至引起呼吸抑制，不宜合用。

【用药注意】 本品能与肝微粒体酶结合而抑制酶的活性，降低肝血流量，并能干扰其他许多药物的吸收。

【同类药物】

雷尼替丁（Ranitidine） 作用比西咪替丁强 5～8 倍，对胃及十二指肠溃疡的疗效高，具有速效和长效的特点，副作用小而且安全。本品与西咪替丁不同，它与细胞色素 P450 的亲和力较后者小 10 倍，因而不干扰华法林、地西泮及茶碱在肝中的灭活和代谢过程。

氢氧化铝

Aluminium Hydroxide

本品中和胃酸作用较强、缓慢而持久，在中和胃酸时所产生的氯化铝还有收敛及局部止血作用。氢氧化铝与胃液混合可形成凝胶，覆盖于溃疡表面，有保护溃疡面的作用。氢氧化铝在肠内不吸收，故不引起碱血症。本品主要用于治疗胃酸过多和胃溃疡。

第十一节 作用于生殖系统药物

一、利尿药与脱水药

利尿药是作用于肾脏，增加电解质和水排泄，使尿量增多的药物。临床主要用于治疗各种原因引起的水肿、急性肾功能衰竭及促进毒物的排出。也可用于某些非水肿性疾病，如高血压、肾结石、高钙血症等的治疗。

呋 塞 米

Furosemide

【药理作用及适应证】 又名速尿，为强利尿药，能抑制氯离子和钠离子的再吸收，使钠、钾、水的排出量增多。此外，还有降低肾血管阻力、增加肾血流量和降压等作用。适用于各种原因引起的全身水肿，并可促进尿道上部结石的排出。也可用于预防急性肾功能衰竭。

【上市剂型】

① 呋塞米注射液，规格：2mL∶20mg，10mL∶100mg。

② 呋塞米片，规格：20mg，50mg。

【联用与禁忌】

① 多巴胺：有协同作用。

② 降压药：可增强降压效果。

③ 甘露醇、氨茶碱：配伍有协同作用。

④ 酸性药物：禁止配伍。

⑤ 氢化可的松注射液：配伍有引起低钾血症的危险。

⑥ 5%葡萄糖与复方氯丙嗪：混合后立即发生沉淀。

⑦ 头孢菌素类（先锋霉素类）：与呋塞米联用加重肾毒性，可引起肾小管坏死。

⑧ 氨基糖苷类抗生素（链霉素、庆大霉素、卡那霉素、新霉素）：与呋塞米均属于耳内淋巴 ATP 酶抑制剂，两药并用可引起耳聋。

⑨ 苯妥英钠、苯巴比妥联用：长期联用使呋塞米的利尿效应降低。

⑩ 吲哚美辛：合用呈拮抗作用。

⑪ 皮质激素、促肾上腺皮质激素、肾上腺素、雌激素：配伍

有拮抗作用。

【用药注意】

① 长期大量用药可出现低钾血症、低氯血症及脱水，应补钾或与保钾性利尿药配伍或交替使用。

② 大剂量静脉注射速度过快时可引起听力障碍，应注意。

③ 应避免与具有耳毒性的氨基糖苷类抗生素合用。

④ 应避免与头孢菌素类抗生素合用，以免增加后者对肝脏的毒性。

【同类药物】

依他尼酸（Ethacrynic Acid） 本品药理作用及其作用机制同呋塞米。同呋塞米相比，本药副作用较大。静脉注射时胃出血的发病率较高，并易引起心律失常。患有严重肝、肾功能不全的病畜慎用。

布美他尼（Bumetanide） 本品为新型强效利尿药。药理作用及其作用机制同呋塞米。具有高效、速效、短效和低毒的特点，是目前最强的利尿药。可用于各种类型的顽固性水肿及急性肺水肿。患有严重肝功能不全的病畜慎用。

氢氯噻嗪

Hydrochlorothiazide

本品属中效利尿药。主要抑制氯离子和钠离子的再吸收，从而促进肾脏对氯化钠的排泄而产生利尿作用。适用于心性、肺性及肾性等各种水肿，对乳房水肿，胸、腹部炎性肿胀及创伤性肿胀，可作为辅助治疗药。

螺内酯

Spironolactone

与醛固酮有相似的结构，在远曲小管与集合管上皮细胞膜的受体上与醛固酮产生竞争性拮抗，从而产生保钾排钠的利尿作用。其利尿作用较弱，显效缓慢，但作用持久。在兽医临床上一般不作为首选药，可与呋塞米、氢氯噻嗪等其他利尿药合用治疗肝性或其他各种水肿。

甘露醇
Mannitol

本品为渗透性利尿药，静脉注射后，主要在血液中迅速形成高渗压，不为肾小管再吸收，大部分无变化经肾脏排出体外，产生脱水及利尿作用。用于治疗脑水肿，也可用于脊髓外伤性水肿、其他组织水肿。某些眼科手术前、后也可应用，并可防治急性肾功能衰竭及用于休克抢救等。

【同类药物】

山梨醇（Sorbitol） 为甘露醇的同分异构体，其作用、用途均与甘露醇基本相同。

二、作用于生殖系统药物

哺乳动物的生殖系统受神经和体液的双重调节，但通常以体液调节为主。体液调节存在着相互制约的反馈调节机制。这取决于药物剂量和性周期。当生殖激素分泌不足或过多时，动物的生殖系统将发生紊乱，引发产科疾病或繁殖障碍，此时则需要用药物治疗和调节。性激素及其拟似物广泛用于控制动物的发情周期，如提高或抑制繁殖能力；调控繁殖进程，如同步发情/同步分娩；治疗两性内分泌紊乱引起的繁殖障碍及增强抗病能力等。

子宫收缩药是一类能对子宫平滑肌具有选择性兴奋作用的药物。因药物、剂量及子宫所处的激素环境的不同，用药后表现为子宫节律性或强直性收缩。引起子宫节律性收缩的药物，可用于产前的催产、引产；引起子宫强直性收缩的药物，则多用于产后止血或产后子宫复原。

性激素为性腺分泌的激素，包括雄激素、孕激素和雌激素等。目前临床应用的性激素是人工和合成品及其衍生物。性激素的分泌受性腺激素调节，而垂体前叶促性腺激素的分泌受下丘脑促性腺激素释放激素的调节。由于促性腺释放因子、促性腺激素和性激素的分泌互为促进，相互制约，协调统一地调节着生殖生理，故将这些激素统称为生殖激素。

缩 宫 素

Oxytocin

【药理作用及适应证】又名催产素。能选择性兴奋子宫，加强子宫平滑肌的收缩。其兴奋子宫平滑肌作用因剂量大小、体内激素水平而不同。小剂量能增加妊娠末期子宫肌的节律性收缩，收缩、舒张均匀；大剂量则能引起子宫平滑肌强直性收缩，使子宫肌层内的血管受压迫而起止血作用。此外，缩宫素能促进乳腺腺泡和腺导管周围的肌上皮细胞收缩，促进排乳。用于催产、产后子宫出血和胎衣不下等。

【上市剂型】缩宫素注射液，规格：1mL∶10单位，2mL∶10单位，2mL∶20单位，5mL∶50单位。

【联用与禁忌】

① 麦角：与缩宫素有协同作用，但不可混合应用。

② 升压药：可轻度减弱缩宫素的宫缩作用。

③ 全身麻醉：可减弱缩宫素作用。

【用药注意】产道阻塞、胎位不正、骨盆狭窄及子宫颈尚未开放时忌用于催产。

垂体后叶素

Pituitrin

【药理作用及适应证】本品是由猪、牛脑垂体后叶中提取的水溶性成分，内含缩宫素和加压素（加压素又称抗利尿激素）。缩宫素对子宫平滑肌有选择性作用，其作用强度取决于给药剂量和子宫的生理状态，小剂量能加强子宫的节律性收缩，用于催产、治疗胎衣不下及排出死胎、尿频症或尿崩症等；大剂量可引起子宫的强直性收缩，压迫子宫血管起止血作用，用于产后子宫出血。

【上市剂型】垂体后叶注射液，规格：1mL∶10单位，5mL∶50单位。

【联用与禁忌】

① 与麦角制剂、麦角新碱合用，有协同作用。

② 三七：可对抗脑垂体后叶素所致心肌缺血。

③ 女贞子：可改善垂体后叶素所致心肌缺血。

④ 天花粉：可提高子宫对垂体后叶素的敏感性。

⑤ 杜仲：可对抗垂体后叶素所致子宫兴奋作用。

⑥ 升压药：可轻度减弱宫缩作用。垂体后叶素与甲氧胺联用可引起血压升高及严重头痛。

⑦ 全身麻醉药：可减弱垂体后叶素作用。

【用药注意】

① 产道阻塞、胎位不正、骨盆狭窄、子宫颈未开放者忌用。

② 本品可引起过敏反应，用量大时可引起血压升高、少尿及腹痛。

③ 无分娩预兆时，催产无效。

麦角新碱

Ergometrine

本品与垂体后叶素比较，对子宫作用显著而持久，可直接兴奋整个子宫平滑肌（包括子宫颈）。稍大剂量时可使子宫产生强直性收缩。故不宜用于催产和引产，主要用于治疗产后子宫出血、产后子宫复原不全及胎衣不下等。

甲睾酮

Methyltestosterone

主要是促进雄性生殖器官的发育成熟，保持第二性征，大剂量能对抗雌激素的作用，较大剂量能刺激骨髓造血功能。用于治疗种公畜性欲缺乏，创伤、骨折、再生性障碍或其他原因的贫血及促使抱窝母鸡醒抱、动物育肥等。

【同类药物】

苯丙酸诺龙（Nandrolone Phenylpropionate） 同化作用比甲睾酮强而持久，其雄激素作用较小。

雌二醇
Estradiol

本品具有促进子宫、输卵管、阴道和乳腺的生长与发育的作用，小剂量可促进垂体促黄体素分泌，大剂量则可抑制垂体促卵泡素分泌，亦能抑制泌乳。常用于动物催情，治疗子宫内膜炎、子宫蓄脓、胎衣不下及死胎等。

【同类药物】

己烯雌酚（Diethylstilbestrol） 为人工合成的雌激素，作用机制同雌二醇但作用较弱，用量较大。

黄体酮
Progesterone

【药理作用及适应证】主要作用于子宫内膜，能使雌激素所引起的增殖期转化为分泌期，为孕卵着床做好准备；并抑制子宫收缩，降低子宫对缩宫素的敏感性，有安胎作用。此外，与雌激素共同作用，可促使乳腺发育，为产后泌乳做准备。主要用于治疗习惯性流产、先兆性流产或促使母畜周期发情，也用于治疗牛卵巢囊肿。

【上市剂型】

① 黄体酮注射液，规格：1mL∶10mg，1mL∶50mg，2mL∶20mg，5mL∶100mg。

② 复方黄体酮缓释圈，规格：每个螺旋形弹性橡胶圈含黄体酮1.55g，含苯甲酸雌二醇10mg。

【联用与禁忌】

① 吲哚美辛：配伍治疗输尿管结石，有相互补充作用，提高疗效。

② 水蛭：联用可防止早产。

③ 郁金、姜黄等药物：配伍有拮抗作用。

【用药注意】

① 长期应用可使妊娠期延长。

② 本品可导致体重增强、恶心、呕吐、厌食，长期使用可引起子宫内膜萎缩等疾病。

③ 心、肝、肾功能不全患畜慎用。

④ 泌乳奶牛禁用。

促卵泡素

Follicle Stimulating Hormone

本品主要作用是刺激卵泡的生长和发育。与少量促黄体素合用，可促使卵泡分泌雌激素，使母畜发情；与大剂量促黄体素合用，能促进卵泡成熟和排卵。促卵泡素能促进公畜精原细胞增生，在促黄体素的协同下，可促进精子的生成和成熟。主要用于母畜卵巢停止发育、卵泡停止发育或两侧交替发育、多卵泡症及持久黄体等的治疗。还可用于增强发情同期化以及提高公畜的精子密度。

促黄体素

Luteinizing Hormone

与促卵泡素协同可促进卵泡成熟和排卵，形成黄体，分泌黄体酮，具有早期安胎作用。还可作用于公畜睾丸间质细胞，促进睾酮的分泌，提高性欲，促进精子的形成。主要用于治疗成熟卵泡排卵障碍、卵巢囊肿、早期胚胎死亡、习惯性流产、不孕及公畜性欲减退、精液量少及隐睾症等。

绒促性素

Chorionic Gonadotrophin

本品的作用与促黄体素相似，能促使成熟的卵泡排卵和形成黄体。当排卵发生障碍时，可促进排卵受孕，提高受胎率。在卵泡未成熟时，则不能促进排卵。大剂量可延长黄体的存在时间，并能短时间刺激卵巢，使其分泌雌激素，引起发情。能促进畜睾丸间质细胞分泌雄激素。本品用于促进排卵，提高受胎率；还用于治疗卵巢囊肿、习惯性流产等。

戈那瑞林

Gonadorelin

又名促性腺激素释放激素。与垂体前叶促性腺激素分泌细胞的受体结合，促使其分泌垂体促黄体素，同时也分泌少量垂体促卵泡素，从而促进卵泡的成熟和排卵。还能增强精子的活力，改善精液的品质。用于治疗奶牛排卵迟缓、卵巢静止、持久黄体、卵巢囊肿。

三、前列腺素

前列腺素是前列烷酸的衍生物，为含五碳环的二十碳不饱和脂肪酸，即二十烷类化合物。二十烷类是磷脂类的一系列衍生物的总称，包括前列腺素和白三烯及其衍生物，这类物质对机体有着广泛的生理和药理作用。前列腺素依据五碳环构型的不同，可分为九类。

前列腺素在体内代谢迅速，半衰期很短。其人工合成品作用时间长于天然产物，因而临床常用。在畜牧生产中利用其溶解黄体和促进子宫平滑肌收缩的作用；小动物临床上则利用其扩张血管、支气管和保护血小板、胃黏膜的作用。

前列腺素 F2α

Prostaglandin F2α

【药理作用及适应证】前列腺素 F2α 对生殖、循环、呼吸系统具有广泛作用。其中对生殖系统的作用为：对妊娠各期子宫都有收缩作用，以妊娠晚期子宫最为敏感；使黄体退化或溶解，促进发情，缩短排卵期，使母畜在预定时间发情、排卵；作用于丘脑-垂体前叶，促进垂体促黄体素释放；影响输卵管活动，阻碍胚胎附植；影响精子产生及精子移行。在母畜繁殖中本品常用于溶解黄体，引起发情或使畜群同期发情；治疗马、牛持久黄体引起的不发情；治疗马、牛发情不明显；治疗卵巢黄体囊肿和用于母猪催情等。在公畜繁殖上，利用本品来增加精子的射出量和提高人工授精效果。兽医临床上，本品用于催产、引产和人工流产。

【上市剂型】 甲基前列腺素 F2α 注射液，规格：1mL∶1.2mg。

【联用与禁忌】

① 棉酚：与小剂量前列腺素联用可降低抑精作用，而大剂量前列腺素与棉酚有协同性抑制生精作用。

② 非甾体抗炎药：与前列腺素有药理性拮抗作用，一般不宜联用。

③ 左旋糖酐：可抑制前列腺素过敏反应。

【用药注意】

① 本品应避光，置冰箱中保存。

② 用于缩宫时应注意剂量，防止宫缩过强而发生子宫破裂。

③ 给猪引产时，可见排粪次数略有增多、呼吸加快，并有轻微神经过敏表现。

④ 禁止静脉注射。

⑤ 本品能引起平滑肌兴奋，并有出汗、腹泻或疝痛等不良反应。

⑥ 不需引产的孕畜禁用，以免引起流产或早产。

⑦ 患急性或亚急性心血管系统、消化系统和呼吸系统疾病的动物禁用。

⑧ 屠宰前 24h 停药。

⑨ 休药期：甲基前列腺素 F2α 注射液，牛 1d，猪 1d，羊 1d。

第十二节　抗过敏药

过敏反应亦称变态反应，它是机体类抗原性物质刺激后引起的组织损伤或生理功能紊乱，属于异常的或病理性的免疫反应。凡能缓解或消除过敏反应症状、防止过敏性疾病的药物称抗过敏药。

兽医临床上常用的抗过敏药有以下4类。

① 抗组胺药：主要是组胺 H_1 受体阻断剂，如苯海拉明、异丙嗪等。其他尚有组胺脱羧酶抑制剂等。

② 肾上腺皮质激素类药：本类药物对免疫反应的多个环节具有抑制作用，还有消炎、抗毒素和抗休克等作用，所以适用于各种类型的过敏反应，疗效也较好。但是皮质激素类的作用不是立即产生，因而对急性病例，尤其是过敏性休克，在应用本类药前应先用拟肾上腺素药。临床上常用于支气管痉挛、药物过敏、血管神经性水肿、枯草热、过敏性湿疹、风湿性关节炎等。

③ 拟肾上腺素药：本类药物能促进环腺苷酸的生成，后者则能抑制组胺和慢反应物质的释放，所以凡伴有组胺、慢反应物质释放的过敏反应，应用拟肾上腺素药都有一定的疗效。常用的药物有肾上腺素、异丙肾上腺素和去甲肾上腺素等。

④ 钙剂：钙剂能增加毛细血管的致密度，降低通透性，减少渗出，因而可减轻皮肤和黏膜的过敏性炎症和水肿等症状，兽医临床上用作各种类型的过敏反应的辅助治疗。常用的钙剂有氯化钙、葡糖糖酸钙等。

苯海拉明

Diphenhydramine

【药理作用及适应证】组胺 H_1 受体阻断剂，可对抗或减弱组胺扩张血管、收缩胃肠及支气管平滑肌的作用，还有镇静、抗胆碱、止吐和轻度局麻的作用，作用快而短暂。适用于治疗各种家畜因组胺引起的各种过敏性皮肤病。

【上市剂型】

① 盐酸苯海拉明注射液，规格：1mL∶20mg，5mL∶100mg。

② 盐酸苯海拉明片，规格：25mg。

【联用与禁忌】

① 西咪替丁等 H_2 受体阻断剂：配伍有协同作用。

② 安定药、麻醉性镇静药、解热镇静药：配伍有协同作用。

③ 氨茶碱、麻黄碱、维生素C或钙剂：合用效果更好。

④ 肾上腺素类：同用可增强其对心血管系统的作用。

⑤ 碳酸氢钠：配合立即发生混合，并减效。

⑥ 青霉素钠、水杨酸钠、溴化钙：混合立即发生浑浊。

⑦ 氨基糖苷类抗生素：抗组胺药的抗眩晕作用可使抗生素内耳损害毒性被掩盖，所以链霉素所致眩晕、耳鸣不宜用抗组胺药物治疗。

⑧ 苯妥英钠：合用可抑制苯妥英钠代谢，使其血药浓度升高，并出现毒性。

⑨ 罗布麻：苯海拉明可阻断罗布麻降压作用达50%以上。

⑩ 麻黄根：苯海拉明可抑制其降压作用。

⑪ 枸杞子：苯海拉明可阻断其肠管平滑肌兴奋作用。

⑫ 茵陈：其兴奋子宫作用可被苯海拉明所拮抗。

⑬ 乌头：其降压作用可被苯海拉明所对抗。

【用药注意】

① 对于过敏性疾病，本品仅能缓解症状，应与对因治疗相结合，以免停药后引起复发。

② 对严重的急性过敏性疾病，一般应先给予肾上腺素，然后再注射或内服本品。

③ 全身治疗一般需持续3d，小动物内服应在饲喂后或饲喂时进行，以避免对胃肠道的刺激，并可延长吸收的时间。

④ 静脉注射大剂量常出现中毒症状（以中枢神经系统过度兴奋为主），此时可静脉注射短时作用的巴比妥类进行解救，但不可使用长效或中效的巴比妥类药物。

⑤ 休药期：盐酸苯海拉明注射液28d，弃奶期7d。

【同类药物】

氯苯那敏（Chlorphenamine）　抗组胺作用较苯海拉明强而持久，但对中枢神经系统的抑制作用较轻，副作用小。

阿司咪唑（Astemizole）　又名息斯敏，为新型 H_1 受体阻断剂，抗组胺作用较苯海拉明强而持久。不透入血脑屏障，无中枢镇静作用，有较强的抗胆碱作用。

异丙嗪（Promethazine）　本品与苯海拉明相似，抗组胺作用比苯海拉明强而持久，而副作用较少。有明显的中枢抑制作用，可加强麻醉药、催眠药、镇痛药的作用，并能降低体温。

第十三节 肾上腺皮质激素

肾上腺皮质分泌多种激素。根据生理功能，肾上腺皮质激素被分为三类。①糖皮质激素类：为肾上腺皮质的束状带细胞合成、分泌，在生理水平对糖代谢的作用强，对钠、钾等矿物质代谢的作用较弱。在药理治疗剂量下，表现出良好的抗炎、抗过敏、抗毒素、抗休克等作用，具有重要的药理学意义。②盐皮质素类：为肾上腺皮质的球状带细胞分泌，在生理水平对矿物质代谢，特别是对钠滞留的作用很强。在药理治疗剂量下，仅用作肾上腺皮质功能不全的替代疗法，在兽医临床上实用价值不大。③氮皮质素类：由肾上腺皮质的网状带分泌，包括雄激素和雌激素，生理功能弱。本节着重介绍糖皮质激素。

糖皮质激素具有十分广泛的药理作用，主要包括以下几方面。

（1）抗炎作用　糖皮质激素在药理剂量时对感染性和非感染性炎症都有强大的抑制作用。能减轻炎症早期的毛细血管扩张、血浆渗出、水肿、白细胞浸润及吞噬反应，从而缓解炎症局部的红、肿、热、痛等症状。也能抑制炎症后期的毛细血管新生和纤维母细胞增殖，因而延缓肉芽组织生成，防止粘连或瘢痕形成。抗炎作用的机制可能包括收缩小血管、降低毛细血管通透性；抑制致炎活性物质前列腺素、白三烯、组胺、激肽等的产生和激活；稳定溶酶体膜，减少所含酸性水解酶的释放；对抗趋化因子和移动抑制因子的作用，抑制炎症细胞的渗出及聚集；直接抑制纤维母细胞 DNA 的合成，从而抑制肉芽组织的形成。

（2）抗过敏作用　药理剂量的糖皮质激素可影响免疫反应的多个环节，包括可抑制巨噬细胞吞噬功能，降低网状内皮系统消除颗粒或细胞的作用，可使淋巴细胞溶解，以致淋巴结、脾及胸腺中淋巴细胞耗竭。此作用对 T 细胞较明显，其中辅助性 T 细胞减少更显著。基于以上原因，故能治疗或控制许多过敏性疾病的临床症状，也能抑制由过敏反应导致的各种病理变化，如过敏性充血、水肿、荨麻疹、皮疹、平滑肌痉挛及细胞损害等。

（3）抗休克作用　大剂量具有抗休克作用，对中毒性休克、低血容量性休克、心源性休克都有对抗作用。这可能与其抗炎、免疫抑制及抗毒素作用有关。此外，还有下列机制参与：加强心肌收缩力，增加心输出量；扩张痉挛的血管，改善微循环；稳定溶酶体膜，减少心肌抑制因子的形成，从而防止心肌抑制因子所致的心肌收缩无力及内脏血管收缩。

（4）抗毒素作用　糖皮质激素能提高机体对有害刺激的应激能力，对抗细菌内毒素对机体的损害，减轻细胞损伤，缓解毒血症症状，也能减少内热源的释放，对感染毒血症的高热有退热作用，使病情改善，但对细菌外毒素引起的损害无保护作用。

（5）对代谢的影响　糖皮质激素可增高肝糖原，升高血糖；提高蛋白质的分解代谢；可改变身体脂肪的分布，形成向心性肥胖；可增加钠离子再吸收及钾、钙、磷的排泄，故长期大量应用亦可引起水钠滞留、血钾过少、肾脏钙磷排泄增多。

（6）其他　对血液有形成分的影响表现为增加中性白细胞、红细胞和血小板，减少淋巴细胞和嗜酸粒细胞。糖皮质激素能增加血液和肝内许多酶的活性，还能抑制一些酶的活性。在关节炎时，给关节腔内注射皮质激素，可使透明质酸的聚合作用增强，使关节液更具黏性，从而起到更好的保护作用。

临床应用和适应证如下。

（1）严重的感染性疾病　如各种败血症、中毒性肺炎、中毒性菌痢、腹膜炎、产后急性子宫炎等。对严重的感染性疾病，在应用足量、有效抗菌药的前提下，可用糖皮质激素辅助治疗。利用其抗炎、免疫抑制及抗毒素作用，避免组织器官，特别是脑、心等重要器官遭受难以恢复的损害，缓解严重的中毒症状，有助于病畜度过危险期。

（2）过敏性疾病　糖皮质激素可缓解和改善下列疾病的临床症状，如过敏性皮炎、荨麻疹、变态反应性呼吸道炎症、急性蹄叶炎、过敏性湿疹以及自身免疫疾病如溶血性贫血、血小板减少症等，但不能根治，停药后往往复发。

（3）局部炎症　糖皮质激素的抑制炎性反应的特性可用于多种炎症的治疗。如关节炎、腱鞘炎、黏液囊炎、滑膜囊炎、结肠炎、各种眼炎以及皮炎、湿疹和外耳炎等皮肤疾病，局部用药有效。此时，应用糖皮质激素可减少渗出，防止组织过度破坏，抑制粘连和瘢痕形成，避免或减少后遗症。

（4）休克　如感染中毒性休克、创伤性休克、心源性休克、低血容量性休克等。早期大剂量静脉注射糖皮质激素如倍他米松、地塞米松、氢化可的松或氢化泼尼松对各种休克都可产生一定的有利影响，有助于病畜度过危险期，但糖皮质激素只起辅助作用。

（5）牛酮血症和羊妊娠毒血症　糖皮质激素对该病都有明显的疗效，主要是通过糖异生作用，升高血糖，降低酮体，刺激牛、羊的食欲而达到辅助治疗的目的。

（6）糖皮质激素还可用于诱发牛和绵羊的分娩　可溶性的倍他米松和地塞米松可诱发怀孕期的分娩。在下列情况下建议使用：牛的胎儿过大，临产前的乳腺水肿，需要缩短绵羊的产羔季节或者治疗妊娠毒血症。

氢化可的松

Hydrocortisone

【药理作用及适应证】本品为天然皮质激素，有抗炎、抗过敏、抗毒素和抗休克等作用，此外也有一定的水钠潴留及排钾作用。静脉注射制剂显效快，可用于治疗严重的中毒性感染或其他危急病症。醋酸氢化可的松注射液（混悬液）肌内注射时吸收很少，作用较弱，因此，主要供关节或腱鞘内注射，治疗关节、腱鞘炎症。局部应用疗效较好，常用于牛乳腺炎、眼科炎症、皮肤过敏性炎症等的治疗。

【上市剂型】

① 氢化可的松注射液，规格：2mL∶10mg，5mL∶25mg，20mL∶100mg。

② 醋酸氢化可的松注射液，规格：5mL∶125mg。

③ 醋酸氢化可的松滴眼液，规格：3mL∶15mg。

【联用与禁忌】

① 甘露醇、呋塞米等药物：配伍有协同作用。

② 氯霉素：可使效应增强。

③ 强心苷、氢化可的松可提高强心效应，但激素的水钠滞留和排钾作用宜诱发强心苷中毒反应，故两药联用时应适当补钾。

④ 苯巴比妥、苯妥英钠、利福平等肝药酶诱导剂可加快本类药物代谢，合用时需增加剂量。

⑤ 噻嗪类利尿药或两性霉素 B：合用均能促使排钾，合用时注意补钾。

⑥ 可使血糖升高，减弱内服降血糖药或胰岛素的作用。

⑦ 可使内服抗凝血药效果降低，拮抗作用。

⑧ 与氯霉素加入 5%葡萄糖中属物理性配伍禁忌。

【用药注意】

① 本类药物对病原微生物无抑制作用，且由于其能抑制炎症反应和免疫反应，降低机体防御功能，有可能使潜在的感染病灶活动和扩散。

② 大剂量连续用药超过 1 周时，应逐渐减量，缓慢停药，切不可突然停药，以免复发或出现肾上腺皮质功能不全症状。

③ 严重肝功能不良、骨软症、骨肢疏松、骨折治疗期、创伤修复期、角膜溃疡初期、疫苗接种期、缺乏有效抗菌药物治疗的感染症等均应禁用。

④ 孕畜应慎用或禁用。

【同类药物】

地塞米松（Dexamethasone） 本品抗炎及控制皮肤过敏的作用较泼尼松龙更显著，而对水钠潴溜和促进钾排泄作用较弱。可增加钙随粪便排泄，故可能产生钙负平衡。应用同泼尼松龙。

倍他米松（Betamethasone） 本品的作用与地塞米松相似，但抗炎作用和糖原异生作用较地塞米松强，而钠潴溜副作用稍轻。

泼尼松（Prednisone） 该药本身无活性，需在体内转化为氢化泼尼松才显药理作用，抗炎作用与糖异生作用为氢化可的松的 4

倍，而水钠潴溜作用及排钾作用比氢化可的松小，抗过敏作用较强，副作用较少，故较常用。

泼尼松龙（Prednisolone）与泼尼松其抗炎作用较强，水盐代谢作用很弱。

第十四节　维　生　素

维生素是动物维持生理功能所必需的一类特殊的低分子有机化合物，动物对维生素的需要量甚微，每日仅以毫克或微克计算，但在动物体内的作用极大，起着控制新陈代谢的作用。多数维生素是辅酶的组成成分，参与物质和能量的代谢，对促进动物生长发育、改善饲料报酬、提高繁殖性能、增强抗应激能力、改善畜禽产品质量有着十分重要的作用。

目前已知的维生素约 20 余种，其化学结构和生理功能各不相同。为了使用和研究方便，人们通常按溶解性将维生素分为脂溶性和水溶性两大类。

合理使用维生素，在使用过程中应注意以下三方面的问题。

维生素制剂主要用于防治维生素缺乏症。维生素缺乏症在畜禽中普遍发生，但通常都是维生素长期不足导致的慢性缺乏症，不具典型症状，仅表现一般性的食欲不振、腹泻或抵抗力下降和生长发育较差等现象。

发生维生素缺乏症的原因有：①维生素来源不足。②机体在生长发育阶段、疾病恢复期、使役过度、中毒、感染、发热或其他应激状态时，对维生素的需要量增加。③机体对维生素的吸收或利用发生障碍，例如慢性腹泻、肝病时。④内服抗菌药物，抑制了瘤胃、肠道内微生物对 B 族维生素和维生素 K 的合成和吸收。防治维生素缺乏症应采用综合防治措施。首先应改变饲养管理条件，并进行全面的综合治疗，如补充饲喂富含维生素的青饲料或其他饲料；给缺乏维生素 D 的病畜多晒阳光；对营养极度贫乏的病畜，首先应补充蛋白质。

严禁滥用维生素制剂。近年来维生素制剂大量用作非维生素缺乏性疾病的辅助治疗，有些虽确有疗效，但多数均属滥用，已引起严重不良后果，应予制止。此外，无限增大维生素的剂量，尤其是脂溶性维生素如维生素 A 和维生素 D，易使动物发生蓄积性中毒。

维生素 A

Vitamin A

【药理作用及适应证】可维持上皮组织和黏膜的正常功能及结构完整，促进动物生长发育，维持骨骼正常形态和功能，参与视紫质和肾上腺皮质激素合成。临床上主要用于防治角膜软化症、干眼病、夜盲症及皮肤粗糙等维生素 A 缺乏症，也可用于增强机体对感染的抵抗力等。创伤、烧伤等局部外用，有促进愈合的作用。

【上市剂型】

① 维生素 AD 油，规格：1g，维生素 A 5000 单位＋维生素 D 500 单位。

② 维生素 AD 注射液，规格：5mL，维生素 A 25 万单位＋维生素 D 2.5 万单位。

③ 鱼肝油，规格：1mL 含维生素 A 1500 单位、维生素 D 150 单位。

【联用与禁忌】

① 西咪替丁、维生素 E 等：配伍有协同作用。

② 维生素 C：可减轻维生素 A 中毒症状，并有协同性防治血栓作用，但两药不宜同时服用。

③ 与糖皮质激素配伍，存在药物相互作用，不宜合用。

④ 液状石蜡、硫糖：可干扰维生素 A 肠道吸收。

⑤ 与新霉素合用，可明显减少维生素 A 在肠道的吸收。

【用药注意】

① 维生素 A 一般不具有毒性，但如长期或大量摄入（如喂给实验动物大量生肝）则可产生毒性，表现为食欲不振、体重减轻、皮肤发痒、关节肿痛等。在猫则表现为以局部或全身性骨质疏松为主症的骨质疾病。

② 母畜于妊娠早期应用维生素 A 过量可引起胚胎死亡，后期

则导致胎儿畸形。

维生素D

Vitamin D

【药理作用及适应证】分维生素D_2、维生素D_3，两者结构相似，作用相同，生理功能是维持机体内钙、磷的正常代谢。它能促进肠内钙、磷吸收，维持体液中钙、磷的正常浓度，促进骨骼的正常钙化。主要用于防治维生素D缺乏病，如佝偻病和骨软化病以及孕畜、幼畜、泌乳家畜和骨折患畜需补充维生素D时，以促进对饲料中钙、磷的吸收。

【上市剂型】

① 维生素D_2胶性钙注射液，规格：1mL∶5000单位，5mL∶2.5万单位，20mL∶10万单位。

② 维生素D_3注射液，规格：0.5mL∶3.75mg（15万单位），1mL∶7.5mg（30万单位），1mL∶15mg（60万单位），5mL∶15mg（60万单位）。

③ 维生素AD油，规格：1g，维生素A 5000单位＋维生素D 500单位。

【联用与禁忌】

① 钙剂：配伍有协同作用。

② 强心苷：可促进钙吸收，增强心肌对强心苷的敏感性。

③ 降钙素：可治疗维生素D所致血钙过高。

④ 糖皮质激素：可加速本品代谢，降低本品血药浓度。

⑤ 苯妥英钠、苯巴比妥：可加速维生素D和钙的代谢，产生骨软病，长期应用抗惊厥药的动物应适当补充本品。

⑥ 矿物油、酚酞等轻泻药：可影响本品在胃肠道的吸收。

【用药注意】

① 长期超大剂量应用，可引起高钙血症、软组织钙化、发育迟滞、肝肾功能障碍、食欲减退、呕吐便秘、发热、贫血和血尿等不良反应。

② 应用维生素D同时应给动物补充钙剂。

③ 休药期：维生素 D_3 注射液 28d，弃奶期 7d。

维生素 E

Vitamin E

【药理作用及适应证】 也叫生育酚，具有抗氧化作用，可防止脂肪酸代谢过程中生成大量的不饱和脂肪酸过氧化物，因此可维持细胞膜的完整及其功能。能对抗血红素合成中过氧化物的溶血作用，保护红细胞。还具有促进性腺发育、促成受孕和防止流产等作用。主要用于防治动物维生素 E 缺乏症、白肌病。

【上市剂型】

① 维生素 E 注射液，规格：1mL∶50mg，10mL∶500mg。

② 亚硒酸钠维生素 E 注射液，规格：1mL，5mL，10mL。

③ 亚硒酸钠维生素 E 预混剂，规格：50g，亚硒酸钠 0.02g＋维生素 E 0.25g；100g，亚硒酸钠 0.04g＋维生素 E 0.5g；1000g，亚硒酸钠 0.4g＋维生素 E 5g。

【联用与禁忌】

① 华法林、双香豆素：配伍有协同作用。

② 对乙酰氨基酚：拮抗对乙酰氨基酚的毒副作用。

③ 洋地黄：增强洋地黄的强心作用。

④ 皮质激素：可增加皮质激素抗炎效应，减轻激素停药后的反跳作用。

⑤ 铁剂：与维生素 E 结合，可使之失效。

⑥ 维生素 K：配伍拮抗作用。

【用药注意】

① 长期超大剂量应用可出现呕吐、皮肤皲裂、唇炎、口角炎、胃肠功能紊乱、腹泻等。维生素 E 可与多种药物发生相互作用，用药时应予注意。

② 对于动物生长不良、营养不足等综合性营养缺乏病，可与维生素 A、维生素 D、维生素 E 等配合应用。

③ 由于白肌病的发生还与硒缺乏有关，因此在防治白肌病时最好配合应用亚硒酸钠等。

④ 与雌激素联用时，如果用量大或疗程长，可诱发血栓性静脉炎。

⑤ 休药期：维生素 E 注射液，牛、羊、猪 28d。

维生素 C

Vitamin C

【药理作用及适应证】又名抗坏血酸，广泛参与机体的多种生化反应。参加体内氧化还原反应，促进细胞间质的合成，保持细胞间质的完整，增加毛细血管壁致密度，降低其通透性及脆性；参与解毒功能；维生素 C 具有强还原性，保护酶系的巯基以避免被毒物破坏；参与体内活性物质和组织代谢，如胶原蛋白合成；增强机体抗病能力，可提高白细胞和吞噬细胞功能等。主要用于防治维生素 C 缺乏症，铅、汞、砷、苯等的慢性中毒，以及风湿性疾病、药疹和高铁血红蛋白血症等；辅助治疗急慢性感染、各种贫血、肝胆疾病、心源性和感染性休克等；还可促进创伤愈合等。

【上市剂型】

① 维生素 C 注射液，规格：2mL∶0.05g，2mL∶0.1g，2mL∶0.25g，5mL∶0.5g，10mL∶0.5g，10mL∶1g，20mL∶2.5g。

② 维生素 C 可溶性粉，规格：6%，10%，25%。

③ 维生素 C 钠粉（水产用），规格：10%。

④ 维生素 C 片，规格：100mg。

⑤ 维生素 C 磷酸酯镁、盐酸环丙沙星预混剂，规格：100g，维生素 C 磷酸酯镁 10g＋盐酸环丙沙星 1g。

【联用与禁忌】

① 抗组胺药：有协同性抗组胺作用。

② 维生素 E：配伍使用有协同作用。

③ 利尿药：增强利尿作用。

④ 糖皮质激素：增强激素作用。

⑤ 美蓝：协同治疗药物性高铁血红蛋白症。

⑥ 氨茶碱、碳酸氢钠、铁离子等：拮抗作用。

⑦ 青霉素、氨苄西林：维生素 C 的强还原性可促进抗生素分解，效价降低，在 0～6℃时 96h 青霉素可完全失效。

⑧ 红霉素：在酸性环境中极不稳定，红霉素与大量维生素 C 同服时，其效力可下降 26%～44%。维生素 C 也可抑制庆大霉素的抗菌活性。庆大霉素在 pH 8.5 时抗菌效力比在 pH 5.0 时约强 100 倍。

⑨ 钙剂：可使大剂量维生素 C 在尿中形成草酸钙结晶，故避免同服。

⑩ 阿司匹林：可降低维生素 C 胃肠道吸收和生物利用度，两药不宜同服。

⑪ 胰岛素、异烟肼、氯丙嗪、苯海拉明：不宜配伍应用。

⑫ 磺胺类药物配伍：大剂量维生素 C 可促使某些磺胺药形成结晶，致肾损伤。

⑬ 维生素 B_{12}：混合放置后维生素 B_{12} 被破坏。

⑭ 维生素 B_2、复合维生素 B：存在理化配伍禁忌。

⑮ 维生素 K_3：发生氧化还原反应，使二者的疗效减弱或消失。

⑯ 维生素 K_1：存在配伍禁忌。

【用药注意】

① 由于本品在反刍动物瘤胃内可被破坏，因此对反刍动物不宜内服。

② 严重心力衰竭动物，应避免静脉注射过量本品，以免加重心脏负担。

③ 尿酸盐性肾结石、痛风等患病动物慎用。

维生素 B_1

Vitamin B_1

【药理作用及适应证】 能促进糖代谢，并且是维持神经传导、心脏和胃肠道正常功能所必需的物质。主要用于防治多发性神经炎及各种原因引起的疲劳和衰竭；还常用作牛酮血症、神经炎、心肌炎等的辅助治疗。

【上市剂型】

① 维生素 B_1 注射液，规格：1mL：10mg，1mL：25mg，2mL：100mg，10mL：250mg。

② 维生素 B_1 片，规格：10mg，50mg。

【联用与禁忌】

① 依地酸钠、依地酸钙钠：可防止维生素 B_1 降解，可用作维生素 B_1 溶液稳定剂。

② 阿司匹林：与维生素 B_1 同时服用增加对胃黏膜刺激性。

③ 吡啶硫胺素、氯乙基代硫胺素：可抑制盐酸硫胺素在体内的转运。

④ 抗酸药：可破坏维生素 B_1。

⑤ 碱性药物：拮抗作用。

【用药注意】

① 注射偶有变态反应，故不可静脉注射。

② 生鱼肉、某些海鲜产品内含大量硫胺素酶，能破坏维生素 B_1 活性，故不可生喂。

③ 维生素 B_1 易被热碱破坏，在弱酸环境中十分稳定。加工、贮存时应予注意。

④ 当动物发热、甲状腺功能亢进、大量输入葡萄糖时，因糖代谢率增高，对维生素 B_1 的需要量也增加，此时要适当补充维生素 B_1。

维生素 B_2

Vitamin B_2

【药理作用及适应证】又名核黄素，在体内构成黄素酶的辅酶，黄素酶在机体生物氧化中起作用。此外维生素 B_2 还协同维生素 B_1 参与糖和脂肪的代谢。临床主要用于维生素 B_2 缺乏症，如口炎、皮炎、脱毛、眼炎、食欲不振、角膜炎等。

【上市剂型】

① 维生素 B_2 片，规格：5mg，10mg。

② 维生素 B_2 注射液，规格：2mL：10mg，5mL：25mg，

10mL：50mg。

【联用与禁忌】

① 维生素E：协同作用。

② 吩噻嗪类、三环抗抑郁药：可使维生素B_2需要量增大。

③ 链霉素、红霉素、短杆菌素、碳霉素、四环素：维生素B_2可使其抗菌活性下降。

④ 制霉菌素：禁止联用。

⑤ 甲氧氯普胺：不宜合用。

⑥ 碱性药物：不宜配伍。

【用药注意】

① 空腹服用本品吸收不如进食后效果佳，服药后尿液呈黄绿色。

② 种禽和妊娠动物需要量较高。

维生素B_6

Vitamin B_6

【药理作用及适应证】 维生素B_6在体内与三磷酸腺苷经酶的作用，形成具有生理活性的磷酸吡哆醛和磷酸吡哆胺，是氨基酸代谢中的重要辅酶类。此外，磷酸吡哆醛也参与脂肪代谢。维生素B_6还有止呕作用。临床主要用于皮炎和周围神经炎等。维生素B_6还可治疗氰乙酰肼、异烟肼等药物中毒时所引起的胃肠道反应和痉挛等症状。

【上市剂型】

① 维生素B_6片，规格：10mg。

② 维生素B_6注射液，规格：1mL：25mg，1mL：50mg，2mL：100mg，10mL：500mg，10mL：1mg。

【联用与禁忌】

① 铁离子：可促使本品变色。

② 非类固醇抗炎药：本品能增强其止痛作用。

③ 氟哌啶醇：吡哆辛可消除氟哌啶醇的消化系统副作用。

④ 秋水仙碱：可减轻秋水仙碱的副作用。

⑤ 氯霉素、甲氧苯青霉素：存在理化性质配伍禁忌。

⑥ 青霉胺：配伍有拮抗作用。

【用药注意】

① 长期大剂量应用，可发生消化性溃疡出血、肝功能异常以及维生素 B_6 依赖症。

② 在治疗家畜的维生素 B_1、维生素 B_2 和烟酰胺等缺乏症时，常常联用维生素 B_6 以提高综合疗效。

③ 长期配伍使用四环素类抗生素，可导致本品缺乏症。

维生素 B_{12}

Vitamin B_{12}

【药理作用及适应证】 在体内促进 DNA 合成和红细胞生成；还参与髓磷脂的合成，维持神经组织的正常结构和功能；维生素 B_{12} 还能促进胆碱的生成。主要用于维生素 B_{12} 缺乏所致的贫血、幼畜生长迟缓等。

【上市剂型】 维生素 B_{12} 注射液，规格：1mL：0.05mg，1mL：0.1mg，1mL：0.25mg，1mL：0.5mg，1mL：1mg。

【联用与禁忌】

① 叶酸配伍：联用治疗恶性贫血有互补效应。

② 氯霉素配伍：拮抗作用。

③ 维生素 C：拮抗作用。

【用药注意】

① 应用本品偶有变态反应，如遇维生素 C 等氧化还原性物质、重金属盐类及微生物均可使之失效，故应在无菌条件下避光贮存。

② 叶酸和维生素 B_{12} 在核酸代谢过程中都起辅酶作用，但叶酸的代谢依赖于维生素 B_{12}。在治疗和预防巨幼细胞性贫血时，两者配合使用可取得较理想的效果。

复合维生素 B

Compound Vitamine B

【药理作用及适应证】 用于防治 B 族维生素缺乏所致的多发性

神经炎、消化障碍、癞皮病、口腔炎等。

【上市剂型】

① 复合维生素 B 可溶性粉。

② 复合维生素 B 溶液，规格：500mL。

③ 复合维生素 B 注射液，规格：2mL，10mL。

【联用与禁忌】

① 5%～10%葡萄糖、葡萄糖氯化钠：协同作用。

② 青霉素钠、阿米卡星、卡那霉素、氯霉素、红霉素、氨茶碱、两性霉素等药物：拮抗作用。

【用药注意】休药期：复合维生素 B 注射液，牛、羊、猪 28d。

烟　　酸

Nicotinic Acid

【药理作用及适应证】烟酸和烟酰胺总称为维生素 PP，烟酰胺是烟酸在体内的活性形式。烟酸在体内可转化为烟酰胺，烟酰胺在体内构成辅酶Ⅰ（NAD）和辅酶Ⅱ（NADH），在氧化还原反应中起着传递氢的作用，与糖酵解、脂肪代谢、丙酮酸代谢等有密切关系，并在维持皮肤和消化器官正常功能中起重要作用。烟酸缺乏时，犬的口腔黏膜呈黑色，称为黑舌病。其他家畜表现为生长缓慢、食欲下降。主要用于烟酸缺乏症，也常与维生素 B_1 和维生素 B_2 合用，对多种疾病进行综合治疗。

【上市剂型】

① 烟酸诺氟沙星预混剂（水产用），规格：10%。

② 烟酸诺氟沙星溶液，规格：2%。

③ 烟酸诺氟沙星可溶性粉，规格：5%，10%，20%，30%，0.5g∶0.25g（蚕用）。

④ 烟酸诺氟沙星注射液，规格：5mL∶0.25g，5mL∶0.4g，10mL∶0.5g，10mL∶0.7g，10mL∶0.8g，100mL∶2g，100mL∶7g，100mL∶14g。

⑤ 烟酸诺氟沙星注射液（犬用），规格：2mL∶40mg。

⑥ 烟酸片，规格：50mg，100mg。

【联用与禁忌】

① 阿司匹林：协同作用。

② 降压药、吩噻嗪类：联用可使其作用加剧。

③ 与异烟肼配伍：拮抗作用。

【用药注意】

① 个别可引起头晕、恶心、上腹不适、食欲不振等，可自行消失。

② 妊娠初期过量服用有致畸危险。

③ 肌注可引起疼痛，故少用。

叶　　酸

Folic Acid

【药理作用及适应证】叶酸在体内以四氢叶酸的形式参与物质代谢，与某些氨基酸的互变及嘌呤、嘧啶的合成密切相关，进而影响核酸的合成和蛋白质的代谢，对正常血细胞的形成有促进作用，并能促进免疫球蛋白的生成。临床主要用于防治叶酸缺乏而引起的畜禽贫血症。

【上市剂型】叶酸片，规格：5mg。

【联用与禁忌】

① 苯巴比妥、苯妥英钠：联用可引起本品缺乏。

② 复方磺胺甲噁唑、氯霉素：可减弱本品的疗效。

③ 维生素 B_1、维生素 B_2、维生素 C：不能与本品混合注射。

④ 磺胺嘧啶钠、苯巴妥钠、葡萄糖酸钙：有理化性配伍禁忌。

【用药注意】

① 静脉注射可引起严重变态反应，故注射液不宜静脉注射。

② 长期饲喂广谱抗生素或磺胺类药物时，因其抑制合成叶酸的细菌生长，可能导致叶酸的缺乏。

第十五节　钙、磷与微量元素

钙和磷是构成骨组织的主要元素。体内 99%的钙和 80%以上的磷存在于骨骼和牙齿中，并不断地与血液和体液中的钙、磷进行代谢，维持动态平衡。

微量元素是指在动物体内存在的极微量的一类矿物质元素，仅占体重的0.05%，但却是动物生命活动所必需的元素。它们是酶、激素和某些维生素的组成成分，对酶的活化、物质代谢和激素的正常分泌均有重要影响，也是生化反应速率的调节物。日粮中微量元素不足时，动物可产生缺乏综合征。添加一定的微量元素，能改善动物的代谢，预防和消除这种缺乏症，从而提高畜禽的生产性能。然而微量元素过多时，也可引起动物中毒。

畜禽需要的微量元素主要有硒、钴、铜、锌、锰、铁、碘等。这些微量元素，动物除从饲料本身摄取外，尚可由饲料添加剂补给。

氯化钙

Calcium Chloride

【药理作用及适应证】钙是动物机体必需元素之一，可维持神经肌肉稳定性，降低毛细血管通透性，具有解痉、消炎、消肿及抗变态反应等药理作用。临床主要用于急慢性钙缺乏症、毛细血管通透性增高所致的各种过敏性疾病，还用于硫酸镁中毒的解救。

【上市剂型】氯化钙注射剂，规格：20mL∶1g（5%）。

【联用与禁忌】

① 维生素D：促进口服钙剂吸收。

② 普萘洛尔：联用可抑制钙离子，增加心肌收缩力作用。

③ 镁盐：可拮抗镁盐的神经肌肉麻痹作用。

④ 枸橼酸钠：合用生成钙盐，降低或完全消除抗凝作用。

【用药注意】

① 静脉注射必须缓慢，以免血钙浓度骤升，导致心律失常甚至心跳骤停。

② 氯化钙溶液刺激性强，不宜肌内或皮下注射，静脉注射时

严防漏出血管，以免引起局部肿胀或坏死。

③ 氯化钙注射液不可直接静注，应在注射前以等量的葡萄糖液稀释。

④ 在应用强心苷、肾上腺素期间或停药 7d 内，禁忌注射钙剂。

【同类药物】

葡萄糖酸钙（Calcium Gluconate） 作用及注意同氯化钙。对组织的刺激性较小，注射时比氯化钙安全。

亚硒酸钠

Sodium Selenite

【药理作用及适应证】硒是谷脱甘肽过氧化物酶的组成成分，此酶可分解细胞内过氧化物，防止对细胞膜的氧化破坏反应，保护生物膜免遭损害。硒能加强维生素 E 的抗氧化作用，二者对此生理功能有协同作用。硒与蛋白结合形成硒蛋白，是肌肉组织的重要组成成分。此外，硒还可以与重金属生成不溶性硒化物，降低其对机体的毒性。主要用于防治犊牛、羔羊、驹、仔猪的白肌病和雏鸡渗出性素质。

【上市剂型】亚硒酸钠片，规格：1mg。

【联用与禁忌】

① 维生素 E：与硒类有协同作用，两药联用可增强机体免疫功能和提高视力。

② 多柔比星：可抑制多柔比星对心肌和肝细胞的损伤。

③ 环磷酰胺：亚硒酸钠可抑制环磷酰胺引起的淋巴细胞增殖。

④ 莫能霉素：二者相互作用，导致硒中毒。

⑤ 铜：硒和铜在动物体内存在相互拮抗效应，可能使饲喂低硒粮的动物诱发硒缺乏症。

⑥ 朱砂：亚硒酸钠对汞中毒有拮抗作用，在朱砂中毒时可以应用。

【用药注意】

① 肌内或皮下注射有明显的局部刺激性，动物表现为不安。

② 中毒量和治疗量很接近，确定剂量时应谨慎。

③ 补硒的猪在屠宰前至少停药60d。

④ 休药期：亚硒酸钠维生素E注射液，牛30d，羊、猪14d；亚硒酸钠维生素E预混剂，牛、羊、猪28d。

第六章　中药配伍与禁忌

第一节　解　表　药

凡以发散表邪、解除表证为主要作用的药物，称解表药，又称发表药。

本类药物辛散轻扬，主入肺、膀胱经，偏行肌表，有促进机体发汗、使表邪由汗而出的作用，从而达到治愈表证、防止疾病传变的目的。即《黄帝内经》所谓："其在皮者，汗而发之"的意思。解表药除主要具有发汗解表的作用外，部分药尚兼有利尿退肿、止咳平喘、透疹、止痛、消疮等作用。

解表药主要用于治恶寒、发热、头痛、身痛、无汗或有汗不畅、脉浮之外感表证。部分解表药尚可用于水肿、咳喘、麻疹、风疹、风湿痹痛、疮疡初起等证。

使用解表药必须根据四时气候变化及患畜体质不同而恰当选择、配伍用药。冬季多风寒，春季多风热，夏季多夹暑湿，秋季多兼燥邪。故除针对外感风寒、风热表邪不同相应选择长于发散风寒或风热的药物外，还有解表药与祛暑、化湿、润燥药的不同配伍。若动物体虚外感、正虚邪实、难以祛散表邪者，应根据体质的不同，解表药还需分别与补气、助阳、滋阴、养血等补养药配伍用药，以扶正扶邪。温病初起，邪在卫分，除选用发散风热药物外，应同时配伍清热解毒药。

使用发汗作用较强的解表药时，不要用量过大，以免发汗太过，耗伤阳气，损及津液，造成“亡阳”、“伤阴”的弊端。又汗为津液，血汗同源，因此，表虚自汗、阴虚盗汗以及疮疡日久、淋病、失血者，虽有表证，也应慎用。使用解表药还要注意因时、因地而异，如春夏腠理疏松，容易出汗，解表药用量宜轻；冬季腠理致密，不易汗出，解表药用量宜重；同样，北方严寒地区用药宜重；南方炎热地区用药宜轻。解表药多为辛散之品，入汤剂不宜久煎，以免有效成分挥发而降低药效。

根据解表药药性及临床应用不同，可分为辛温解表药（发散风寒药）及辛凉解表药（发散风热药）两类。

一、辛温解表药（发散风寒药）

本类药物性味多属辛温，辛以发散，温可祛寒，故以发散风寒为主要作用。主要用于外感风寒所致恶寒发热，无汗或汗出不畅，头痛身痛，口不渴，舌苔薄白，脉浮等风寒表证。部分药物还可用于治痹证及喘咳、水肿、麻疹、疮疡初起兼有风寒表证者。

麻　黄

为麻黄科草本状小灌木草麻黄、木贼麻黄和中麻黄的草质茎。主产于河北、山西、内蒙古、甘肃等地。立秋至霜降之间采收，阴干切段。生用、蜜炙或捣绒用。

【药理作用特点】

本品辛、微苦、温，归肺、膀胱经，具有发汗解表、宣肺平喘、利水消肿作用。本品含麻黄碱、假麻黄碱、麻黄次碱、苄甲胺和松油等。

其药理作用为：麻黄碱能松弛支气管平滑肌，兴奋心脏、收缩血管、升血压及兴奋中枢；假麻黄碱有利尿作用，并能缓解支气管平滑肌痉挛等；挥发油有解热、发汗和抑制流感病毒的作用。

【联用与禁忌】

① 与桂枝相须为用，如麻黄汤，用于外感风寒、恶寒无汗、

发热、脉浮而紧的感冒重症，即风寒表实证。

② 与杏仁、甘草同用，如三拗汤，用于咳嗽气喘。此外，本品配伍细辛、干姜、半夏等，如小青龙汤，还可治寒痰停饮、咳嗽气喘、痰多清稀。与石膏、杏仁、甘草配用，如麻杏石甘汤，对肺热壅盛、高热喘急者，可以清肺平喘。

③ 与甘草同用，即甘草麻黄汤，用于风水水肿，即风邪袭表、肺失宣降的水肿、小便不利兼有表证的风水证；若兼见内热及脾虚者，可配伍石膏、生姜、甘草及白术等药。

④ 呋喃唑酮、利血平、异卡波肼、尼拉未、苯环丙胺与麻黄同服，可引起恶心、呕吐、腹痛。

⑤ 麻黄与单胺氧化酶抑制剂呋喃唑酮、帕吉林、苯异肼、甲基苯肼、异烟肼等合用，可产生毒副作用，严重时导致高血压和脑出血。

⑥ 麻黄与头孢菌素类抗生素合用，可引起过敏反应。

⑦ 麻仁石甘片、止咳定喘膏、防风通圣丸等含有麻黄的中成药与抗高血压药同服，可因麻黄中的有效成分麻黄碱的收缩动脉血管作用而致血压升高，会抵消抗高压药的疗效，甚至会升高血压。

【用药注意】

① 发汗解表宜生用，止咳平喘多炙用。

② 本品发散力强，凡表虚自汗、阴虚盗汗、肺虚咳嗽及脾虚水肿者均当慎用。

桂　枝

为樟科常绿乔木肉桂的嫩枝。主产于广东、广西及云南省，尤以广西为多。常于春季割取嫩枝，晒干或阴干，切片或切段用。

【药理作用特点】

本品辛、甘、温，归心、肺、膀胱经。发汗解肌，温通经脉，助阳化气。本品含桂皮醛、肉桂酸、香豆素等。

其药理作用为：桂皮醛能刺激汗腺分泌，扩张皮肤血管，并通过发汗，加速体表解热作用；浸出液对金黄色葡萄球菌、铜绿假单胞菌、甲型链球菌、乙型链球菌均具有明显抑制作用；对小鼠热致痛和醋酸致痛均有明显的抗痛作用。桂皮油可扩张血管、调节血液循环，使血液流向体表，加强麻黄发汗作用。

【联用与禁忌】

① 与麻黄同用，如麻黄汤，可用于风寒表实无汗者，以开宣肺气、发散风寒；与白芍、生姜、大枣同用，如桂枝汤，可用于表虚有汗者，以调和营卫、发汗解肌。

② 与枳实、薤白同用，如枳实薤白桂枝汤，可用于胸阳不振、心脉瘀阻、胸痹心痛；与白芍、饴糖同用，如小建中汤，可用于中焦虚寒、脘腹冷痛；与附子同用，如桂枝附子汤，可用于风寒湿痹、肩臂疼痛。

③ 与茯苓、白术同用，如苓桂术甘汤，可治脾阳不运、痰饮眩悸者；与猪苓、泽泻等同用，如五苓散，可治膀胱气化不行、水肿小便不利者。

④ 与甘草、党参、麦冬同用，如炙甘草汤，用于心阳不振，不能直通血脉，见心悸动、脉结代者。此外，若阴寒内盛，引动下焦冲气，上凌心胸所致奔豚者，常重用本品，如桂枝加桂汤。

⑤ 桂枝不宜与普萘洛尔同用，会抑制桂枝增强心肌收缩力的作用。

⑥ 桂枝不宜与阿司匹林同用，两者均有发汗作用，易引起中毒。

【用药注意】

① 本品辛温助热，如用之不当有伤阴动血之弊，凡外感热病、阴虚火旺、血热妄行等证所致的出血证，均当忌用。

② 孕畜慎用。

紫　苏　叶

唇形科一年生草本植物紫苏的茎、叶，其叶称紫苏叶，其茎称紫苏梗。我国南北地区均产。夏秋季采收。阴干，生用。

【药理作用特点】

本品辛、温，归肺、脾经。发汗解表，行气宽中，止血。含挥发油，主要含紫苏醛、紫苏酮、香薷酮、柠檬烯、柠檬醛等。

其药理作用为：水提物和挥发油可极显著地抑制洋地黄酊所致的家鸽呕吐；水煎剂对金黄色葡萄球菌有抑制作用，紫苏醛和柠檬醛为主要活性成分。

【联用与禁忌】

① 与羌活、防风等同用，如羌苏达表汤，可发汗解表、宣肺止咳。与前胡、杏仁、桔梗等药同用，如杏苏散，用于外感风寒表证，如恶寒发热、无汗兼咳嗽等。

② 与藿香、陈皮、半夏等配伍，如藿香正气散，治外感风寒、内伤湿滞、气机不畅、胸闷呕吐；常取砂仁、陈皮等理气安胎药同用，可用于胎气上逆、胸闷呕吐、胎动不安者。

③ 可单用本品煎汤服，或配伍生姜、陈皮、藿香等药同用，不宜久煎。可用于鱼蟹中毒、腹痛吐泻。

④ 紫苏叶油、白芷、陈皮、苍术等组成的藿香正气软胶囊，不宜与甲氧氯普胺同时使用，因同时使用可产生药理性拮抗作用，使两者的药效减弱。

【用药注意】

① 温病及气弱者忌服。

② 病属阴虚，因发寒热或恶寒及头痛者，慎勿投之，火升作呕者亦不宜。

荆　　芥

为唇形科一年生草本植物荆芥的地上部分。主产于江苏、浙江及江西等地。多系人工栽培。秋冬采收，阴干切段。生用、炒黄或炒炭。

【药理作用特点】

本品辛、微温，归肺、肝经。发表散风，理血，透疹消疮，炒炭止血。本品含挥发油，油中含薄荷酮、异薄荷酮、胡薄荷酮、异胡薄荷酮、柠檬烯等。

其药理作用为：煎剂或浸剂对实验性发热有解热作用；能促进皮肤血液循环，能增强汗腺分泌以及缓解平滑肌痉挛；荆芥炭能缩短出血和凝血的时间。

【联用与禁忌】

① 与防风、羌活、独活等药同用，如荆防败毒散，用于治风寒感冒、恶寒发热无汗者；与金银花、连翘、薄荷等药配伍，如银翘散，可治疗风热感冒、头痛目赤。

② 常与蝉蜕、薄荷、紫草等药同用，如透疹汤，用于治表邪外束、麻疹不透；与苦参、防风、赤芍等同用，如消风散，可治风疹瘙痒或湿疹痒痛。

③ 常配伍羌活、川芎、独活等药同用，如败毒散，用于疮疡初起兼有表证。与金银花、连翘、柴胡等药配伍，如银翘败毒散，用于偏风热者。

④ 常配伍生地黄、白茅根、侧柏叶等凉血止血药，用于吐衄下血；与地榆、槐花、黄芩炭等同用，治便血、痔血。

⑤ 荆芥含黄酮成分，多与金属离子形成络合物，含此类成分的中药如与西药制剂碳酸钙、硫酸亚铁、氢氧化铝等同用，会形成络合物，影响药物的吸收。

【用药注意】

① 发表透疹消疮宜生用；止血宜炒用。

② 表虚自汗、阴虚头痛忌服。

③ 血虚寒热而不因于风湿风寒者勿用。

生　姜

为姜科多年生草本植物姜的根茎。各地均产。秋、冬二季采挖，除去须根，切片生用。

【药理作用特点】

本品辛、温，归肺、脾、胃经。发汗解表，温中止呕，温肺止咳。本品含挥发油、姜辣素和二苯基庚烷等。

其药理作用为：对金黄色葡萄球菌、大肠杆菌等有较强抑制作用；乙醇提取物能抑制角叉菜胶和5-羟色胺引起的大鼠足趾肿胀和皮肤水肿。

【联用与禁忌】

① 可单煎或配葱白煎服，或加入其他辛温解表药中作辅药使

用，以增发汗解表之力，如桂枝汤等方剂中均有本品，用于风寒感冒。

② 与半夏同用，即小半夏汤，用于胃寒呕吐，有“呕家圣药”之称；可配黄连、竹茹等同用，用于胃热呕吐者；此外，某些止呕药用姜汁制过，能增强止呕作用，如姜半夏、姜竹茹等。

③ 与杏仁、紫苏、陈皮、半夏等药同用，如杏苏二陈汤，用于风寒咳嗽。

④ 生姜还能解半夏、天南星及鱼蟹之毒。

⑤ 生姜、龙胆、萝芙木与红霉素同用，可破坏红霉素的作用，影响疗效。

【用药注意】

① 本品伤阴助火，故阴虚内热患畜忌服。

② 久服积热，损阴伤目。

防　风

为伞形科多年生草本植物防风的根。主产于东北、河北、四川、云南等地。春秋季采挖，晒干切片生用或炒炭用。

【药理作用特点】

本品辛、甘、微温，归膀胱、肝、脾经。发表散风，胜湿止痛，解痉，止泻。本品含石防风素、补骨脂内酯、香柑内酯、欧前胡素、花椒毒素等。

其药理作用为：煎剂与浸剂对人工发热家兔有明显的解热作用；煎剂可降低由醋酸致小鼠扭体反应次数；煎剂和醇浸剂对巴豆油引起的耳炎及大鼠蛋清性足肿有一定的抑制作用；新鲜关防风榨出液在体外试验，对铜绿假单胞菌及金黄色葡萄球菌有一定抗菌作用。品种未经鉴定的防风煎剂对溶血性链球菌及痢疾杆菌也有一定的抗菌作用。

【联用与禁忌】

① 常与荆芥、羌活、独活等药同用，如荆防败毒散，用于外感风寒所致的鼻流清涕、肌肉紧硬；与薄荷、蝉蜕、连翘、金银花等辛凉解表药同用，可用于治风热表证、鼻流脓涕、发热恶风、咽

痛微咳者；与羌活、藁本等药同用，如羌活胜湿汤，可用于治外感风湿、头痛如裹、身重肢痛者；多配伍苦参、荆芥、当归等散风止痒、活血消瘀药同用，如消风散，可治风疹瘙痒。

② 与羌活、独活、附子、升麻等同用，如防风散，用于风湿痹痛。

③ 配伍天麻、天南星、白附子等药同用，如玉真散，用于治风毒内侵、贯于经络、引动内风、角弓反张的破伤风。

④ 配伍陈皮、白芍、白术同用，如痛泻要方，用于肝郁侮脾、腹痛泄泻；本品炒炭，尚可用于治肝郁侮脾的腹痛泄泻及肠风下血。

⑤ 防风、白芷、辛夷花、苍耳子、黄芩、桔梗、半夏等与磺胺类药合用，能治疗鸡传染性鼻炎。

⑥ 党参、白术、干姜、木香、防风、罂粟壳等中药组成复方肠胃片，不宜与红霉素等肠道吸收药物同用，由于胃排空速度减慢，延长了红霉素等肠道吸收药物在胃中的停留时间，从而影响其在肠道的吸收，使疗效降低。

【用药注意】

① 一般生用，止泻炒用，止血炒炭用。

② 阴虚火旺、血虚发痉患畜慎用。

白　芷

为伞形科多年生草本植物白芷或杭州白芷的根。主产于四川、浙江、河南、河北、安徽等地。秋季采挖。晒干，切片生用。

【药理作用特点】

本品辛、温，归肺、胃经。解表散风，通窍止痛，燥湿，消肿排脓。本品含比克白芷素、比克白芷醚、欧前胡素、异欧前胡素、东莨菪碱素、白当归素、白当归脑等。

其药理作用为：煎液对皮下注射蛋白胨所致小鼠高热模型有明显的解热镇痛作用；对大肠杆菌、痢疾杆菌、伤寒杆菌、副伤寒杆菌、铜绿假单胞菌、霍乱弧菌等有抑制作用。

【联用与禁忌】

① 配伍防风、羌活等药同用，如九味羌活汤，用于外感风寒。

② 可单用，即都梁丸；或与荆芥、防风、川芎等药同用，如川芎茶调散，可祛风止痛，用于风湿痹痛；可配伍薄荷、菊花、蔓荆子等同用，用于外感风热者；与苍耳子、辛夷、薄荷等同用，如苍耳子散，用于脑颡、鼻流浊涕不止。与羌活、独活、威灵仙同用，可用于风寒湿痹、腰背疼痛。

③ 与金银花、当归、穿山甲等配用，如仙方活命饮，用于疮痈肿毒；与瓜蒌、贝母、蒲公英等同用，可治乳痈肿痛。

④ 白芷、辛夷花、苍耳子、防风、黄芩、桔梗、半夏等与磺胺类药合用，能治疗鸡传染性鼻炎。

⑤ 紫苏叶油、白芷、陈皮、苍术等组成的藿香正气软胶囊，不宜与甲氧氯普胺同时使用，同时使用可产生药理性拮抗作用，使两者的药效减弱。

【用药注意】

① 阴虚血热者忌服。

② 对痈疮已溃、脓出通畅者，宜慎用。

③ 外用时注意用量。

细　辛

为马兜铃科多年生草本植物北细辛、汉城细辛或华细辛的全草。前两种习称“辽细辛”，主产于辽宁、吉林、黑龙江；后一种主产于陕西等地。夏秋采收，阴干生用。

【药理作用特点】

本品辛、温，有小毒，归肺、肾、心经。祛风散寒，通窍止痛，温肺化饮。本品含蒎烯、甲基丁香酚、细辛酮等挥发油。

其药理作用为：挥发油对正常小鼠的体温有降低作用；对醋酸致小鼠腹痛、热板法致小鼠足痛有明显的镇痛作用；挥发油可完全对抗电惊厥，显著延长戊四氮警觉潜伏期及死亡时间；挥发油灌服或注射有明显的抗炎作用。

【联用与禁忌】

① 与羌活、防风、白芷等同用，如九味羌活汤，用于风寒感冒、阳虚外感，治疗一般风寒感冒；与附子、麻黄同用，如麻黄附

子细辛汤，治疗疗恶寒无汗、发热脉沉的阳虚外感。

② 常配独活、桑寄生、防风等同用，如独活寄生汤，可祛风止痛，用于风湿痹痛。

③ 与麻黄、桂枝、干姜等同用，如小青龙汤，用于寒痰停饮、气逆喘咳；与茯苓、干姜、五味子等同用，如苓甘五味姜辛汤，可用于外无表邪，纯系寒痰停饮涉肺，气逆喘咳者。

④ 常与皂荚研末和匀，吹少许入鼻中取嚏，如通关散，有通关开窍醒神之用，用于治闭证、实证者。

⑤ 细辛不宜与普萘洛尔同用，细辛具有兴奋 β 受体的效应，使心率加快，心肌收缩力增强，普萘洛尔能阻断细辛的作用。

⑥ 细辛不宜与巴比妥类、水合氯醛合用，细辛挥发油具有中枢神经抑制作用，会加强巴比妥类、水合氯醛的镇静作用，易引起毒性反应。

【用药注意】

① 对气虚多汗、阴虚咳嗽、血虚内热、干咳无痰等应慎用。

② 本品辛烈，用量不宜过大。

③ 不宜与藜芦同用。

辛　夷

为木兰科植物望春花、玉兰或武当兰的干燥花蕾。主产于河南、安徽、四川等地。捣碎后生用或炒炭用。

【药理作用特点】

本品辛、温，入肺、胃经。疏风解表，通利肺窍。本品含挥发油。

其药理作用为：雾化液对支气管哮喘具有一定的平喘和止咳作用；挥发油能降低炎症组织毛细血管的通透性，抑制炎症介质前列腺素 E2 和组胺的产生。

【联用与禁忌】

① 与细辛、升麻、藁本、川芎、白芷等同用，可疏风解表，用于外感风寒、鼻流清涕。

② 与酒知母、酒黄柏、香白芷、金银花、薄荷、射干等配伍，

如辛夷散，可通利鼻窍，用于脑颡鼻脓。

③ 白芷、辛夷花、苍耳子、防风、黄芩、桔梗、半夏等与磺胺类药合用，能治疗鸡传染性鼻炎。

【用药注意】

对气虚及上焦火旺者忌用。

苍 耳 子

为菊科植物苍耳的成熟带总苞片的果实。全国各地均产。生用或炒黄用。

【药理作用特点】

本品苦、辛、温，有小毒。入肺经。祛风除湿，通利鼻窍，解疮毒。苍耳子含苍耳子苷、生物碱、毒蛋白、挥发油、脂肪油等。

其药理作用为：苍耳子苷、生物碱和毒蛋白等为有毒成分，主要损害肝脏；苷类物质能使血糖急剧下降而致惊厥甚至死亡；脂肪油乳浊液、水煎液对金黄色葡萄球菌和肺炎双球菌有抑制作用。

【联用与禁忌】

① 与辛夷、白芷、薄荷等同用，可散风通窍，用于治风寒感冒、鼻窍不通、浊涕下流、脑颡流鼻等。

② 与威灵仙、苍术、羌活等配伍，可祛风除湿止痛，用于治风湿痹痛。

③ 用于皮肤湿疹、瘙痒疥癣等，外用、内服均可。

④ 苍耳子含生物碱，与碳酸氢钠、青霉素钠、磺胺嘧啶等碱性注射液配伍，生物碱游离产生沉淀。

⑤ 苍耳子不宜与胃蛋白酶、乳酶生、多酶片、淀粉酶等酶制剂同用，易产生沉淀。

⑥ 苍耳子不宜与碳酸钙、氯化钙、硫酸亚铁等金属盐类同用，易产生沉淀。

⑦ 苍耳子不宜与碘化物、碘化钠等同用，产生沉淀。

【用药注意】

本品有小毒，应注意掌握用量。

藁　本

为伞形科植物藁本或辽藁本的干燥根茎。前者主产于湖南、湖北、四川；后者主产于辽宁、河北等地。

【药理作用特点】

本品辛、温，入膀胱经。发表散寒，祛风胜湿。藁本含挥发油，主要成分是3-丁基苯酞、蛇床酞内酯。

其药理作用为：藁本中性油能抑制小鼠的自发活动及对抗苯丙胺引起的运动性兴奋，能加强硫喷妥钠的催眠作用，能对抗酒石酸锑钾引起的小鼠扭歪反应及明显延长热板反应的时间，并降低致热动物的体温及正常小鼠的体温，还能对抗二甲苯炎症；藁本中性油有抑制肠及子宫平滑肌的作用；藁本内酯不仅对豚鼠离体气管条有松弛作用，而且对乙酰胆碱、组胺以及氯化钡引起的气管平滑肌痉挛收缩，有明显的解痉作用。苯酞及其衍生物乙烯基内酯、丙烯基呋内酯、正丁烯呋内酯及正丁基呋内酯对动物气管平滑肌均具有显著的松弛作用。

【联用与禁忌】

① 与羌活、独活、川芎、白芷、防风、细辛等同用，可发表散寒，用于外感风寒挟湿证。

② 与羌活、防风、威灵仙等配伍，可祛风胜湿，用于风寒湿痹、肢节冷痛等。

【用药注意】

血虚头痛的患畜忌服。

葱　白

为百合科植物葱近根部的鳞茎。全国各地均产。鲜用。

【药理作用特点】

本品辛、温，入肺、胃经。发汗解表，散寒通阳。葱白含挥发油，包括大蒜辣素、二烯丙硫醚。

其药理作用为：葱白挥发性成分等对白喉杆菌、结核杆菌、痢疾杆菌、葡萄球菌及链球菌有抑菌作用；大葱的黏液质对皮肤和黏膜有保护作用，其含硫化物有轻度局部刺激作用、缓下作用和驱虫作用，其挥发性成分由呼吸道、汗腺和泌尿道排出时，能刺激分泌，有祛痰、发汗和利尿作用。

【联用与禁忌】

① 常与生姜同用，用于外感风寒轻症，或配合其他辛温解表药，以助发汗之效。

② 与附子、干姜等同用，可通阳气、散阳寒，治寒凝腹痛诸证。

【用药注意】

① 表虚多汗者忌服。

② 本品忌与蜜、枣、地黄、常山同食。

二、辛凉解表药（发散风热药）

本类药物多性味辛凉，发汗解表作用较和缓，辛以发散，凉可祛热，故以发散风热为主要作用。主要适用于外感风热所致的发热、微恶风寒、咽干口渴、头痛目赤、舌苔薄黄、脉浮数等症。某些药物还可用治风热所致目赤多泪、咽喉肿痛、麻疹不透以及风热咳嗽等症。

薄　荷

为唇形科多年生草本植物薄荷的茎叶。我国南北均产，尤以江苏产者为佳。收获期因地而异，一般每年可采割 2～3 次。鲜用或阴干切段生用。

【药理作用特点】

本品辛、凉，归肺、肝经。疏散风热，清利头目，利咽，透疹，疏肝解郁。本品含挥发油，油中主要成分为薄荷醇、薄荷酮、柠檬烯、蒎烯等。

其药理作用为：薄荷油有明显的利胆、解痉挛作用和抗炎镇痛作用；薄荷醇能促进气管分泌，使黏液稀释而表现祛痰作用。

【联用与禁忌】

① 与金银花、连翘、牛蒡子、荆芥等同用，如银翘散，用于

风热感冒，温病初起。

② 多配合桑叶、菊花、蔓荆子等同用，用于目赤、咽喉肿痛；与桔梗、生甘草、僵蚕、荆芥、防风等同用，用于治风热壅盛、咽喉肿痛。

③ 常配蝉蜕、荆芥、牛蒡子、紫草等，如透疹汤，用于麻疹不透、风疹瘙痒；可与苦参、白鲜皮、防风等同用，取其祛风透疹止痒之效，治疗风疹瘙痒。

④ 常配合柴胡、白芍、当归等疏肝理气之品，如逍遥散，用于肝郁气滞、胸闷胁痛，治疗肝郁气滞、胸胁胀痛。

⑤ 本品芳香辟秽，与藿香、佩兰、白扁豆等同用，对夏令感受暑湿秽浊之气所致痧胀腹痛吐泻等症有很好的疗效。

⑥ 薄荷含挥发油，具有还原作用，不宜与硝酸甘油、硝酸异山梨酯等具有氧化性的药物联用，会使后者的药效丧失。

【用药注意】

① 其叶长于发汗，梗偏于理气。

② 本品芳香辛散、发汗耗气，故体虚多汗患畜不宜使用。

菊　　花

为菊科多年生草本植物菊的头状花序。由于产地、花色及加工方法的不同，又分为白菊花、杭菊花、滁菊花。主产于浙江、安徽、河南和四川等省。花期采收，阴干生用。

【药理作用特点】

本品辛、甘、苦，微寒，归肺、肝经。疏散风热，平肝明目，清热解毒。本品含挥发油、黄酮类、绿原酸、微量元素等。

其药理作用为：有抗菌、消炎、解热和降血压的作用；对葡萄球菌、链球菌、痢疾杆菌、铜绿假单胞菌、流感病毒等有抑制作用。

【联用与禁忌】

① 与桑叶、连翘、薄荷、桔梗等同用，如桑菊饮，用于风热感冒、发热。

② 与桑叶、决明子、龙胆、夏枯草等同用，共奏疏风清肝明目之效，用于目赤昏花；与枸杞子、熟地黄、山茱萸等同用，如杞

菊地黄丸，用于肝肾不足、目暗昏花，共收滋补肝肾、益阴明目之功。

③ 与石决明、珍珠母、牛膝等同用，用于肝阳上亢、头痛眩晕；与羚羊角、钩藤、白芍等同用，如羚角钩藤汤，可用治痉厥抽搐实肝风证。

④ 与金银花、生甘草同用，如甘菊汤，可用治疔疮肿毒。

⑤ 菊花所含黄酮成分多与金属离子形成络合物，含此类成分的中药如与西药制剂如碳酸钙、硫酸亚铁、氢氧化铝等同用，会形成络合物，影响药物的吸收。

⑥ 菊花含挥发油，具有还原作用，不宜与硝酸甘油、硝酸异山梨酯等具有氧化性的药物联用，会使后者的药效丧失。

【用药注意】

疏散风热多用黄菊花，平肝明目多用白菊花。

柴　胡

为伞形科多年生草本植物柴胡（北柴胡）和狭叶柴胡（南柴胡）的根或全草。前者主产于辽宁、甘肃、河北、河南等地；后者主产于湖北、江苏、四川等地。春、秋两季采挖，晒干，切段，生用或醋炙用。

【药理作用特点】

本品苦、辛、微寒，归肝、胆经。疏散退热，疏肝解郁，升阳举陷。含挥发油、有机酸、植物甾醇、槲皮素等。

其药理作用为：挥发油对伤寒、副伤寒疫苗、大肠杆菌液、发酵牛奶、酵母等所致发热有明显解热作用；皂苷对多种致炎剂所致踝关节肿和结缔组织增生性炎症均有抑制作用；柴胡多糖腹腔注射，可提高照射小鼠的存活率；柴胡注射液皮下注射可显著降低四氯化碳引起的大鼠血清 GPT 升高，肝细胞变性及坏死也明显减轻；柴胡多糖能使吞噬功能增强、自然杀伤细胞功能增强，提高病毒特异性抗体滴度，提高淋巴细胞转核率，提高皮肤迟发型过敏反应；对疟原虫、结核杆菌、流感病毒有抑制作用；柴胡煎剂还有镇静及镇痛的作用。

【联用与禁忌】

① 与黄芩等同用，如小柴胡汤，用于寒热往来、感冒发热；与甘草同用，可治感冒发热；与葛根、黄芩、石膏等同用，如柴葛解肌汤，可用于热邪较甚，有良好的疏散退热作用。

② 与当归、白芍等同用，如逍遥散，用于肝郁气滞、胸胁疼痛。常与香附、川芎、芍药等同用，如柴胡疏肝散，对于胸胁疼痛，不论内伤肝郁、外伤跌扑，均可应用。

③ 与人参、黄芪、升麻等同用，如补中益气汤，用于气虚下陷、久泻脱肛。

④ 与黄芩 、常山、草果等同用，可退热截疟，为治疗疟疾寒热的常用之品。

⑤ 用清开灵、柴胡注射液配合聚肌胞、葡萄糖注射液治疗疑似猪瘟效果良好。

⑥ 柴胡及其制剂不宜与维生素 C、烟酸、谷氨酸、胃酶合剂、稀盐酸等酸性较强的西药合用，以免引起苷类分解。

⑦ 柴胡含有槲皮素，应避免与碳酸钙、维丁胶性钙、硫酸镁、硫酸亚铁、氢氧化铝和碳酸铋类药物合用，因其能形成络合物而相互影响疗效。

⑧ 柴胡含挥发油，具有还原作用，不宜与硝酸甘油、硝酸异山梨酯等具有氧化性的药物联用，会使后者的药效丧失。

【用药注意】

① 和解退热宜生用，疏散肝郁宜醋炙，骨蒸劳热当用鳖血拌炒。

② 柴胡性升散，古人有“柴胡劫肝阴”之说，若肝阳上亢、肝风内动、阴虚火旺及气机上逆患畜忌用或慎用。

葛　根

为豆科多年生落叶藤本植物野葛或甘葛藤的根。分布于我国南北各地。春、秋两季采挖，切片，晒干。生用或煨用。

【药理作用特点】

本品甘、辛、凉，归脾、胃经。解肌退热，透发麻疹，生津止渴，升阳止泻。本品含葛根素、大豆素、大豆苷、花生酸等。

其药理作用为：葛根素可促进正常金黄地鼠脑循环和改善造模引起的局部微循环障碍；有一定的退热、镇静和解痉作用；能降低血糖及具有缓和的降压作用。

【联用与禁忌】

① 与柴胡、黄芩、白芷等同用，如柴葛解肌汤，用于外感表证。

② 与升麻、芍药、甘草等同用，如升麻葛根汤，用于麻疹不透。可与薄荷、牛蒡子、荆芥、蝉蜕等同用，透疹解毒，用于痘疹初起。

③ 与芦根、天花粉、知母等同用，用于热病口渴、阴虚消渴。与乌梅、天花粉、麦冬、党参、黄芪等同用，如玉泉丸，用于治内热消渴。

④ 常与黄芩、黄连、甘草同用，如葛根芩连汤，用于热泄热痢、脾虚泄泻；与党参、茯苓、甘草等同用，如七味白术散，用于脾虚泄泻。

⑤ 葛根注射液与三磷腺苷、辅酶 A、利巴韦林配伍，pH 值明显发生改变，不宜配伍。

⑥ 葛根所含黄酮成分多与金属离子形成络合物，含此类成分的中药如与西药制剂碳酸钙、硫酸亚铁、氢氧化铝等同用，会形成络合物，影响药物的吸收。

【用药注意】

① 退热生津宜生用，升阳止泻宜煨用。

② 不可多服，其性凉，易于动呕，胃寒者应当慎用。

③ 葛根无明显的毒副作用及不良反应，但脾胃虚寒者慎用。

牛 蒡 子

为菊科两年生草本植物牛蒡的成熟果实。主产于河北、浙江等地。秋季采收，晒干，生用或炒用，用时捣碎。

【药理作用特点】

本品辛、苦、寒，归肺、胃经。疏散风热，透疹利咽，解毒散肿。牛蒡子含牛蒡苷、牛蒡酚、松脂醇、β-谷甾醇和胡萝卜苷等。

其药理作用为：牛蒡苷能直接抑制或灭活流感病毒；提取物具有利尿和改善肾脏代谢功能的作用；水浸剂对多种皮肤真菌有抑制作用。

【联用与禁忌】

① 常配金银花、连翘、荆芥、桔梗等同用，如银翘散，用于风热感冒、咽喉肿痛；可与大黄、薄荷、荆芥、防风等同用，如牛蒡汤，用于风热壅盛、咽喉肿痛、热毒较甚者；与荆芥、桔梗、前胡、甘草同用，用于风热咳嗽、痰多不畅者。

② 与薄荷、荆芥、蝉蜕、紫草等同用，如透疹汤，用于治疗麻疹不透或透而复隐。

③ 常与大黄、芒硝、栀子、连翘、薄荷等同用，用于痈肿疮毒。与瓜蒌、连翘、天花粉、青皮等同用，如瓜蒌牛蒡汤，用于治疗肝郁化火、胃热壅络之乳痈证；与玄参、黄芩、黄连、板蓝根等同用，如普济消毒饮，还可治疗瘟毒发颐、喉痹等热毒之证。

④ 牛蒡子、甘草、金银花、大黄、苦参等混于饲料中配合红霉素饮水，能有效防治鸡传染性喉气管炎。

【用药注意】

① 本品性寒，可滑肠通便，故脾胃虚寒泄泻的患畜慎用。

② 炒用寒性略减。

蝉　蜕

为蝉科昆虫黑蚱羽化后的蜕壳。主产于山东、河北、河南、江苏、浙江等省。夏季采收，去净泥土，晒干生用。

【药理作用特点】

本品甘、寒，归肺、肝经。疏散风热，透疹止痒，明目退翳，止痉。蝉蜕含甲壳质、蛋白质、氨基酸、钙和铝等。

其药理作用为：水提液能缓解乙酰胆碱所致的肠痉挛，止咳作用与磷酸可待因相当；醇提物有明显的镇静作用，与无巴比妥类药物有协同作用；提取液能减轻胸腺和脾脏的重量，降低腹腔巨噬细胞的功能。

【联用与禁忌】

① 与薄荷、连翘、菊花等同用，用于风热感冒、咽痛音哑；与胖大海同用，如海蝉散，用治风热上攻、咽痛音哑。

② 与薄荷、牛蒡子、紫草等同用，如透疹汤，用于麻疹不透、风疹瘙痒。常配荆芥、防风、苦参等同用，如消风散，用于治疗风湿热相搏、风疹湿疹、皮肤瘙痒。

③ 常配菊花、白蒺藜、决明子等同用，如蝉花散，用于目赤翳障。

④ 蝉蜕含铝元素，不宜与四环素族、左旋多巴类、红霉素、利福平、泼尼松、灰黄霉素、异烟肼、氯丙嗪等药同用，中药中所含的金属离子会与这些西药形成络合物，不易被肠道吸收，从而降低疗效。

⑤ 蝉蜕含铝元素，不宜与抗酸药、西咪替丁、丙谷胺、抗胆碱药同用，这些药会降低胃内酸度，影响蝉蜕的吸收。

⑥ 蝉蜕不宜与含同种金属离子的西药制剂同用，以免离子过量而产生毒性。

⑦ 蝉蜕不宜与强心苷同用，因钙离子能加强心肌细胞收缩力和抑制 Na^{+}-K^{+}-ATP 酶活性，与强心苷对心脏有协同作用，二者合用增强强心苷对心肌的作用和毒性，引起心律失常和传导阻滞。

⑧ 蝉蜕不宜与铁剂同服，二者在胃肠道可形成溶解度低的复合物或沉淀，降低铁、钙吸收。

⑨ 蝉蜕不宜与磷酸盐或硫酸盐同用，易形成溶解度小的磷酸钙或硫酸钙沉淀，影响药物的吸收，与硫酸镁合用易拮抗后者的致泻作用，因能降低镁离子的渗透压，缓解肠蠕动。

⑩ 蝉蜕不宜与庆大霉素同用，钙离子会减少庆大霉素与血浆蛋白的结合率，使其毒性增加。

【用药注意】

① 一般病证用量宜小，止痉则需大量。

② 虚证、无风热者及孕畜应当慎用。

桑　叶

为桑科落叶乔木植物桑树的叶。分布于我国南北各省。经霜后采收，晒干，生用或制用。

【药理作用特点】

本品苦、甘、寒，归肺、肝经。疏散风热，清肺润燥，平肝明目。桑叶中含*N*-糖化合物、芸香苷、槲皮素、挥发油、氨基酸、维生素及微量元素等。

其药理作用为：有解热、祛痰和利尿作用；桑叶煎剂在体外试验对金黄色葡萄球菌、乙型溶血性链球菌、白喉杆菌和大肠杆菌等均有一定抑制作用，另外，还可杀灭钩端螺旋体；水煎剂对巴豆所致的小鼠耳肿胀有抑制作用；桑叶对平滑肌有影响，其对动物动情子宫有兴奋作用，对鼠肠肌有抑制作用；桑叶有降低血压的作用，桑叶提取液给犬麻醉后股静脉注射，出现暂时血压降低，但不影响呼吸；桑叶有降血糖作用。其所含的蜕皮甾酮对多种方法诱导的血糖升高均有降糖作用，可促进葡萄糖转化为糖原，但不改变正常动物的血糖。

【联用及禁忌】

① 常配菊花、连翘、杏仁等同用，如桑菊饮，常用于风热感冒，或温病初起、温邪犯肺，见发热、头痛、咳嗽等症。

② 轻者可配杏仁、沙参、贝母等同用，如桑杏汤；重者可配生石膏、麦冬、阿胶等同用，如清燥救肺汤，用于肺热燥咳。

③ 与菊花、石决明、白芍等同用，用于肝阳眩晕、目赤昏花；与菊花、夏枯草、车前子等清肝明目之品合用，可用于治疗肝经风热、肝火上攻所致目赤、涩痛、多泪等实证；配合滋补精血之黑芝麻同用，即桑麻丸，又可用于治疗肝肾不足、眼目昏花之虚证。

④ 桑叶含槲皮素，与碳酸钙、维丁胶性钙、硫酸镁、氢氧化铝和碳酸铋类药物合用，能形成络合物而相互影响疗效。

⑤ 桑叶含有机酸，与庆大霉素同服，会降低其抗菌作用，因为庆大霉素在酸性尿液中抗菌作用最弱。

⑥ 桑叶含有机酸，不宜与呋喃妥因、利福平、阿司匹林、吲哚美辛等长期合用，增加西药在肾脏的重吸收，加重对肾脏的毒性。

⑦ 桑叶不宜与东莨菪碱、咖啡因、颠茄及美卡拉明等弱碱性西药合用，会减少肾小管对这些药物的重吸收，使药效降低。

⑧ 桑叶不宜与磺胺类西药同服，有机酸所致的酸性环境能使乙酰化后的磺胺溶解度降低，易在肾小管中析出结晶，损伤肾小管和尿路的上皮细胞，引起结晶尿、血尿、尿闭等症状。

⑨ 桑叶不宜与葡萄糖注射液等酸性的西药注射液混合使用，会因溶液 pH 的改变导致酸性成分溶解度降低析出沉淀。

⑩ 桑叶不宜与氢氧化铝、碳酸氢钠、复方氢氧化铝、氨茶碱等同服，会因酸碱中和降低或失去抗酸药的治疗作用。

【用药注意】

桑叶蜜制能增强润肺止咳的作用，故肺燥咳嗽多用蜜制桑叶。

升　麻

为毛茛科多年生草本植物大三叶升麻或兴安升麻（北升麻）和升麻的根茎。主产于辽宁、黑龙江、湖南及山西等地。夏、秋两季采挖，晒干切片。生用或蜜制用。

【药理作用特点】

本品辛、甘、微寒，归肺、脾、胃、大肠经。发表透疹，清热解毒，升举阳气。升麻中含有升麻素、升麻苷、升麻宁、异阿魏酸等。

其药理作用为：异阿魏酸可抑制醋酸引起的小鼠扭体反应；提取物能预防小鼠四氯化碳诱导引起的肝损伤及血清谷草转氨酶和谷丙转氨酶的升高；兴安升麻提取物具有镇静、降压作用，并可阻止士的宁引起的小鼠惊厥。

【联用与禁忌】

① 常与葛根、白芍、甘草等同用，如升麻葛根汤，用于治疗麻疹透发不畅。

② 与石膏、黄连、牡丹皮等同用，如清胃散，用治胃火上攻、

口舌生疮等症；可与黄芩、黄连、玄参等配伍，如普济消毒饮，用于治疗咽喉肿痛；可与鳖甲、当归、雄黄等同用，如升麻鳖甲汤，治外感疫疠、阳毒发斑、咽痛目赤。可与石膏、大青叶、紫草等同用，用于治疗温毒发斑。

③ 与人参、黄芪、柴胡等同用，如补中益气汤，常用于治疗气虚下陷、久泻脱肛，胃、子宫下垂等证，为升阳举陷之要药。

④ 不宜与酶制剂同用，与具有酰胺或肽结构的酶如胰酶、胃蛋白酶等生成氢键络合物，改变酶的性质和作用。

⑤ 不宜与金属离子制剂同用，与金属离子制剂如硫酸锌、碳酸亚铁、富马酸铁、葡萄糖酸钙等产生沉淀。

⑥ 不宜与强心苷类同用，与洋地黄、地高辛等强心苷类生成鞣酸盐沉淀，影响吸收。

⑦ 不宜与含氨基比林成分的制剂同用，与含氨基比林成分的优散痛、索密痛、阿尼利定等药物产生沉淀，使药效降低。

⑧ 不宜与维生素 B_1、维生素 B_6 制剂同用，与维生素 B_1、维生素 B_6 持久结合，使其从体内排出。

⑨ 不宜与含碳酸氢钠成分的制剂同用，口服碳酸氢钠、大黄苏打片、健胃散、小儿消食片时，鞣质易与这些药中所含的碳酸氢钠发生分解反应，影响药效。

⑩ 不宜与利血平、麻黄碱、颠茄酊等生物碱制剂同用，与生物碱制剂产生沉淀。

⑪ 不宜与抗生素及氯丙嗪、异烟肼等药物同用，可以产生肝肾毒性。还会与四环素类、磺胺类、红霉素、氟苯尼考、利福平等抗生素及氯丙嗪、异烟肼等药物产生沉淀，使这些西药吸收减少，疗效降低。

【用药注意】

① 本品对麻疹已透以及阴虚火旺、肝阳上亢、上盛下虚的患畜，均当忌用。

② 服用过量可产生头晕、震颤、四肢痉挛等症。

③ 发表透疹解毒宜生用，升阳举陷固脱宜制用。

第二节 清 热 药

凡以清解里热为主要作用的药物，称为清热药。

清热药的药性寒凉，具有清热泻火、燥湿、凉血、解毒及清虚热等功效。本类药物主要用于表邪已解、里热炽盛而无积滞的里热病证，如外感热病、高热烦渴、温热泻痢、温毒发斑、痈肿疮毒及阴虚发热等。清热药是以《黄帝内经》“热者寒之”及《本经》“疗热以寒药”的原则指导用药的。

由于发病原因不一、病情发展变化的阶段不同以及患畜体质的差异，里热证既有气分与血分之分，又有实热与虚热之异。因此，就有多种类型的临床表现。针对热证的不同类型，并根据药物的功效，将清热药分为以下五类：清热泻火药，功能清气分热，用于高热烦渴等气分实热；清热燥湿药，功能清热燥湿，用于泻痢、黄疸等湿热病证；清热凉血药，功能清解营分、血分热邪，用于吐衄发斑等血分实热证；清热解毒药，功能清解热毒，用于痈肿疮疡等热毒炽盛的病证；清虚热药，功能清虚热、退骨蒸，用于温邪伤阴、夜热早凉、阴虚发热、骨蒸劳热等证。

一、清热泻火药

热与火均为六淫之一，统属阳邪。热为火之渐，火为热之极，故清热与泻火两者不可分，凡能清热的药物，大抵皆能泻火。清热泻火药，以清泄气分邪热为主，主要用于热病邪入气分而见高热、烦渴、汗出、烦躁甚或神昏、脉象洪大等气分实热证。并且这类药物各有不同的作用部位，分别适用于肺热、胃热、心火、肝火等引起的脏腑火热证。体虚而有里热证时，应注意扶正祛邪，可配伍补血药同用。

石 膏

石膏为一种矿石，即含结晶水硫酸钙。分布极广，几乎全国各省区皆产，主产于湖北、甘肃及四川，以湖北应城产者最佳。全年可挖。研细生用或煅用。

【药理作用特点】

本品辛、甘、大寒，归肺、胃经。清热泻火，除烦止渴，收敛生肌。石膏主要含硫酸钙。

其药理作用为：生石膏可抑制发热中枢而起解热作用；白虎汤和单味石膏煎剂对实验性致热家兔都具有一定的退热作用；石膏注射液对炎症早期反应有明显而持久的抑制作用；小剂量石膏上清液使家兔的离体小肠和子宫振幅增大，大剂量则紧张性降低，振幅减小；扭体法和热板法动物实验显示有明显的镇痛作用。

【联用与禁忌】

① 常与知母相须为用，如白虎汤，适用于温热病邪在气分，壮热、烦渴、汗出、脉洪大等实热证，为清泻肺胃二经气分实热的要药。宜与生地黄等清热凉血药同用，以两清气血，如化斑汤，适用于温邪渐入血分、气血两燔而发斑疹者。

② 常与麻黄、杏仁等配伍，如麻杏甘石汤，用于邪热郁肺，见气急喘促、咳嗽痰稠、发热口渴等症。

③ 常与升麻、黄连等配伍，如清胃散，可清泻胃火，用于胃火上炎等证。

④ 常与黄连、青黛等研粉外用，用于疮疡溃烂、久不收口以及湿疹浸淫、水火烫伤等。

⑤ 石膏及含有石膏成分的中成药不宜与庆大霉素同用，可降低血浆中与庆大霉素的结合率，增加其毒性反应。

⑥ 石膏不宜与四环素类药物同用，因为四环素中的酰胺基、酚羟基能与石膏中的钙离子发生反应，形成金属络合物，从而会降低四环素的生物利用率。

⑦ 石膏不宜与强心苷类药物同用，会增加强心苷的作用和毒性。

⑧ 石膏内含金属离子，与诺氟沙星同服，会形成钙络合物，使药物的溶解度下降，肠道难以吸收，降低疗效。

【用药注意】

① 脾胃虚寒、血虚及阴虚内热的患畜忌用。

② 内服宜生用，外用宜火煅研末。

知　母

为百合科多年生草本植物知母的根茎。主产于河北、山西及东北等地。春、秋季均可采挖，除去茎苗和须根晒干为毛知母，剥去外皮晒干者为知母肉。切片入药，生用或炙盐水用。

【药理作用特点】

本品苦、甘、寒，归肺、胃、肾经。清热泻火，滋阴润燥。知母含知母皂苷、菝葜皂苷元、宝藿苷、淫羊藿苷、芒果苷、二十九烷醇、二十八烷醇酸等。

其药理作用为：水提物及总多糖能显著抑制二甲苯致小鼠耳廓肿胀；抗辐射，对X线照射引起的小鼠皮肤损害有保护作用；知母中菝葜皂苷元对人红细胞钠钾泵呈浓度相关的抑制作用；大鼠服用滋阴降火中药生地知母甘草汤或其中的单味药，均能使受地塞米松抑制的血浆皮质醇浓度升高，并有防止肾上腺萎缩的作用；知母水浸提取物能降低正常兔的血糖水平，特别是对四氧嘧啶性糖尿病兔作用更为显著；煎剂对葡萄糖球菌、伤寒杆菌、痢疾杆菌、副伤寒杆菌、霍乱弧菌有较强的抑制作用。

【联用与禁忌】

① 常与石膏相须为用，如白虎汤，用于温热病邪热亢盛、壮热、烦渴、脉洪大等肺胃实热证。

② 常配瓜蒌、大贝母、胆南星同用，用于肺热咳嗽、痰黄黏稠；与贝母同用，如二母散，适用于阴虚燥咳、干咳少痰者。

③ 常与黄柏同用，配入养阴药中，以加强滋阴降火之效，如知柏地黄丸，用于阴虚火旺、骨蒸潮热、盗汗等症。

④ 常与天花粉、葛根等配用，如玉液汤，用于内热伤津、口渴引饮之消渴病；常与生何首乌、当归、麻仁同用，有润肠通便之效，用于肠燥便秘。

⑤ 知母具有广谱抗菌作用，不宜与乳酶生、乳康生、促菌生、克痢灵、整肠生、赐美健、EM原露等活菌制剂同用，因可杀灭活菌制剂中的活菌，使其失去疗效。

⑥ 玄参、知母、地骨皮、葛根等中药与格列齐特联用，能增

强降糖效果。

【用药注意】

① 本品性寒质润，有滑肠之弊，故脾虚便溏的患畜不宜用。

② 清热泻火宜生用；滋阴降火宜盐水炙用。

③ 本品宜与石膏配。

栀　子

为茜草科常绿灌木植物栀子的成熟果实。产于我国长江以南各省。秋冬采收。生用、炒焦或炒炭用。

【药理作用特点】

本品苦、寒，归心、肝、肺、胃、三焦经。泻火除烦，清热利湿，凉血解毒，消肿止痛。栀子含栀子素、果酸、鞣酸、藏红花酸、栀子苷、栀子次苷等。

其药理作用为：能增加胆汁分泌量，抑制血中胆红素升高；抑制体温中枢发挥解热作用，有降压、镇静、止血作用；栀子提取物对正常大鼠可增加肝脏二磷酸腺苷葡萄糖脱氢酶的活力，减轻四氯化碳引起的肝损伤；对金黄色葡萄球菌、脑膜炎双球菌、卡他球菌、多种皮肤真菌有抑制作用。

【联用与禁忌】

① 与淡豆豉合用，如栀子豉汤，以宣泄邪热、解郁除烦，用于温热病、躁扰不宁等症；与黄芩、黄连、黄柏同用，如黄连解毒汤，以直折火势，适用于火毒炽盛、高热烦躁、三焦俱热者。

② 常与茵陈、大黄合用，如茵陈蒿汤，用于肝胆湿热郁结所致黄疸、发热、小便短赤等症。

③ 常与白茅根、生地黄、黄芩等同用，用于血热妄行的吐血、衄血、尿血等症。

④ 与金银花、连翘、蒲公英等药同用，用于热毒疮疡、红肿热痛、跌打损伤。

⑤ 不宜与酶制剂同用，与具有酰胺或肽结构的酶如胰酶、胃蛋白酶等生成氢键络合物，改变酶的性质和作用。

⑥ 不宜与金属离子制剂同用，与金属离子制剂如硫酸锌、碳

酸亚铁、富马酸铁、葡萄糖酸钙等产生沉淀。

⑦ 不宜与强心苷类同用，与洋地黄、地高辛等强心苷类生成鞣酸盐沉淀，影响吸收。

⑧ 不宜与含氨基比林成分的制剂同用，与含氨基比林成分的优散痛、索密痛、阿尼利定等药物产生沉淀，使药效降低。

⑨ 不宜与含碳酸氢钠成分的制剂同用，口服碳酸氢钠、大黄苏打片、健胃散、小儿消食片时，鞣质易与这些药中所含的碳酸氢钠发生分解反应，影响药效。

⑩ 不宜与利血平、麻黄碱、颠茄酊等生物碱制剂同用，与生物碱制剂产生沉淀。

⑪ 不宜与抗生素及氯丙嗪、异烟肼等药物同用，可以产生肝肾毒性。还会与四环素类、磺胺类、红霉素、氟苯尼考、利福平等抗生素及氯丙嗪、异烟肼等药物产生沉淀，使这些西药吸收减少，疗效降低。

【用药注意】

① 本品苦寒伤胃，脾虚便溏的患畜不宜用。

② 栀子皮（果皮）偏于达表而去肌肤之热，栀子仁（种子）偏于走里而清内热。

③ 生用走气分而泻火，炒黑则入血分而止血。

天 花 粉

为葫芦科多年生宿根草质藤本植物栝楼或日本栝楼的干燥块根。产于我国南北各地。秋、冬季采挖，鲜用或切成段、块、片，晒干用。

【药理作用特点】

本品甘、微苦、微寒，归肺、胃经。清热生津，清肺润燥，解毒消痈。天花粉含天花粉蛋白，还含有多种氨基酸如 α-羟甲基丝氨酸、丝氨酸、谷氨酸、苏氨酸、甘氨酸、酪氨酸、苯丙氨酸等。

其药理作用为：给孕期小鼠、兔、犬及猕猴皮下或肌内注射天花粉蛋白，可使小鼠、兔的大部分胎仔死亡，胎犬和胎猴死亡并娩出；天花粉能增强机体免疫功能，对脾脏免疫细胞的形成和分化有促进作用，但是对体液免疫有抑制作用；天花粉蛋白对滋养层细胞肿瘤有较好的疗效；天花粉蛋白具有抑制蟾蜍卵母细胞蛋白质合成的作用；天花粉煎液在体外对溶血性链球菌、肺炎双球菌及白喉杆菌有一定抑制作用，对金黄色葡萄球菌及其他多种致病性杆菌的作用较弱。

【联用与禁忌】

① 常与芦根、麦冬等同用，用于热病津伤、口燥烦渴；常与葛根、山药等同用，如玉液汤，用于阴虚内热、消渴多饮。

② 与天冬、麦冬、生地黄等同用，如滋燥饮，适用于燥热伤肺、干咳少痰、痰中带血等肺热燥咳之证。

③ 常与金银花、白芷、穿山甲等同用，如仙方活命饮，用于疮疡初起、热毒炽盛者，未成脓使之消散，脓已成可溃疮排脓。

④ 由黄芪、生地黄、天花粉、格列本脲组成的消渴丸，不宜与格列本脲片同服，可使格列本脲超剂量，易导致低血糖休克。

⑤ 天花粉不宜与黄连素同用，因天花粉含多种氨基酸，能拮抗黄连素的抗菌作用。

【用药注意】

① 不宜与乌头类药材同用。

② 孕畜忌服。

芦　　根

为禾本科多年生草本植物芦苇的地下茎。我国各地均有分布。春末夏初或秋季均可采挖。洗净，切段，鲜用或晒干用。

【药理作用特点】

本品甘、寒，归肺、胃经。清热生津，除烦止呕。芦根含阿魏酸、亚麻酸素、芦根多糖、蛋白质、维生素和矿物质等。

其药理作用为：能缓解胆结石；有抗溶血性链球菌作用；芦根多糖能增强肝细胞抗损伤能力，提高血清和肝脏谷胱甘肽过氧化物酶的活力；对离体豚鼠肠管有松弛作用；对骨骼肌有抑制作用，还有比较弱的中枢抑制作用，表现为对大鼠及小鼠均有镇静作用，并能与咖啡因相拮抗。

【联用与禁忌】

① 常与天花粉、麦冬等同用，用于热病伤津、烦热口渴或舌燥少津之证。

② 与竹茹、姜汁等同用，能清泄胃热而降逆止呕，用于胃热呕逆。

③ 与瓜蒌、贝母、黄芩同用，用于肺热咳嗽、咳痰黄稠；与桑叶、菊花、桔梗等同用，如桑菊饮，用于外感风热、身热咳嗽；与薏苡仁、冬瓜仁等配伍，如苇茎汤，以增强清热排脓之效，适用于肺痈吐脓。

④ 与白茅根、车前子等药同用，可治小便短赤、热淋涩痛；配伍薄荷、蝉蜕等药，可疏风清热，治疗麻疹诱发不畅。

⑤ 芦根含有机酸，与庆大霉素同服，会降低其抗菌作用，因为庆大霉素在酸性尿液中抗菌作用最弱。

⑥ 芦根含有机酸，不宜与呋喃妥因、利福平、阿司匹林、吲哚美辛等长期合用，增加西药在肾脏的重吸收，加重对肾脏的毒性。

⑦ 芦根不宜与东莨菪碱、咖啡因、颠茄及美卡拉明等弱碱性西药合用，会减少肾小管对这些药物和重吸收，使药效降低。

⑧ 芦根不宜与磺胺类西药同服，有机酸所致的酸性环境能使乙酰化后的磺胺溶解度降低，易在肾小管中析出结晶，损伤肾小管和尿路的上皮细胞，引起结晶尿、血尿、尿闭等症状。

⑨ 芦根不宜与葡萄糖注射液等酸性的西药注射液混合使用，会因溶液 pH 的改变导致酸性成分溶解度降低析出沉淀。

⑩ 芦根不宜与氢氧化铝、碳酸氢钠、复方氢氧化铝、氨茶碱等同服，会因酸碱中和降低或失去抗酸药的治疗作用。

【用药注意】

① 鲜芦根清热生津、利尿之效佳，干芦根则次之。

② 脾胃虚寒的患畜忌服。

夏 枯 草

为唇形科多年生草本植物夏枯草果穗。我国各地均产，主产于江苏、浙江、安徽、河南等地。夏季当果穗半枯时采收，晒干。

【药理作用特点】

本品苦、辛、寒，归肝、胆经。清肝火，散郁结。本品含三萜、甾体、黄酮、香豆素、挥发油及糖类化合物等。

其药理作用为：水煎醇沉液对早期炎症反应有明显的抑制作用；夏枯草的水浸出液、乙醇-水浸出液和30%乙醇浸出液，对麻醉动物有降低血压作用；夏枯草煎剂可使家兔离体子宫出现强直收缩；对离体兔肠，高浓度能增强蠕动以十二指肠最为敏感，回肠敏感性较差；水提取物对大肠杆菌、金黄色葡萄球菌、痢疾杆菌、伤寒杆菌、霍乱弧菌、铜绿假单胞菌、链球菌等有抑制作用，抗菌谱亦较广。

【联用与禁忌】

① 常与菊花、决明子等同用，用于肝火上炎、目赤肿痛、头痛眩晕。与当归、枸杞子等同用，适用于肝阴不足、目珠疼痛、至夜尤甚者。

② 与大贝母、玄参、牡蛎同用，可治痰火郁结所致的瘰疬；与海蛤壳、昆布、海藻等配伍，可治肝火痰结所致的瘿瘤。

③ 夏枯草与西药的保钾排钠药合用，会导致血钾升高。

④ 夏枯草含黄酮成分，不宜与碳酸钙、硫酸亚铁、氢氧化铝等含金属离子的西药制剂同用，会形成络合物，影响药物的吸收。

⑤ 夏枯草含挥发油，具有还原作用，不宜与硝酸甘油、硝酸异山梨酯等具有氧化性的药物联用，会使后者的药效丧失。

【用药注意】

脾胃虚弱的患畜慎用。

淡 竹 叶

为禾科植物淡竹叶的干燥茎叶。产于浙江、江苏、湖南、湖北、广东等地。

【药理作用特点】

本品甘、淡、寒，入心、胃、小肠经。清热，利尿。本品含木荆素、胸腺嘧啶、香草酸、腺嘌呤、3,5-二甲氧基-4-羟基苯甲醛、反式对羟基桂皮酸、苜蓿素等。

其药理作用为：淡竹叶水浸膏对注射酵母混悬液引起发热的大鼠灌胃，有解热作用；淡竹叶的利尿作用较弱，但能明显增加尿中氯化钠的含量；水煎剂对金黄色葡萄球菌、铜绿假单胞菌有一定的抑制作用。此外，淡竹叶煎剂还有增高血糖的作用。

【联用与禁忌】

① 常与木通、生地黄等同用，上能清心热，下能利尿，用于心经实热、口生疮、尿短赤等证。

② 常与石膏、麦冬等同用，清胃热及治外感风热，用于治疗胃热；与薄荷、荆芥、金银花等配伍治外感风热。

③ 淡竹叶含有机酸，不宜与磺胺类药物同用，易析出结晶而致结晶尿、血尿。

④ 淡竹叶不宜与链霉素、红霉素、庆大霉素、卡那霉素等氨基糖苷类药物同用，减弱药效。

⑤ 淡竹叶不宜与氢氧化铝、氨茶碱等碱性药物同用，会引起中和反应，降低或失去药效。

⑥ 淡竹叶不宜与呋喃妥因、利福平、阿司匹林、吲哚美辛等药物同用，会加重对肾脏的毒性。

【用药注意】

① 肾虚尿频的患畜忌服。

② 不宜久煎，入食以鲜品为佳。

③ 孕畜忌用。

二、清热燥湿药

本类药物性味苦寒，苦能燥湿，寒能清热，故有清热燥湿的功效，并能清热泻火。主要用于湿热证及火热证。如湿温或暑温夹湿，因湿热蕴结，气机不畅，而见身热不扬、胸膈痞闷、小便短赤、舌苔黄腻；湿热蕴结脾胃，升降失常，而致痞满吐利；湿热壅滞大肠，传导失职，则见泄泻、痢疾、痔漏肿痛；湿热蕴蒸肝胆，可见黄疸尿赤、耳肿流脓；湿热下注，则带下色黄，或热淋灼痛；

湿热流注关节，则见关节红肿热痛；温热浸淫肌肤，则成湿疹、湿疮；及诸脏腑火热证。上述病症，均属本类药物应用范围。苦寒多能伐胃，性燥多能伤阴，故一般用量不宜过大。凡脾胃虚寒、津伤阴亏者当慎用。如需用时，可与健胃及养阴药同用。此外，本类药物多兼泻火、解毒作用，可用治热证、火证及痈肿疮毒，可与清热泻火、清热解毒药参酌使用。

黄 芩

为唇形科多年生草本植物黄芩的根。主产于河北、山西、内蒙古、河南及陕西等地。春、秋两季采挖。蒸透或开水润透切片。生用，酒炙或炒炭用。

【药理作用特点】

本品苦、寒，归肺、胃、胆、大肠经。清热燥湿，泻火解毒，凉血止血，除热安胎。黄芩含黄芩素、黄芩苷、汉黄芩素、汉黄芩苷等。

其药理作用为：含黄芩血清及黄芩苷能阻止内生性致热源的产生而发挥解热作用；乙醇提取物及黄芩素、黄芩苷、汉黄芩素能抑制大鼠佐剂性关节炎；水煎剂和醇浸液对金黄色葡萄球菌、肺炎球菌、痢疾杆菌、大肠杆菌、流感病毒及多种皮肤真菌等有抑制作用。

【联用与禁忌】

① 与滑石、白蔻仁、通草等同用，如黄芩滑石汤，用于治疗湿温暑湿、湿热郁阻、胸脘痞闷、恶心呕吐、舌苔黄腻；与黄连、干姜、半夏等配伍，如半夏泻心汤，辛开苦降，用于治疗湿热中阻、痞满呕吐；与黄连、葛根同用，如葛根芩连汤，用于大肠湿热、泄泻痢疾。

② 配桑白皮、知母、麦冬等同用，如清肺汤，以增强清肺止咳之功，用于肺热咳嗽、热病烦渴；常与薄荷、栀子、大黄等同用，如凉膈散，以泻火通便，用于治疗外感热病，中上焦郁热所致的壮热、溲赤便秘、苔黄脉数；与柴胡同用，如小柴胡汤，治疗邪在少阳、寒热往来，有和解少阳之功。

③ 常与金银花、连翘、牛蒡子、板蓝根等同用，用于痈肿疮毒、咽喉肿痛。

④ 常配伍生地黄、白茅根、三七等同用，清热凉血止血，可治疗火毒炽盛迫血妄行的出血证，如吐血衄血。

⑤ 常与白术、当归等配伍，如当归散，有除热安胎之效，用于治疗胎热不安。

⑥ 用黄芩、黄柏、大黄各5g，芒硝、茯苓皮、生姜各10g，枳壳、厚朴各8g，炙甘草5g，水煎服，配合磺胺嘧啶钠、葡萄糖注射液等治疗猪水肿病效果良好。

⑦ 青霉素不宜与黄芩、黄连注射液配伍使用，因其配伍后可发生沉淀反应，降低药效。

⑧ 黄芩与维生素C、烟酸片、谷氨酸合用，黄芩的药效成分会被分解，药效降低。

【用药注意】

① 本品苦寒伤胃，脾胃虚寒、无湿热实火的患畜不宜使用。

② 本品清热多生用，安胎多炒用，止血多炒炭用，清上焦热多酒炒用。

③ 本品又分枯芩即生长年久的宿根，善清肺火；条芩为生长年少的子根，善清大肠之火，泻下焦湿热。

黄　　连

为毛茛科多年生草本植物黄连、三角叶黄连或云连的根茎。黄连多系栽培，主产于四川、云南、湖北。秋季采挖。干燥，生用或清炒、姜炙、酒炙、吴茱萸水炒用。

【药理作用特点】

本品苦、寒，归心、肝、胃、大肠经。清热燥湿，泻火解毒。本品含小檗碱、黄连碱、甲基黄连碱、药根碱等。

其药理作用为：对痢疾杆菌、伤寒杆菌、大肠杆菌、流感病毒、钩端螺旋体、阿米巴原虫及皮肤真菌等有抑制作用；能增强白细胞的吞噬能力，并有利胆、降压以及和缓的解热作用；黄连碱对胃黏膜有保护作用。

【联用与禁忌】

① 常与黄芩、干姜、半夏等同用，如半夏泻心汤，用于湿热中阻、气机不畅、脘腹痞满、恶心呕吐；治湿热泻痢，轻者单用即效；与木香同用，如香连丸，可用于泻痢腹痛、里急后重；配伍葛根、黄芩、甘草，如葛根芩连汤，用于泻痢身热者；与当归、肉桂、白芍、木香等同用，如芍药汤，治疗下利脓血。

② 常与黄芩、黄柏、栀子等同用，如黄连解毒汤，用于热盛火炽、高热烦躁；常配黄芩、白芍、阿胶等同用，如黄连阿胶汤，用于治疗热罪炽盛、阴液已伤、水亏火炎、心烦不眠；可与黄芩、大黄同用，如泻心汤，用于心火内伤、迫血妄行、吐血衄血。

③ 与黄芩、栀子、连翘等同用，如黄连解毒汤，用于痈疽疔毒、皮肤湿疮、耳目肿痛；治皮肤湿疮，可将黄连制成软膏外敷；治耳道疖肿、耳道流脓，可用黄连浸汁涂患处，或配枯矾、冰片，研粉外用；治眼目红肿，用黄连煎汁。

④ 与竹茹、橘皮、半夏同用，善清胃火，可用于胃火炽盛的呕吐；可与吴茱萸同用，如左金丸，兼清肝火，用于肝火犯胃、肝胃不和、胁肋胀痛、呕吐。

⑤ 黄连素与四环素或土霉素联合应用于细菌性腹泻。

⑥ 黄连与链霉素合用时，可大大降低链霉素的毒副作用。

⑦ 黄连解毒汤结合青霉素和链霉素能有效控制牛钩端螺旋体病，其疗效明显优于单独使用。

⑧ 黄连及其制剂不宜与强心苷同用，这些中药在胃肠道中有很强的抑菌作用，肠道菌群的改变使强心苷被细菌代谢的部分减少，血中强心苷浓度升高，易发生中毒。

⑨ 黄连不宜与酶类制剂同用，这类中药抑制酶的活性，降低酶类制剂的作用。

⑩ 黄连注射液与青霉素同用时不稳定，遇酸、碱、醇、重金属离子均易析出沉淀。

【用药注意】

① 本品大苦、大寒，过服、久服易伤脾胃，脾胃虚寒的患畜忌用。

② 燥伤津，故阴虚津伤的患畜慎用。

③ 炒用能降低寒性。

④ 姜汁炙清胃止呕，酒炙清上焦火，猪胆汁炒泻肝胆实火。

黄　柏

为芸香科落叶乔木植物黄檗（关黄柏、川黄柏）除去栓皮的树皮。关黄柏主产于辽宁、吉林、河北等地；川黄柏主产于四川、贵州、湖北、云南等地。清明前后，剥取树皮，刮去粗皮，晒干压平，润透切片或切丝，生用或盐水炙、酒炙、炒炭用。

【药理作用特点】

本品苦、寒，归肾、膀胱、大肠经。清热燥湿，泻火解毒，退热除蒸。本品含小檗碱、小檗胺、药根碱、木兰花碱、掌叶防己碱等。

其药理作用为：有抑制细胞免疫反应的作用，活性物质为黄柏碱和木兰花碱；水提物对肾盂肾炎大肠杆菌的黏附特性有抑制作用；黄柏去掉小檗碱的提取物皮下注射或灌服，对阿司匹林或结扎幽门引起的大鼠胃溃疡有显著抑制作用，对小鼠应激性溃疡也有效。

【联用与禁忌】

① 常与山药、芡实、车前子等同用，如易黄汤，清泻下焦湿热，用于湿热、热淋脚气、泻痢黄疸；常配车前子、滑石、木通等热利尿通淋之品，用于治疗膀胱湿热、小便灼热、淋漓涩痛；与苍术、牛膝同用，如三妙丸，治湿热下注；与白头翁、黄连、秦皮等药同用，如白头翁汤，用于湿热泻痢；与栀子同用，如栀子柏皮汤，用治湿热黄疸尿赤。

② 与黄连、栀子同用，清热解毒，用于疮疡肿痛、湿疹湿疮；与荆芥、苦参、蛇床子等同用，治湿疹湿疮、阴痒阴肿。

③ 与知母相须为用，并配熟地黄、山茱萸、龟甲等滋阴降火药同用，如知柏地黄丸、大补阴丸，用于阴虚发热、盗汗遗精。

④ 牛黄解毒片由牛黄、大黄、黄柏等配伍而成，内含金属离子，与诺氟沙星同服，会形成钙络合物，使药物的溶解度下降，肠

道难以吸收，降低疗效。

⑤ 黄柏含小檗碱，不宜与强心苷同用，这些中药在胃肠道中有很强的抑菌作用，肠道菌群的改变使强心苷被细菌代谢的部分减少，血中强心苷浓度升高，易发生中毒。

⑥ 黄柏不宜与酶类制剂同用，这类中药抑制酶的活性，降低酶类制剂的作用。

⑦ 黄柏与青霉素同用时不稳定，遇酸、碱、醇、重金属离子均易析出沉淀。

【用药注意】

① 本品苦寒，容易损伤胃气，故脾胃虚寒的患畜忌用。

② 清热燥湿解毒多生用，泻火除蒸退热多盐水炙用，止血多炒炭用。

龙　胆

为龙胆科多年生草本植物龙胆和三花龙胆或条叶龙胆的根。各地均有分布，以东北产量最大，故习称“关龙胆”。秋季采挖，晒干、切段，生用。

【药理作用特点】

本品苦、寒，归肝、胆、膀胱经。清热燥湿，泻肝胆火。含龙胆苦苷、龙胆三糖、龙胆碱、当药苷等。

其药理作用为：龙胆苦苷能直接刺激胃液和胃酸的分泌；水浸液对皮肤真菌、铜绿假单胞菌、痢疾杆菌、金黄色葡萄球菌等有抑制作用。龙胆有明显的利尿作用；龙胆碱对小鼠中枢神经系统呈兴奋作用，但较大剂量时则出现麻醉作用；龙胆碱对猫有降压作用，对大鼠甲醛实验性关节炎肿有抗炎作用；龙胆水提物对氯化苦所致小鼠迟发型变态反应有抑制作用。

【联用与禁忌】

① 常配黄柏、苦参、苍术等药，尤善清下焦湿热，用于治疗湿热下注、阴肿阴痒、阴囊肿痛、湿疹瘙痒等；与茵陈、栀子、黄柏等同用，用于治疗肝胆湿热所致黄疸、尿赤。

② 与柴胡、黄芩、木通等同用，如龙胆泻肝汤，用于肝火头

痛、目赤耳聋、胁痛口苦。

③ 与牛黄、钩藤、黄连等同用，如凉惊丸，能清泻肝胆实火、协奏清肝息风的作用，用于肝经热盛、热极生风所致的高热惊厥、手足抽搐。

④ 龙胆与维生素C、烟酸片、谷氨酸合用，龙胆的药效成分会被分解，药效降低。

⑤ 不宜与碘离子制剂同用，易产生沉淀。

⑥ 不宜与碳酸氢钠等碱性较强的西药同用，影响溶解度，妨碍吸收。

⑦ 不宜与重金属药如碳酸钙、维丁胶、硫酸镁、硫酸亚铁、氢氧化铝、碳酸铋等同用，以免形成络合物而影响药物吸收。

⑧ 不宜与酶制剂同用，易产生沉淀。

⑨ 不宜与阿托品、氨茶碱、地高辛等药同用，增加其毒性。

⑩ 不宜与咖啡因、苯丙胺等西药同用，产生拮抗效应。

【用药注意】

① 本品为苦寒之性，脾胃虚寒及无湿热实火的患畜不宜用。

② 阴虚津伤的患畜慎用。

③ 勿空腹服用。

秦　　皮

为木犀科植物白蜡树、大叶白蜡树或小叶白蜡树的干燥树皮。主产于陕西、河北、河南、辽宁、吉林等地。

【药理作用特点】

本品苦、寒，入肝、胆、大肠经。清热燥湿，清肝明目，收涩治痢。秦皮含秦皮素、秦皮甲素、秦皮乙素、秦皮苷等。

其药理作用为：秦皮乙素及甲素对小鼠氨雾法诱咳有镇咳作用；秦皮甲素、秦皮乙素、秦皮苷有抗炎作用；秦皮苷有利尿作用，能促进兔及风湿病患畜尿酸的排泄；秦皮乙素对离体蟾蜍心脏有抑制作用；秦皮乙素对过敏反应释放白三烯引起的血管收缩有保护作用；煎剂对痢疾杆菌、铜绿假单胞菌、金黄色葡萄球菌、大肠杆菌有抑制作用；秦皮对病毒亦有一定的抑制作用，如抗流感病毒、疱疹病毒等。

【联用与禁忌】

① 常与白头翁、黄连等同用，如白头翁汤，可清热燥湿，用于治疗漫热泻痢。

② 与黄连、竹叶等同用，可清肝明目，用于治疗肝热上冲的目赤肿痛、睛生翳障等症。

③ 秦皮不宜与碘离子制剂同用，易产生沉淀。

④ 秦皮不宜与碳酸氢钠等碱性较强的西药同用，因影响溶解度，妨碍吸收。

⑤ 秦皮不宜与重金属药如碳酸钙、维丁胶、硫酸镁、硫酸亚铁、氢氧化铝、碳酸铋等同用，以免形成络合物而影响药物吸收。

⑥ 秦皮不宜与酶制剂同用，易产生沉淀。

⑦ 秦皮不宜与阿托品、氨茶碱、地高辛等药同用，增加其毒性。

⑧ 秦皮不宜与咖啡因、苯丙胺等西药同用，产生拮抗效应。

【用药注意】

① 本品对脾胃虚寒的患畜忌服。

② 本品对胃虚少食的患畜禁用。

苦　参

本品为豆科多年生落叶亚灌木植物苦参的干燥根。切片生用或炒用。主产于山西、河南、河北等地。

【药理作用特点】

本品苦、寒，入心、肝、肾、小肠、大肠经。清热燥湿，祛风杀虫，利尿。本品含苦参碱、槐果碱、金雀花碱、苦参酮、苦参醇等。

其药理作用为：对痢疾杆菌、大肠杆菌、变形杆菌、金黄色葡萄球菌、乙型链球菌和阿米巴原虫有抑制作用；苦参碱对小鼠巴豆油引起的耳廓肿胀、醋酸引起的小鼠腹腔渗出增加、大鼠角叉菜胶性足垫肿胀，均有抑制作用；苦参碱有抗乙肝病毒、柯萨奇病毒的作用；苦参有明显的利尿作用；苦参生物碱尚有安定、平喘、免疫抑制作用；提取物对胃黏膜损伤有保护作用。

【联用与禁忌】

① 与栀子、龙胆等同用，能清热燥湿，可用于治疗湿热黄疸；与木香、甘草等配伍，用于治疗脾经湿热、热痢便血、急慢肠黄。

② 与党参、玄参等同，具有祛风杀虫作用，用于治疗皮肤风痒、肺风毛燥等证；与雄黄、枯矾等配伍，可治疗疥癣。

③ 常与当归、木通、车前子等同用，可清热利尿，用于治疗湿热内蕴、小便不利之证。

④ 苦参、大黄、牛蒡子、甘草、金银花等混于饲料中配合红霉素饮水，能有效防治鸡传染性喉气管炎。

⑤ 苦参不宜与强心苷同用，苦参在胃肠道中有很强的抑菌作用，肠道菌群的改变使强心苷被细菌代谢的部分减少，血中强心苷浓度升高，易发生中毒。

⑥ 苦参不宜与酶类制剂同用，会抑制酶的活性，降低酶类制剂的作用。

⑦ 苦参不宜与青霉素同用，遇酸、碱、醇、重金属离子均易析出沉淀。

【用药注意】

① 本品不宜与藜芦同用。

② 脾胃虚寒的患畜忌服。

③ 本品久服能损肾气，肝肾虚而无大热的患畜勿服。

三 棵 针

为小檗科植物獠猪刺、细叶小檗、小黄连刺、刺黑果的根、茎。主产于湖北、西南和华北等地。

【药理作用特点】

本品苦、寒，入肝、胃、大肠经。清热燥湿，泻火解毒。本品含小檗碱、掌叶防己碱、小檗胺、药根碱、异汉防己碱、木兰花碱等。

其药理作用为：小檗胺对大鼠肉瘤有显著抑制作用，与环磷酰胺合用，作用相加；小檗胺具有明显的升高白细胞的作用，对环磷酰胺所致的大鼠及犬白细胞降低，腹腔注射小檗胺均有明显的拮抗作用，对血小板也有升高趋势；此外有抗病原微生物、降压、利胆、抗炎等作用。

【联用与禁忌】

① 常与委陵菜、辣蓼等同用，善清湿热，用以治疗泄泻、痢疾、黄疸、湿疹等证。

② 与金银花、连翘、甘草等同用，具有泻火解毒作用，可用以治疗肺热咳嗽、咽喉肿痛和疮痈肿毒等证。

③ 不宜与强心苷同用，三颗针在胃肠道中有很强的抑菌作用，肠道菌群的改变使强心苷被细菌代谢的部分减少，血中强心苷浓度升高，易发生中毒。

④ 不宜与酶制剂同用，会抑制酶的活性，降低酶制剂的作用。

⑤ 与青霉素同用时用不稳定，遇酸、碱、醇、重金属离子易析出沉淀。

【用药注意】

本品对脾胃虚寒的患畜慎用。

胡　黄　连

为玄参科多年生草本植物胡黄连和西藏胡黄连的干燥根茎。主要产于西藏、云南等地。切片生用或酒炒用。

【药理作用特点】

本品苦、寒，入心、肝，胃、大肠经。清热燥湿，退虚热，杀虫。本品含胡黄连素、香加兰酸、胡黄连醇、胡黄连甾醇、胡黄连苷等。

其药理作用为：胡黄连水浸剂对皮肤真菌均有不同程度的抑制作用；胡黄连苷对因四氯化碳使肝脏中毒之小鼠有保肝作用，对大鼠有利胆作用；胡黄连石油醚提取物中分离得的罗布麻宁对大鼠子宫有收缩作用，对蛙心有抑制作用。

【联用与禁忌】

① 本品为清化肝胆湿热和解毒止痢的主药，其作用类似黄连，可用于肠黄泻痢、疮黄肿毒等湿热证。

② 常与银柴胡、地骨皮等同用，能退虚热，可用于阴虚发热之证。

③ 与使君子等同用，具有杀虫作用。

④ 胡黄连含生物碱，不宜与碘离子制剂同用，易产生沉淀。

⑤ 胡黄连不宜与碳酸氢钠等碱性较强的西药同用，影响溶解度，妨碍吸收。

⑥ 胡黄连含生物碱，不宜与重金属药如碳酸钙、维丁胶、硫酸镁、硫酸亚铁、氢氧化铝、碳酸铋等同用，以防形成络合物，影响药物吸收。

⑦ 胡黄连不宜与酶制剂同用，易产生沉淀。

⑧ 大蓟含生物碱，不宜与阿托品、氨茶碱、地高辛等药物同用，增加其毒性。

⑨ 胡黄连不宜与咖啡因、苯丙胺等西药同用，产生拮抗效应。

【用药注意】

本品过服、久服易伤脾胃，脾胃虚寒的患畜忌用。

三、清热解毒药

凡能清解然毒或火毒的药物叫清热解毒药。这里所称的毒，为火热壅盛所致，有热毒或火毒之分。本类药物于清热泻火之中更长于解毒的作用。主要适用于痈肿疔疮、丹毒、瘟毒发斑、痄腮、咽喉肿痛、热毒下痢、虫蛇咬伤、癌肿、水火烫伤以及其他急性热病等。在临床用药时，应根据各种证候的不同表现及兼证，结合具体药物的特点，有针对性地选择应用。并应根据病情的需要给予相应的配伍。如热毒在血分者，应配伍清热凉血药；火热炽盛者，应配伍清热泻火药；挟有湿邪者，应配伍利湿、燥湿、化湿药；疮痈、咽喉肿痛，应与外用药配合应用。此外，热毒血痢、里急后重者，可与活血行气药配伍；疮疡属虚者，应与补气养血托疮药同用。本类药物药性寒凉，中病即止，不可连服，以免伤及脾胃。

金　银　花

为忍冬科多年生半常绿缠绕性木质藤本植物忍冬的花蕾。我国南北各地均有分布。夏初当花含苞未放时采摘，阴干。生用、炒用或制成露剂使用。

【药理作用特点】

本品甘、寒，归肺、心、胃经。清热解毒，疏散风热。金银花含氯原酸、异氯原酸、木犀草素等。

其药理作用为：对金黄色葡萄球菌、溶血性链球菌、大肠杆菌、变形杆菌、痢疾杆菌、肺炎球菌、铜绿假单胞菌、脑膜炎双球菌、结核杆菌等多种革兰阳性菌和阴性菌均有一定的抑制作用；水煎剂有抗流感病毒、疱疹病毒的作用；金银花提取液腹腔注射能抑制大鼠角叉菜胶性脚肿，减轻蛋清性脚肿程度；对大鼠巴豆油性肉芽囊，也有明显的抗渗出和抗增生作用；小鼠腹腔注射金银花注射液，有明显促进炎性细胞吞噬功能的作用。

【联用与禁忌】

① 与皂角刺、穿山甲、白芷配伍，如仙方活命饮，治疗痈疮初起红热肿痛者，为治一切痈肿疔疮阳证的要药；与紫花地丁、蒲公英、野菊花同用，如五味消毒饮，用于疔疮肿毒、红肿热痛、坚硬根深者；与当归、地榆、黄芩配伍，如清肠饮，如用于肠痈腹痛者；与鱼腥草、芦根、桃仁等同用，以清肺排脓，用于肺痈咳吐脓血者。

② 与连翘、薄荷、牛蒡子等同用，如银翘散，用于外感风热、温病初起。

③ 与黄芩、黄连、白头翁等药同用，用于热毒血痢，以增强止痢效果；金银花加水蒸馏可制成金银花露，有清热解暑的作用，可用于暑热烦渴、咽喉肿痛。

④ 金银花、大黄、牛蒡子、甘草、苦参等混于饲料中配合红霉素饮水，能有效防治鸡传染性喉气管炎。

⑤ 金银花含有机酸，与庆大霉素同服，会降低其抗菌作用，因为庆大霉素在酸性尿液中抗菌作用最弱。

⑥ 金银花含有机酸，不宜与呋喃妥因、利福平、阿司匹林、吲哚美辛等长期合用，因增加西药在肾脏的重吸收，加重对肾脏的毒性。

⑦ 金银花不宜与东莨菪碱、咖啡因、颠茄及美卡拉明等弱碱性西药合用，会减少肾小管对这些药物的重吸收，使药效降低。

⑧ 金银花不宜与磺胺类西药同服，有机酸所致的酸性环境能使乙酰化后的磺胺溶解度降低，易在肾小管中析出结晶，损伤肾小管和尿路的上皮细胞，引起结晶尿、血尿、尿闭等症状。

⑨ 金银花不宜与葡萄糖注射液等酸性的西药注射液混合使用，会因溶液 pH 的改变导致酸性成分溶解度降低析出沉淀。

⑩ 金银花不宜与氢氧化铝、碳酸氢钠、复方氢氧化铝、氨茶碱等同服，会因酸碱中和降低或失去抗酸药的治疗作用。

⑪ 金银花与青霉素联用时，能增强青霉素对耐药性金黄色葡萄球菌的抑菌作用。

【用药注意】

脾胃虚寒及气虚疮疡脓清的患畜忌用。

连　翘

为木犀科落叶灌木连翘的果实。产于我国东北、华北、长江流域至云南。野生、家种均有。白露前采初熟果实，色尚青绿，称青翘。寒露前采熟透果实则为黄翘。青翘采得后即蒸熟晒干，筛取籽实作连翘心用。以青翘为佳，生用。

【药理作用特点】

本品苦、微寒，归肺、心、胆经。清热解毒，消痈散结，疏散风热。连翘含连翘酚、连翘酯苷、齐墩果酸、熊果酸、槲皮素、芦丁等。

其药理作用为：对多种革兰阳性菌及阴性菌有抑制作用；提取物对麻醉犬有利尿作用；煎剂能抑制家鸽静脉注射洋地黄的催吐作用；煎剂可降低静脉注射枯草津液引起的家兔体温升高；连翘醇提取物水溶液腹腔注射，对大鼠巴豆油性肉芽囊有非常明显的抗渗出作用及降低炎灶微血管壁脆性作用，对大鼠蛋清性脚肿也有明显抑制作用，也能促进对小鼠炎细胞的吞噬作用；连翘果壳中所含的齐墩果酸有轻微的强心作用；所含的芦丁能增强毛细血管的致密度，对毛细血管破裂出血、皮下溢血有止血作用。

【联用与禁忌】

① 与金银花、蒲公英、野菊花等解毒消肿之品同用，治痈肿疮毒；与夏枯草、象贝母、玄参、牡蛎等清肝散结、化痰消肿之品同用，治瘰疬痰核。

② 与金银花、薄荷、牛蒡子等同用，如银翘散，用于外感风热、温病初起；常与玄参、牡丹皮、金银花等同用，如清营汤，以清热解毒、透热转气，治热入营血、舌绛神昏；常用清心泻火的连翘心与麦冬、莲子心等同用，如清宫汤，治热入心包、高热神昏。

③ 与竹叶、木通、白茅根等利尿通淋药同用，有清心利尿之功，可用于治疗热淋涩痛。

④ 连翘不宜与乳酸生、整肠生、青霉制剂等合用，中草药在抵制病菌的同时也抑制或降低了后者的活力。

⑤ 连翘含槲皮素及芦丁，与碳酸钙、维丁胶性钙、硫酸镁、氢氧化铝和碳酸铋类药物合用，能形成络合物而相互影响疗效。

⑥ 连翘含有机酸，与庆大霉素同服，会降低其抗菌作用，因为庆大霉素在酸性尿液中抗菌作用最弱。

⑦ 连翘含有机酸，不宜与呋喃妥因、利福平、阿司匹林、吲哚美辛等长期合用，增加西药在肾脏的重吸收，加重对肾脏的毒性。

⑧ 连翘不宜与东莨菪碱、咖啡因、颠茄及美卡拉明等弱碱性西药合用，会减少肾小管对这些药物的重吸收，使药效降低。

⑨ 连翘不宜与磺胺类西药同服，有机酸所致的酸性环境能使乙酰化后的磺胺溶解度降低，易在肾小管中析出结晶，损伤肾小管和尿路的上皮细胞，引起结晶尿、血尿、尿闭等症状。

⑩ 金银花不宜与氢氧化铝、碳酸氢钠、复方氢氧化铝、氨茶碱等同服，会因酸碱中和降低或失去抗酸药的治疗作用。

【用药注意】

脾胃虚弱，气虚发热，痈疽已溃、脓稀色淡的患畜忌服。

鱼腥草

为三白草科多年生草本植物蕺菜草。分布于长江流域以南各省。夏秋间采集，洗净、晒干，生用。

【药理作用特点】

本品辛、微寒，归肺经。清热解毒，消痈排脓，利尿通淋。本品含挥发油，其中含鱼腥草素、月桂醛、月桂烯、槲皮素、槲皮苷等。

其药理作用为：对溶血性链球菌、金黄色葡萄球菌、流感杆菌、卡他球菌、肺炎球菌均有明显的抑制作用；煎剂有抗流感病毒及疱疹病毒的作用；鱼腥草具有抗辐射作用和增强机体免疫功能的作用，且无任何毒副作用；鱼腥草煎剂对大鼠甲醛性脚肿有显著抗炎作用；鱼腥草水溶液皮下注射有轻度的镇静、抗惊作用，能抑制小鼠的自发运动，延长环己巴比妥钠睡眠时间，对抗士的宁所致惊厥；鱼腥草还有镇痛、镇咳、止血、抑制浆液分泌、促进组织再生的作用。

【联用与禁忌】

① 与桔梗、芦根、瓜蒌等药同用，以清肺见长，有清热解毒、消痈排脓之效，用于肺痈吐脓、肺热咳嗽；与黄芩、贝母、知母等药同用，可用于治疗肺热咳嗽。

② 与野菊花、蒲公英、金银花等同用，用于热毒疮疡；也可单用鲜品捣烂外敷。

③ 与车前草、白茅根、海金沙等药同用，能清热止痢，还可用治湿热泻痢，用于湿热淋证。

④ 鱼腥草素与三甲氧苄氨嘧啶（TMP）配伍有协同作用，而鱼腥草挥发油与三甲氧苄氨嘧啶（TMP）配伍则表现为拮抗作用。

⑤ 鱼腥草含槲皮素，与碳酸钙、维丁胶性钙、硫酸镁、氢氧化铝和碳酸铋类药物合用，能形成络合物而相互影响疗效。

⑥ 鱼腥草含挥发油，具有还原作用，不宜与硝酸甘油、硝酸异山梨酯等具有氧化性的药物联用，会使后者的药效丧失。

【用药注意】

① 虚寒证及阴性外疡的患畜忌服。

② 本品含挥发油，不宜久煎。

③ 本品外用适量。

板 蓝 根

为十字花科植物菘蓝的根；或爵床科植物马蓝的根茎及根。秋季采挖，除去泥沙，晒干。

【药理作用特点】

本品苦、寒，归心、胃经。清热解毒，凉血利咽。本品含靛苷、靛蓝、靛红、葡萄糖芸香素、棕榈酸及氨基酸等。

其药理作用为：水浸液对金黄色葡萄球菌、大肠杆菌、伤寒杆菌、肺炎双球菌、脑膜炎双球菌、流感病毒、乙型脑炎病毒和肝炎病毒等有抑制作用；板蓝根多糖有促进免疫功能的作用；板蓝根还有抗肿瘤的作用。

【联用与禁忌】

① 与黄芩、连翘、牛蒡子等药同用，如普及消毒饮，有较强的清热解毒作用，为解疫毒之主药，可用于治疗各种热毒证、瘟疫、疮痈肿毒等。

② 与黄连、栀子、赤芍、升麻等药同用，可凉血解毒，用于治疗热毒斑疹、丹毒、血痢等证。

③ 多与金银花、桔梗、甘草等配伍，可清热利咽，用于咽喉肿痛、口舌生疮等证。

④ 板蓝根浸膏与氟苯尼考口服能有效控制鸡群法氏囊病的扩散蔓延。

⑤ 板蓝根也不能与红霉素配伍，红霉素在酸性环境中不稳定，当 pH＜4 时，红霉素完全分解失效。

⑥ 板蓝根含有机酸，与庆大霉素同服，会降低其抗菌作用，因为庆大霉素在酸性尿液中抗菌作用最弱。

⑦ 板蓝根含有机酸，不宜与呋喃妥因、利福平、阿司匹林、吲哚美辛等长期合用，增加西药在肾脏的重吸收，加重对肾脏的毒性。

⑧ 板蓝根不宜与东莨菪碱、咖啡因、颠茄及美卡拉明等弱碱性西药合用，会减少肾小管对这些药物的重吸收，使药效降低。

⑨ 板蓝根不宜与磺胺类西药同服，有机酸所致的酸性环境能

使乙酰化后的磺胺溶解度降低，易在肾小管中析出结晶，损伤肾小管和尿路的上皮细胞，引起结晶尿、血尿、尿闭等症状。

⑩ 板蓝根不宜与氢氧化铝、碳酸氢钠、复方氢氧化铝、氨茶碱等同服，会因酸碱中和降低或失去抗酸药的治疗作用。

【用药注意】

① 脾胃虚寒患畜忌用。

② 体虚而无实火热毒的患畜忌服。

蒲 公 英

为菊科多年生草本植物蒲公英及其多种同属植物的带根全草。全国各地均有分布。夏秋两季采收，洗净晒干。鲜用或生用。

【药理作用特点】

本品苦、甘、寒，归肝、胃经。清热解毒，消痈散结，利湿通淋。本品含蒲公英素、蒲公英甾醇、蒲公英赛醇、蒲公英内酯苷、蒲公英吉玛酸苷、谷甾醇、菊糖、菊花素和胆碱等。

其药理作用为：对金黄色葡萄球菌、溶血性链球菌有抑制作用；水浸液对皮肤真菌有抑制作用；用蒲公英煎剂灌胃或用蒲公英注射液注射，有保肝利胆的作用；蒲公英煎剂给大鼠灌胃对应激性溃疡有显著保护作用；提取物有增强小鼠免疫功能的作用；黄酮类物质有较强的消除活性氨（ROS）的活性。

【联用与禁忌】

① 常与野菊花、紫花地丁、金银花等药同用，如五味消毒饮，用于治疗痈肿毒；单用本品浓煎内服，或以鲜品捣汁内服，渣敷患处，也可与全瓜蒌、金银花、牛蒡子等药同用，治疗乳痈肿痛；常与大黄、牡丹皮、桃仁等同用，用治肠痈腹痛；常与鱼腥草、冬瓜仁、芦根等同用，用于治疗肺痈吐脓；与板蓝根、玄参等配伍，可用于咽喉肿痛。

② 常与白茅根、金钱草、车前子等同用，以加强利尿通淋的效果，用于热淋涩痛；与茵陈、栀子、大黄等同用，治疗湿热黄疸。

③ 本品还有清肝明目的功效，用于治肝火上炎引起的目赤肿

痛，可单用取汁点眼，或浓煎内服。

④ TMP 结合蒲公英、鱼腥草素、黄连素后，其抑菌作用显著增强。

⑤ 蒲公英含有机酸，与庆大霉素同服，会降低其抗菌作用，因为庆大霉素在酸性尿液中抗菌作用最弱。

⑥ 蒲公英含有机酸，不宜与呋喃妥因、利福平、阿司匹林、吲哚美辛等长期合用，增加西药在肾脏的重吸收，加重对肾脏的毒性。

⑦ 蒲公英及其制剂不宜与东莨菪碱、咖啡因、颠茄及美卡拉明等弱碱性西药合用，会减少肾小管对这些药物的重吸收，使药效降低。

⑧ 蒲公英及其制剂不宜与磺胺类西药同服，有机酸所致的酸性环境能使乙酰化后的磺胺溶解度降低，易在肾小管中析出结晶，损伤肾小管和尿路的上皮细胞，引起结晶尿、血尿、尿闭等症状。

⑨ 蒲公英及其制剂不宜与氢氧化铝、碳酸氢钠、复方氢氧化铝、氨茶碱等同服，会因酸碱中和降低或失去抗酸药的治疗作用。

【用药注意】

① 阳虚外寒、脾胃虚弱者忌用。

② 本品非热毒实证不宜用。

③ 本品外用应适量，用量过大时可致缓泻。

大 青 叶

为十字花科二年生草本植物菘蓝的叶片。主产于江苏、安徽河北、河南、浙江等地。冬季栽培，夏秋采收。鲜用或晒干生用。

【药理作用特点】

本品苦、咸、大寒，归心、肺、胃经。清热解毒，凉血消斑。本品含丁香酸、烟酸、异牡荆素等。

其药理作用为：能调节细胞免疫和体液免疫；大青叶有广谱抗生素作用，对金黄色葡萄球菌、白色葡萄球菌、甲型链球菌、乙型链球菌、流感杆菌、伤寒杆菌、痢疾杆菌均有明显的抑制作用；大青叶有杀灭钩端螺旋体的作用；大青叶对乙型脑炎病毒、腮腺炎病毒、流感病毒等也有抑制作用；煎剂、浸剂及注射剂对离体兔肠有抑制作用，能使肠蠕动减弱；煎剂给兔灌服，可抑制二甲苯引起的局部皮肤炎症反应，降低毛细血管通透性；此外煎剂还对离体蟾蜍的心脏有抑制作用，对大鼠下肢血管有扩张作用。

【联用与禁忌】

① 与栀子等同用，用于热入营血、温毒发斑；常与金银花、连翘、牛蒡子等药同用，可用于治疗风热表证、温病初起、发热头痛、口渴咽痛等。

② 与石膏、贝母等同用，用于治疗咽喉肿痛。

③ 与玄参、山豆根、黄连等同用，用于喉痹口疮；与蒲公英、紫花地丁、重楼等药同用，用治丹毒痈肿等证。

④ 大青叶也不能与红霉素配伍，红霉素在酸性环境中不稳定，当 pH<4 时，红霉素完全分解失效。

⑤ 大青叶含有机酸，与庆大霉素同服，会降低其抗菌作用，因为庆大霉素在酸性尿液中抗菌作用最弱。

⑥ 大青叶含有机酸，不宜与呋喃妥因、利福平、阿司匹林、吲哚美辛等长期合用，增加西药在肾脏的重吸收，加重对肾脏的毒性。

⑦ 大青叶不宜与东莨菪碱、咖啡因、颠茄及美卡拉明等弱碱性西药合用，会减少肾小管对这些药物的重吸收，使药效降低。

⑧ 大青叶不宜与磺胺类西药同服，有机酸所致的酸性环境能使乙酰化后的磺胺溶解度降低，易在肾小管中析出结晶，损伤肾小管和尿路的上皮细胞，引起结晶尿、血尿、尿闭等症状。

⑨ 大青叶不宜与葡萄糖注射液等酸性的西药注射液混合使用，会因溶液 pH 的改变导致酸性成分溶解度降低析出沉淀。

⑩ 大青叶不宜与氢氧化铝、碳酸氢钠、复方氢氧化铝、氨茶碱等同服，会因酸碱中和降低或失去抗酸药的治疗作用。

【用药注意】

① 脾胃虚寒的患畜忌用。

② 本品非心胃热毒的勿用。

青　黛

为菘蓝、马蓝、蓼蓝、草大青等叶中的色素。秋季采收以上植物的落叶，加水浸泡，至叶腐烂，叶落脱皮时，捞去落叶，加适量石灰乳，充分搅拌至浸液由乌绿色转为深红色时，捞取液面泡沫，晒干而成。

【药理作用特点】

本品咸、寒，归肝、肺、胃经。清热解毒，凉血消斑，清肝泻火，定惊。本品含靛蓝、靛红、靛棕、靛黄、鞣酸、β-谷甾醇、蛋白质和大量无机盐等。

其药理作用为：对炭疽杆菌、肺炎球菌、痢疾杆菌、金黄色葡萄球菌和白色葡萄球菌均有抑制作用；有减轻四氯化碳中毒后小鼠肝脏损伤的作用；青黛还有抗肿瘤的作用。

【联用与禁忌】

① 常与生地黄、牡丹皮等药同用，用于温毒发斑、吐血衄血；与生地黄、牡丹皮、白茅根等药同用，治血热妄行的吐血、衄血。

② 与黄芩、板蓝根、玄参同用，治外感瘟疫时毒所致痄腮喉痹；与蒲公英、紫花地丁、金银花等解毒消疮药同用，用治火毒疮疡。

③ 常与海蛤粉同用，如黛蛤散，用于咳嗽胸痛、痰中带血；重症可配瓜蒌、栀子、牡丹皮等同用，如咳血丸。

④ 与甘草、滑石同用，如碧玉散，咸寒，善清肝火，可清热息风止痉，用于治疗暑热惊痫；与钩藤、牛黄等同用，如凉惊丸，用治小儿惊风抽搐。

⑤ 青黛不宜与酶制剂同用，与具有酰胺或肽结构的酶如胰酶、胃蛋白酶等生成氢键络合物，改变酶的性质和作用。

⑥ 青黛不宜与金属离子制剂同用，与金属离子制剂如硫酸锌、碳酸亚铁、富马酸铁、葡萄糖酸钙等产生沉淀。

⑦ 青黛不宜与强心苷类同用，与洋地黄、地高辛等强心苷类生成鞣酸盐沉淀，影响吸收。

⑧ 青黛不宜与含氨基比林成分的制剂同用，与含氨基比林成分

的优散痛、索密痛、阿尼利定等药物共用产生沉淀，使药效降低。

⑨ 青黛不宜与维生素 B_1、维生素 B_6 制剂同用，与维生素 B_1、维生素 B_6 持久结合，使其从体内排出。

⑩ 青黛不宜与含碳酸氢钠成分的制剂同用，口服碳酸氢钠、大黄苏打片、健胃散、小儿消食片时，鞣质易与这些药中所含的碳酸氢钠发生分解反应，影响药效。

⑪ 青黛不宜与利血平、麻黄碱、颠茄酊等生物碱制剂同用，与生物碱制剂产生沉淀。

⑫ 青黛不宜与抗生素及氯丙嗪、异烟肼等药物同用，可以产生肝肾毒性。还会与四环素炎、磺胺炎、红霉素、氟苯尼考、利福平等抗生素及氯丙嗪、异烟肼等药物产生沉淀，使这些西药吸收减少，疗效降低。

【用药注意】

① 胃寒的患畜慎用。

② 本品难溶于水，一般作散剂冲服或入丸剂服用。

射　　干

为鸢尾科多年生草本植物射干的根茎。主产于湖北、河南、江苏、安徽等地。全年均可采挖，以秋季采收为佳。除去苗茎、须根，洗净，晒干，切片。

【药理作用特点】

本品苦、寒，归肺经。清热解毒，祛痰利咽。射干含鸢尾苷、鸢尾黄素、野鸢尾黄素、射干酚、射干醛等。

其药理作用：有抗炎作用，显著地抑制组胺所致的小鼠皮肤毛细血管通透性增高；煎剂或浸剂对常见致病性皮肤癣菌有较强抑制作用；射干的醇或水提取物口服或注射，能促进家兔唾液分泌；对于酵母所致大鼠发热，有显著的解热作用，能抑制大鼠体温的升高。

【联用与禁忌】

① 与黄芩、桔梗、甘草等同用，用于咽喉肿痛。

② 常与桑白皮、马兜铃、桔梗等清热化痰药同用，如射干马

兜铃汤，善清肺火，降气消痰，以平喘止咳，用于痰盛咳喘；与细辛、生姜、半夏等温肺化痰药配伍，如射干麻黄汤，可用于治疗寒痰气喘、咳嗽痰多等症。

③ 在用其免疫期间，如新城疫Ⅰ系、Ⅱ系新毒疫苗、猪瘟免化弱毒疫苗、羊痘鸡胚化弱毒疫苗、口蹄疫A型鼠化弱毒疫苗，不可与有抗病毒作用的金银花、黄芩、黄连、连翘、穿心莲、板蓝根、大青叶、鱼腥草、大黄、菊花、柴胡等中草药同用。

【用药注意】

① 本品苦寒，脾虚便溏的患畜不宜使用。

② 孕畜忌用或慎用。

山 豆 根

为豆科蔓生性矮小灌木植物越南槐（广豆根）的根。产于广西、广东、江西、贵州等省。全年可采，以秋季采者为佳。洗净泥土，晒干，切片生用。本品又名广豆根。

【药理作用特点】

本品苦、寒，归肺、胃经。清热解毒，利咽消肿，祛痰止咳。山豆根含苦参碱、氧化苦参碱、柔枝槐素及多糖。

其药理作用为：既有直接抗炎作用，又有兴奋垂体-肾上腺皮质系统的间接抗炎作用；浸出液对大肠杆菌、金黄色葡萄球菌、链球菌、痢疾杆菌、铜绿假单胞菌、变形杆菌等均有抑制作用；山豆根中的苦参碱、氧化苦参碱等均有镇痛及降低体温的作用；山豆根能抑制胃液分泌，对小鼠应激性溃疡和大鼠幽门结扎性溃疡、醋酸性溃疡等均有抑制作用；山豆根对网状内皮系统有兴奋作用，能使吞噬细胞增多。

【联用与禁忌】

① 与玄参、板蓝根、射干等药同用，用于热毒蕴结、咽喉肿痛。

② 与石膏、黄连、升麻、牡丹皮等同用，用于牙龈肿痛。

③ 与大青叶、甘草等合用，用治钩端螺旋体病。

④ 山豆根含生物碱成分，不宜与碘离子制剂同用，易产生

沉淀。

⑤ 不宜与碳酸氢钠等碱性较强的西药同用，影响溶解度，妨碍吸收。

⑥ 不宜与重金属药如碳酸钙、维丁胶、硫酸镁、硫酸亚铁、氢氧化铝、碳酸铋等同用，以防形成络合物，影响药物吸收。

⑦ 不宜与酶制剂同用，易产生沉淀。

⑧ 不宜与阿托品、氨茶碱、地高辛等药同用，增加其毒性。

⑨ 不宜与咖啡因、苯丙胺等西药同用，产生拮抗效应。

【用药注意】

① 本品大苦、大寒，过量服用易引起呕吐、腹泻、胸闷、心悸等，故用量不宜过大。

② 脾胃虚寒泄泻的患畜慎用。

③ 虚火炎肺、咽喉肿痛者禁用。

紫花地丁

为堇菜科植物辽堇菜、梨头草、犁紫花地丁的干燥或新鲜全草。主要产于江苏、福建、云南及长江以南各省。

【药理作用特点】

本品苦、辛、寒，入心、肝经。清热解毒，凉血消肿。本品含有机酸、黄酮、皂苷、甾醇、鞣质等。

其药理作用为：水煎剂能通过下调 IL-2、TNF-α 的分泌调控小鼠免疫细胞的功能，减少巨噬细胞炎症介质的释放；紫花地丁有清热、消肿、消炎等作用；黄酮类及有机酸对金黄色葡萄球菌、猪巴氏杆菌、大肠杆菌、链球菌和沙门菌有抑制作用；紫花地丁水煎剂对钩端螺旋体有抑制作用；此外还有抑制结核杆菌生长的作用。

【联用与禁忌】

① 与蒲公英、金银花、野菊花等药同用，如五味消毒饮，用于治疗痈肿疮毒。

② 与蒲公英、金银花、王不留行等药同用，用于乳痈。

③ 紫花地丁也不能与红霉素配伍，红霉素在酸性环境中不稳定，当 $pH<4$ 时，红霉素完全分解失效。

④ 紫花地丁含有机酸，与庆大霉素同服，会降低其抗菌作用，因为庆大霉素在酸性尿液中抗菌作用最弱。

⑤ 紫花地丁含有机酸不宜与呋喃妥因、利福平、阿司匹林、吲哚美辛等长期合用，增加西药在肾脏的重吸收，加重对肾脏的毒性。

⑥ 紫花地丁不宜与东莨菪碱、咖啡因、颠茄及美卡拉明等弱碱性西药合用，会减少肾小管对这些药物的重吸收，使药效降低。

⑦ 紫花地丁不宜与磺胺类西药同服，有机酸所致的酸性环境能使乙酰化后的磺胺溶解度降低，易在肾小管中析出结晶，损伤肾小管和尿路的上皮细胞，引起结晶尿、血尿、尿闭等症状。

⑧ 紫花地丁不宜与葡萄糖注射液等酸性的西药注射液混合使用，会因溶液 pH 的改变导致酸性成分溶解度降低析出沉淀。

⑨ 紫花地丁不宜与氢氧化铝、碳酸氢钠、复方氢氧化铝、氨茶碱等同服，会因酸碱中和降低或失去抗酸药的治疗作用。

⑩ 紫花地丁含黄酮成分，不宜与碳酸钙、硫酸亚铁、氢氧化铝等含金属离子的西药制剂同用，会形成络合物，影响药物的吸收。

【用药注意】

黄 药 子

为薯蓣科植物黄独的干燥块茎。主要产于湖北、湖南、江苏、江西、山东、河北等地。

【药理作用特点】

本品苦、平、有小毒，入心、肺、脾经。清热凉血，解毒消肿。本品含薯蓣皂苷元、箭根薯蓣皂苷、克里托皂苷元、山梨醇等。

其药理作用为：水浸剂对金黄色葡萄球菌、堇色毛癣菌等有抑制作用；乙醇提取物能杀灭 DNA 病毒，抑制 RNA 病毒的转录；黄药子煎剂与酊剂对离体和在位蛙心均有抑制作用；黄药子酊剂和煎剂对离体兔肠有抑制作用；对未孕家兔与豚鼠子宫有兴奋作用。

【联用与禁忌】

① 与栀子、黄芩、黄连、白药子等同用，如消黄散，治疮痈肿毒。

② 与山豆根、射干、牛蒡子等同用，可治肺热咳喘、咽喉肿痛。

③ 与栀子、生地黄等同用，治衄血；与半边莲等配伍，治毒蛇咬伤。

④ 不宜与酶制剂同用，与具有酰胺或肽结构的酶如胰酶、胃蛋白酶等生成氢键络合物，改变酶的性质和作用。

⑤ 不宜与金属离子制剂同用，与金属离子制剂如硫酸锌、碳酸亚铁、富马酸铁、葡萄糖酸钙等产生沉淀。

⑥ 不宜与强心苷类同用，与洋地黄、地高辛等强心苷类生成鞣酸盐沉淀，影响吸收。

⑦ 不宜与含氨基比林成分的制剂同用，与含氨基比林成分的优散痛、索密痛、阿尼利定等药物产生沉淀，使药效降低。

⑧ 不宜与维生素 B_1、维生素 B_6 制剂同用，与维生素 B_1、维生素 B_6 持久结合，使其从体内排出。

⑨ 不宜与含碳酸氢钠成分的制剂同用，口服碳酸氢钠、大黄苏打片、健胃散、小儿消食片时，鞣质易与这些药中所含的碳酸氢钠发生分解反应，影响药效。

⑩ 不宜与利血平、麻黄碱、颠茄酊等生物碱制剂同用，与生物碱制剂产生沉淀。

⑪ 不宜与抗生素及氯丙嗪、异烟肼等药物同用，可以产生肝肾毒性。还会与四环素类、磺胺类、红霉素、氟苯尼考、利福平等抗生素及氯丙嗪、异烟肼等药物产生沉淀，使这些西药吸收减少，疗效降低。

【用药注意】

① 凡有血热吐衄等证，脾胃虚弱、易于作泄的患畜勿服。

② 阴虚内热者忌用。

白　药　子

为防己科多年生藤本植物头花千金藤的干燥块根。主要产于江西、湖南、湖北、广东、浙江、陕西、甘肃等地。

【药理作用特点】

本品苦、寒，入心、肺、脾经。清热解毒，凉血止血，散瘀消肿。白药子含花藤碱、小檗胺、氧甲基异根毒碱、西克来宁碱、小檗胺甲醚、头花诺林碱、异粉防己碱、高千金藤碱等。

其药理作用为：白药子小剂量时能促进蟾蜍网状内皮细胞的功能，大剂量则抑制；白药子中的异粉防己碱毒性很低，有消炎、镇痛、退热作用；本品碘甲基化合物有箭毒样作用，静脉注射能抑制离体兔心，使脾容积增加，引起犬的血压下降；对结核杆菌有明显的抑制作用。

【联用与禁忌】

① 与桑白皮、贝母、当归、芍药、天花粉、桔梗、白芷等同用，可治疗肺热咳喘、咽喉肿痛。

② 与黄药子同用，治疗肠黄泻痢、疮黄肿毒。

③ 白药子含小檗碱，不宜与强心苷同用，白药子在胃肠道中有很强的抑菌作用，肠道菌群的改变使强心苷被细菌代谢的部分减少，血中强心苷浓度升高，易发生中毒。

④ 白药子含小檗碱，不宜与酶类制剂同用，白药子能抑制酶的活性，降低酶类制剂的作用。

【用药注意】

① 凡有血热吐衄等证、脾胃虚弱、易于作泄的患畜勿服。

② 阴虚内热者忌用。

穿心莲（一见喜）

为爵床科一年生草本植物穿心莲的干燥全草。主要产于广东、福建等地。

【药理作用特点】

本品苦、寒，入肺、大肠、肝经。清热解毒，消肿止痛，解蛇毒。穿心莲含穿心莲内酯。

其药理作用为：浸出液对大肠杆菌、金黄色葡萄球菌、铜绿假单胞菌、链球菌等有抑制作用；内酯成分有抗炎作用，能降低急性炎症早期的毛细血管通透性；穿心莲内酯可拮抗香港病毒、呼吸道合胞病毒，抑制肺炎双球菌引起的体温升高；穿心莲对大鼠有利胆作用，并可增加大鼠肝重量。

【联用与禁忌】

① 与桑白皮、黄芩等药同用，可治疗肺热咳喘。

② 与地榆、苦参、秦皮、白头翁等同用，可治疗肠黄作泻、泻痢等。

③ 穿心莲治疗呼吸道感染时，与庆大霉素、红霉素、螺旋霉素等合用，可抑制穿心莲促进白细胞吞噬功能的作用，从而使其疗效降低。

【用药注意】

① 本品不宜多服久服。

② 脾胃虚寒者不宜用。

四、清热凉血药

清热凉血药，多为甘苦咸寒之品，咸能入血，寒能清热。多归心、肝经，心主血，肝藏血，故本类药物具有清解营分、血分热邪的作用，主要用于营分、血分等实热证。如温热病热入营分，热灼营阴，心神被扰，症见舌绛、身热夜甚、心烦不寐、脉细数，甚则神昏谵语、斑疹隐隐；邪陷心包，神昏谵语、舌蹇肢厥、舌质红绛；热入血分，热盛迫血，心神扰乱，症见舌色深绛、吐血衄血、尿血便血、斑疹紫暗、躁扰不安、甚或昏狂。亦可用于其他疾病引起的血热出血证。本类药物中的生地黄、玄参等，既能清热凉血，又能滋养阴液，标本兼顾。清热凉血药一般适用于热在营血的病症。如果气血两燔，可配清热泻火药同用。

生　地　黄

为玄参科多年生草本植物地黄的根。主产于我国河南、河北、内蒙古及东北。全国大部分地区有栽培。秋季采挖，鲜用或干燥切片生用。

【药理作用特点】

本品甘、苦、寒，归心、肝、肺经。清热凉血，养阴生津，止血。本品含辛醇、二氢梓醇、甘露醇、豆甾醇、十七烷酸、阿魏酸、胡萝卜苷等。

其药理作用为：煎液可拮抗阿司匹林诱导的小鼠血凝时间延长；煎液能使实验性阴虚小鼠脾脏淋巴细胞碱性磷酸酶的表达能力增强；煎剂、浸剂或醇提取物能降低家兔正常血糖；生地黄流浸膏对蛙心的收缩力有显著增强作用，对衰弱的心脏更显著；地黄煎剂灌胃对大白鼠甲醛性关节炎和蛋清性关节炎有明显的对抗作用，并能抑制松节油皮下注射引起的肉芽肿和组胺引起的毛细血管通透性的增加；地黄水浸剂对须疮癣菌、石膏样小芽孢癣菌、羊毛状小芽孢癣菌及奥杜盎小芽孢癣菌等多种真菌的生长有抑制作用。

【联用与禁忌】

① 与玄参等同用，如清营汤，用于治疗湿热病热入营血、壮热神昏、口干舌绛；与鳖甲、青蒿、知母等同用，如青蒿鳖甲汤，可治温病后期、余热未尽、阴液已伤、夜热早凉、舌红脉数者。

② 与鲜荷叶、生艾叶、生侧柏叶同用，如四生丸，用于治血热吐衄、便血崩漏；常与赤芍、牡丹皮同用，用于治疗温热病热入营血、血热毒盛、吐血衄血、斑疹紫黑。

③ 与山药、黄芪同用，如滋萃饮，治疗内热消渴；可与玄参、麦冬同用，如增液汤，可治温病伤阴、肠燥便秘。

④ 生地黄含有机酸，与庆大霉素同服，会降低其抗菌作用，因为庆大霉素在酸性尿液中抗菌作用最弱。

⑤ 生地黄含有机酸，不宜与呋喃妥因、利福平、阿司匹林、吲哚美辛等长期合用，增加西药在肾脏的重吸收，加重对肾脏的毒性。

⑥ 生地黄不宜与东莨菪碱、咖啡因、颠茄及美卡拉明等弱碱性西药合用，会减少肾小管对这些药物的重吸收，使药效降低。

⑦ 生地黄不宜与磺胺类西药同服，有机酸所致的酸性环境能

使乙酰化后的磺胺溶解度降低，易在肾小管中析出结晶，损伤肾小管和尿路的上皮细胞，引起结晶尿、血尿、尿闭等症状。

⑧ 生地黄不宜与葡萄糖注射液等酸性的西药注射液混合使用，会因溶液 pH 的改变导致酸性成分溶解度降低析出沉淀。

⑨ 生地黄不宜与氢氧化铝、碳酸氢钠、复方氢氧化铝、氨茶碱等同服，会因酸碱中和降低或失去抗酸药的治疗作用。

【用药注意】

① 鲜品用量加倍，或以鲜品捣汁入药。鲜生地味甘苦、性大寒，作用与干地黄相似，滋阴之力稍逊，但清热生津、凉血止血之力较强。

② 本品性寒而滞，脾虚湿滞、腹满便溏的患畜不宜使用。

③ 胃虚少食、胸膈多痰的患畜慎服。

牡 丹 皮

为毛茛科多年生落叶小灌木植物牡丹的根皮。产于安徽、山东等地。秋季采收，晒干。生用或炒用。

【药理作用特点】

本品苦、辛、微寒，归心、肝、肾经，清热凉血，活血散瘀。牡丹皮含丹皮酚、白桦脂酸、齐墩果酸、没食子酸等。

其药理作用为：丹皮酚有镇静、镇痛、抗惊厥、解热、抗过敏、抗心律失常、抗缺血再灌注损伤、抗血栓形成等作用；牡丹酚对动物实验性关节炎、变态反应性炎症均有抑制作用；静脉注射牡丹皮提取物对犬冠脉结扎所致心肌缺血有明显保护作用；牡丹皮对痢疾杆菌、金黄色葡萄球菌、大肠杆菌、铜绿假单胞菌、肺炎球菌、霍乱弧菌等有较强的抑制作用。

【联用与禁忌】

① 多与生地黄、赤芍同用，微寒，能清营分、血分实热，有凉血止血之功，用于治疗温病热入营血、迫血妄行、发斑发疹、吐血衄血。

② 与鳖甲、生地黄、知母等同用，如青蒿鳖甲汤，辛寒，善于清透阴分伏热，多用于治温病后期、邪伏阴分、津液已伤、夜热

早凉、热退无汗之症。

③ 与桃仁、赤芍、桂枝同用，如桂枝茯苓丸，可治血滞癌瘕等；与当归、桃仁、乳香等同用，可治跌打损伤、瘀肿疼痛。

④ 与金银花、连翘、蒲公英等同用，可清热凉血，可治火毒炽盛、痈肿疮毒；与大黄、桃仁、芒硝等同用，如大黄牡丹皮汤，可散瘀消痈，用于治疗肠痈初起。

⑤ 牡丹皮含有机酸，与庆大霉素同服，会降低其抗菌作用，因为庆大霉素在酸性尿液中抗菌作用最弱。

⑥ 牡丹皮含有机酸，不宜与呋喃妥因、利福平、阿司匹林、吲哚美辛等长期合用，增加西药在肾脏的重吸收，加重对肾脏的毒性。

⑦ 牡丹皮不宜与东莨菪碱、咖啡因、颠茄及美卡拉明等弱碱性西药合用，会减少肾小管对这些药物的重吸收，使药效降低。

⑧ 牡丹皮不宜与磺胺类西药同服，有机酸所致的酸性环境能使乙酰化后的磺胺溶解度降低，易在肾小管中析出结晶，损伤肾小管和尿路的上皮细胞，引起结晶尿、血尿、尿闭等症状。

⑨ 牡丹皮不宜与葡萄糖注射液等酸性的西药注射液混合使用，会因溶液 pH 的改变导致酸性成分溶解度降低析出沉淀。

⑩ 牡丹皮不宜与氢氧化铝、碳酸氢钠、复方氢氧化铝、氨茶碱等同服，会因酸碱中和降低或失去抗酸药的治疗作用。

【用药注意】

① 散热凉血生用，活血散瘀酒炒用，止血炒炭用。

② 血虚有寒及孕畜不宜用。

玄　参

为玄参科多年生草本植物玄参的根。产于我国长江流域及陕西、福建等省，野生、家种均有。立冬前后采挖，反复堆晒到内部色黑，晒干、切片。生用。

【药理作用特点】

本品苦、甘、咸、寒，归肺、胃、肾经，清热凉血，滋阴解毒。玄参含环烯醚萜类、苯丙素苷、黄酮类、脂肪酸及挥发油等。

其药理作用为：乙醇提取物及甲基肉桂酸对伤寒疫苗所致的家兔发热有退热作用；提取液有抗炎和抗氧化作用；提取物对脑缺血损伤有保护作用，与提高脑血流量有关；本品水浸液、醇浸液和煎剂对麻醉犬、猫、兔等多种动物可引起血压下降；玄参浸剂对小鼠有镇静、抗惊作用；玄参煎剂对金黄色葡萄球菌、铜绿假单胞菌都有抑制作用；对多种致病性及非致病性真菌具有抑制作用。

【联用与禁忌】

① 常与生地黄、麦冬同用，如清营汤，用于治温病热入营分，身热夜甚、心烦口渴、舌绛脉数；与麦冬、连翘心等同用，如清宫汤，可治温病邪陷心包，神昏谵语；常与石膏、知母同用，如化斑汤，用于温热病气血两燔，发斑发疹。

② 与薄荷、连翘、板蓝根等同用，如普济消毒饮，用于治外感瘟毒、热毒壅盛之咽喉肿痛、大头瘟疫；可与麦冬、桔梗、甘草同用，加玄麦甘桔汤，治阴虚火旺的咽喉肿痛；与贝母、生牡蛎同用，如消瘰丸，治痰火郁结之瘰疬痰核；配金银花、连翘、紫花地丁等同用，用治疮疡肿毒；若配金银花、甘草、当归，如四妙勇安汤，可治脱疽。

③ 与百合、地黄、川贝母等同用，可治劳嗽咯血；与地骨皮、银柴胡、牡丹皮等同用，有清热凉血、滋阴润燥之效，可治骨蒸劳热。

④ 玄参含黄酮成分不宜与碳酸钙、硫酸亚铁，氢氧化铝等含金属离子的西药制剂同用，会形成络合物，影响药物的吸收。

⑤ 玄参含挥发油，具有还原作用，不宜与硝酸甘油、硝酸异山梨酯等具有氧化性的药物联用，会使后者的药效丧失。

⑥ 玄参、知母、地骨皮、葛根等中药，与格列齐特联用，能增强降糖效果。

【用药注意】

① 本品性寒而滞，脾胃虚寒、食少便溏的患畜不宜服用。

② 本品不宜与藜芦同用。

白　头　翁

为毛茛科多年生草本植物白头翁的根。分布于我国东北、内蒙古及华北等地。春、秋采挖。除去叶及残留的花茎和须根，保留根头白绒毛，晒干，生用。

【药理作用特点】

本品苦、寒，归胃、大肠经，清热解毒，凉血止痢。本品含白头翁皂苷、白头翁素、原白头翁素和白桦脂酸等。

其药理作用为：白头翁素有镇静、镇痛及抗痉挛的作用；对金黄色葡萄球菌、铜绿假单胞菌、痢疾杆菌、伤寒杆菌等有抑制作用；煎剂、白头翁苷能抑制阿米巴的繁殖和生长；白头翁水浸液能延长患流感病毒 PR8 小白鼠的存活日期，对其肺部损伤亦有轻度减轻。

【联用与禁忌】

① 可单用，或与黄连、黄柏、秦皮同用，如白头翁汤，苦寒降泄、清热解毒、凉血止痢，尤善于清胃肠湿热及血分热毒，为治热毒血痢的良药。

② 与秦皮配伍，煎汤外洗，可用于治阴痒（滴虫性阴道炎）；与柴胡、黄芩、槟榔配伍，还可用于治疗疟疾。

③ 白头翁具有广谱抗菌作用，不宜与乳酶生、乳康生、促菌生、克痢灵、整肠生、赐美健、EM 原露等活菌制剂合用，会将活菌制剂中的活菌灭活从而失去疗效。

④ 白头翁含有皂苷成分，不宜与酸性较强的药物合用，因在酸性环境中，在酶的作用下，皂苷极易水解失效。

⑤ 白头翁也不宜与含有金属的盐类药物如硫酸亚铁、次碳酸铋等合用，因可形成沉淀，降低药效。

【用药注意】

① 虚寒泻痢的患畜忌服。

② 毛茛科白头翁的茎叶与根作用不同，具有强心作用，有一定的毒性，使用时必须注意。

地 骨 皮

为茄科落叶灌木植物枸杞或宁夏枸杞的根皮。分布于我国南北各地。初春或秋后采挖。剥取根皮，晒干，切段入药。

【药理作用特点】

本品甘、淡、寒，归肺、肝、肾经，凉血退蒸、清肺降火。本品含甜菜碱、莨菪亭、β-谷甾醇、大黄素、大黄素甲醚等。

其药理作用为：地骨皮的浸剂、酊剂及煎剂对麻醉犬、猫、兔静脉注射均有明显的降压作用，并伴有心率减慢和呼吸加快；水煎剂的醇沉上清液有降血糖的作用；地骨皮对人工发热家兔有显著退热作用；对动物离体子宫有兴奋作用；地骨皮水煎剂对正常小鼠脾细胞产生白细胞介素-2有抑制作用；地骨皮煎剂对伤寒杆菌、甲型副伤寒杆菌与弗氏痢疾杆菌有较强的抑制作用，但对金黄色葡萄球菌无作用。

【联用与禁忌】

① 常与知母、鳖甲、银柴胡等配伍，如地骨皮汤，甘寒清润，能清肝肾之虚热，除有汗之骨蒸，为退虚热、疗骨蒸之佳品，用于阴虚发热、盗汗骨蒸。

② 常与桑白皮、甘草等同用，如泻白散，甘寒，善清泄肺热，除肺中伏火，则清肃之令自行，故多用于治肺火郁结、气逆不降、咳嗽气喘、皮肤蒸热等症。

③ 可单用酒煎服，亦可与白茅根、侧柏叶等凉血止血药同用，甘寒清热、凉血止血，用于血热妄行的吐血、衄血、尿血等血热出血证。

④ 可与生地黄、天花粉、五味子等同用，清热除蒸泻火之中兼有生津止渴的作用，用于治疗内热消渴。

⑤ 地骨皮含生物碱，与碳酸氢钠、青霉素钠、磺胺嘧啶等碱性注射液配伍，生物碱游离产生沉淀。

⑥ 地骨皮不宜与胃蛋白酶、乳酶生、多酶片、淀粉酶等酶制剂同用，易产生沉淀。

⑦ 地骨皮不宜与碳酸钙、氯化钙、硫酸亚铁等金属盐类同用，易产生沉淀。

⑧ 地骨皮不宜与碘化物、碘化钠等同用，产生沉淀。

⑨ 玄参、知母、地骨皮、葛根等中药，与格列齐特联用，能增强降糖效果。

【用药注意】

外感风寒发热至脾虚便溏的患畜不宜用。

水　牛　角

为牛科动物水牛的角。我国南方各地均产。镑片或锉成粗粉。

【药理作用特点】

本品苦、寒，入心、肝经，清热定惊、凉血止血、解毒。本品含氨基酸、常量元素和微量元素等。

其药理作用为：水煎液能降低大肠杆菌内毒素所致小鼠死亡率；能缩短弥散性血管内凝血模型大鼠凝血活酶时间；水解物有止血作用，与诱导血小板凝聚有关；水牛角对离体蛙心有加强收缩力的作用；水牛角乙醚或95%乙醇浸膏，对大鼠均有明显的镇静作用；水牛角可明显降低毛细血管通透性。

【联用与禁忌】

① 与地黄、玄参、牡丹皮等同用，如犀角地黄汤，用于血热妄行的鼻衄、尿血等。

② 与地黄、牡丹皮、黄连、石菖蒲、黄芩、茯苓等药同用，可治疗热扰心神所致的惊厥、惊风等。

③ 含水牛角、珍珠的中成药六神丸、六应丸、小儿化毒散、回春丹等富含蛋白质，水解后产生多种氨基酸，有拮抗黄连素的抑菌作用，影响疗效。

【用药注意】

① 本品不宜与川乌和草乌联用。

② 怀孕的母畜慎用。

③ 非实热证不宜用。

白　茅　根

为禾本科植物白茅的干燥根茎。各地均产。切段生用。

【药理作用特点】

本品甘、寒，归肺、胃、膀胱经，凉血止血、清热利尿。本品含白茅素、芦竹素、薏苡素、对羟基桂皮酸、枸橼酸等。

其药理作用为：煎剂对正常家兔有利尿作用；能缩短小鼠出血时间、凝血时间和血浆复钙时间，炒炭后作用强；煎剂对痢疾杆菌有抑制作用；白茅根所含的薏苡素对骨骼肌的收缩及代谢有抑制作用；此外还可镇静、解热镇痛，用于热病烦渴、胃热呕逆、肺热喘咳、水肿、黄疸等作用。

【联用与禁忌】

① 与侧柏、仙鹤草联用，可治疗热邪所致的鼻衄、尿血等。

② 与车前子、木通、金钱草等同用，可治疗湿热壅滞所致的热淋。

③ 与芦根、天花粉等同用，可治疗热病贪饮、肺胃有热等。

④ 白茅根与西药系保钾排钠药合用，易致高血钾。

⑤ 白茅根含有机酸，与庆大霉素同服，会降低其抗菌作用，因为庆大霉素在酸性尿液中抗菌作用最弱。

⑥ 白茅根含有机酸，不宜与呋喃妥因、利福平、阿司匹林、吲哚美辛等长期合用，增加西药在肾脏的重吸收，加重对肾脏的毒性。

⑦ 白茅根不宜与东莨菪碱、咖啡因、颠茄及美卡拉明等弱碱性西药合用，会减少肾小管对这些药物的重吸收，使药效降低。

⑧ 白茅根不宜与磺胺类西药同服，有机酸所致的酸性环境能使乙酰化后的磺胺溶解度降低，易在肾小管中析出结晶，损伤肾小管和尿路的上皮细胞，引起结晶尿、血尿、尿闭等症状。

⑨ 白茅根不宜与氢氧化铝、碳酸氢钠、复方氢氧化铝、氨茶碱等同服，会因酸碱中和降低或失去抗酸药的治疗作用。

【用药注意】

① 白茅根性寒，故脾胃虚寒、腹泻便溏的患畜忌食。

② 切制白茅根忌用水浸泡，以免钾盐丢失。

五、清热解暑药

青　蒿

为菊科一年生草本植物黄花蒿的全草。广布于全国各地。夏、秋两季采收。鲜用或阴干，切段入药。

【药理作用特点】

本品苦、辛、寒，归肝、胆、肾经，清虚热、除骨蒸、解暑、截疟。本品含青蒿素及挥发油。

其药理作用为：青蒿素及其衍生物有显著地抗疟原虫、血吸虫、弓形虫、卡氏肺孢子虫、犬附红细胞体和球虫的作用；青蒿水煎液对表皮葡萄球菌、卡他球菌、炭疽杆菌、白喉杆菌有较强的抑菌作用，对金黄色葡萄球菌、铜绿假单胞菌、痢疾杆菌、结核杆菌等也有一定的抑制作用；用蒸馏法制备的青蒿注射液，对百白破三联疫苗致热的家兔有明显的解热作用；青蒿素对体液免疫有明显的抑制作用，对细胞免疫有促进作用，具有免疫调节作用。

【联用与禁忌】

① 与鳖甲、知母、牡丹皮等同用，如青蒿鳖甲汤，苦寒清热、辛香透散，长于清透阴分伏热，故可治温病后期、余热未清、夜热早凉、热退无汗或热病后低热不退等。

② 与银柴胡、胡黄连、知母、鳖甲等同用，如清骨散，退虚热、除骨蒸，用于阴虚发热、劳热骨蒸。

③ 与连翘、茯苓、滑石、通草等同用，善解暑热，故可治上述感受暑邪之证，用于感受暑邪、发热头痛口渴。

④ 可单用较大剂量鲜品捣汁服，或与桂心、黄芩、滑石、青黛等同用，有截疟与解除疟疾寒热之功，用于疟疾寒热。

⑤ 青蒿含挥发油，具有还原作用，不宜与硝酸甘油、硝酸异山梨酯等具有氧化性的药物联用，会使后者的药效丧失。

⑥ 青蒿、牛膝、益母草等及其制剂含钾较多，与洋地黄竞争心肌细胞膜受体，导致洋地黄类药药效降低。

⑦ 青蒿不宜与螺内酯、氨苯蝶啶等保钾利尿药联用，容易诱

发高钾血症。

【用药注意】

① 脾胃虚弱、肠滑泄泻的患畜忌服。

② 不宜久煎。

香　薷

为唇形科多年生草本植物海州香薷的全草。主产于江西、安徽及河南等地。果实成熟后割取全草，晒干、切段生用。

【药理作用特点】

本品辛、微温，归肺、脾、胃经，发汗解表、化湿和中、利水消肿。香薷含黄酮、香豆素、木脂素、萜类和挥发油等。

其药理作用为：挥发油对沙门杆菌、志贺杆菌、大肠杆菌及金黄色葡萄球菌等有较强的抗菌活性；有镇痛作用；香薷挥发油对小鼠、大鼠、豚鼠和家兔的离体回肠自发性收缩活性皆有较强的直接抑制作用；香薷挥发油能抑制中枢神经系统和增强机体免疫功能。挥发油还有发汗解热作用，能刺激消化腺分泌及胃肠蠕动；此外，本品还有利尿作用。

【联用与禁忌】

① 常配伍厚朴、白扁豆同用，如香薷饮，辛温发散，入肺经能发汗解表而散寒，入脾胃又化湿祛暑而和中，故善治外感风寒、内伤暑湿、恶寒发热、无汗、呕吐腹泻的阴暑证。

② 可单用或与健脾利水的白术、茯苓等同用，如薷术丸，辛散温通，善于发越阳气，入肺启上源，以利水消肿，用于小便不利及水肿者。

③ 香薷含黄酮成分，不宜与碳酸钙、硫酸亚铁、氢氧化铝等含金属离子的西药制剂同用，会形成络合物，影响药物的吸收。

④ 香薷含挥发油，具有还原作用，不宜与硝酸甘油、硝酸异山梨酯等具有氧化性的药物联用，会使后者的药效丧失。

【用药注意】

① 本品辛温发汗之力较强，表虚有汗及阳暑证当忌用。

② 火盛气虚、阴虚有热的患畜禁用。

③ 利水退肿需浓煎。

绿　豆

为蝶形花科草本植物绿豆的干燥种子。各地均产。生用。

【药理作用特点】

本品甘、寒，入心、胃经，清热解毒、消暑止渴。绿豆含蛋白质、脂肪、糖类、磷脂、钙、磷、铁及维生素等。

其药理作用：绿豆衣提取液对葡萄球菌有抑制作用；绿豆可以抑制环磷酰胺诱发的小鼠红细胞功能低下的作用；绿豆中的鞣质既有抗菌活性，又有局部止血和促进创面修复的作用，因而对各种烧伤有一定的治疗作用；绿豆还有解毒作用。

【联用与禁忌】

① 与甘草、葛根、黄连等同用，有清热解暑、解毒的功效，可用于暑热烦渴、痈肿热毒、药毒、泻痢等证。

② 绿豆中含钙离子，与强心苷类药物同用时，会加强强心苷的作用和毒性。

③ 绿豆及含有钙离子成分的中成药不宜与庆大霉素同用，可降低血浆中庆大霉素的结合率，增加其毒性反应。

④ 绿豆与四环素类药物同用，四环素中的酰胺基、酚羟基能与绿豆中的钙离子发生反应，形成金属络合物，从而会降低四环素的生物利用率。

⑤ 绿豆内含钙离子，与诺氟沙星同服，会形成钙络合物，使药物的溶解度下降，肠道难以吸收。

【用药注意】

① 绿豆性寒，体虚寒的患畜不宜多食或久食。

② 脾胃虚寒泄泻的患畜慎食。

荷　叶

为睡莲科多年生水生草本植物莲的叶片。主要产于浙江、江西、江苏、湖北、广东等地。鲜用或晒干用。

【药理作用特点】

本品苦、平，入肝、脾、胃经，解暑清热、升发清阳、散瘀止血。荷叶含荷叶碱、莲碱、去甲基荷叶碱、槲皮素、异槲皮素、枸橼酸和草酸等。

其药理作用为：荷叶黄酮对小鼠高胆固醇有明显抑制作用；水煎剂能降低全血比黏度、血细胞比容，从而该改善血液黏稠状态；醇提取物对大肠杆菌和金黄色葡萄球菌有抑制作用。

【联用与禁忌】

① 常与藿香、佩兰等同用，可治暑热、尿短赤等证。

② 常与白术、白扁豆等同用，能升发阳，用于治疗暑热泄泻、脾虚气陷等证。

③ 荷叶含槲皮素，与碳酸钙、维丁胶性钙、硫酸镁、氢氧化铝和碳酸铋类药物合用，能形成络合物而相互影响疗效。

④ 荷叶含有机酸，与庆大霉素同服，会降低其抗菌作用，因为庆大霉素在酸性尿液中抗菌作用最弱。

⑤ 荷叶含有机酸，不宜与呋喃妥因、利福平、阿司匹林、吲哚美辛等长期合用，增加西药在肾脏的重吸收，加重对肾脏的毒性。

⑥ 荷叶不宜与东莨菪碱、咖啡因、颠茄及美卡拉明等弱碱性西药合用，会减少肾小管对这些药物的重吸收，使药效降低。

⑦ 荷叶不宜与磺胺类西药同服，有机酸所致的酸性环境能使乙酰化后的磺胺溶解度降低，易在肾小管中析出结晶，损伤肾小管和尿路的上皮细胞，引起结晶尿、血尿、尿闭等症状。

⑧ 荷叶不宜与氢氧化铝、碳酸氢钠、复方氢氧化铝、氨茶碱等同服，会因酸碱中和降低或失去抗酸药的治疗作用。

【用药注意】

① 畏桐油、茯苓、白银。

② 怀孕的母畜禁用。

③ 脾胃虚寒的患畜慎用。

第三节 温 里 药

凡以温里祛寒、治疗里寒证为主要作用的药物，称为温里药，又叫祛寒药。

本类药物多味辛而性温热，以其辛散温通、偏走脏腑而能温里散寒、温经止痛，个别药物还能助阳、回阳，故可以用治里寒证，即《黄帝内经》所谓“寒者热之”、《本经》所谓“疗寒以热药”之意。

本类药物因其主要归经之不同而奏多种效用。其主入脾、胃经者，能温中散寒止痛，可用治脾胃受寒或脾胃虚寒证，症见脘腹冷痛、呕吐泄泻、舌淡苔白等；其主入肺经者，能温肺化饮而治肺寒痰饮证，症见痰鸣咳喘、痰白清稀、舌淡苔白滑等；其主入肝经者，能温肝散寒止痛而治肝经受寒少腹痛、寒疝作痛或厥阴头痛等；其主入肾经者，能温肾助阳而治肾阳不足证等；其主入心、肾两经者，能温阳通痹而治心肾阳虚证，症见心悸怔忡、畏寒肢冷、小便不利、肢体浮肿等，或能回阳救逆而治亡阳厥逆证，症见畏寒倦卧、汗出神疲、四肢厥逆、脉微欲绝等。

使用本类药物应根据不同证候做适当配伍。若外寒内侵、表寒未解者，需配辛温解表药用；寒凝经脉、气滞血瘀者，需配行气活血药用；寒湿内阻者，宜配芳香化湿或温燥去湿药用；脾胃阳虚者，宜配温补脾胃药用；气虚欲脱者，宜配大补元气药用。

本类药物性多辛热燥烈，易耗阴助火，凡实热证、阴虚火旺、津血亏虚者忌用；孕畜及气候炎热时慎用。

附　　子

为毛茛科植物乌头、华乌头、北乌头的子根的加工品。其主根称乌头。主产于广东、广西、云南、贵州、四川等地。

【药理作用特点】

本品辛、甘、热、有毒，归心、肾、脾经，回阳救逆、助阳补火、散寒止痛。附子含乌头碱、次乌头碱、新乌头碱、去氧乌头碱和卡乌头碱等。

其药理作用为：能使麻醉引起休克犬和猫的心肌收缩力增强，心输出量增加，血压回升；水煎剂能减少酒石酸锑钾引起的小鼠扭体反应次数；附子有扩张血管，增加血流，改善血液循环作用；去甲乌头碱具有扩张冠状动脉和增加心肌营养性血流量的作用；附子冷浸液和水煎液均能抑制寒冷引起的鸡和大鼠的体温下降，延长生存时间，减少死亡数；生附子能抑制小鼠自发活动，延长环己巴比妥所致的小鼠睡眠时间；附子煎剂可抑制胃排空，能兴奋离体空肠自发性收缩活动，而具有胆碱样、组胺样的作用；附子煎剂对巴豆油所致小鼠耳部炎症，对甲醛、蛋清、组胺、角叉菜等所致大鼠足跖肿胀均有显著抑制作用。

【联用与禁忌】

① 与干姜、甘草同用，如四逆汤，以回阳救逆，治久病体虚、阳气衰微、阴寒内盛或大汗、大吐、大泻所致亡阳证；与人参同用，如参附汤，治久病气虚欲脱或出血过多、气随血脱者。

② 与肉桂、山茱萸、熟地黄等同用，如右归丸，可治肾阳不足、命门火衰所致腰膝冷痛；与党参、白术、干姜同用，如附子理中汤，用于治疗脾肾阳虚、寒湿内盛的脘腹冷痛、大便溏泄；与白术、茯苓、生姜同用，可治脾肾阳虚的阴寒水肿；与茵陈、白术、干姜同用，用于脾阳不足、寒湿内阻的阴黄证；与麻黄、细辛同用，可治阳虚感寒。

③ 与桂枝、白术、甘草同用，辛散温通，有较强的散寒止痛作用，主要用于风寒湿痹周身骨节疼痛者，尤善治寒痹痛剧者。

④ 附子与氨基糖苷类药物合用，可增强后者对听神经的毒性，严重时导致耳鸣、耳聋。

⑤ 附子与普萘洛尔、利血平等合用，因对抗附子的强心作用，使后者的作用减弱或消失。

⑥ 附子不宜与强心苷类同用，同用会加重对心肌的毒性。

⑦ 附子不宜与嘌呤类利尿药同用，因附子可抑制嘌呤类利尿药的效应。

【用药注意】

① 本品辛热燥烈，凡阴虚阳亢及孕畜忌用。

② 反半夏、瓜蒌、贝母、白蔹、白及。

③ 因有毒，内服需经炮制。若内服过量或炮制、煎煮方法不

当，可引起中毒。

干 姜

为姜科多年生草本植物姜的干燥根茎。炒黑后称炮姜。主产于四川、贵州、湖北、河南等地。

【药理作用特点】

本品辛、热，归脾、胃、心、肺经，温中散寒、回阳通脉、温肺化饮。干姜含姜酚、姜烯、姜黄烯、谷甾醇、棕榈酸、胡萝卜苷、环丁二酸酐等。

其药理作用为：姜酚为解热、镇痛、抗炎的有效成分；姜酚可促进豚鼠离体回肠收缩；石油醚提取物和水提取物能对抗胃溃疡形成和对抗蓖麻油引起的腹泻；干姜的乙醇提取液能直接兴奋心脏，对血管运动中枢有兴奋作用；干姜醚提取物有抗缺氧作用，能延长常压缺氧和氰化钾中毒小鼠缺氧的存活时间；干姜水煎液有延长凝血时间并使纤维蛋白部分溶解的作用；干姜浸剂对末梢性催吐药硫酸铜诱发的蛙呕吐有明显的抑制作用。

【联用与禁忌】

① 与高良姜同用，如二姜丸，治胃寒呕吐、脘腹冷痛；与党参、白术等同用，如理中丸，可治疗脾胃虚寒、脘腹冷痛、呕吐泄泻。

② 与附子相须为用，如四逆汤，辛热，能回阳通脉，故可用于心肾阳虚、阴寒内盛所致之亡阳厥逆、脉微欲绝者。

③ 常与细辛、五味子、麻黄等同用，如小青龙汤，辛热，善能温肺化饮，用于寒饮咳喘、形寒背冷、痰多清稀之证。

④ 党参、白术、干姜、木香、防风等中药组成复方肠胃片，不宜与红霉素等肠道吸收药物同用，由于胃排空速度减慢，延长了红霉素等肠道吸收药物在胃中的停留时间，从而影响其在肠道的吸收，使疗效降低。

【用药注意】

① 热证、阴虚及血热妄行的患畜慎用。

② 孕畜慎用。

肉　桂

为樟科常绿乔木植物肉桂的干皮和粗枝皮。干皮去表皮者称肉桂心，采自粗枝条或幼树干皮者称官桂。主产于广东、广西、云南、贵州、四川等地。

【药理作用特点】

本品辛、甘、热，归脾、肾、心、肝经，补火助阳、散寒止痛、温经通脉。本品含肉桂醛、肉桂醇、苯甲醛和苯丙醛等。

其药理作用为：醇提取物对金黄色葡萄球菌、大肠杆菌、汉逊酵母菌及黑曲霉有抑制作用；水溶性提取物能抑制小鼠、大鼠应激性溃疡形成；桂皮油能缓解胃肠痉挛，抑制肠内的异常发酵，发挥止痛作用；肉桂水煎剂给小鼠灌胃，能显著抑制小鼠的胃肠推进率和对抗番泻叶引起的小鼠腹泻；肉桂煎剂灌胃，对垂体后叶素引起的家兔急性心肌缺血有改善作用；桂皮醛对小鼠有明显的镇静作用；肉桂煎剂能增加豚鼠离体心脏的冠脉流量，并能对抗垂体后叶素所致豚鼠离体心脏的冠脉流量减少；桂皮的乙醚、醇及水浸出液对多种致病性真菌有一定的抑制作用。

【联用与禁忌】

① 与附子、熟地黄、山茱萸等同用，如肾气丸、右归饮，常用治肾阳不足、命门火衰的腰膝冷痛、夜尿频多者，可用本品以引火归源；与山茱萸、五味子、人参、牡蛎等同用，治下元虚衰、虚阳上浮的面赤、虚喘、汗出、心悸、失眠、脉微弱。

② 与干姜、高良姜、荜茇等同用，治寒邪内侵或脾胃虚寒的脘腹冷痛；与附子、人参、干姜等同用，如桂附理中丸，用于脾肾阳虚的腹痛呕吐、四肢厥冷、大便溏泄；与吴茱萸、小茴香等同用，可治寒疝腹痛。

③ 与独活、桑寄生、杜仲等同用，如独活寄生汤，用于风寒湿痹，尤宜治寒痹腰痛；与附子、干姜、川椒等同用，可治胸阳不振、寒邪内侵的胸痹心痛；与鹿角胶、炮姜、麻黄等同用，如阳和汤，治阳虚寒凝之阴疽，亦取本品甘热助阳以补虚、辛热散寒以通脉。

④ 肉桂与普萘洛尔同用，抑制肉桂增强心肌收缩力的作用。

【用药注意】

① 阴虚火旺、里有实热、血热妄行出血的患畜禁用。

② 孕畜禁服。

③ 本品畏赤石脂。

吴　茱　萸

为芸香科落叶灌木或小乔木植物吴茱萸及多种同属植物的近成熟果实。主产于广东、湖南、贵州、浙江、陕西等地。生用或炙用。

【药理作用特点】

本品辛、苦、热，有小毒，归肝、脾、胃、肾经，散寒止痛、温中止呕、助阳止泻。本品含挥发油。油中主要成分为吴茱萸烯、罗勒烯、吴茱萸内酯、吴茱萸内酯醇等。此外尚含吴茱萸酸、吴茱萸苦素及吴茱萸碱、吴茱萸次碱等多种生物碱。

其药理作用为：有收缩子宫、健胃、镇痛、止呕等作用；能升高体温，大量时能兴奋中枢，并引起视力障碍、错觉；用煎剂给犬灌胃，有明显的降压作用，但当与甘草配伍时，其降压作用消失，其降压作用主要是扩张外周血管所致，且与组胺释放有关；煎剂对家兔小肠活动的影响，低浓度时兴奋，高浓度时抑制；吴茱萸能抑制血小板聚集，抑制血小板血栓及纤维蛋白血栓形成；吴茱萸煎剂、吴茱萸次碱和脱氢吴茱萸碱对家兔离体及在体子宫有兴奋作用；对蛋清性足趾肿胀有抑制作用；对金黄色葡萄球菌、铜绿假单胞菌及多种皮肤真菌有抑制作用；对猪蛔虫有杀灭作用。

【联用与禁忌】

① 与小茴香、川楝子、木香等配伍，如《医方简义》导气汤，可治寒疝腹痛；与桂枝、当归、川芎等同用，如温经汤，治冲任虚寒、瘀血阻滞。

② 与人参、生姜等同用，如吴茱萸汤，治中焦虚寒之脘腹冷痛、呕吐泛酸；与半夏、生姜等同用，用于外寒内侵、胃失和降之呕吐。

③ 多与补骨脂、肉豆蔻、五味子等同用，如四神丸，能温脾

益肾、助阳止泻，为治脾肾阳虚、五更泄泻之常用药，用于虚寒泄泻证。

④ 吴茱萸不宜与组胺受体阻断剂及肾上腺素类西药同服，吴茱萸使外周血管扩张和促进组胺释放而具有降压作用，可与苯海拉明、肾上腺素、去甲肾上腺素等药物产生拮抗。

⑤ 吴茱萸不宜与单胺氧化酶抑制剂同用，吴茱萸中含单胺类物质，并且吴茱萸能促进组胺释放，在应用单胺氧化酶抑制剂时，会使这些物质的代谢灭活发生障碍而产生毒性。

【用药注意】

① 本品辛热燥烈，易耗气动火，故不宜多用、久服。

② 血虚有热及孕畜慎用。

③ 外用适量。

花　椒

为芸香科灌木或小乔木植物青椒或花椒的果皮。主产于四川、陕西、湖北、河南等地。

【药理作用特点】

本品辛、热，归脾、胃、肾经，温中止痛、杀虫、止痒。本品含生物碱、木脂素、香豆素、挥发油等。

其药理作用为：水提取物能抑制水浸性应激和吲哚美辛-乙醇致小鼠胃溃疡形成；水煎剂在低浓度时能兴奋离体兔空肠的自发活动，而高浓度时则起抑制作用；醇提取物和水提取物有显著抗炎、镇痛和止泻的作用；小量口服，对大鼠有轻度利尿作用，大量则抑制尿排泄；花椒稀醇液有局部麻醉作用；花椒对白喉杆菌、炭疽杆菌、肺炎双球菌、金黄色葡萄球菌、伤寒杆菌、铜绿假单胞菌和某些皮肤真菌有抑制作用；花椒有杀灭猪蛔虫的作用。

【联用与禁忌】

① 与生姜、白豆蔻等同用，用于外寒内侵、胃寒腹痛、呕吐；与干姜、人参等同用，如大建中汤，可治脾胃虚寒、脘腹冷痛、呕吐、不思饮食；与苍术、砂仁、草豆蔻等同用，用于治疗寒湿困中、腹痛吐泻。

② 与乌梅、干姜、黄柏等同用，如乌梅丸，用于虫积腹痛、手足厥逆、烦闷吐蛔；与乌梅、榧子、使君子等同用，用于虫积腹痛较轻者，可治幼畜蛲虫病。

③ 与黄柏、苦参等药同用，用于治疗皮肤湿疹、疥癣等。

④ 花椒含生物碱，不宜与碘离子制剂同用，易产生沉淀。

⑤ 花椒含生物碱，不宜与碳酸氢钠等碱性较强的西药同用，影响溶解度，妨碍吸收。

⑥ 花椒含生物碱，不宜与重金属药如碳酸钙、维丁胶、硫酸镁、硫酸亚铁、氢氧化铝、碳酸铋等同用，以免形成络合物，影响药物吸收。

⑦ 花椒含生物碱，不宜与酶制剂同用，易产生沉淀。

⑧ 花椒含生物碱，不宜与阿托品、氨茶碱、地高辛等药同用，增加其毒性。

⑨ 花椒含生物碱，不宜与咖啡因、苯丙胺等西药同用，产生拮抗效应。

【用药注意】

① 阴虚火旺的患畜忌用。

② 本品外用适量。

小　茴　香

为伞形科植物小茴香的干燥成熟果实。主产于山西、陕西、江苏、四川等地。生用或盐水炒用。

【药理作用特点】

本品辛、温，入肝、肾、脾、胃经，散寒止痛、理气和中。小茴香含小茴香油，其中主要为茴香脑、茴香醛、爱草脑、柠檬烯、芹菜脑樟脑等。

其药理作用为：茴香脑对小鼠离体肠管有兴奋作用，浓度增高则出现松弛作用；小茴香有利胆作用，能促进胆汁分泌，并使胆汁固体成分增加；小茴香挥发油对豚鼠气管平滑肌有松弛作用；小茴香挥发油、茴香脑对青蛙都有中枢麻痹作用，对蛙心肌开始稍有兴奋，接着引起麻痹；小茴香能刺激胃肠神经血管，促进消化功能，增强胃肠蠕动，排除腐败气体；并有祛痰的作用；挥发油对真菌孢子、鸟型结核杆菌、金黄色葡萄球菌有抑制作用。

【联用与禁忌】

① 与干姜、木香等药同用，用于脾胃虚寒所致的草少、冷痛、吐涎、寒泻等。

② 与肉桂、槟榔、白术、巴戟天、当归、牵牛子、藁本等同用，如茴香散，用于治疗寒伤腰胯所致的腰脊紧硬、冷拖后脚等。

③ 与益智仁、白术、干姜等同用，芳香醒脾、开胃进食，用于治疗胃寒草少。

④ 用小茴香、欧鼠李、甘草和碳酸铋、碳酸氢钠生产的“胃必治片”，用于胃十二指肠溃疡、胃酸过多、神经性消化不良、胃炎、胃痉挛等。

【用药注意】

热证及阴虚火旺的患畜忌用。

丁 香

为桃金娘科常绿乔木植物丁香的花蕾。原产南洋群岛及非洲，我国广东也有栽培。5～9 月当花蕾由绿转红时采收，除去花柄，晒干，捣碎生用。

【药理作用特点】

本品辛、温，归脾、胃、肾经，温中降逆、散寒止痛、温肾助阳。本品含挥发油即丁香油，其中主要为丁香油酚、乙酰丁香油酚、葎草烯、胡椒酚等。

其药理作用为：丁香水或醇提取液对猪蛔虫有麻醉和杀灭作用；丁香煎剂对金黄色葡萄球菌、链球菌及白喉杆菌、变形杆菌、铜绿假单胞菌、大肠杆菌、痢疾杆菌、伤寒杆菌等均有抑制作用；丁香的水、醇及乙醚浸出液和其挥发油，对致病性真菌均有明显的抗真菌作用；在体外，丁香对流感病毒 PR8 株有抑制作用；丁香为芳香健胃剂，可缓解腹部气胀，增强消化能力，减轻恶心呕吐；丁香水提取物灌胃，对小鼠水浸应激性溃疡和大鼠盐酸胃溃疡有明显抑制作用；丁香油酚给家兔静脉注射，能产生麻醉、血压下降、呼吸抑制和明显的抗惊厥作用。

【联用与禁忌】

① 与砂仁、白术同用，温胃散寒，长于降逆，为治胃寒呕逆之要药，用于治疗脾胃虚寒所致的食欲不振、泄泻等证。

② 与附子、肉桂、巴戟天、肉苁蓉等同用，能温肾壮阳，用于治疗肾虚阳痿等证。

③ 丁香不宜与阿托品同用，因抑制丁香的促进胃液分泌作用。

④ 丁香不宜与巴比妥同用，甲基丁香酚有镇静作用，与巴比妥有协同效应，同用时易产生毒性反应。

⑤ 丁香不宜与氯丙嗪同用，具有中枢抑制方面的协同作用，同用时会产生毒性反应。

⑥ 丁香含挥发油，具有还原作用，不宜与硝酸甘油、硝酸异山梨酯等具有氧化性的药物联用，会使后者的药效丧失。

【用药注意】

① 胃热引起的呃逆或兼有口渴、口苦、口干的患畜慎用。

② 热性病及阴虚内热的患畜忌用。

③ 畏郁金。

高　良　姜

为姜科植物高良姜的干燥根茎。主产于广东、广西、福建、浙江等地。

【药理作用特点】

本品辛、温，入脾、胃经，散寒止痛、温中止呕。本品含高良姜素、山柰素、莰烯、大黄素和槲皮素等。

其药理作用为：高良姜素和山柰素有镇痛和止呕的作用；醇提取物和水提取物能抑制小鼠水浸应激性溃疡和大鼠盐酸性溃疡形成；超临界萃取物有拮抗毒碱样受体的作用；高良姜煎液对炭疽杆菌、α 型溶血性链球菌、β 型溶血性链球菌、白喉杆菌、假白喉杆菌、肺炎双球菌、金黄色葡萄球菌、柠檬色葡萄球菌、白色葡萄球菌、枯草杆菌等均有不同程度的抗菌作用；高良姜水提取物或挥发油给大鼠灌胃，均有抗血栓作用。

【联用与禁忌】

① 与香附、半夏、厚朴、生姜等同用，用于治疗胃寒草少、冷肠泄泻、反胃呕吐等。

② 高良姜含槲皮素，与碳酸钙、维丁胶性钙、硫酸镁、氢氧化铝和碳酸铋类药物合用，能形成络合物而相互影响疗效。

③ 高良姜与碳酸氢钠合用可以提高胃肠溃疡的治愈率。

【用药注意】

① 胃火亢盛者禁用。

② 用于胃寒冷痛，每与炮姜相须为用。

第四节　消　导　药

凡以消积导滞、促进消化、治疗饮食积滞为主要作用的药物，称为消导药，又叫消食药。

消食药多味甘性平，主归脾、胃二经，功能消化饮食积滞、开胃和中。主要用治饮食积滞、脘腹胀满、嗳腐吞酸、恶心酸吐、不思饮食、大便失常等脾胃虚弱的消化不良证。

使用本类药物，应根据不同的病情予以适当配伍。若宿食停积、脾胃气滞者，当配理气药以行气导滞；若脾胃气虚、运化无力者，当配健脾益胃药以标本兼顾、消补并用；若素体脾胃虚寒者，宜配温里药以温运脾阳、散寒消食；若兼湿浊中阻者，宜配芳香化湿药以化湿醒脾、消食开胃；若食积化热，可配苦寒攻下药以泄热化积。

山　楂

为蔷薇科落叶灌木或小乔木植物山里红、山楂或野山楂的果实，前两种习称“北山楂”，后一种称“南山楂”。主产于河北、山东、辽宁、河南等地。秋季果实成熟时采收，北山楂切片，干燥；南山楂直接干燥。生用或炒用。

【药理作用特点】

本品酸、甘、微温，归脾、胃、肝经，消食化积、行气散瘀。

山楂含木荆素、山柰酚、槲皮素、花青素、熊果酸、齐墩果酸及山楂酸等。

其药理作用为：能增强胃消化酶的分泌和活性；总黄酮有扩张血管和降压作用；能增加心肌收缩力、增加心输出量和减慢心率；煎剂和乙醇提取液对痢疾杆菌、大肠杆菌有抑制作用。山楂的多种提取物对蟾蜍心脏均有一定强心作用；山楂有收缩子宫、抗心律失常、增加冠脉血流量、降血脂等作用。

【联用与禁忌】

① 与莱菔子、神曲等同用，用于肉食积滞之脘腹胀满、嗳气吞酸、腹痛便溏者；与青皮、枳实、莪术等同用，用于治疗食积气滞腹胀满痛较甚者。

② 与木香、槟榔、枳壳等同用，能行气止痛，治泻痢腹痛；与橘核、荔枝核等同用，可治疝气作痛。

③ 与川芎、当归、益母草等同用，性温，能通行气息，有活血祛瘀止痛之功，用于治疗产后瘀阻腹痛、恶露不尽；与川芎、桃仁、红花等同用，可治瘀滞胸胁痛。

④ 山楂与呋喃妥因结合用于泌尿道感染时，既提高了治疗效果，又减少了毒副作用。

⑤ 山楂与磺胺类药物合用，其毒素作用增强，引起血尿、结晶尿甚至尿闭等。

⑥ 山楂及其复方制剂山楂丸，与庆大霉素同服，会降低其抗菌作用，因为庆大霉素在酸性尿液中抗菌作用最弱。

⑦ 红霉素与山楂丸等酸性药物合用后，后者经代谢后使尿液pH值降至4以下，而红霉素在pH值为4以下时因水解失效，几乎不发挥抗菌作用。

⑧ 山楂含槲皮素，与碳酸钙、维丁胶性钙、硫酸镁、氢氧化铝和碳酸铋类药物合用，能形成络合物而相互影响疗效。

【用药注意】

① 生山楂消食散瘀，焦山楂止泻止痢。

② 脾胃虚弱者慎服。

③ 孕妇不宜服用。

神　曲

为用面粉和其他药物混合后经发酵而成的加工品。原主产于福建，现各地均产。

【药理作用特点】

本品甘、辛、温，归脾、胃经，消食化积、健脾和胃。神曲为酵母制剂，含有维生素B复合体、酶类、麦角固醇、蛋白质、脂肪等。

其药理作用为：对肠道菌群失调引起的肝脏、肾脏和肠道病变具有调整和保护作用；神曲有促进消化、增进食欲的作用。

【联用与禁忌】

① 与山楂、麦芽等同用，如曲麦散，用于治疗草料积食、肚腹胀满、脾虚泄泻等。

② 神曲与头孢菌素合用能引起过敏症状，严重时可导致死亡。

③ 神曲含有消化酶，与红霉素、四环素同服，可使酶的活性降低。

④ 保和丸呈酸性，与碱性药如氨茶碱、碳酸氢钠、复方氢氧化铝等合用，酸碱中和反应使药效降低。

⑤ 神曲含酶类，不宜与药用炭同服，会因后者的吸附作用而降低药效。

⑥ 神曲不宜与抗生素、磺胺等药同用，使酶类中药活性降低，并抑制西药的抗菌作用。

⑦ 神曲、麦芽等含淀粉酶的中药不宜与碳酸氢钠同服，淀粉酶在微酸性（pH 5～6）条件下活性较高，在碱性条件下活性降低。

【用药注意】

脾胃虚弱的患畜慎服。

麦　芽

为禾本科一年生草本植物大麦的成熟果实经发芽干燥而成。全国各地均产。将麦粒用水浸泡后，保持适宜温度、湿度，待幼芽长至 0.5cm 时，干燥。生用或炒用。

【药理作用特点】

本品甘、平，归脾、胃、肝经，行气消食、健脾开胃、回乳消胀。麦芽含麦芽糖、异聚麦芽糖、麦黄酮、谷甾醇、淀粉酶等。

其药理作用为：异聚麦芽糖能调节动物肠道微生物区系，提高抗体浓度，增加 T、B 淋巴细胞的数量；异聚麦芽糖能抑制腐败细菌，减少粪便中氨、胺、硫化氢、吲哚等腐败物质的含量；麦芽煎剂对胃酸与胃蛋白酶的分泌有促进作用；麦芽所含消化酶及 B 族维生素有助消化作用；生麦芽中所含麦角类化合物有抑制催乳素的分泌的作用；麦芽浸膏口服有降低血糖的作用。

【联用与禁忌】

① 与山楂、神曲、鸡内金等同用，能促进淀粉性食物的消化，用于米面薯芋食滞证；与白术、陈皮等同用，可治脾虚食少、食后饱胀。

② 单用或与其他消胀止痛药同用，可治疗乳汁淤积引起的乳房胀痛。

③ 麦芽与头孢菌素合用能引起过敏症状，严重时可导致死亡。

④ 麦芽含有消化酶，与红霉素、四环素同服，可使酶的活性降低。

⑤ 麦芽不宜与单胺氧化酶抑制剂如帕吉林等同用，麦芽中含酪胺类物质，在单胺氧化酶被抑制的状态下酪胺不能被代谢灭活，产生高血压危象。

⑥ 麦芽含酶类，不宜与药用炭同服，会因后者的吸附作用而降低药效。

⑦ 麦芽不宜与磺胺类等药同用，使酶类中药活性降低，并抑制西药的抗菌作用。

⑧ 神曲、麦芽等含淀粉酶的中药不宜与碳酸氢钠同服，淀粉酶在微酸性（pH 5～6）条件下活性较高，在碱性条件下活性降低。

【用药注意】

① 生麦芽多用于消食健胃，炒用多用于回乳消胀。

② 哺乳期母畜不宜使用。

莱菔子

为十字科一年生或二年生草本植物莱菔（萝卜）的成熟种子。各地均产。

【药理作用特点】

本品辛、甘、平，归脾、胃、肺经，消食除胀、降气化痰。本品含脂肪油、挥发油、莱菔子素、谷甾醇和氨基酸等。

其药理作用为：能促进血浆胃动素的分泌；水体醇沉液有平喘、镇咳和祛痰作用；水浸液能增强豚鼠离体回肠的收缩力；莱菔子生用或炒用均能增强兔离体回肠的节律性收缩作用、抑制小白鼠的胃排空作用、提高豚鼠胃幽门部环行肌紧张性和降低胃底纵行肌紧张性；炒莱菔子能明显对抗肾上腺素对兔离体回肠节律性收缩的抑制；莱菔子素对金黄色葡萄球菌、大肠杆菌、痢疾杆菌和伤寒杆菌等有显著的抑制作用；对多种致病性皮肤真菌有抑制作用。其水提物有一定的抗炎作用。

【联用与禁忌】

① 与山楂、神曲、陈皮等同用，如保和丸，味辛能行散，消食化积之中，尤善行气消胀，多用治食积气滞所致脘腹胀满、嗳气吞酸、腹痛等；与木香、枳实、大黄等同用，可治食积泻痢、里急后重。

② 与芥子、紫苏子等同用，如三子养亲汤，有消食开胃、化痰止咳、降气平喘之功，用于咳喘痰多、胸闷食少。

③ 莱菔子含有消化酶，不宜与红霉素、四环素同服，可使酶的活性降低。

【用药注意】

① 本品辛散耗气，故气虚及无食积、痰滞者慎用。

② 不宜与人参同用。

③ 生用吐风痰，炒用消食下气化痰。

鸡内金

为雉科动物家鸡的砂囊内壁。剥离后，洗净晒干，研末，生用或炒用。

【药理作用特点】

本品甘、平，归脾、胃、小肠、膀胱经，消食健胃、涩精止遗。本含胃激素、胆汁三烯、胆绿素、蛋白质及多种氨基酸等。

其药理作用为：提取物灌胃能明显增强小鼠小肠运动；能降低实验性高糖高脂兔血清葡萄糖及甘油三酯的含量。口服鸡内金粉后，胃液的分泌量、酸度和消化力均增高，胃运动加强、排空加快。其酸提取液或煎剂能加速从尿中排除放射性锶。

【联用与禁忌】

① 与山楂、麦芽、青皮等同用，治食积不化、脘腹胀满；与白术、山药、使君子等同用，可治脾虚疳积。

② 与芡实、菟丝子、莲肉等同用，治遗精；与桑螵蛸、覆盆子、益智仁等同用，治遗尿。

③ 与金钱草同用，能通淋化石，可用治砂石淋证及胆结石等。

④ 鸡内金含有消化酶，不宜与红霉素、四环素同服，可使酶的活性降低。

⑤ 鸡内金含酶类，不宜与药用炭同服，会因后者的吸附作用而降低药效。

⑥ 鸡内金不宜与抗生素、磺胺等药同用，使酶类中药活性降低，并抑制西药的抗菌作用。

【用药注意】

研末用效果比煎剂好。

第五节　泻　下　药

凡能引起腹泻或润滑大肠、促进排便的药物，称为泻下药。

本类药物主要作用是泻下通便，以排除胃肠积滞、燥屎及有害物质（毒、瘀、虫等）；或清热泻火，使实热壅滞之邪通过泻下而清解；或逐水退肿，使水湿停饮随从大小便排除，达到去除停饮、消退水肿的目的。主要适用于大便秘结、胃肠积滞、实热内结及水肿停饮等里实证。

根据本类药物作用的特点及使用范围的不同，可分为攻下药、润下药及峻下逐水药三类。其中攻下药和峻下逐水药泻下作用峻猛，尤以后者为甚；润下药能润滑肠道，作用缓和。

使用泻下药应注意的是：里实兼表邪者，当先解表后攻里，必要时可与解表药同用，表里双解，以免表邪内陷；里实而正虚者，应与补益药同用，攻补兼施，使攻邪而不伤正。攻下药、峻下逐水药，其作用峻猛，或具有毒性，易伤正气及脾胃，故年老体虚、脾胃虚弱患畜当慎用；孕畜胎前产后及应当忌用。应用作用较强泻下药时，当奏效即止，慎勿过剂，以免损伤胃气。应用作用峻猛而有毒性泻下药时，一定要严格炮制法度，控制用量，避免中毒现象发生，确保用药安全。

一、攻下药

本类药物多为苦寒，其性沉降，主入胃、大肠经，具有较强的泻下通便作用，并能清热泻火。主要适用于大便秘结、燥屎坚结及实热积滞之证。应用常辅以行气药，以加强泻下及消除胀满作用。若治冷积便秘者，需配用温里药。具有较强清热泻火作用的攻下药，又可用于热病高热神昏、谵语发狂；火热上炎所致的头痛、目赤、咽喉肿痛、牙龈肿痛以及火热炽盛所致的吐血、衄血、咯血等上部出血证。上述病证，无论有无便秘，应用本类药物，以清除实热或导热下行，起到“釜底抽薪”的作用。此外，对痢疾初起、下痢后重或饮食积滞、泻而不畅之证，可适当配用本类药物，以攻逐积滞、消除病因。对肠道寄生虫病，本类药与驱虫药同用，可促进虫体的排出。根据“六腑以通为用”、“不通则痛”、“通则不痛”的理论指导，目前临床上常以攻下药为主，配伍清热解毒药、活血祛瘀药等，用于治疗胆石症、胆道蛔虫症、胆囊炎、急性胰腺炎、肠梗阻等急腹症，并取得了良好效果，为攻下药的应用开辟了新的临床用途。

大　黄

为蓼科多年生草本植物掌叶大黄、唐吉特大黄或药用大黄的根及根茎。掌叶大黄和唐古特大黄药材称北大黄，主产于青海、甘肃等地。药用大黄药材称南大黄，主产于四川。于秋末茎叶枯萎或次春发芽前采挖。除去须根，刮去外皮切块干燥，生用或酒炒、酒蒸、炒炭用。

【药理作用特点】

本品苦、寒，归脾、胃、大肠、肝、心经，泻下攻积、清热泻火、止血、解毒、活血祛瘀。本品含大黄素、大黄酚、芦荟大黄素、大黄酸、儿茶鞣质、游离没食子酸等。

其药理作用为：有广谱抗菌作用，蒽醌衍生物为主要活性成分；大黄酸可抑制巨噬细胞脂类炎性介质活性；大黄素能使大肠蠕动增加，抑制醋酸致小鼠毛细血管通透性的增加；大黄所含鞣质有很好的抗氧化作用。

【联用与禁忌】

① 与芒硝、积实、厚朴同用，如大承气汤，以增强泻下通腑泄热作用，可治温热病热结便秘、高热不退，或杂病热结便秘者；与补气血药或养阴生津药同用，治里实热结而兼气血虚亏，或兼阴虚津亏著者；与附子、干姜等温里药同用，如温脾汤，治脾阳不足、冷积便秘者；常与黄连、木香等同用，以清除肠道湿热积滞，可用于治疗湿热痢疾初起，腹痛里急后重者；治食积腹痛、泻而不畅者，可与青皮、木香等同用，以攻积导滞。

② 与黄连、黄芩同用，如泻心汤，本品苦降，能使上炎之火下泄，又具清热泻火、止血之功，用于血热妄行之吐血、衄血、咯血，以及火邪上炎所致的目赤、咽喉肿痛等症。

③ 与金银花、蒲公英、连翘等同用，治热毒痈肿疔疮；与牡丹皮、桃仁等同用，如大黄牡丹皮汤，治肠痈腹痛。

④ 常与桃仁、䗪虫等同用，如下瘀血汤，用于孕畜产后瘀阻腹痛、恶露不尽者；可与桃仁、红花、穿山甲等同用，如复元活血汤，可治跌打损伤、瘀血肿痛。

⑤ 与清热泄湿药同用，苦寒降泄，用于黄疸、淋证等湿热证；与茵陈、栀子同用，如茵陈蒿汤，用于湿热黄疸者；与木通，车前子、栀子等同用，如八正散，可用于湿热淋证者。

⑥ 大黄、牛蒡子、甘草、金银花、苦参等混于饲料中配合红

霉素饮水，能有效防治鸡传染性喉气管炎。

⑦ 口服β-内酰胺类药物不宜与含鞣质较多的大黄同时服用，可在体内生成鞣酸盐沉淀物而不易被吸收，从而会降低各自的生物利用和药效。

⑧ 大黄及其制剂不应与红霉素合用，可生成不溶于水的沉淀物，从而无法被肠道吸收，影响疗效。

⑨ 大黄含有鞣质，不宜与林可霉素联用，易发生中毒性肝炎。

⑩ 大黄不宜与维生素 B_2、烟酸、咖啡因、茶碱等同用，这些药物能降低大黄的抑菌作用。

⑪ 大黄不宜与酚妥拉明同用，大黄通过抑制毛细血管的通透性，提高微血管收缩力达到止血效果，酚妥拉明拮抗大黄的止血作用。

⑫ 大黄不宜与氟苯尼考同用，应用肠道抗生素后，破坏了肠道菌群，影响大黄的体内运转过程，会降低其泻下作用。

⑬ 大黄不宜与阿托品同用，抑制大黄所致肠蠕动，因此降低其泻下作用。

⑭ 大黄不宜与药用炭同用，可以减少大黄的吸收，并有止泻作用。

【用药注意】

① 本品苦寒，易伤胃气，脾胃虚弱的动物慎用。

② 其性沉降，且善活血祛瘀，故孕畜、哺乳期应忌用。

芒　　硝

为含硫酸钠的天然矿物经精制而成的结晶体。主含含水硫酸钠（$Na_2SO_4 \cdot 10H_2O$）。主产于河北、河南、山东、江苏、安徽等省的碱土地区。将天然产品用热水溶解，过滤，放冷析出结晶，通称“皮硝”。再取萝卜洗净切片，置锅内加水与皮硝共煮，取上层液，放冷析出结晶，即芒硝。芒硝经风化失去结晶水而成的白色粉末称玄明粉（元明粉）。

【药理作用特点】

本品咸、苦、寒，归胃、大肠经，泄热通便、润燥软坚、清火消肿。芒硝含硫酸钠以及少量的氯化钠、硫酸镁等。

其药理作用为：口服后在肠中形成高渗盐溶液，反射性引起肠蠕动亢进而致泻；朴硝含杂质较多，对家兔眼结膜有一定刺激性。

【联用与禁忌】

① 与大黄相须为用，以增强泻下通便、泄热作用，如大承气汤、调胃承气汤。有较强的泄热通便、润下软坚、荡涤胃肠作用，适用于胃肠实热积滞、大便燥结、发狂等证。

② 与硼砂、冰片、朱砂同用，制成散剂外用，如冰硼散，可治咽喉肿痛、口舌生疮；用芒硝置豆腐上化水或用玄明粉配制眼药水，外用滴眼，治目赤肿痛；用本品化水或细纱布包裹外敷。可治乳痈初起；与大黄、大蒜同用，搗烂外敷，治肠痈初起；单用本品煎汤外洗，治痔疮肿痛。

③ 芒硝、朴硝、石膏、寒水石、硫黄等，其中所含硫元素与磺胺类药物同用，可加重磺胺类药物的毒性，引起硫络血红蛋白血症。

【使用注意】

孕畜及哺乳畜忌用或慎用。

番泻叶（泻叶）

为豆科草本状小灌木植物狭叶番泻叶和尖叶番泻叶的叶。狭叶番泻叶主产于印度、埃及、苏丹；尖叶番泻叶主产于埃及。

【药理作用特点】

本品干、苦、寒，归大肠经，泄热导滞、通便、利水。本品含番泻苷、芦荟大黄素双蒽酮苷、大黄酸葡萄糖苷、大黄酸、大黄酚等。

其药理作用为：有效成分为番泻苷（A 和 B），泻下作用及刺激性较含蒽醌类的其他泻药强；对大肠杆菌、痢疾杆菌、甲型链球菌和白色念珠菌有抑制作用。番泻叶的水浸剂在试管内对奥杜盎小芽孢癣菌和星形奴卡菌等皮肤真菌有抑制作用；番泻叶苷有明显止血作用，且高剂量与低剂量效果相同；番泻叶还有箭毒样作用。

【联用及禁忌】

① 常与大黄、芒硝、厚朴等同用，用治热结便秘、腹痛起卧等。

② 常与槟榔、大黄、山楂等配伍，用于宿食积滞。

③ 与牵牛子、大腹皮等药同用，可治腹水臌胀。

④ 番泻叶含蒽类物质，可减少某些合成药，如二甲双胍、格列本脲和非奈西林的吸收。

⑤ 番泻叶、虎杖等中药，都含有原醌衍生物与碳酸氢钠等碱性西药合用，对蒽醌等成分有破坏作用。

⑥ 番泻叶、五味子、乌梅、山楂等含酸性较强的中药及其制剂，不宜与复方氢氧化铝、碳酸氢钠、氨茶碱等碱性较强的药物联用，因发生中和反应，使两者的药效降低或消失。

⑦ 番泻叶不宜与磺胺类药物联用，因磺胺类药物在酸性条件下，不会加速乙酰化的形成，从而失去抗菌作用。

【用药注意】

孕畜禁用。

芦　荟

为百合科多年生常绿肉质植物库拉索芦荟及好望角芦荟的液汁经浓缩的干燥物。主产于非洲，我国亦有栽培。全年可割取植物的叶片，收集流出的汁液，放锅内熬成稠膏，倾入容器，冷却凝固即成。

【药理作用特点】

本品苦、寒，归肝、胃、大肠经，泄热导滞。本品含芦荟大黄素、芦荟大黄素苷、大黄酚、大黄素葡萄糖苷等蒽类及其苷类以及槲皮素等黄酮类和葡萄糖、甘露糖等糖类物质，也含人体的 8 种必需氨基酸等。

其药理作用为：芦荟酊是抗菌性很强的物质，能杀灭真菌、霉菌、细菌、病毒等，抑制和消灭病原体的发育繁殖；芦荟有抗炎作用；芦荟中的芦荟大黄素苷、芦荟大黄素等有效成分起着增进食欲、大肠缓泻作用；芦荟中的异枸橼酸钙等具有强心、促进血液循环、软化硬化动脉、降低胆固醇含量、扩张毛细血管的作用；芦荟中的黏稠物质多糖类具有提高免疫力和抑制、破坏异常细胞的生长的作用；芦荟因其苦寒清热具有抑制过度的免疫反应增强吞噬细胞吞噬功能的作用故能清除体内代谢废物；芦荟还有镇痛、镇静、防腐、防臭的作用。

【联用与禁忌】

① 与大黄、芒硝等同用，有强烈的大肠性泻下作用，用于治热结便秘。

② 芦荟含槲皮素，与碳酸钙、维丁胶性钙、硫酸镁、氢氧化铝和碳酸铋类药物合用，能形成络合物而相互影响疗效。

③ 芦荟含黄酮成分，不宜与碳酸钙、硫酸亚铁、氢氧化铝等含金属离子的西药制剂等同用，会形成络合物，影响药物的吸收。

④ 芦荟、番泻叶、虎杖等中药都含有原醌衍生物，不宜与碳酸氢钠等碱性西药同用，对蒽醌等成分有破坏作用。

【用药注意】

① 本品刺激性强，用量过大有继发肠炎、肾炎、流产之弊，故亦慎用。

② 孕畜禁用。

二、润下药

火　麻　仁

为大麻科植物大麻的成熟种仁。主要产于东北、华北、西南等地。去壳生用。

【药理作用特点】

本品甘、平，归脾、胃、大肠经，润肠通便、滋养益津。本品含脂肪油、蛋白质、挥发油、菜油甾醇、大麻酚、大麻酰胺等。

其药理作用为：能刺激肠黏膜，使分泌物增多、蠕动加快而发挥泻下作用；醇提物能明显抑制小鼠应激性溃疡形成；醇提物能显著促进大鼠胆汁分泌；还有降压作用。

【联用与禁忌】

① 与大黄、杏仁、白芍等同用，如麻子仁丸，润燥滑肠，兼有益津作用，用于邪热伤阴、津枯肠燥所致粪便燥结。

② 与当归、生地黄等配伍，用于治病后津亏及产后血虚所致的肠燥便秘。

③ 麻仁含有氰苷类成分，与具有神经肌肉阻滞作用的氨基糖苷类配伍联用，易引起呼吸中枢的抑制，严重者可出现呼吸衰竭。

④ 火麻仁含挥发油，具有还原作用，不宜与硝酸甘油、硝酸异山梨酯等具有氧化性的药物联用，会使后者的药效丧失。

⑤ 火麻仁不宜与酸性药物同服，火麻仁在酸性环境中会加速氧化物的形成引起中毒。

【用药注意】

① 本品刺激性强，用量过大有继发肠炎、肾炎、流产之弊，故亦慎用。

② 孕畜禁用。

郁 李 仁

为蔷薇科植物欧李及郁李的成熟种子。南北各地均有分布，多系野生，主产于河北、辽宁、内蒙古等地。去皮捣碎用。

【药理作用特点】

本品辛、甘、平，入大肠、小肠经，润肠通便、利水消肿。本品含郁李仁苷、苦杏仁苷、蛋白质、脂肪油等。

其药理作用为：郁李仁苷对实验动物有强烈的泻下作用；郁李仁水提取物及其脂肪油给小鼠灌胃有极显著的促进小肠运动作用；蛋白质成分 IR-A 和 IR-B 有抗炎和阵痛作用。

【联用与禁忌】

① 与火麻仁、瓜蒌仁等同用，体润滑降，具有润肠通便之功效，适用于老弱病畜、肠燥便秘。

② 与薏苡仁、茯苓等配伍，可利尿消肿，用于四肢浮肿、尿不通利之证。

③ 郁李仁含氰苷类化合物，不宜与苯巴比妥、可待因等西药

麻醉镇静药、中枢性止咳药同用，因为前者可加重后者的呼吸中枢抑制作用，甚至引起呼吸器官衰竭至死。

④ 郁李仁不宜与酸性药物同服，火麻仁在酸性环境中会加速氧化物的形成引起中毒。

【用药注意】

怀孕的母畜慎用。

蜂　　蜜

为蜜蜂科昆虫中华蜜蜂和意大利蜂采酿成的蜜。各地均产。

【药理作用特点】

本品甘、平，入肺、脾、大肠经，滑肠通便、润肺止咳、解毒、补中。本品含转化糖70%～80%，水分14%～20%。

其药理作用为：有祛痰和缓泻作用；对创面有收敛、营养和促进愈合的作用；可杀灭革兰阳性菌及阴性菌，尤其是对严重感染消化道的沙门杆菌、志贺杆菌、大肠杆菌及霍乱弧菌有杀灭作用；蜂蜜对胃肠功能有调节作用，可使胃酸分泌正常；蜂蜜对肝脏的保护作用，能为肝脏的代谢活动提供能量准备，能刺激肝组织再生，起到修复损伤的作用；蜂蜜有扩张冠状动脉和营养心肌的作用，可改善心肌功能，对血压有调节作用。

【联用与禁忌】

① 可用单味，亦可配复方中使用，品甘而滋润，滑利大肠，用治体虚不宜攻下的肠燥便秘等证。

② 与枇杷叶、款冬花等同用，用蜂蜜拌炒即蜜炙，以增强润肺之功，用治肺燥干咳、肺虚久咳等证。

③ 外用涂敷烫伤、疮肿，以解毒和保护疮面；又可解药毒，用于缓解乌头、附子等药的毒性。

④ 蜜炼川贝枇杷膏中含有大量蜂蜜，感冒清片中的退热成分与蜂蜜能形成复合物，减少药物的吸收速度，使退热作用减弱。

⑤ 在服用龙胆酊等苦味健胃药时，不能同服蜂蜜、大枣、甘草等甜味中药，因其甜味可掩盖苦味，从而减少苦对味觉神经末梢的刺激，降低其健胃的作用。

【用药注意】

① 肠滑腹泻的患畜忌生食。

② 痰湿内蕴、中满痞胀及大便不实者禁服。

三、峻下逐水药

牵牛子（二丑、黑白丑）

为旋花科植物牵牛或毛牵牛的干燥成熟种子。各地均产。

【药理作用特点】

本品苦、寒、有毒，入肺、肾、大肠经，泻下通便、利尿消肿、去积杀虫。本品含牵牛子苷、大黄素甲醚、大黄素、大黄酚、咖啡酸乙酯、咖啡酸等。

其药理作用为：牵牛子苷在肠内分解出牵牛子素，刺激肠蠕动而发挥泻下作用；牵牛子苷对离体兔肠及离体大鼠子宫有兴奋作用；能加速菊糖在肾脏中排出。

【联用与禁忌】

① 与芒硝、大黄、槟榔、枳壳、枳实等同用，泻下力强，适用于肠胃实热壅滞大便秘结之证。

② 与甘遂、大戟、大黄等同用，有利尿作用，使水湿从粪便排出，能消除水肿胀满。

③ 与槟榔、使君子等同用，既能杀虫，又有泻下作用，使虫体得以排出，用于治疗虫积。

④ 黑丑、白丑与红霉素同用，可缩短红霉素在肠道的停留时间，减少其吸收。

【用药注意】

① 孕畜及体虚者禁用。

② 本品不宜与巴豆同用。

续随子（千金子）

为大戟科植物续随子的干燥成熟种子。主要产于浙江、河北、河南等地。打碎生用或制霜用。

【药理作用特点】

本品辛、温、有毒，入肝、肾经，泻下逐水、破血散瘀。本品含黄酮苷、大戟双香豆素、白瑞香素、脂肪油、大戟醇、大戟甲烯醇、挥发油等。

其药理作用为：甲醇提取物体外对人宫颈癌细胞、急性淋巴细胞性白血病细胞、肝癌细胞有抑制作用，体内对小鼠肉瘤180和艾氏腹水癌有抑制作用；瑞香素有抗炎和镇痛的作用；千金子甾醇对胃肠有刺激性，可产生峻泻，作用强度为蓖麻油的3倍；瑞香素对金黄色葡萄球菌、大肠杆菌、福氏痢疾杆菌及铜绿假单胞菌的生长有抑制作用。

【联用与禁忌】

① 与大黄、大戟、牵牛子、木通等同用，泻下逐水的作用较强，且能利尿，可用于二便不利之水肿实证。

② 与桃仁、红花等配伍，能破血散瘀，用于血瘀之证。

③ 续随子含挥发油，具有还原作用，不宜与硝酸甘油、硝酸异山梨酯等具有氧化性的药物联用，会使后者的药效丧失。

④ 续随子含黄酮成分不宜与碳酸钙、硫酸亚铁、氢氧化铝等含金属离子的西药制剂等同用，会形成络合物，影响药物的吸收。

【用药注意】

① 体弱便溏的患畜忌服。

② 怀孕的母畜忌服。

甘　遂

为大戟科多年生草本植物甘遂的块根。主产于陕西、山西、河南等地。秋末或春初采挖。撞去外皮，晒干。醋制过用。

【药理作用特点】

本品苦、寒、有毒，归肺、肾、大肠经，泻水逐饮、消肿散结。本品含甘遂萜酯A、甘遂大戟萜酯A、巨大戟萜酯、甘遂酸、大戟醇、大戟二烯醇等。

其药理作用为：甘遂大戟萜酯A和巨大戟萜酯有较强的体内抗病毒活性；生甘遂或炙甘遂的乙醇浸膏对小鼠有明显的泻下作

用；生甘遂小剂量能增强离体蛙心的收缩力，而不改变其频率，大剂量则起抑制作用；甘遂萜酯A有镇痛作用；甘遂的乙醇浸出物对妊娠豚鼠呈现一定的抗生育作用。

【联用与禁忌】

① 与大戟、芫花为末，枣汤送服，如十枣汤，苦寒性降，善行经隧上水湿，泻水逐饮力峻，药后可连续泻下，使潴留水饮排泄体外，用于水肿、大腹臌胀、胸胁停饮、正气未衰者。

② 与朱砂末为丸服，如遂心丹，以甘遂为末，入猪心煨后，甘遂尚有逐痰涎作用，可用于风痰癫痫之证。

③ 外用能消肿散结；可用甘遂末水调外敷，治疮痈肿毒。

【用药注意】

① 体弱者及孕畜忌用。

② 反甘草。

③ 外用适量，内服醋制用，以降低毒性。

大　戟

为茜草科植物红芽大戟（红大戟）和大戟科植物大戟（京大戟）的干燥根。主要产于广西、云南、广东等地。切片生用或醋炒用。

【药理作用特点】

本品苦、寒、有毒，入肺、大肠、肾经，泻水逐饮、消肿散结。本品含蒽醌类化合物、大戟素、3-羟基巴戟醌、丁香酸、虎刺醛和甲基异茜草素等。

其药理作用为：京大戟水体物对猫有剧烈泻下作用，煎液对小鼠主体回肠均有兴奋作用，京大戟的泻下作用比红芽大戟强；大戟的煎剂或醇浸液，能产生明显的利尿作用；大戟的乙醇提取物能引起动物的末梢血管扩张，兴奋妊娠离体子宫，抑制肾上腺素的升压作用。

【联用与禁忌】

① 与甘遂、芫花、牵牛子等配合，如大戟散，泻水逐饮的功效较好，适用于水饮泛滥所致的水肿喘满、胸腹积水等证。

② 与甘遂、牵牛子、滑石、大黄等药同用，用于水草肚胀或宿草不转等。

③ 红大戟消肿散结的功效较好，多用于热毒壅滞所致的疮黄肿毒等证。

④ 大戟、番泻叶、虎杖等中药都含有原醌衍生物，不宜与碳酸氢钠等碱性西药合用，对蒽醌等成分有破坏作用。

【用药注意】

① 孕畜及虚寒阴水的患畜忌用。

② 体弱的患畜慎用。

③ 反甘草。

芫　花

为瑞香科植物芫花的干燥花蕾。主产于陕西、安徽、江苏、浙江、四川、山东等地。生用或醋炒用。

【药理作用特点】

本品苦、寒、有毒，入肺、大肠、肾经，泻水逐饮、祛痰止咳。本品含芫花素、芫花酯、芫花烯、伞形花内酯等。

其药理作用为：煎剂一定浓度时有利尿作用；芫花素能刺激肠黏膜，引起剧烈的水泻和腹痛；醇浸剂和水煎剂对兔离体回肠小剂量兴奋、大剂量抑制；芫花根的醇和石油醚的提出物，对动物未孕及已孕子宫平滑肌有兴奋作用，使子宫肌收缩；醋炙芫花对肺炎球菌、溶血性链球菌有抑制作用；全草煎剂对金黄色葡萄球菌、痢疾杆菌、伤寒杆菌、铜绿假单胞菌和大肠杆菌有抑制作用。芫花的水浸剂对许兰黄癣菌、奥杜盎小芽孢癣菌、铁锈色小芽孢癣菌、星形奴卡菌等皮肤真菌有不同程度的抑制作用；芫花素有降低血压、增进呼吸、抑制离体蛙心的作用；芫花根还有驱除蛔虫的作用。

【联用与禁忌】

① 与大戟、甘遂、大枣等同用，以泻胸肋之水饮积聚见长，适用于胸肋积水、水草肚胀等证。

② 与大枣同煎，祛痰止咳，用于痰壅气逆、咳嗽痰喘之证。

③ 芫花含有大量黄酮类成分，不宜与氢氧化铝、三硅酸镁、碳酸钙等含有铝、镁、钙的金属离子药物同服，这些金属离子可与黄酮类中药生成金属络合物，改变药物原有的性质与作用，失去药物疗效。

【使用注意】

① 孕畜及体虚者忌用。

② 反甘草。

商　陆

为商陆科植物商陆的干燥根。主产于河南、安徽、湖北等地。生用或醋炒用。

【药理作用特点】

本品苦、寒、有毒，入肺、大肠、肾经，泻下利水、消散肿毒。本品含商陆酸、商陆苷、商陆多糖等。

其药理作用为：商陆提取物对小鼠灌胃有利尿作用；商陆的煎剂、酊剂、水浸剂给小鼠灌胃有明显的祛痰作用，其作用强度为煎剂＞酊剂＞水浸剂；商陆酊剂和煎剂皮下注射有轻度止咳作用，粗提生物碱口服有明显止咳作用；商陆皂苷及皂苷元胃肠外用给药，对大鼠、小鼠的急性炎症水肿有强大的抗炎作用；商陆煎剂和酊剂对流感杆菌、肺炎双球菌、弗氏痢疾杆菌、宋氏痢疾杆菌、志贺痢疾杆菌均有一定的抑制作用；商陆水浸液还有杀灭库蚊幼虫的作用。

【联用与禁忌】

① 与大戟、甘遂等同用，通利二便，长于利水，用于水肿胀满、粪便秘结、小便不利之实证。

② 本品外用治痈疮肿毒，常以鲜品捣烂外敷。

③ 商陆不宜与阿司匹林同用，商陆皂苷具有解热镇痛作用，合用会增加阿司匹林诱发胃溃疡的概率。

④ 商陆不宜与阿托品同用，会拮抗商陆的祛痰作用。

⑤ 商陆不宜与酒同用，增加肉豆蔻酸、商陆毒素的溶解吸收，发生中毒。

【用药注意】

① 脾胃虚弱的患畜忌用。

② 孕畜忌用。

巴　豆

为大戟科植物巴豆的干燥成熟种子。主要产于四川、广东、云南、广西等地。生用、炒焦用或制霜用。

【药理作用特点】

本品辛、热、有大毒，入胃、大肠、肺经，泻下寒积、逐水退肿、祛痰蚀疮。本品含巴豆油、毒性蛋白、巴豆树脂、生物碱、巴豆苷等。

其药理作用为：巴豆霜能明显增强小鼠胃肠运动，促进胃套叠的还纳；巴豆油能直接作用于肠肌，低浓度巴豆油乳剂使在位或离体兔小肠兴奋，浓度加大则主要表现为抑制作用；巴豆油对皮肤、黏膜有强烈的刺激作用；巴豆油对小鼠耳有明显的致炎作用；巴豆水剂由兔耳静脉给药能中等度增加胆汁和胰液的分泌；巴豆煎剂对金黄色葡萄球菌、白喉杆菌有较强的抑制作用，对铜绿假单胞菌、流感杆菌亦有一定的抑制作用；巴豆酒浸后的水煎剂对实验性鼠疟的发育有抑制作用；巴豆浸出液能杀灭血吸虫的中间寄主钉螺、姜片虫的中间寄主扁卷螺。

【联用与禁忌】

① 与干姜、大黄同用，用于里寒冷积所致的便秘、腹痛起卧等。

② 与杏仁、甘遂等配伍，具有强烈的泻下作用，可消除水肿，适用于体质壮实的水肿、腹水。

③ 与乳香、没药、木鳖子等炼成膏药，外贴患处，用于疮疡成脓而未溃破者。

④ 巴豆、黑丑、白丑与红霉素同用，可缩短红霉素在肠道的停留时间，减少其吸收。

⑤ 巴豆不宜与树脂类药物同用，在肠液的碱性环境中析出巴豆油酸和巴豆双脂类，刺激肠壁引起激烈肠蠕动，导致腹痛和腹泻

峻猛。

⑥ 巴豆不宜与碱性药物同用，同用时析出巴豆油，肠蠕动亢进，加剧泻下作用。

⑦ 巴豆不宜与酒同服，巴豆油溶于乙醇，毒性加剧。

【用药注意】

① 无寒实积滞、体虚的患畜忌用。

② 孕畜及泌乳期母畜忌用。

③ 畏牵牛子。

第六节 收 涩 药

凡具有收敛固涩作用，能治疗各种滑脱证的药物，称为收涩药。

滑脱病证主要表现为子宫脱出、滑精、自汗、盗汗、久泻、久痢、粪尿失禁、脱肛、久咳虚喘等。滑脱病证的根本原因是正气虚弱，而收敛固涩属于应急治标的方法，不能从根本上消除导致滑脱诸症的病机，故临床应选择适宜的补益药同用，以期标本兼顾。由于滑脱证表现各异，故本类药物又分为涩肠止泻和敛汗涩精两类。

涩肠止泻药具有涩肠止泻的作用，适用于脾肾虚寒所致的久泻久痢、粪便失禁、脱肛或子宫脱等证，在应用上常配补益脾胃药、温补脾肾药同用。

敛汗涩精药具有敛汗涩精或缩尿的作用，适用于肾虚气弱所致的自汗、盗汗、阳痿、滑精、尿频等证，在应用上常配补肾药、补气药同用。

一、涩肠止泻药

乌 梅

为蔷薇科植物梅的未成熟果实梅子。剥去核，入笼在煤烟中熏至乌黑色，故名。主产于浙江、福建、广东、湖南、四川等地。

【药理作用特点】

本品酸、涩、平，入肝、脾、肺、大肠经，敛肺涩肠、生津止渴、驱虫止痢。本品含枸橼酸、苹果酸、草酸、酒石酸、乳酸、乙酸、琥珀酸及挥发油。

其药理作用为：煎液能增强豚鼠膀胱逼尿肌肌条的张力和收缩；对豚鼠的蛋白质过敏性及组胺休克有对抗作用；乌梅煎剂或乌梅合剂煎液对离体兔肠有抑制作用；乌梅汤对胆囊有促进收缩和利胆作用，利于引流胆道的胆汁、减少和防止胆道感染；乌梅有增加食欲，促进消化，刺激唾液腺、胃腺分泌消化液的作用，同时又有收缩肠壁的作用，因而可以用于治疗腹泻；提取液对大肠杆菌、痢疾杆菌、溶血性链球菌、炭疽杆菌、白喉杆菌、枯草杆菌、肺炎球菌、变形杆菌、伤寒和副伤寒杆菌、铜绿假单胞菌、霍乱弧菌等均有抑制作用；乌梅水煎剂对须疮癣菌、石膏样小芽孢菌、絮状表皮癣菌等致病真菌有抑制作用；乌梅对蛔虫有兴奋、刺激蛔虫后退的作用。

【联用与禁忌】

① 与款冬花、半夏、杏仁等配伍应用，有敛肺气止咳嗽功效，主要用于肺虚久咳。

② 与肉豆蔻、诃子、茯苓等同用，有涩肠止泻作用，用治气虚脾弱、久泻久痢。

③ 与天花粉、麦冬、葛根等同用，能生津止渴，用于虚热所致的口渴贪饮。

④ 与干姜、细辛，黄柏等合用，本品味酸，有安蛔作用，适用于蛔虫引起的腹痛、呕吐等症。

⑤ 乌梅与磺胺类药物合用，使其毒副作用增强，引起血尿、结晶尿甚至尿闭等。

⑥ 乌梅含有机酸，与庆大霉素同服，会降低其抗菌作用，因为庆大霉素在酸性尿液中抗菌作用最弱。

⑦ 中药乌梅、五味子等有酸化作用，能使碱性抗生素红霉素排泄加快，药效降低。

⑧ 乌梅含挥发油，具有还原作用，不宜与硝酸甘油、硝酸异

山梨酯等具有氧化性的药物联用，会使后者的药效丧失。

【用药注意】

① 有实邪者忌服。

② 孕畜忌用。

诃　子

使君子科植物诃子或绒毛诃子的干燥果实。主产于云南、广东、广西等地。煨用或生用。

【药理作用特点】

本品苦、酸、涩、温，入肺、大肠经，涩肠止泻、敛肺止咳。本品含鞣质、番泻苷A、没食子酸、莽草酸等。

其药理作用为：诃子水煎剂除对痢疾杆菌有效外，对铜绿假单胞菌、白喉杆菌作用较强，对金黄色葡萄球菌、大肠杆菌、肺炎球菌、溶血性链球菌、变形杆菌、鼠伤寒杆菌亦有抑制作用；乙酸乙酯、丁醇、正丁醇和水提取物有强心作用；乙醇提取物对家兔平滑肌有罂粟碱样解痉作用；诃子不同炮制品对离体兔肠自发性活动和乙酰胆碱及氯化钡引起的肠肌收缩有明显的抑制和拮抗作用；诃子各炮制品对蓖麻油所致小鼠腹泻皆有较好的止泻作用；诃子对小鼠艾氏腹水癌、中国小鼠腹水肉瘤、梭形细胞肉瘤的生长具有抑制作用。

【联用与禁忌】

① 与黄连、木香、甘草同用，用于痢疾偏热者；与党参、白术、没药等配伍，用于泻痢日久、气阴两伤时。

② 与党参、麦冬、五味子等同用，能敛肺利咽，适用于肺虚久咳；可配伍瓜蒌、百部、贝母、玄参、桔梗等同用，用于肺热咳嗽。

③ 诃子含有水合性鞣质，与肝毒性抗生素如氟苯尼考、红霉素、利福平、异烟肼等合用加重肝脏损害，严重者可发生药源性肝炎。

④ 口服β-内酰胺类药物时不宜与含鞣质较多的诃子同时服用，可在体内生成鞣酸盐沉淀物而不易被吸收，从而降低各自的生物利用度和药效。

【用药注意】

① 泻痢初起者忌用。

② 本品煨用涩肠，生用清肺。

肉豆蔻（肉果）

为肉豆蔻科植物肉豆蔻的干燥种仁。产于印度尼西亚、西印度半岛和马来半岛等地，我国广东有栽培。煨用。

【药理作用特点】

本品辛、温，入脾、胃、大肠经，收敛止泻、温中行气。本品含挥发油，主要为柠檬烯、月桂烯、肉豆蔻醚、榄香脂素、丁香酚、异丁香酚等。

其药理作用为：生品有滑肠作用，煨去油后则有涩肠止泻的作用；有抗炎作用，生品对蛋清致炎者更为明显；肉豆蔻所含挥发油有显著的麻醉性能，对低等动物可引起瞳孔扩大、步态不稳，随之出现睡眠、呼吸变慢，剂量再大则反射消失；肉豆蔻醚对正常人有致幻作用，对人的大脑有中度兴奋作用；肉豆蔻对肺炎球菌、变形杆菌及金黄色葡萄球菌有抑制作用。

【联用与禁忌】

① 常与补骨脂、吴茱萸、五味子等同用，如四神丸，善温脾胃，长于涩肠止泻，适用于脾肾虚寒引起的久泻不止。

② 常与木香、半夏、白术、干姜等配伍应用，能温中行气，适用于脾胃虚寒引起的肚腹胀痛、食欲不振之症。

③ 含有致幻觉的中药如曼陀罗、肉豆蔻等中药制剂和普萘洛尔合用时，增加中药制剂致幻觉的危险。

④ 肉豆蔻含挥发油，具有还原作用，不宜与硝酸甘油、硝酸异山梨酯等具有氧化性的药物联用，会使后者的药效丧失。

【用药注意】

凡热泻热痢者忌用。

石　榴　皮

为安石榴科植物石榴的干燥果皮。我国南方各地均有分布。切碎生用。

【药理作用特点】

本品酸、涩、温，入肝、胃、大肠经，收敛止泻、杀虫。本品含鞣质、石榴皮碱、异槲皮苷、没食子酸、氨基酸和微量元素。

其药理作用为：鞣质有显著的抗病毒作用；没食子酸能抑制胃酸分泌；石榴皮对大肠杆菌、痢疾杆菌、变形杆菌、伤寒杆菌、副伤寒杆菌、铜绿假单胞菌、霍乱弧菌等7种革兰阴性肠内致病菌皆有抑制作用；石榴皮的水煎剂对石膏样毛癣菌、奥杜盎小芽孢癣菌、铁锈色小芽孢癣菌、羊毛状小芽孢癣菌、石膏样小芽孢癣菌、腹股沟表皮癣菌、星形奴卡菌等皮肤真菌均有不同程度的抑制作用；石榴皮煎剂含有大量鞣质，能使生物碱变成难溶而难吸收的化合物，对肠寄生虫发挥驱虫作用；石榴皮总碱对心脏有暂时性兴奋作用，使心搏减慢，对自主神经有烟碱样作用，对骨骼肌有藜芦碱样作用。

【联用与禁忌】

① 与诃子、肉豆蔻、干姜、黄连等合用，有较强的收敛止泻作用，适用于虚寒所致的久泻久痢之症。

② 单用或配使君子、槟榔等同用，可用于驱杀蛔虫、蛲虫。

③ 石榴皮含有水合性鞣质，与肝毒性抗生素如氟苯尼考、红霉素、利福平、异烟肼等合用加重肝脏损害，严重者可发生药源性肝炎。

④ 石榴皮含水合性鞣质，与四环素类药物合用，形成鞣质酸盐沉淀物，降低药效。

⑤ 有鞣质的中药如石榴皮、五倍子、萹蓄、大黄、虎杖、地榆，不宜与林可霉素联用，易发生中毒性肝炎。

【用药注意】

有实邪者忌用。

五 倍 子

为漆树科植物盐肤木及同属数种植物叶上的虫瘿，由五倍子蚜虫寄生而形成。主产于四川、贵州、广东、广西、河北、安徽、浙江及西北各地。研末用。

【药理作用特点】

本品酸、咸、平，入肺、肾、大肠经，涩肠止泻、止咳止血、杀虫解毒。本品含五倍子鞣质、没食子酸、脂肪、树脂、蜡质、淀粉等。

其药理作用为：鞣酸与皮肤黏膜溃疡接触后，组织蛋白被凝固，形成一层被膜呈收敛作用；对金黄色葡萄球菌、链球菌、肺炎球菌、伤寒杆菌、副伤寒杆菌、白喉杆菌、痢疾杆菌、炭疽杆菌、铜绿假单胞菌等均有明显的抑菌或杀菌作用；五倍子煎剂对接种于鸡胚的流感甲型 PR8 株病毒有抑制作用；鞣酸能和很多重金属离子、生物碱及苷类形成不溶性的复合物，可用作化学解毒药；没食子酸及其酯类能抑制缓激肽对豚鼠回肠的收缩作用。

【联用与禁忌】

① 与诃子、五味子等同用，能涩肠止泻，用于治久泻久痢、便血日久。

② 常与党参、五味子、紫苑等同用，有敛肺止咳功效，用于肺虚久咳。

③ 研末外敷或煎汤外洗，还能杀虫止痒，兼有消疮肿解毒作用，适用于疮癣肿毒、皮肤湿烂等症。

④ 五倍子不应与红霉素合用，可生成不溶于水的沉淀物，从而无法被肠道吸收，影响疗效。

⑤ 口服 β-内酰胺类药物不宜与含鞣质较多的五倍子同时服用，可在体内生成鞣酸盐沉淀物而不易被吸收，从而会降低各自的生物利用和药效。

⑥ 有鞣质的中药如石榴皮、五倍子、萹蓄、大黄、虎杖、地榆，不宜与林可霉素联用，易发生中毒性肝炎。

【用药注意】

肺热咳嗽及湿热泄泻者忌用。

罂 粟 壳

本品为罂粟科植物罂粟成熟蒴果的外壳。国内部分地区药物种植场有少量栽培。醋炒或蜜炙用。

【药理作用特点】

本品涩、平、有毒，入肺、大肠、肾经，敛肺气、涩肠、止疼痛、固肾。本品含吗啡、可待因、那可丁、罂粟碱等。

其药理作用为：罂粟壳中的吗啡、可待因对中枢神经有兴奋、镇痛、镇咳和催眠的作用；罂粟碱、那可丁等对平滑肌有明显的解痉作用。

【联用与禁忌】

① 与乌梅等合用，能敛肺气止咳嗽，用治久咳虚咳。

② 常与乌梅、大枣等同用；或配伍木香、黄连、生姜应用，有涩肠止泻功效，可治久泻久痢或血痢。

③ 常与其他活血化瘀药配伍，有止痛功效，用于筋骨诸痛。

④ 党参、白术、干姜、木香、防风、罂粟壳等中药组成的复方肠胃片，不宜与红霉素等肠道吸收药物同用，由于胃排空速度减慢，延长了红霉素等肠道吸收药物在胃中的停留时间，从而影响其在肠道的吸收，使疗效降低。

【用药注意】

① 咳嗽、泻痢初起者忌用。

② 本品易成瘾，不宜常服。

二、敛汗涩精药

五 味 子

为木兰科植物北五味子、华中五味子的成熟果实。主产于东北、内蒙古、河北、山西等地。生用或经醋、蜜等拌蒸晒干。

【药理作用特点】

本品酸、温，入肺、肾、心经，敛肺、滋肾、敛汗、涩精、止泻。本品含木脂素类、挥发油类、多糖类及氨基酸等。

其药理作用为：五味子醚提取物有镇咳、祛痰作用；醇提物及五味子素有降低化学物质引起的血清转氨酶升高作用；乙醇提取物有中枢抑制作用和抗惊厥作用；有加强和调节心肌细胞能量代谢、改善心肌营养和功能等作用；五味子有强心作用，其水浸液及稀醇浸液可加强心肌收缩力，增加血管张力；五味子煎剂离体实验对大鼠心肌细胞膜ATP酶活性有抑制作用，并对麻醉犬有降压作用；五味子能增强机体对非特异性刺激的防御能力；五味子煎剂静脉注射，对正常兔、麻醉兔和犬都有明显的呼吸兴奋作用，使呼吸加深、加快；五味子的乙醇浸液在体外对炭疽杆菌、金黄色葡萄球菌、白色葡萄球菌、伤寒杆菌、霍乱弧菌等均有抑制作用。

【联用与禁忌】

① 常与党参、麦冬、熟地黄、山茱萸等同用，能敛肺气和滋肾阴，用于肺虚或肾虚不能纳气所致的久咳虚喘。

② 常与麦冬、生地黄、天花粉等同用，用于治疗津少口渴；与党参、麦冬、浮小麦等配伍，可治体虚多汗。

③ 与补骨脂、吴茱萸、肉豆蔻等同用，能涩肠止泻，用治脾肾阳虚所致泄泻；与桑螵蛸、菟丝子同用，能益肾固精，治滑精及尿频数等证。

④ 五味子与磺胺类药物合用，使其毒副作用增强，引起血尿、结晶尿甚至尿闭等。

⑤ 中药五味子、乌梅等有酸化作用，能使碱性抗生素如红霉素排泄加快，药效降低。

⑥ 五味子与先锋霉素、利福平等同用，可加强肾毒性抗生素在肾小管中的吸收，增强其毒性。

⑦ 五味子含挥发油，具有还原作用，不宜与硝酸甘油、硝酸异山梨酯等具有氧化性的药物联用，会使后者的药效丧失。

【用药注意】

表邪未解及有实热者不宜用。

龙　骨

为古代哺乳类动物如象类、犀牛类、三趾马等的骨骼化石，其牙齿的化石为龙齿。主产于河南、河北、山西、内蒙古等地。生用先煎，或煅用。

【药理作用特点】

本品甘、涩、平，入心、肝、肾经，安神镇惊、平肝潜阳、收敛固涩。本品含碳酸钙、磷酸钙、铁、钾、钠、氯、硫酸根等。

其药理作用为：龙骨混悬液给小鼠灌服，能显著增加戊巴比妥钠的催眠率；龙骨悬混液对二甲弗林所致惊厥亦有对抗作用；龙骨混悬液给小鼠灌服，有缩短正常小鼠凝血时间的作用；龙骨能降低血管壁通透性及抑制骨骼肌兴奋作用。

【联用与禁忌】

① 与茯神、远志、朱砂、牡蛎等配伍，能镇静安神，适用于心神不宁、躁动不安等症。

② 与白芍、牡蛎、赭石等配伍，平肝潜阳，适用于肝阴不足、肝阳上亢之证。

③ 与牡蛎、山药等同用，长于收敛固涩，适用于滑精、盗汗、久泻不止等症；还可外用于湿疹疮疡及疮疡溃后久不收口。

④ 龙骨及含有钙离子成分的中成药不宜与庆大霉素同用，可降低血浆中庆大霉素的结合率，增加其毒性反应。

⑤ 龙骨不宜与四环素类药物同用，因为四环素中的酰胺基、酚羟基能与龙骨中的钙离子发生反应，形成金属络合物，从而会降低四环素的生物利用率。

⑥ 龙骨内含金属离子，与诺氟沙星同服，会形成钙络合物，使药物的溶解度下降，肠道难以吸收，降低疗效。

【用药注意】

有湿热、实邪者忌用。

牡　蛎

为牡蛎科动物长牡蛎、大连湾牡蛎或近江牡蛎的贝壳。主产于我国台湾及沿海地区。

【药理作用特点】

本品咸、涩、微寒，入肝、胆、肾经，平肝潜阳、软坚散结、敛汗涩精。本品含碳酸钙、磷酸钙、硫酸钙、铜、铁、锌、氨基酸等。

其药理作用为：酸性提取物对脊髓灰质炎病毒有抑制作用，使感染鼠的死亡率降低；牡蛎所含的碳酸钙有收敛、制酸、止痛等作用，有利于胃及十二指肠溃疡的愈合；牡蛎制剂白牡片能治疗豚鼠实验性溃疡和防止大鼠实验性胃溃疡的发生，并能抑制大鼠游离酸和总酸的分泌；牡蛎有调节整个大脑皮质的功能；牡蛎生用镇静、软坚、解热的效力良好，煅用则涩而带燥，收敛固涩之力较强。

【联用与禁忌】

① 与龙骨、龟甲、白芍等配伍，能平肝潜阳，适用于阴虚阳引起的躁动不安之症。

② 常与玄参、贝母等同用，有软坚散结作用，用于消散瘰疬。

③ 与浮小麦、麻黄根、黄芪等配伍，可治自汗、盗汗；与煅龙骨、金樱子、芡实等同用，用于滑精。

④ 牡蛎及含有钙离子成分的中成药不宜与庆大霉素同用，可降低血浆中庆大霉素的结合率，增加其毒性反应。

⑤ 牡蛎不宜与四环素类药物同用，因为四环素中的酰胺基、酚羟基能与龙骨中的钙离子发生反应，形成金属络合物，从而会降低四环素的生物利用率。

⑥ 牡蛎内含金属离子，与诺氟沙星同服，会形成钙络合物，使药物的溶解度下降，肠道难以吸收，降低疗效。

【用药注意】

① 急慢性皮肤病患者忌食。

② 脾胃虚寒、慢性腹泻便溏者不宜多吃。

③ 本品多服、久服易引起便秘和消化不良。

金　樱　子

为蔷薇科植物金樱子的干燥果实。四川、云南、湖北、贵州、广东均产，以广东产量为多。擦去刺，剥去核，洗净晒干备用。

【药理作用特点】

本品酸、涩、平，入肾、膀胱、大肠经，固肾涩精、涩肠止泻。本品含金樱子多糖、金樱子皂苷 A、齐墩果酸、胡萝卜苷、亚油酸等。

其药理作用为：金樱子多糖对大肠杆菌、副伤寒杆菌和金黄色葡萄球菌等有抑制作用；金樱子多糖能减轻二甲苯所致的小鼠耳局部炎症；金樱子多糖能显著清除超氧阴离子自由基、抑制脂质过氧化物的形成；金樱子水提物灌胃，能使腹下神经制备尿频模型大鼠排尿次数减少，排尿间隔时间延长，每次排尿增多；金樱子水提取物能抑制家兔离体空肠平滑肌的自主收缩，拮抗乙酰胆碱、氯化钡引起的家兔空肠平滑肌、大鼠离体膀胱平滑肌的痉挛性收缩；金樱子煎剂对流感病毒PR8株抑制作用最强。

【联用与禁忌】

① 常与芡实、莲子、菟丝子、补骨脂等同用，有固精缩尿作用，适用于肾虚引起的滑精、尿频等症。

② 常与党参、白术、茯苓等同用，能涩肠止泻，可用于脾虚泄泻。

③ 金樱子含鞣质，与红霉素、氟苯尼考等抗生素同服，会生成盐酸沉淀物，使药物难以吸收，影响疗效。

④ 金樱子含有机酸，与磺胺类药物配伍，会使尿液酸化，降低磺胺类药的药效。

⑤ 金樱子也不能与红霉素配伍，红霉素在酸性环境中不稳定，当 $pH<4$ 时，红霉素完全分解失效。

⑥ 金樱子不宜与强心苷类药物合用，易引起中毒。

⑦ 金樱子不宜与水杨酸制剂同用，易促成消化性溃疡。

⑧ 金樱子不宜与氢氯噻嗪等排钾利尿药同用，容易导致低钾血症。

【用药注意】

有实火、邪热者忌用。

桑螵蛸

为螳螂科昆虫大刀螂和小刀螂等具卵的卵鞘。主产于各地桑蚕区。生用或炙用。

【药理作用特点】

本品甘、咸、涩、平，入肝、肾经，益肾助阳、固精缩尿。本品含苏氨酸、缬氨酸、蛋氨酸、异亮氨酸、亮氨酸、苯丙氨酸、赖氨酸、色氨酸、钾、磷、钙、钠、铜、锌、锰、镍等。

其药理作用为：乙醇提取物能增加小鼠胸腺、脾脏指数，延长小鼠耐缺氧及游泳时间，有抗利尿和降低高脂大鼠肝中过氧化脂质的作用。

【联用与禁忌】

① 常配伍益智仁、菟丝子、黄芪等使用，能补肾、固精及缩尿，主要用于肾气不固所致的滑精早泄及尿频数等症。

② 与巴戟天、肉苁蓉、枸杞子等配伍应用，有助阳功效，故可治肾虚阳痿。

③ 桑螵蛸及含有钙离子成分的中成药不宜与庆大霉素同用，可降低血浆中庆大霉素的结合率，增加其毒性反应。

④ 桑螵蛸与四环素类药物同用，四环素中的酰胺基、酚羟基能与桑螵蛸中的钙离子发生反应，形成金属络合物，从而会降低四环素的生物利用率。

⑤ 桑螵蛸内含金属离子，与诺氟沙星同服，会形成钙络合物，使药物的溶解度下降，肠道难以吸收，降低疗效。

【用药注意】

阴虚有火、膀胱湿热所致的尿频数者忌用。

芡　实

为睡莲科水生植物芡实的种仁。主产于湖南、江苏、广东、福建等地。

【药理作用特点】

本品甘、涩、平，入脾、肾经，固肾涩精、健脾止泻。本品含蛋白质、脂肪、糖类、钙、磷、铁、维生素 B_2 和维生素 C 等。

【联用与禁忌】

① 常与菟丝子、桑螵蛸、金樱子等同用，固肾涩精，适用于肾虚、精关不固所致的滑精早泄及尿频数等症。

② 常与党参、白术等同用，健脾止泻，用于脾虚久泻不止、气虚肛脱。

③ 芡实及含有钙离子成分的中成药不宜与庆大霉素同用，可降低血浆中庆大霉素的结合率，增加其毒性反应。

④ 芡实与四环素类药物同用，四环素中的酰胺基、酚羟基能与芡实中的钙离子发生反应，形成金属络合物，从而会降低四环素的生物利用率。

⑤ 芡实内含金属离子，与诺氟沙星同服，会形成钙络合物，使药物的溶解度下降，肠道难以吸收，降低疗效。

【用药注意】

气郁痞胀、溺赤便秘、食不运化及新产后皆忌之。

第七节　理　气　药

凡以疏理气机、治疗气滞或气逆证为主要作用的药物，称为理气药，又叫行气药。

理气药性味多辛苦温而芳香。其味辛能行散，味苦能疏泄，芳香能走窜，性温能通行，故有疏理气机的作用。因本类药物主归脾、肝、肺经，故有理气健脾、疏肝解郁、理气宽胸、行气止痛、破气散结等不同功效。具有理气健脾作用的药物，主要用治脾胃气滞所致脘腹胀痛、嗳气吞酸、恶心呕吐、腹泻或便秘等。具疏肝解郁者，主要用治肝气郁滞所致胁肋胀痛、抑郁不乐、疝气疼痛、乳房胀痛等。具理气宽胸者，主要用治肺气壅滞所致胸闷胸痛、咳嗽气喘等。

使用本类药物，需针对病证选择相应功效的药物，并进行必要的配伍。如脾胃气滞因饮食积滞者，配消导药用；因脾胃气虚者，配补中益气药用；因湿热阻滞者，配清热除湿药用；因寒湿困脾者，配苦温燥湿药用。肝气郁滞因肝血不足者，配养血柔肝药用；由于肝经受寒者，配温肝散寒药用；由于瘀血阻滞者，配活血祛瘀药用。肺气壅滞因外邪客肺者，配宣肺解表药用；因痰饮阻肺者，配祛痰化饮药用。

本类药物性多辛温香燥，易耗气伤阴，故气阴不足者慎用。

陈　皮

为芸香科常绿小乔木植物橘及其栽培变种的成熟果皮。又称陈皮、广陈皮、陈广皮、新会皮。主产于长江以南各省区。

【药理作用特点】

本品辛、苦、温，归脾、肺经，理气健脾、燥湿化痰。本品含挥发油、橙皮苷、甲基橙皮苷、肌醇、川皮酮及维生素 B_1、维生素 C 等。

其药理作用为：陈皮煎剂对家兔及小白鼠离体肠管、麻醉兔及犬的胃及肠运动、小鼠离体子宫均有抑制作用；陈皮所含挥发油对胃肠道有温和的刺激作用，可促进消化液的分泌，排除肠管内积气；陈皮煎剂、醇提物等能兴奋心肌，但剂量过大时反而抑制；鲜橘皮煎剂有扩张气管的作用；陈皮水提液对离体唾液淀粉酶活性有促进作用；甲基橙皮苷给麻醉大鼠皮下注射，可增强胆汁及胆汁内固体物质的排泄量，与维生素 C 及维生素 K_4 合用可增强利胆效果；陈皮煎剂可使肾血管收缩，使尿量减少。

【联用与禁忌】

① 与苍术、厚朴等同用，如平胃散，可治疗寒湿阻中的脾胃气滞、脘腹胀痛、恶心呕吐、泄泻者；与党参、白术、茯苓等同用，如异功散，可治脾虚气滞、不思草料、食后腹胀、便溏舌淡者；与木香、枳实等同用，以增强行气止痛之功，可用于脾胃气滞较甚、脘腹胀痛较剧者。

② 与半夏、茯苓等同用，如二陈汤，能燥湿化痰，治湿痰咳嗽；与干姜、细辛、五味子等同用，能温化寒痰，治寒痰咳嗽。

③ 陈皮含黄酮，与氢氧化铝、三硅酸镁、碳酸钙等同用，铝、镁、钙与黄酮生成难吸收的络合物，降低药效。

④ 陈皮含有机酸，与磺胺类药物配伍，会使尿液酸化，降低磺胺类药的药效。

⑤ 陈皮也不能与红霉素配伍，红霉素在酸性环境中不稳定，当 $pH<4$ 时，红霉素完全分解失效。

⑥ 陈皮与呋喃唑酮、帕吉林、苯丙胺、苯乙肼等单胺氧化酶

抑制剂同用，所含酪胺类成分的代谢受抑制，会发生“胺毒反应”。

⑦ 陈皮与酚妥拉明、妥拉苏林、酚苄明等 α 受体阻滞剂同用，这类药会阻断陈皮的升压作用。

⑧ 陈皮与洋地黄等强心苷类同用，能增强强心苷的作用和毒性。

⑨ 陈皮含挥发油，具有还原作用，不宜与硝酸甘油、硝酸异山梨酯等具有氧化性的药物联用，会使后者的药效丧失。

【用药注意】

气虚体燥、阴虚燥咳、吐血及内有实热者慎服。

青　皮

为芸香科常绿小乔木植物橘及其栽培变种的幼果或未成熟果实的青色果皮。产地同陈皮。

【药理作用特点】

本品苦、辛、温，归肝、胆、胃经，疏肝理气、消积化滞。本品含挥发油。

其药理作用为：挥发油对胃肠道有温和的刺激作用，能促进消化液分泌和排除肠内气体，调整胃肠功能；挥发油有祛痰作用，通过刺激呼吸道分泌细胞使黏液分泌增加，痰液容易咳出；青皮与醋青制皮不同浓度的水煎剂对离体大鼠肠管均有抑制作用；青皮注射液静注有显著的升压作用，对心肌的兴奋性、收缩性、传导性和自律性均有明显的正性作用；青皮煎剂能抑制肠管平滑肌，有解痉作用。

【联用与禁忌】

① 与柴胡、郁金、香附等同用，用于肝郁胸胁胀痛；与柴胡、浙贝母、橘叶等合用，治疗乳房胀痛或结块；与瓜蒌皮、金银花、蒲公英等药联用，可治乳痈肿痛；与乌药、小茴香、木香等同用，如天台乌药散，可治寒疝疼痛。

② 与山楂、神曲、麦芽等同用，如青皮丸，以增强消积化滞之功，治疗食积气滞、脘腹胀痛；与木香、槟榔或枳实、大黄等同用，用于气滞甚者；与三棱、莪术、丹参等同用，取其破气散结之

功，可用于气滞血瘀之症瘕积聚、久疟癖块等。

③ 青皮含有机酸，与磺胺类药物配伍，会使尿液酸化，降低磺胺类药的药效。

④ 青皮也不能与红霉素配伍，红霉素在酸性环境中不稳定，当 $pH<4$ 时，红霉素完全分解失效。

⑤ 青皮与呋喃唑酮、帕吉林、苯丙胺、苯乙肼等单胺氧化酶抑制剂同用，所含酪胺类成分的代谢受抑制，会发生“胺毒反应”。

⑥ 青皮与酚妥拉明、妥拉苏林、酚苄明等 α 受体阻滞剂同用，这类药会阻断青皮的升压作用。

⑦ 青皮与洋地黄等强心苷类同用，能增强强心苷的作用和毒性。

⑧ 青皮含挥发油，具有还原作用，不宜与硝酸甘油、硝酸异山梨酯等具有氧化性的药物联用，会使后者的药效丧失。

【用药注意】

① 气虚者忌用。

② 醋炙疏肝止痛力强。

枳　　实

为芸香科常绿小乔木植物酸橙及其栽培变种或甜橙的幼果。主产于浙江、福建、广东、江苏、湖南等地。

【药理作用特点】

本品苦、辛、微寒，归脾、胃、大肠经，破气除痞、化痰消积。本品含挥发油、黄酮类、辛弗林、γ-氨基丁酸及维生素 A、B 族维生素、维生素 C 等。

其药理作用为：黄酮苷能抑制大鼠离体肠平滑肌的收缩；挥发油能显著减少醋酸引起的小鼠扭体反应次数；枳实能显著抑制大鼠离体结肠肌条的收缩活动；有兴奋家兔离体环形阴道平滑肌的作用；枳实煎剂可使离体蛙心收缩力增强，振幅增大，高浓度时呈抑制作用；枳实煎剂静注于麻醉兔和犬，有明显升压作用；枳实煎剂对家兔子宫有明显的兴奋作用，对兔、小鼠的离体肠管及麻醉犬的在体肠管均呈抑制作用；枳实水提物静脉注射，对大鼠被动皮肤过敏反应（PCA）有抑制作用，对大鼠腹腔肥大细胞释放组胺有抑制作用。

【联用与禁忌】

① 与山楂、麦芽、神曲等同用，用于治疗饮食积滞、脘腹痞满胀痛；与大黄、芒硝、厚朴等同用，如大承气汤，可治热结便秘、腹痞胀痛；与黄芩、黄连同用，如枳实导滞丸，用于湿热泻痢、里急后重。

② 与薤白、桂枝、瓜蒌等同用，如枳实薤白桂枝汤，可治胸阳不振、痰阻胸痹；与黄连、瓜蒌、半夏同用，如小陷胸加枳实汤，治痰热结胸；与半夏曲、厚朴等同用，如枳实消痞丸，用于心下痞满、食欲不振。

③ 与补气、升阳药同用，以增强疗效，可用治胃扩张、胃下垂、子宫脱垂、脱肛等脏器下垂病证。

④ 枳实与庆大霉素合用于胆道感染时，由于枳实能松弛胆总管括约肌，可使胆内压下降，从而大大升高胆道内庆大霉素的浓度，使疗效提高。

⑤ 枳实与头孢菌素类合用能引起过敏症状，严重时可导致死亡。

⑥ 枳实含有机酸与磺胺类药物配伍，会使尿液酸化，降低磺胺类药的药效。

⑦ 枳实也不能与红霉素配伍，红霉素在酸性环境中不稳定，当 $pH<4$ 时，红霉素完全分解失效。

⑧ 枳实注射液含生物碱类成分，在酸性条件下稳定，如与碳酸氢钠、青霉素等碱性注射液混合，则生物碱游离产生沉淀。

⑨ 枳实不宜与呋喃唑酮、帕吉林、苯丙胺、苯乙肼等单胺氧化酶抑制剂同用，所含酪胺类成分的代谢受抑制，会发生“胺毒反应”。

⑩ 枳实不宜与酚妥拉明、妥拉苏林、酚苄明等 α 受体阻滞剂同用，这类药会阻断枳实的升压作用。

⑪ 枳实不宜与洋地黄等强心苷类同用，能增强强心苷的作用和毒性。

⑫ 枳实含挥发油，具有还原作用，不宜与硝酸甘油、硝酸异山梨酯等具有氧化性的药物联用，会使后者的药效丧失。

⑬ 枳实含黄酮类成分，不宜与氢氧化铝、三硅酸镁、碳酸钙等含有铝、镁、钙的金属离子药物同服，这些金属离子可与黄酮类中药生成金属络合物，改变药物原有的性质与作用，失去药物疗效。

【用药注意】

① 脾胃虚寒及孕畜慎用。

② 炒后性较平和。

木 香

为菊科多年生草本植物云木香、川木香的干燥根。主产于四川、云南等地。

【药理作用特点】

本品辛、苦、温，归脾、胃、大肠、胆、三焦经，行气止痛、健脾消食。本品含挥发油，油中成分为紫杉烯、α-紫罗兰酮、木香烯内酯、α-及β-木香烃、木香内酯、二氢脱氢木香内酯、木香酸、木香醇、水芹烯、木香碱等。

其药理作用为：木香水煎剂给小鼠灌胃后，能提高小肠推进率；木香水提取液、醇提取液、挥发油及总生物碱能对抗组胺与乙酰胆碱对气管和支气管的致痉作用；木香水提取液和醇提取液小剂量能兴奋在体蛙心与犬心，大剂量则有抑制作用；乙醇提取物能抑制二甲苯引起的小鼠耳肿、角叉菜胶引起的小鼠跖肿胀；木香水提取液、醇提取液给麻醉犬静脉注射有轻度升压反应；丙酮提取物能抑制由盐酸-乙醇混合液诱发的大鼠胃溃疡。

【联用与禁忌】

① 与陈皮、砂仁、檀香等同用，治脾胃气滞、脘腹胀痛；与党参、白术、陈皮等同用，如香砂六君子汤，用于治疗脾虚气滞、脘腹胀满、食少便溏。

② 与黄连配伍，如香连丸，辛行苦降，善行大肠之滞气，为治湿热泻痢里急后重之要药，用于泻痢里急后重。

③ 与槟榔、青皮、大黄等同用，如木香槟榔丸，可治饮食积滞的脘腹胀满、大便秘结或泻而不爽。

④ 与郁金、大黄、茵陈等同用，既能行气健脾，又能疏理肝胆，可用于治疗脾失运化、肝失疏泄而致湿热郁蒸、气机阻滞之脘腹胀痛、胁痛、黄疸；现代用于治胆石症、胆绞痛，有一定疗效。

⑤ 木香与地高辛、维生素 B_{12} 等药物合用，木香对肠道有明显的抑制作用，可使地高辛、维生素 B_{12} 等药物吸收增加，排泄减慢。

⑥ 党参、白术、干姜、木香、防风、罂粟壳等中药组成复方肠胃片，不宜与红霉素等肠道吸收药物同用，由于胃排空速度减慢，延长了红霉素等肠道吸收药物在胃中的停留时间，从而影响其在肠道的吸收，使疗效降低。

【用药注意】

① 阴虚津液不足者慎用。

② 脏腑燥热、胃气虚弱者禁用。

③ 生用行气力强，煨用行气力缓而多用于止泻。

香　附

为莎草科多年生草本植物香附（莎草）的干燥块茎。主产于广东、河南、四川、浙江等地。去毛打碎，生用、醋炙或酒炙后用。

【药理作用特点】

本品辛、微苦、微甘、平，归肝、脾、三焦经，疏肝理气、止痛。本品含挥发油、苷、酚、黄酮和三萜类等。

其药理作用为：香附浸膏对实验动物离体子宫均有抑制作用，能降低其收缩力和张力；香附醇提物对角叉菜胶和甲醛引起的大鼠脚肿有抑制作用；挥发油有轻度雌激素样活性；香附醇提物有较强的解热镇痛作用；香附醇提取物对组胺喷雾所致豚鼠支气管痉挛有保护作用；挥发油对金黄色葡萄球菌、痢疾杆菌有抑制作用。

【联用与禁忌】

① 与柴胡、川芎、枳壳等同用，如柴胡疏肝散，治肝气郁结

之胁肋胀痛；与高良姜同用，如良附丸，适用于寒凝气滞、肝气犯胃之胃脘疼痛；与小茴香、乌药、吴茱萸等同用，可治寒疝腹痛。

② 与柴胡、青皮、瓜蒌皮等同用，有疏肝解郁、行气散结、止痛之功，用于肝郁乳房胀痛。

③ 香附含黄酮成分不宜与碳酸钙、硫酸亚铁、氢氧化铝等含金属离子西药制剂同用，会形成络合物，影响药物的吸收。

④ 香附含挥发油，具有还原作用，不宜与硝酸甘油、硝酸异山梨酯等具有氧化性的药物联用，会使后者的药效丧失。

【用药注意】

① 凡气虚无滞、阴虚血热者忌用。

② 醋炙止痛力增强。

砂　仁

【药理作用特点】

本品辛、温，归脾、胃、肾经，行气止痛、健脾、安胎。本品含挥发油。

其药理作用为：挥发油对离体回肠及正常运动和痉挛状态都具有明显的抑制作用，能预防大鼠幽门结扎性溃疡；挥发油的主要成分乙酸龙脑酯有较显著的镇痛、抗炎作用；水浸液具有一定的镇痛作用；砂仁粉混悬液灌胃，对 ADP 诱发的家兔血小板聚集有明显的抑制作用。

【联用与禁忌】

① 与枳实、陈皮等同用，可治脾胃气滞、湿阻中焦、食少便溏、肚腹胀满等。

② 与木香、党参、白术、茯苓等同用，用于治疗脾胃虚寒、泄泻等。

③ 与白术、桑寄生、续断等同用，用于胎动不安。

④ 黄芩、木香、砂仁、陈皮等对肠道有明显抑制作用，可延长地高辛、维生素 B_{12}、灰黄霉素等在小肠上部停留时间，使药物吸收增加。

⑤ 砂仁含挥发油，具有还原作用，不宜与硝酸甘油、硝酸异

山梨酯等具有氧化性的药物联用，会使后者的药效丧失。

【用药注意】

阴虚有热者忌服。

乌　药

为樟科植物乌药的干燥根。主产于浙江，天台所出者称“台乌”，质量最佳；安徽、湖北、江苏、广东等地也有出产。

【药理作用特点】

本品辛、温，入脾、胃、肺、肾经，行气止痛、温肾缩尿。本品含挥发油、新木姜子碱、波尔定碱、牛心果碱等。

其药理作用：水提液、醇提物水溶液能明显延长小鼠热板法痛阈值；对大鼠离体胃底条有兴奋作用，具有明显的量效关系。

【联用与禁忌】

① 与木香、香附同用，辛散温通、顺气降逆、散寒止痛，适用于寒郁气滞所致肚腹胀痛、冷痛等症。

② 与益智仁、山药等配伍，温肾散寒，除膀胱冷气，适用于下焦虚寒之尿频、遗精等症。

③ 乌药含挥发油，具有还原作用，不宜与硝酸甘油、硝酸异山梨酯等具有氧化性的药物联用，会使后者的药效丧失。

④ 乌药含碱性较强，不宜与阿司匹林、胃蛋白酶合剂及部分喹诺酮类药物等酸性较强的药物联用，这类中药会降低西药在胃中的吸收及在肾小管的重吸收，使其排泄率升高，疗效降低。

⑤ 乌药不宜与链霉素、卡那霉素、托布霉素、庆大霉素、新霉素等氨基糖苷类抗生素同服，碱性强的中药使这类西药吸收增加，但导致脑组织中药物浓度升高或增强药物的耳毒作用，影响前庭功能，形成暂时性或永久性耳聋及行动蹒跚。

⑥ 乌药不宜与奎宁合用，乌药碱化尿液，增加奎尼丁在肾小管的重吸收，使奎尼丁血药浓度升高，引起中毒。

【用药注意】

① 血虚内热、体虚气虚者慎用。

② 孕畜慎服。

槟　榔

为棕榈科植物槟榔的成熟种子。产于广东、云南、福建、广西等地。

【药理作用特点】

本品辛、苦、温，入胃、大肠经，杀虫消积、行气利水。本品含槟榔碱、槟榔次碱、鞣质、脂肪油、槟榔红等。

其药理作用为：槟榔对链球菌、黄癣菌等有抑制作用，鸡胚实验表明有抗流感病毒的作用；水煎剂及槟榔碱水溶液增强大鼠胃底肌条、家兔离体肠管的收缩；对多种寄生虫有抑制或杀灭作用。

【联用与禁忌】

① 与木香、青皮等同用，可消积导滞，适用于食积气滞、腹胀便秘、里急后重等症。

② 与吴茱萸、木瓜、紫苏叶、陈皮等同用，行气利水，为治四肢疼痛的要药。

③ 与南瓜子同用，能驱杀多种肠内寄生虫，并有轻泻作用，有助于虫体排出，驱除绦虫、姜片虫疗效较佳，尤以猪、鹅、鸭绦虫最有效，对蛔虫、蛲虫、血吸虫等也有驱杀作用。

④ 槟榔不宜与头孢菌素类、青霉素类同服，因为在碱性条件下将减少这些西药的吸收利用，从而使疗效降低。

⑤ 槟榔与敌百虫同用，有促使乙酰胆碱蓄积，使槟榔产生毒性反应。

⑥ 槟榔与氟哌噻吨、环丙定、氟奋乃静等精神安定的西药合用，可导致锥体外束症状加剧。

⑦ 槟榔与泼尼松龙或沙丁胺醇合用，槟榔碱能引起支气管收缩并呈剂量关系，同用后可使气喘不能完全控制。

【用药注意】

老弱气虚者禁用。

草　果

为姜科植物草果的干燥种子或果皮。主产于广东、广西、云南、贵州等地。

【药理作用特点】

本品辛、温，入脾、胃经，燥湿健脾、温中散寒。本品含挥发油，主要成分为α-蒎烯、β-蒎烯、芳樟醇、香叶醇等。

其药理作用为：草果具有一定的促进胃液分泌作用；草果有镇咳祛痰、镇痛、解热、平喘等作用；β-蒎烯有较强的抗炎作用，并有抗真菌作用。

【联用与禁忌】

① 与草豆蔻、厚朴、苍术等配伍，辛温燥烈，善除寒湿而温燥脾胃，为治脾胃寒湿要药，适用于寒湿阻滞中焦脾不健运所致的肚腹胀满、冷痛、泄泻等症。

② 与槟榔、厚朴、黄芩等同用，用于痰浊内阻、苔白厚腻等。

③ 草果含挥发油，具有还原作用，不宜与硝酸甘油、硝酸异山梨酯等具有氧化性的药物联用，会使后者的药效丧失。

④ 草果含铁离子，不宜与四环素类药物联用，能与铁离子形成溶解度小，不易被胃肠道吸收的螯合物，使彼此吸收减少，疗效降低。

⑤ 不宜与三巯基丙醇同用，防止铁离子生成有毒的复合物。

⑥ 不宜与山梨醇铁注射液、右旋糖酐铁注射液合用，同用使血清中铁离子呈一过性饱和态而发生急性铁中毒。

⑦ 不宜与胃肠刺激药物同用，防止加重铁剂的胃肠刺激性副作用。

⑧ 不宜与碳酸盐、碘化钾、硼砂、鞣酸蛋白同服，这些药物能与铁剂产生沉淀，影响吸收。

⑨ 不宜与维生素 E 同服，因它可与铁盐结合，使之失效或疗效降低。

⑩ 不宜与嘌呤类同服，同服后使肝内铁浓度过高，而造成肝损伤。

【用药注意】

① 气虚或血虚的弱畜切勿多用。

② 无寒湿实邪者忌用。

第八节　活血化瘀药

凡以通畅血行、消除瘀血为主要作用的药物，称活血化瘀药或活血祛瘀药，简称活血药或化瘀药。

活血化瘀药，味多辛、苦，主归肝、心经，入血分，善于走散通行，而有活血化瘀的作用，并通过活血化瘀而产生止痛、破血消症、疗伤消肿、活血消痈等作用。瘀血既是病理产物，又是多种疾病的致病因素。所以本章药物主治范围很广，体内之症瘕积聚；中风后半身不遂，肢体麻木；关节痹痛日久；血证之出血色紫，夹有血块，外伤科之跌扑损伤、瘀肿疼痛、痈肿疮疡等。凡一切瘀血阻滞之证，均可用之。活血化瘀药，根据其作用强弱的不同，有和血行血、活血散瘀及破血逐瘀之分。

应用本类药物，除根据各类药物的不同特点加以选择应用外，还需针对形成瘀血的不同病因、病情随证配伍，以标本兼顾。如寒凝血瘀者，配温里散寒药；热搏血分、热瘀互结者，配清热凉血、泻火、解毒药；风湿痹阻、经脉不通者，配祛风湿药；症瘕积聚者，配软坚散结药；久瘀体虚或困虚而瘀者，配补益药。再则，为了提高活血祛瘀之效，常与理气药配伍同用，因“气为血帅”，“气滞血亦滞”，“气行则血行”。

本类药物易耗血、动血，对其他出血证无瘀血现象者忌用；孕畜慎用或忌用。

川　　芎

为伞形科多年生草本植物川芎的根茎。主产于四川，系人工栽培。五月采挖，除去泥沙，晒后烘干，再去须根。用时切片或酒炒。

【药理作用特点】

本品辛、温，归肝、胆、心包经，活血行气、祛风止痛。本品含挥发油、生物碱（如川芎嗪等）、酚性物质（如阿魏酸等），以及内酯素、维生素 A、叶酸、甾醇、蔗糖、脂肪油等。

其药理作用为：挥发油能抑制血小板活化，改善血微循环，降低血管阻力；挥发油中的内酯类化合物有解除平滑肌痉挛的作用；腹腔注射挥发油具有明显的解热作用；水煎剂对动物中枢神经有镇静作用，并有降压作用，有抗维生素E缺乏作用；可使孕兔离体子宫收缩加强，大剂量则转为抑制，并可抑制小肠的收缩；对宋内痢疾杆菌、大肠杆菌、变形杆菌、铜绿假单胞菌、伤寒杆菌、副伤寒杆菌等有抑制作用。

【联用与禁忌】

① 与当归、桃仁、香附等同用，可治产后瘀滞腹痛等；与赤芍、桃仁等同用，如血府逐瘀汤，可治血瘀；与桂心、当归等药同用，如《妇人良方》温经汤，可用于寒凝血瘀者。

② 与当归、桃仁等药同用，如生化汤，用于产后恶露不行、瘀滞腹痛；与柴胡、白芍、香附等同用，如柴胡疏肝饮，可治肝郁气滞、胁肋疼痛者；常配丹参、桂枝、檀香等，用于心脉瘀阻、胸痹心痛者。

③ 与三七、乳香、没药等同用，活血消肿止痛，治跌扑损伤、瘀血肿痛。

④ 与黄芪、当归、皂角刺等同用，如透脓散，托毒透脓，用于痈疡脓已成而正虚难溃者。

⑤ 与独活、桂枝、防风等祛风湿通络药同用，辛温升散，能“上行头目”，祛风止痛，用于治疗风湿痹证肢体疼痛麻木。

⑥ 川芎与链霉素合用能增强抗菌作用，促进机体恢复。

⑦ 川芎含有机酸，与磺胺类药物配伍，使乙酰化后磺胺溶解度降低，易在肾小管析出结晶，引起血尿、尿闭等症状。

⑧ 川芎也不能与红霉素配伍，红霉素在酸性环境中不稳定，当 $pH<4$ 时，红霉素完全分解失效。

⑨ 川芎含挥发油，具有还原作用，不宜与硝酸甘油、硝酸异山梨酯等具有氧化性的药物联用，会使后者的药效丧失。

【用药注意】

凡阴虚火旺、多汗患畜应慎用。

延 胡 索

为罂粟科多年生草本植物延胡索的块茎。主产于浙江、江苏、湖北、湖南等地。夏初茎叶枯萎时采挖，除去须根，置沸水中煮至恰无白心时取出，晒干。

【药理作用特点】

本品辛、苦、温，归肝、脾、心经，活血、行气、止痛。本品含延胡索甲素、乙素和丙素，以及d-紫堇碱、四氢巴马亭、脱氢紫堇碱、四氢黄连碱等。

其药理作用为：能显著提高痛阈，有镇痛作用；延胡索乙、丑素能使肌肉松弛，有捷径作用；延胡索己素能明显抑制离体大鼠胃黏膜和壁细胞泌酸功能；醇提取物，特别是去氢延胡索甲素，可明显扩张动物冠状血管，增加冠脉血流。

【联用与禁忌】

① 与瓜蒌、薤白或丹参、川芎等合用，用于胸痹心痛；与白术、枳实、白芍等合用，用于胃痛。

② 配桂枝或高良姜，用于偏寒者；配栀子、川楝子，用于偏热者；配香附、木香，用于偏气滞者；配丹参、五灵脂，用于偏血瘀者。

③ 与柴胡、郁金等药同用，用于肝郁气滞、胁肋胀痛；与当归、红花、香附等同用，用于产后瘀滞腹痛。

④ 与小茴香、吴茱萸等药同用，治寒疝腹痛；与乳香、没药同用，治跌打损伤；与秦艽、桂枝等同用，治风湿痹痛。

⑤ 元胡止痛片与氨基糖苷类药物合用，可增强其对听神经的毒性，严重时造成耳鸣、耳聋。

⑥ 延胡索不宜与氯丙嗪同用，二者有类似的安定和中枢性止呕作用，同用会产生震颤麻痹。

⑦ 延胡索不宜与咖啡因等苯丙胺中枢兴奋药同用，延胡索乙素具有中枢抑制作用，会降低西药中枢兴奋药的药效。

⑧ 延胡索不宜与单胺氧化酶抑制剂同用，延胡索的有效成分巴马汀，其降压作用可被单胺氧化酶抑制剂如帕吉林等所逆转或消

除，故在应用单胺氧化酶抑制剂期间及停药时间不足两2周者，不宜应用延胡索及其制剂。

⑨ 延胡索不宜与士的宁及马钱子同用，延胡索可增强士的宁的毒性反应。

【用药注意】

孕畜慎用。

郁　金

为姜科多年生草本植物温郁金、姜黄、广西莪术或蓬莪术的块根。主产于浙江、四川等地。冬季茎叶枯萎后采挖，摘取块根，除去细根，蒸或煮至透心，干燥。

【药理作用特点】

本品辛、苦、寒，归肝、胆、心经，活血行气止痛、解郁清心、利阴退黄、凉血。本品含挥发油、姜黄素、淀粉、脂肪油等。

其药理作用为：水煎液对兔离体胆囊和十二指肠纵行肌有兴奋作用；对红细胞聚集有解聚作用，能提高红细胞的变形能力和抑制血小板聚集；煎剂对胃肠黏膜有保护作用；郁金有减轻高脂血症的作用，并能明显防止家兔主动脉、冠状动脉及其分支内膜斑块的形成；能促进胆汁分泌和排泄，并可抑制存在于胆囊中的大部分微生物；有镇痛作用；姜黄素对肝脏损伤有保护作用；能明显扩张鼠肠系膜微血管和动静脉，并影响免疫功能而表现有抗炎作用。

【联用与禁忌】

① 与丹参、延胡索、杏仁等同用，以疏肝宣肺，用于胸胁损伤、胸闷疼痛、活血止痛；与鳖甲、莪术等同用，化瘀消症，用于胁下症积。

② 与菖蒲、栀子等同用，如菖蒲郁金汤，用于湿温病湿浊蒙闭心窍者；与白矾同用，如白金丸，用于癫狂、癫痫痰火蒙心者。

③ 与茵陈、栀子等同用，用于肝胆湿热黄疸；与金钱草同用，利胆排石，用于湿热煎熬成石之胆石证。

④ 与生地黄、栀子等同用，如《医学心悟》生地黄汤，味苦辛而性寒，能顺气降火而凉血止血等，用于吐血、衄血等气火上逆

之出血证；与生地黄、小蓟等同用，用于热结下焦、伤及血络之尿血、血淋。

⑤ 郁金含黄酮成分，不宜与碳酸钙、硫酸亚铁、氢氧化铝等含金属离子的西药制剂同用，会形成络合物，影响药物的吸收。

⑥ 郁金含挥发油，具有还原作用，不宜与硝酸甘油、硝酸异山梨酯等具有氧化性的药物联用，会使后者的药效丧失。

【用药注意】

不宜与丁香同用。

乳　香

为橄榄科小乔木卡氏乳香树及其同属植物皮部渗出的树脂。主产于非洲索马里、埃塞俄比亚等地。春夏季均可采收。将树干的皮部由下向上顺序切伤，使树脂渗出数天后凝成固体，即可采取。入药多炒用。

【药理作用特点】

本品辛、苦、温，归肝、心、脾经，活血行气止痛、消肿生肌。本品含挥发油、乳香酸、木糖、阿拉伯糖和鼠李糖等。

其药理作用为：乙醇提取物能显著抑制角叉菜胶诱导的大鼠足肿胀；挥发油有镇痛作用，醇提部分可以明显增强挥发油的镇痛效果；提取物能提高溃疡再生黏膜结构和功能成熟度及溃疡愈合质量。

【联用与禁忌】

① 与没药、血竭等配伍，如七厘散，治跌打损伤、瘀滞肿痛；与金银花、白芷、没药等配伍，如仙方活命饮，清热解毒、活血消肿，用于疮疡肿毒初起、红肿热痛。

② 与没药、麝香、雄黄等药同用，如醒消丸，解毒消痈散结，用于痈疽、瘰疬、痰核、肿块坚硬不消；与没药研末外用，如海浮散，用于疮疡破溃、久不收口。

③ 与当归、丹参、没药同用，如活络效灵丹，用于心腹瘀痛、症瘕积聚；与羌活、独活、秦艽等同用，如蠲痹汤，用于风寒湿痹、肢体疼痛麻木。

④ 乳香含挥发油，具有还原作用，不宜与硝酸甘油、硝酸异山梨酯等具有氧化性的药物联用，会使后者的药效丧失。

【使用注意】

① 孕畜及无瘀滞者忌用。

② 本品易致恶心呕吐，故内服不宜多用。

③ 胃弱者慎用。

丹　参

为唇形科多年生草本植物丹参的根及根茎。全国大部分地区均有，主产于江苏、安徽、河北、四川等地。春、秋二季采挖，洗净晒干。生用或酒炙用。

【药理作用特点】

本品苦、微寒，归心、肝经，活血，凉血消痈、安神。本品含丹参酮甲、乙、丙及结晶形、鼠微草酚和B族维生素等。

其药理作用为：有镇静安神作用；可提高血小板中cAMP的含量；煎剂对家兔、犬有降解作用；能降血脂，抑制家兔实验性冠脉大分支粥样斑块的形成；能促进组织的修复，加速骨折的愈合，能缩短红细胞及血红蛋白恢复期，使网织红细胞增多；对葡萄球菌、霍乱弧菌、大肠杆菌、痢疾杆菌、皮肤真菌等有抑制作用。

【联用与禁忌】

① 与当归、川芎、益母草等同用，可以加强疗效，用于产后瘀滞腹痛、活血化瘀。与檀香、砂仁等同用，如丹参饮，用于胸痹心痛、脘腹疼痛；与降香、川芎、红花等同用，用于治冠心病心绞痛。

② 与三棱、莪术等同用，祛瘀消症，治症瘕积聚；与防风、秦艽等祛风湿药同用，治风湿痹痛。与金银花、连翘等治热解毒药同用，有清瘀热以消痈肿之功，用于疮疡痈肿。

③ 与生地黄、黄连、竹叶等药同用，用于热病邪入心营；与生地黄、酸枣仁、柏子仁等同用，用于杂病血不养心、心火偏旺之心悸失眠。

④ 呋喃唑酮与丹参合用可产生毒副作用，严重时导致高血压和脑出血。

⑤ 复方丹参注射液与抗癌药物如环磷酰胺、环己亚硝脲、氟尿嘧啶、阿糖胞苷、博来霉素、丝裂霉素等配伍应用后对抑制肿瘤细胞不仅无抑制作用，反而会促进恶性肿瘤的转移。

⑥ 丹参注射液与细胞色素 C 配伍，因二药成分互相作用，可使注射液颜色变深甚至浑浊，降低疗效。

⑦ 复方丹参注射液与环丙沙星、氧氟沙星注射液等药物也存在配伍禁忌。

⑧ 丹参与甲睾酮、丙酸睾酮等雄性激素配伍，可以降低雄性激素的活性，影响其疗效。

⑨ 丹参及其制剂与士的宁、麻黄碱、洛贝林、维生素 B_1、维生素 B_6 配伍，能与上述药物中的某些成分结合产生沉淀，降低药物的疗效。

⑩ 丹参及其制剂与抗酸药如三硅酸镁、氧化镁、复方氧化镁、复方氢氧化铝、胃得乐、胃铋镁等配伍，与抗酸药中的金属离子产生结合效应形成螯合物，而使丹参的生物利用度降低，影响疗效。

【用药注意】

① 不宜与藜芦同用。

② 活血化瘀宜酒炙用。

红　　花

为菊科一年生草本植物红花的花。全国各地多有栽培，主产于河南、浙江、四川、江苏等地。夏季花由黄变红时采摘，阴干或晒干，生用。

【药理作用特点】

本品辛、温，归心、肝经，活血通经、祛瘀止痛。本品含红花黄素、红花苷、红花素、红花油、芦丁等。

其药理作用为：红花水提取物有轻度兴奋心脏、增加冠脉流量的作用；红花黄素能提高动物缺氧的耐受力，使冠脉扩张，增加冠脉流量；红花黄素对乌头碱所致心律失常有一定对抗作用，对麻醉动物有不同程度的降压作用；红花黄色素能显著抑制二磷酸腺苷诱导的家兔血小板聚集；煎剂对各种动物，不论已孕及未孕子宫均有兴奋作用，甚至发生痉挛，对已孕子宫尤为明显；芦丁还有抗炎作用。

【联用与禁忌】

① 与桃仁、当归、川芎等相须而用，活血祛瘀、通调经脉，用于血滞、产后瘀滞腹痛等证。

② 与三棱、莪术等同用，用于症积；配紫苏木、乳香、没药等，治疗跌打损伤、瘀滞肿痛；与桂枝、瓜蒌、丹参等同用，治疗心脉瘀阻、胸痹心痛。

③ 与当归、紫草、大青叶等同用，如当归红花饮，活血凉血、泄热解毒，用于斑疹色暗、热郁血瘀者。

④ 红花含芦丁，与碳酸钙、维丁胶性钙、硫酸镁、氢氧化铝和碳酸铋类药物合用，能形成络合物而相互影响疗效。

【用药注意】

① 孕畜忌服。

② 有出血倾向者不宜多用。

③ 外用适量。

益 母 草

为唇形科一年生或二年生草本植物益母草的地上部分。全国各地均产。通常在夏季茎叶茂盛、花未开或初开时采割，切段，晒干。生用或熬膏用。

【药理作用特点】

本品苦、辛、微寒，归肝、心、膀胱经，活血化瘀、利水消肿。本品含益母草碱甲、乙，水苏碱，氯化钾，有机酸等。

其药理作用为：有兴奋子宫的作用，可用于产后促进子宫复原，还能治疗子宫功能性出血；水煎剂有抑制皮肤真菌的作用；能增加离体豚鼠心脏的冠脉流量，减慢心率，改善微循环，对实验性血栓形成的各阶段均有明显抑制作用；有明显的利尿作用，可用于急慢性肾炎水肿。

【联用与禁忌】

① 与当归、川芎、赤芍等同用，如益母丸，以加强活血调经之功，用于血滞、产后瘀滞腹痛、恶露不尽等；与马齿苋同用，治产后出血有较好疗效。

② 与白茅根、泽兰等同用，有活血化瘀作用，利尿消肿，对水瘀互阻的水肿尤为适宜，用于水肿、小便不利。

③ 益母草不宜与肾上腺素同用，益母草具有降压作用，能降低甚至逆转肾上腺素的作用。

④ 益母草不宜与异丙肾上腺素同用，益母草增加冠脉流量，减慢心率，可以拮抗β受体激动剂异丙肾上腺素的心脏兴奋作用。

⑤ 益母草不宜与阿托品同用，会减弱益母草的降压作用。

【用药注意】

① 血虚无瘀者慎用。

② 孕畜忌服。

赤　芍

为毛茛科多年生草本植物芍药或川赤芍的根。全国大部分地区均产。春、秋季采挖，晒干、切片。生用或炒用。

【药理作用特点】

本品苦、微寒，归肝经，清热凉血、散瘀止痛。本品含赤芍苷、羟基芍药苷、丹皮酚、芍药甲素、芍药精等。

其药理作用为：芍药精有抗高脂肪和高胆固醇引起的血小板聚集和血栓形成的作用；水提液能使纤维蛋白原凝固时间明显延长；有明显的抗自由基的作用。

【联用与禁忌】

① 与生地黄、牡丹皮同用，有凉血、止血、散瘀消斑之功，用于温病热入营血、斑疹紫暗以及血热吐衄。

② 与益母草、丹参、泽兰同用，用于血热瘀滞；与牡丹皮、桃仁、桂枝等同用，如桂枝茯苓丸，用于血瘀痞瘕。

③ 与乳香、没药、血竭同用，疗伤止痛，用于治跌打损伤、瘀肿疼痛；与金银花、连翘、栀子等同用，用于热毒壅盛、痈肿

疮毒。

④ 与菊花、木贼、夏枯草等同用，能清泻肝火、散瘀止痛，用于目赤翳障。

⑤ 芍药汤配合呋喃唑酮或磺胺药治疗菌痢，既可清热解毒、调和气血、改善症状，又可迅速杀菌。

⑥ 不宜与酶制剂同用，与具有酰胺或肽结构的酶如胰酶、胃蛋白酶等生成氢键络合物，改变酶的性质和作用。

⑦ 不宜与金属离子制剂同用，与金属离子制剂如硫酸锌、碳酸亚铁、富马酸铁、葡萄糖酸钙等产生沉淀。

⑧ 不宜与强心苷类同用，与洋地黄、地高辛等强心苷类生成鞣酸盐沉淀，影响吸收。

⑨ 不宜与含氨基比林成分的制剂同用，与含氨基比林成分的优散痛、索密痛、阿尼利定等药物产生沉淀，使药效降低。

⑩ 不宜与利血平、麻黄碱、颠茄酊等生物碱制剂同用，与生物碱制剂产生沉淀。

⑪ 不宜与抗生素及氯丙嗪、异烟肼等药物同用，可以产生肝肾毒性。还会与四环素炎、磺胺炎、红霉素、氟苯尼考、利福平等抗生素及氯丙嗪、异烟肼等药物产生沉淀，使这些西药吸收减少，疗效降低。

【用药注意】

① 血寒患畜不宜用。

② 不宜与藜芦同用。

牛　膝

为苋科多年生草本植物牛膝（怀牛膝）和川牛膝的根。前者主产河南；后者主产于四川、贵州、云南等地。冬季采挖，洗净，晒干。生用或酒炙用。

【药理作用特点】

本品苦、甘、酸、平，归肝、肾经，活血通经、补肝肾、强筋骨、利水通淋、引火（血）下行。本品含β-蜕皮甾酮、豆甾醇、齐墩果酸和胡萝卜苷等。

其药理作用为：能降低大鼠全血黏度、血细胞比容及红细胞聚集指数的作用，并能延长大鼠凝血酶原时间和血浆复钙时间；怀牛膝能增强呼吸强度和频率；在体外有促进人成骨细胞增殖的作用；牛膝醇浸剂对火鼠甲醛性关节炎有较明显抑制作用；对子宫的作用，因动物种类不同及是否怀孕而异，对家兔已孕及未孕子宫及小鼠子宫均显兴奋作用。

【联用与禁忌】

① 常配桃仁、红花、当归等同用，活血通经，用于瘀血阻滞、产后腹痛等，治经产诸疾；与续断、当归、乳香、没药等同用，治跌打损伤、腰膝瘀痛。

② 常配杜仲、续断、熟地黄等补肝肾药同用，用于肝肾亏虚、腰痛膝软；与独活、桑寄生等祛风湿强筋骨药同用，用于痹痛日久、腰膝酸痛；与苍术、黄柏同用，如三妙丸，用于湿热成痿、足膝痿软。

③ 与冬葵子、瞿麦、滑石等同用，如牛膝汤，可治热淋、血淋、砂淋等；与地黄、泽泻、车前子等同用，如济生肾气丸，治疗水肿、小便不利。

④ 与白茅根、栀子、赭石等同用，可以引血下行、降火止血，用于吐血、衄血等火热上炎、阴虚火旺之证。

⑤ 牛膝与保钾排钠药合用，会引起血钾升高。

⑥ 牛膝含有机酸，与庆大霉素同服，会降低其抗菌作用，因为庆大霉素在酸性尿液中抗菌作用最弱。

⑦ 牛膝含有机酸，不宜与呋喃妥因、利福平、阿司匹林、吲哚美辛等长期合用，增加西药在肾脏的重吸收，加重对肾脏的毒性。

⑧ 牛膝不宜与东莨菪碱、咖啡因、颠茄及美卡拉明等弱碱性西药合用，会减少肾小管对这些药物的重吸收，使药效降低。

⑨ 牛膝不宜与磺胺类西药同服，有机酸所致的酸性环境能使乙酰化后的磺胺溶解度降低，易在肾小管中析出结晶，损伤肾小管和尿路的上皮细胞，引起结晶尿、血尿、尿闭等症状。

⑩ 牛膝不宜与氢氧化铝、碳酸氢钠、复方氢氧化铝、氨茶碱

等同服，会因酸碱中和降低或失去抗酸药的治疗作用。

【用药注意】

① 肾虚滑精、脾虚溏泄患畜亦不宜用。

② 孕畜忌用。

③ 本品活血通经、利水通淋，引火下行宜生用，补肝肾强筋骨宜酒炙用。

桃　仁

为蔷薇科落叶小乔木或山桃的成熟种子。全国大部分地区均有，主产于中南部地区。果实成熟后收集果核，取出种子，去皮，晒干生用，或炒用。

【药理作用特点】

本品苦、甘、平、有小毒，归心、肝、大肠经，活血祛瘀、润肠通便。本品含苦杏仁苷、苦杏仁酶、尿囊素酶、乳糖酶、维生素 B_1、挥发油、脂肪油等。

其药理作用为：乙酸乙酯提取物有显著的抗血栓作用；苦杏仁苷能分解出氢氯酸，对呼吸中枢起镇静作用而止咳，但是大量可使呼吸中枢麻痹而中毒；有抗凝及较弱的溶血作用，对血流阻滞、血行障碍有改善作用；能增加脑血流量，扩张兔耳血管；脂肪油能润肠通便。

【联用与禁忌】

① 与红花、当归、川芎等同用，如桃红四物汤，治血瘀；与炮姜、川芎等同用，如生化汤，治产后瘀滞腹痛；配桂枝、牡丹皮、赤芍等，如桂枝茯苓丸，治症积痞块；与大黄、芒硝、桂枝同用，如桃核承气汤，用于体内瘀血较重、需破血下瘀者；与当归、红花、大黄等同用，如复元活血汤，治跌打损伤、瘀肿疼痛。

② 与当归、麻仁等同用，如润肠丸，用于肠燥便秘。

③ 配苇茎、冬瓜仁，如苇茎汤，治肺痈；与大黄、牡丹皮同用，如大黄牡丹皮汤；亦可配红藤、败酱草、冬瓜仁等同用，治肠痈。

④ 桃仁含有氰苷类成分，与具有神经肌肉阻滞作用的氨基糖

苷类配伍联用，易引起呼吸中枢抑制，严重者可出现呼吸衰竭。

⑤ 桃仁含有氢氰酸，与中枢抑制药如镇静催眠药、抗精神分裂药同用，加重中枢抑制特别是呼吸中枢的抑制。

⑥ 桃仁含挥发油，具有还原作用，不宜与硝酸甘油、硝酸异山梨酯等具有氧化性的药物联用，会使后者的药效丧失。

【用药注意】

① 便溏者慎用。

② 孕畜忌服。

③ 有毒，不可过量，过量可出现目眩、心悸甚至呼吸衰竭而死亡。

鸡血藤

为豆科攀缘灌木密花豆的藤茎。主产于广西。秋、冬二季采收，除去枝叶，切片，晒干。生用或熬制鸡血藤膏用。

【药理作用特点】

本品苦、甘、温，归肝经，行血补血、调经、舒筋活络。本品含鸡血藤醇、铁、菜油甾醇、豆甾醇及谷甾醇。

其药理作用为：密花豆及山鸡血藻煎剂对实验性贫血的家兔均有补血作用，密花豆的作用强于山鸡血藤；有抗炎作用；小剂量能增强子宫节律性收缩，较大剂量收缩更显著，已孕子宫较未孕子宫敏感；鸡血藤酊剂给大鼠灌胃，对甲醛性关节炎有显著疗效。

【联用与禁忌】

① 与川芎、红花、香附等同用，活血化瘀，用于瘀滞者；与熟地黄、当归等同用，可以养血，用于血虚者。

② 与祛风湿药同用，能养血活血而舒筋活络，用于风湿痹病、关节痛、肢体麻木；与益气养血活血通络药同用，可治中风后肢体瘫痪；与补益气血药同用，用于血虚萎黄。

③ 女贞子、鸡血藤、生地黄、甘草等药物与链霉素联用时，能降低链霉素的耳毒性。

【用药注意】

阴虚火亢者慎用。

莪 术

为姜科多年生宿根草本植物蓬莪术、广西莪术或温郁金的根茎。主产于广西、四川、浙江、江西等地。冬季采挖，蒸或煮至透心，晒干，切片生用或醋制用。

【药理作用特点】

本品辛、苦、温，归肝、脾经，破血行气、消积止痛。本品含挥发油，其中主要为莪术酮、莪术烯、姜黄素等，近年又从挥发油中分离出抗癌有效成分莪术醇、莪术双酮。

其药理作用为：莪术醇能改变大鼠血液流变性，延长小鼠血凝时间；莪术油可抑制Ⅰ、Ⅲ型胶原生成，防止血管成形术后再狭窄；莪术油对小鼠S180肉瘤及肿瘤血管形成有一定的抑制作用；姜黄素能抑制血小板聚积，有抗血栓形成作用；莪术醇及其半萜化合物有显著的抗早孕作用；挥发油能抑制金黄色葡萄球菌、乙型溶血性链球菌、大肠杆菌、霍乱杆菌、霍乱弧菌等。

【联用与禁忌】

① 与三棱、当归、香附等同用，用于经闭腹痛、腹中有块；配川芎、丹参等，治胸痹心痛；与黄芪、党参等同用，可以消补兼施，用于体虚而瘀血久留不去者。

② 与青皮、槟榔等同用，如莪术丸，不仅能消血瘀症积，同时又能破气消食积，用于食积脘腹胀痛。

③ 莪术油葡萄糖注射液与头孢哌酮、头孢曲松、头孢拉啶配伍后，其含量下降，溶液颜色变为棕色。

④ 莪术含挥发油，具有还原作用，不宜与硝酸甘油、硝酸异山梨酯等具有氧化性的药物联用，会使后者的药效丧失。

【用药注意】

① 孕畜忌用。

② 醋制加强祛瘀止痛外用；外用适量。

水 蛭

为环节动物水蛭科蚂蟥、水蛭或柳叶蚂蟥的全体。全国大部分地区均有。夏、秋二季捕捉，用沸水烫死，切段晒干或低温干燥，生用或用滑石粉烫后用。

【药理作用特点】

本品咸、苦、平、有小毒，归肝经，破血逐瘀消症。本品含水蛭素、菲牛蛭素、森林山蛭素和溶纤维等。

其药理作用为：水蛭素可阻止凝血酶催化的止血反应及凝血酶诱导的血小板激活反应；水提物、醇提物和水煎醇沉物对正常大鼠的全血黏度、红细胞聚集指数、还原比黏度有明显的降低作用；对细菌内毒素引起的大鼠血栓形成有预防作用，并能减少大鼠的死亡率。

【联用与禁忌】

① 与三棱、桃仁、红花等同用，用于症瘕；与人参、当归等补益气血药同用，以防伤正，如化徵回生丹，用于体虚者。

② 与紫苏木、自然铜等同用，如接骨火龙丹，治跌打损伤。

【用药注意】

① 孕畜忌服。

② 本品以入丸散或研末服为宜。

没　药

为橄榄科植物低矮灌木或乔木没药树的树脂。主产于非洲、阿拉伯及印度等地。炒或炙后打碎用。

【药理作用特点】

本品苦、平，入心、肝、脾经，活血祛瘀、止痛生肌。本品含挥发油、树胶及树脂等。

其药理作用为：有抑制支气管、子宫分泌物过多的作用；水浸剂在试管内对皮肤真菌有抑制作用；有止痛作用，醋制后作用更强，醋制后又降低血小板黏附性的作用。

【联用与禁忌】

① 与乳香、当归、丹参等合同，有活血、止痛及生肌功效，用于气血凝滞、瘀阻疼痛。

② 没药含挥发油，具有还原作用，不宜与硝酸甘油、硝酸异

山梨酯等具有氧化性的药物联用，会使后者的药效丧失。

【用药注意】

① 孕畜慎用。

② 血虚者不宜用。

③ 产后恶露增多、腹中虚痛者不宜用。

五灵脂

为鼯鼠科动物橙足鼯鼠或飞鼠科动物小飞鼠的干燥粪便。灵脂米呈粒状，又称散灵脂，品质较差；灵脂块为粘连块状，中心溏软，又称溏灵脂，品质为上。主产于东北、华北及西北等地区。

【药理作用特点】

本品咸、温，入肝经，活血散瘀、止痛。本品含五灵脂酸、芦丁、苯甲酸、邻苯二酚、原酸儿茶酸、尿嘧啶、尿酸、尿素等。

其药理作用为：水提取物能显著抑制由胶原、ADP 诱导的家兔血小板凝集；乙酸乙酯提取物能有效抑制胃液分泌，具有保护胃黏膜和预防胃溃疡发生的作用。

【联用与禁忌】

① 与蒲黄同用，有活血散瘀和止痛的作用，故适用于各种血瘀疼痛及产后恶露不下等证。

② 与当归、川芎、桃仁等同用，用于治疗跌打损伤、血瘀肿痛。

③ 五灵脂含芦丁，与碳酸钙、维丁胶性钙、硫酸镁、氢氧化铝和碳酸铋类药物合用，能形成络合物而相互影响疗效。

【用药注意】

① 孕畜慎用。

② 不宜与人参同用。

三棱（荆三棱）

为黑三棱科植物黑三棱及莎草科植物荆三棱的去皮块茎。全国各地均产。

【药理作用特点】

本品苦、平，入肝、脾经，破血行气、消积止痛。本品含三棱酸、β-谷甾醇、豆甾醇、丁二酸、胡萝卜苷及挥发油和脂肪酸等。

其药理作用为：能显著降低全血黏度、血细胞比容以及血沉速率；总黄酮有较强的抗血小板聚集及抗血栓作用，醋制后化瘀作用明显增强；总黄酮能明显提高小鼠热刺激的痛阈值。

【联用与禁忌】

① 与莪术、当归、桃仁、红花、郁金等合用，破血祛瘀作用较强，又能行气止痛，适用于产后瘀滞腹痛、瘀血结块等症。

② 与木香、枳实、山楂等配伍，用于治食积气滞、肚腹胀满疼痛等症。

③ 三棱含挥发油，具有还原作用，不宜与硝酸甘油、硝酸异山梨酯等具有氧化性的药物联用，会使后者的药效丧失。

【用药注意】

孕畜忌用。

自　然　铜

为天然硫铁矿石（黄铁矿）。主产于四川、广东、湖南等地。醋淬研细或水飞。

【药理作用特点】

本品辛、平，入肝经，散瘀止痛、续筋接骨。本品含二硫化铁及钴、镍、砷、硒、锑、铜、金、银及微量的碲、锗、铟、镓、铋、锰、锌、铅等。

其药理作用为：对多种病原性真菌有不同程度的抗菌作用；能明显提高家兔骨痂中铁、铜的含量，增加骨痂生长量。

【联用与禁忌】

① 与当归、乳香、没药等配伍，入血行血，有散瘀止痛的功效，为伤科接骨要药，用于创伤及跌打损伤、瘀滞疼痛等症。

② 自然铜内含金属离子，与诺氟沙星同服，会形成钙络合物，使药物的溶解度下降，肠道难以吸收，降低疗效。

③ 自然铜不宜与四环素族、左旋多巴类、红霉素、利福平、

泼尼松、灰黄霉素、异烟肼、氯丙嗪等药同用，中药中所含的金属离子会与这些西药形成络合物，不易被肠道吸收，降低疗效。

④ 自然铜不宜与抗酸药、西咪替丁、丙谷胺、抗胆碱药同用，这些药会降低胃内酸度，影响自然铜的吸收。

⑤ 自然铜不宜与含同种金属离子的西药制剂同用，防止离子过量产生毒性。

【用药注意】

无瘀者忌用。

土 鳖 虫

为蜚蠊科动物地鳖的干燥虫体。主产于福建、江苏、北京等地。

【药理作用特点】

本品咸、寒、有毒，入肝经，破血逐瘀。本品含脂肪油和多种无机元素。

其药理作用为：提取液在体外能明显抑制血栓的形成和血小板的凝集；能提高心肌和脑对缺氧的耐受力，降低组织的耗氧量。

【联用与禁忌】

① 与大黄、水蛭、桃仁等同用，破血逐瘀的作用较强，用于瘀血阻滞。

② 与自然铜、乳香、没药等配伍，用于治跌打损伤、骨折。

【用药注意】

孕畜忌用。

第九节 止 血 药

凡能调理和治疗血分出血病证的药物，称为止血药。

本类药物多属平、微寒，少数性温，味多以甘、苦、涩为主；归经以归心、肝、脾经为主；以收敛趋势为主；具有制止内外出血的作用，因其药性有寒、温、散、敛之异，所以其具体作用又有凉血止血、化瘀止血、收敛止血、温经止血的区别。根据止血药的药性和功效不同，本章药物也相应地分为凉血止血药、温经止血药、化瘀止血药和收敛止血药四节。止血药主要适用于各种内外出血病证，如咯血、衄血、吐血、便血、尿血以及外伤出血等。

应用止血药物，必须根据畜禽出血的不同原因和病情，选择药性相宜的止血药，并进行必要的配伍。如血热妄行而出血者，应选择凉血止血药，并配伍清热泻火、清热凉血之品；阴虚火旺、阴虚阳亢而出血者，宜配伍滋阴降火、滋阴潜阳的药物；若瘀血内阻、血不循经而出血者，应选化瘀止血药，并配伍行气活血药；若虚寒性出血，应选温经止血药、收敛止血药，并配伍益气健脾温阳之品；若出血过多、气随血脱者，则需急投大补元气之药以益气固脱。又前贤有“下血必升举，吐衄必降气”之说。对便血、崩漏可适当配伍升举之品，而对吐血、衄血则可配伍降气之品。

同时在使用止血药时，除大出血应急救止血外，还需注意有无瘀血，若瘀血未尽（如出血暗紫），应酌加活血祛瘀药，以免留瘀之弊；若出血过多、虚极欲脱时，可加用补气药以固脱；凉血止血药、收敛止血药，易凉遏恋邪留瘀，出血兼有瘀血者不宜单独使用；止血药前人经验多炒炭后用。一般而言，炒炭后其性苦、涩，可加强止血之效。也有少数以生品止血效果更好。

一、凉血止血药

本类药物性属寒凉，味多甘苦，入血分，能清泄血分之热而止血，适用于血热妄行所致的各种出血病证。本类药物虽有凉血之功，但清热作用不强，在治疗血热出血病证时，常需配清热凉血药物同用。若治血热夹瘀之出血，宜配化瘀止血药，或配伍少量的化瘀行气之品。急性出血较甚者，可配伍收敛止血药以加强止血之效。

本类药物均为寒凉之品，原则上不宜用于虚寒性出血。又因其寒凉易于凉遏留瘀，故不宜过量久服。

大　蓟

为菊科植物蓟的干燥地上部分或根。主产于江苏、安徽，我国南北各地均有分布。生用或炒炭用。

【药理作用特点】

本品性甘、凉，入肝、心经，具有凉血、止血、散痈肿功效，主要用于血热妄行所致的各种出血证。本品主要含挥发油、三萜、甾体、黄酮及其多糖。

其药理作用为：大蓟水煎剂能显著缩短凝血时间，其水浸剂、乙醇-水浸出液和乙醇浸出液均有降低血压作用，乙醇浸剂对人型结核杆菌有抑制作用，水提物对单纯疱疹病毒有明显的抑制作用；煎剂对犬、猫、兔等均有降血压作用，根的水煎液降压作用更显著；煎剂对结核杆菌有抑制作用，水提物对疱疹病毒有抑制作用；柳穿鱼苷有止血作用。

【联用与禁忌】

① 常与小蓟相须为用，治疗血热妄行之诸出血证；常与生地黄、蒲黄、侧柏、牡丹皮同用，用于治衄血、尿血、便血、子宫出血等。

② 与地黄、蒲黄、侧柏叶、牡丹皮同用，能凉血止血，用于血热妄行所致的衄血、便血、尿血、子宫出血等。

③ 鲜品捣敷或水煎服，可以消散痈肿，用于痈疮肿毒。

【用药注意】

大蓟散瘀消痈力强，止血作用广泛，故对吐血、咯血及崩漏下血尤为适宜；小蓟兼能利尿通淋，故以治血尿、血淋为佳。

小　　蓟

为菊科植物小蓟的干燥地上部分。我国各地均产。生用或炒炭用。

【药理作用特点】

本品性甘、凉，入心、肝经，凉血止血、散痈消肿。本品主要含有含生物碱、皂苷。

其药理作用为：本品能收缩血管，升高血小板数目，促进血小板聚集及增高凝血酶活性，抑制纤溶，从而加速止血。本品对肺炎双球菌、溶血性链球菌、白喉杆菌、伤寒杆菌、变形杆菌、铜绿假单胞菌、痢疾杆菌、金黄色葡萄球菌等均有抑制作用。现代临床报道，用小蓟药膏治疮肿和外伤感染确有良效。

【联用与禁忌】

① 与蒲黄、木通、滑石等同用，用于血热妄行所致的鼻衄、尿血、子宫出血等证。

② 单味外敷或内服，用于痈肿疮毒。

③ 小蓟含芦丁，与碳酸钙、维丁胶性钙、硫酸镁、氢氧化铝和碳酸铋类药物合用，能形成络合物而相互影响疗效。

④ 小蓟含有机酸，与庆大霉素同服，会降低其抗菌作用，因为庆大霉素在酸性尿液中抗菌作用最弱。

⑤ 小蓟含有机酸，不宜与呋喃妥因、利福平、阿司匹林、吲哚美辛等长期合用，增加西药在肾脏的重吸收，加重对肾脏的毒性。

【用药注意】

大蓟散瘀消痈力强，止血作用广泛，故对吐血、咯血及崩漏下血尤为适宜；小蓟兼能利尿通淋，故以治血尿、血淋为佳。

地　榆

为蔷薇科植物地榆或长叶地榆的干燥根。主产于浙江、安徽、湖北、湖南、山东、贵州等地。生用或炒炭用。

【药理作用特点】

本品苦、酸、微寒，入肝、胃、大肠经，具有凉血止血、收敛解毒功效。本品主要含大量鞣质、地榆皂苷以及维生素 A 等。

其药理作用为：①能缩短出血时间，对小血管出血有止血作用，其稀溶液作用更显著，并有降压作用。②对溃疡病大出血及烧伤有较好的疗效，因所含鞣质对溃疡面有收敛作用，并能抑制感染而防止毒血症，并可减少渗出，促进新皮生长。③对痢疾杆菌、大肠杆菌、铜绿假单胞菌、金黄色葡萄球菌等多种细菌均有抑制作用，但其抗菌力在高压消毒处理后显著降低甚至消失。

【联用与禁忌】

① 与槐花、侧柏叶等同用，用于治疗便血；与黄连、木香、

诃子等同用，治疗血痢不愈。

② 与大黄、黄柏等共研细末，植物油调敷，具有凉血、解毒、收敛作用，治疗烫火伤。

③ 地榆含有水合性鞣质，与肝毒性抗生素如氟苯尼考、红霉素、利福平、异烟肼等合用加重肝脏损害，严重者可发生药源性肝炎。

④ 口服β-内酰胺类药物不宜与含鞣质较多的地榆同时服用，可在体内生成鞣酸盐沉淀物而不易被吸收，从而会降低各自的生物利用和药效。

【用药注意】

① 虚寒者忌服。

② 本品伤胃，误服多致口噤不食。

③ 外用适量。

槐　　花

为豆科植物槐的干燥花及花蕾。主产于辽宁、湖北、安徽、北京等地。生用或炒用。

【药理作用特点】

本品苦、微寒，入肝、大肠经，具有凉血止血、清肝明目功效。本品主要含芸香苷（又名芦丁，属黄酮苷，水解生成槲皮素、葡萄糖及鼠李糖等）、槐花甲素、槐花乙素、槐花丙素、鞣质、绿色素、油脂、挥发油及维生素A类物质。

其药理作用为：所含芳香苷具有改善毛细血管功能，防治因毛细血管脆性过大、渗透性过高引起的出血。槐花炭煎液给小鼠灌胃，能明显缩短出血时间和凝血时间；芦丁有抗氧化活性；芦丁能降低毛细血管的异常通透性和脆性；槲皮素有降压、增强毛细血管抵抗力和减少毛细血管脆性等作用；槐花液对离体蛙心有轻度兴奋作用，对心传导系统有阻滞作用；此外还有抗炎、抗溃疡、解痉的作用。

【联用与禁忌】

① 与侧柏叶、荆芥炭、枳壳等同用，具有凉血止血的作用，对衄血、便血、尿血、子宫出血等属于热证者，皆可应用，但多用于

便血；与黄连同用，用于治疗大肠热盛、伤及脉络而引起的便血。

② 与夏枯草、菊花、黄芩、草决明等同用，清肝明目，用于治疗肝火上炎、目赤肿痛。

③ 槐花含槲皮素及芦丁，与碳酸钙、维丁胶性钙、硫酸镁、氢氧化铝和碳酸铋类药物合用，能形成络合物而相互影响疗效。

【用药注意】

孕畜忌用。

附　槐角

为槐的成熟果实，原名槐实。性味、功效、主治与槐花相似，但止血作用较槐花为弱，而清降泄热之力较强，兼能润肠，主要用于痔血、便血，尤多用于痔疮肿痛出血之证，常与地榆、黄芩、当归等同用，如槐角丸（《太平惠民和剂局方》）。煎服，6～12g，或入丸、散。孕妇慎用。

侧柏叶

为柏科植物侧柏的干燥枝叶。主产于辽宁、山东，我国大部地区都有分布。生用或炒炭用。

【药理作用特点】

本品苦、涩、微寒，入肝、肺、大肠经，具有凉血止血、清肺止咳功效。本品主要含挥发油0.26%，油中主要成分为α-侧柏酮、侧柏烯、小茴香酮等；其他尚含黄酮类成分，如香橙素、槲皮素、杨梅树皮素、扁柏双黄酮等；叶中还含钾、钠、氮、磷、钙、镁、锰和锌等微量元素。

其药理作用为：侧柏叶煎剂能明显缩短出血时间及凝血时间，其止血有效成分为槲皮素和鞣质。此外，尚有镇咳、祛痰、平喘、镇静等作用。体外实验表明，本品对金黄色葡萄球菌、卡他球菌、痢疾杆菌、伤寒杆菌、白喉杆菌等均有抑制作用。

【联用与禁忌】

① 与生地黄、生荷叶、生艾草等同用，用于便血、尿血、子宫出血等属血热妄行者；与炮姜、艾叶等同用，用于治疗虚寒出血者。

② 与大枣等同用，可清肺止咳，用于肺热咳嗽。

③ 不宜与以下西药配伍应用：a. 维生素 B_1、抗生素（四环素族、红霉素、灰黄霉素、制霉菌素、林可霉素、利福平等）、苷类（洋地黄、地高辛、可待因等）、生物碱（麻黄碱、阿托品、黄连素、奎宁、利血平）、亚铁盐制剂、碳酸氢钠制剂；b. 异烟肼；c. 酶制剂（多酶胃酸酶胰酶）；d. 维生素 B_6。原因如下：a. 产生沉淀、影响吸收；b. 分解失效；c. 改变性质、降效或失效；d. 形成络合物，降效或失效。

白茅根

见清热凉血药。

羊蹄

为蓼科植物羊蹄或尼泊尔羊蹄的根。全国大部分地区均有。晒干或切片生用。

【药理作用特点】

本品苦、涩、寒，归心、肝、大肠经，具有凉血止血、解毒杀虫、泻下功效。本品主要含羊蹄根含大黄酸、大黄酚、大黄素及酸模素等，叶含槲皮苷、维生素 C 等。

其药理作用为：大黄酚能明显缩短血凝时间，酊剂对多种革兰阳性菌和阴性菌及致病真菌有一定抑制作用。所含酸模素对红色毛发癣菌及趾间发癣菌有抑制作用。此外，尚能降压、利胆。

【联用与禁忌】

① 本品可用单味内服，也可配伍其他止血药物同用，用于血热所致的咯血、吐血、衄血及紫癜等出血之证。

② 常与枯矾同用，共研末，醋调敷，能清热解毒疗疮，又能杀虫止痒，为治癣、疥之良药。

二、温经止血药

本类药物性属温热，能温内脏、益脾阳、固冲脉而统摄血液，具有温经止血之效。适用于脾不统血、冲脉失固之虚寒性出血病证。

应用时，若属脾不统血者，应配益气健脾药；属肾虚冲脉失固者，宜配益肾暖宫补摄之品。然其性温热，热盛火旺之出血证忌用。

艾　叶

为菊科植物艾的叶。全国大部分地区均产；以湖北蕲州产者为佳，称“蕲艾”。生用、捣绒或制炭用。

【药理作用特点】

本品辛、苦、温、有小毒，归肝、脾、肾经，具有温经止血、散寒调经、安胎功效。本品主要含挥发油、倍半萜类、环木菠萝烷型三萜及黄酮类化合物等。

其药理作用为：本品能明显缩短出血和凝血时间，艾叶油对多种过敏性哮喘有对抗作用，具有明显的平喘、镇咳、祛痰作用，其平喘作用与异丙肾上腺素相近。体外实验证明，艾叶油对肺炎球菌，甲、乙型溶血性链球菌、奈瑟球菌有抑制作用；艾叶水浸剂或煎剂对炭疽杆菌、甲型溶血性链球菌、乙型溶血性链球菌、白喉杆菌、肺炎双球菌、金黄色葡萄球菌及多种致病真菌均有不同程度的抑制作用；另外，对腺病毒、鼻病毒、疱疹病毒、流感病毒、腮腺炎病毒等亦有抑制作用。对子宫平滑肌有兴奋作用。

【联用与禁忌】

① 本品能暖气血而温经脉，为温经止血之要药，适用于虚寒性出血病证，尤宜于崩漏。

② 本品配伍生地黄、生荷叶、生柏叶等清热凉血药，可治疗血热妄行所致的吐血、衄血、咯血等多种出血证。

③ 本品常与香附、川芎、白芍、当归等同用，为治母畜下焦虚寒或寒客胞宫之要药。

【用药注意】

温经止血宜炒炭用，余生用。

灶　心　土

为烧木柴或杂草的土灶内底部中心的焦黄土块。全国农村均有。在拆修柴火灶或烧柴火的窑时，将烧结的土块取下，用刀削去焦黑部分及杂质即可。又名伏龙肝。

【药理作用特点】

本品辛、温，归脾、胃经，具有温中止血、止呕、止泻的功效。本品主要含硅酸、氧化铅、氧化铁，此外，尚含氧化钠、氧化钾、氧化镁等。

其药理作用为：本品有缩短凝血时间、抑制纤维蛋白溶解酶及增加血小板第三因子活性等作用，能减轻洋地黄酊引起的呕吐，有止呕作用。

【联用与禁忌】

① 本品性温，能温暖中焦、收摄脾气而止血，为温经止血之要药，可与干姜、阿胶、黄芩等同用，用于便血属下焦寒损者，如伏龙肝汤（《外台秘要》）；与附子、白术、地黄等同用，用于治疗脾气虚寒之大便下血、吐血、衄血、崩漏等，如黄土汤（《金匮要略》）。

② 本品长于温中和胃而降逆止呕，与干姜、半夏、白术等同用主治脾胃虚寒、胃气不降所致的呕吐，也可用治反胃、妊娠呕吐。

③ 本品既能温脾暖胃，又能涩肠止泻，与附子、干姜、白术等配伍，主治脾虚久泻；与山楂、黑糖为丸，可治疗胎前下痢、产后不止者，如伏龙肝汤丸（《张氏医通》）。

三、化瘀止血药

本类药物既能止血，又能化瘀，具有止血而不留瘀的特点，适用于瘀血内阻、血不循经之出血病证。部分药物尚能消肿、止痛。本类药物虽适用于出血兼有瘀滞之证，然随证配伍也可用于其他各种出血之证。

本类药物具行散之性，对于出血而无瘀者及孕畜宜慎用。

三　七

为五加科植物三七的干燥根。主产于云南、广西等地。生用或研细粉用。

【药理作用特点】

本品甘、微苦、温，归肝、胃经，具有化瘀止血、活血定痛的功效。本品主要含皂苷、黄酮苷、氨基酸等。止血活性成分为三七氨酸。

其药理作用为：本品能够缩短出血和凝血时间，具有抗血小板聚集及溶栓作用；能够促进多功能造血干细胞的增殖，具有造血作用；能够降低血压，减慢心率，对各种药物诱发的心律失常均有保护作用；能够降低心肌耗氧量和氧利用率，扩张脑血管，增强脑血管流量；能够提高体液免疫功能，具有镇痛、抗炎、抗衰老等作用；能够明显治疗大鼠胃黏膜的萎缩性病变，并能逆转腺上皮的不典型增生和肠上皮化生，具有预防肿瘤的作用。

【联用与禁忌】

① 单用内服或外用，或与花蕊石、血余炭等同用，用于便血、衄血、吐血、外伤出血等。

② 与乳香、没药、血竭、土鳖虫等同用，用于跌打损伤。

③ 三七片含生物碱，与氨基糖苷类药物合用，可增强其对听神经的毒性，严重时造成耳鸣、耳聋。

④ 三七及其制剂与肝素等抗凝血药合用时，具有止血作用，会降低抗凝血药的疗效。

⑤ 三七含生物碱，不宜与碘离子制剂同用，易产生沉淀。

⑥ 三七不宜与碳酸氢钠等碱性较强的西药同用，影响溶解度，妨碍吸收。

⑦ 三七不宜与重金属药如碳酸钙、维丁胶、硫酸镁、硫酸亚铁、氢氧化铝、碳酸铋等同用，以免形成络合物，影响药物吸收。

【用药注意】

① 孕畜慎用。

② 血虚或血热出血者禁用。

茜　草

为茜草科植物茜草的干燥根及根茎。全国各地均产。生用或炒用。

【药理作用特点】

本品苦、寒，入肝经，具有凉血止血、活血祛瘀的功效。本品主要含有蒽醌苷类茜草酸、紫色素及伪紫色素等。

其药理作用为：①能缩短血液凝固时间。②对金黄色葡萄球菌有抑制作用。

【联用与禁忌】

① 与地榆、仙鹤草、侧柏叶、牡丹皮、大黄等同用，用于血热妄行所致衄血、便血、尿血、子宫出血等证。

② 与川芎、赤芍、牡丹皮等同用，用于治疗跌打损伤、疮疡等。

③ 茜草含蒽醌类化合物，不宜与碱性药物同用，因蒽醌苷在碱性溶液中易氧化失效。

【用药注意】

① 孕畜忌用，虚寒证病畜慎用。

② 脾胃虚寒及无瘀滞者慎服。

蒲　黄

为香蒲科植物水烛香蒲、东方香蒲或同属植物的干燥花粉，又称香蒲。主产于浙江、山东、安徽等地。炒用或生用。

【药理作用特点】

本品性甘、平，入肝、脾、心经，具有活血祛瘀、收敛止血的功效。本品主要含异鼠李苷、脂肪油、植物甾醇及黄色素等。

其药理作用为：有收缩子宫作用，能缩短凝血时间。

【联用与禁忌】

① 与益母草、艾叶、阿胶等同用，用于治疗子宫出血。

② 与白茅根、大蓟、小蓟同用，用于尿血；与白及、血余炭同用，用于咯血。

③ 与桃仁、红花、赤芍等同用，治疗跌打瘀滞；与五灵脂同用，用于治疗产后瘀滞腹痛。

④ 蒲黄含槲皮素，与碳酸钙、维丁胶性钙、硫酸镁、氢氧化

铝和碳酸铋类药物合用，能形成络合物而相互影响疗效。

⑤ 蒲黄不宜与阿托品、六甲溴胺同用，阻滞 M 受体或神经节，拮抗或逆转蒲黄的降压作用。

⑥ 蒲黄不宜与碱性药同服，在碱性条件下蒲黄的促纤溶作用消失，抗凝作用减弱。

⑦ 蒲黄含挥发油，具有还原作用，不宜与硝酸甘油、硝酸异山梨酯等具有氧化性的药物联用，会使后者的药效丧失。

【用药注意】

① 孕畜慎用。

② 阴虚内热、无瘀血者禁用。

③ 止血多炒用，化瘀、利尿多生用。

花 蕊 石

为变质岩类岩石蛇纹大理岩的石块。主产于陕西、河南、河北等地。砸成碎块用；或经火煅，研细后用。

【药理作用特点】

本品酸、涩、平，归肝经，具有化瘀止血的功效。本品主要含花蕊石，主含钙、镁的碳酸盐，并混有少量铁盐、铅盐及锌、铜、钴等元素以及少量的酸不溶物。

其药理作用为：本品能增强血中钙离子浓度，使血管致密，有防止血浆渗出和促进血液凝血的作用，并能抗惊厥。

【联用与禁忌】

本品既能收敛止血，又能化瘀行血，适用于吐血、咯血、外伤出血等兼有瘀滞的各种出血之证。

【用药注意】

孕畜忌用。

四、收敛止血药

本类药物大多味涩，或为炭类，或质黏，故能收敛止血。广泛用于各种出血病证。然其收涩，有留瘀恋邪之弊，临证每多配化瘀止血药或活血祛瘀药同用。对于出血有瘀或出血初期邪实者，当慎用之。

白　及

为兰科植物白及的干燥块茎。主产于华东、华南及陕西、四川、云南等地。打碎或切片生用。

【药理作用特点】

本品苦、甘、涩、微寒，入肺、胃、肝经，具有收敛止血、消肿生肌等功效。本品含有白及胶、黏液质、淀粉、挥发油等。

其药理作用为：能增强血小板第Ⅲ因子活性，缩短凝血酶生成时间，抑制纤维蛋白酶的活性，对局部出血有止血作用；白及煎剂灌胃，对盐酸引起的大鼠胃黏膜损伤有保护作用；乙醇浸液对金黄色葡萄球菌、枯草杆菌及结核杆菌有抑制作用；水浸剂对奥杜盎小孢子菌有抑制作用；白及注射液对大鼠二甲氨基偶氮苯（DAB）诱发肝癌有明显抑制作用。

【联用与禁忌】

① 本品为收敛止血之要药，与阿胶、藕节、生地黄等同用，主要用于肺、胃出血，也可用治体内、外诸出血证，还可用治外伤出血。

② 与紫珠草、仙鹤草、三七等配伍，广泛应用于机体内、外各部位出血的止血。

③ 配金银花、天花粉、乳香等同用，消肿生肌，用于疮痈初起未溃者；研粉外用，有敛疮生肌之效，用于治疮疡已溃、久不收口者。

④ 氢氧化钠与黄芩、白及合用可以发生相加作用，提高疗效。

⑤ 白及、姜半夏、茯苓等中药与碳酸锂联用，可减轻胃肠反应。

【用药注意】

① 外感咯血、肺痈初起及肺胃有实热者忌服。

② 不宜于乌头类药材同用。

仙　鹤　草

为蔷薇科植物龙芽草的干燥地上部分。全国大部分地区均有分布。切段生用。

【药理作用特点】

本品苦、涩、凉，入肝、肺、脾经，具有收敛止血作用。本品含仙鹤草素、鞣质、甾醇、有机酸、酚性成分、仙鹤草内酯和维生素 C、维生素 K_1 等成分。

其药理作用为：仙鹤草醇浸膏能收缩周围血管，有明显的促凝血作用；仙鹤草素能加强心肌收缩，使心率减慢；仙鹤草中的主要成分鹤草酚对猪绦虫、囊尾蚴虫、莫氏绦虫和短壳绦虫均有确切的抑杀作用，对疟原虫和阴道滴虫有抑制和杀灭作用；尚有抗菌消炎、抗肿瘤、镇痛等作用。

【联用与禁忌】

① 与茜草、侧柏叶、大蓟、紫珠草、白及、三七等配伍，广泛应用于机体内、外各部位出血的止血。

② 配生地黄、侧柏叶、牡丹皮等，治血热妄行之出血证；与党参、熟地黄、炮姜、艾叶等益气补血、温经止血药同用，用于虚寒性出血证。

③ 与黄连等配伍，治疗腹泻、痢疾。

④ 不宜与以下西药配伍应用：a. 维生素 B_1、抗生素（四环素族、红霉素、灰黄霉素、制霉菌素、林可霉素、利福平等）、苷类（洋地黄、地高辛、可待因等）、生物碱（麻黄碱、阿托品、黄连素、奎宁、利血平）、亚铁盐制剂、碳酸氢钠制剂；b. 异烟肼；c. 酶制剂（多酶胃酸酶胰酶）；d. 维生素 B_6。原因如下：a. 产生沉淀、影响吸收；b. 分解失效；c. 改变性质、降效或失效；d. 形成络合物，降效或失效。

棕 榈 炭

为棕榈科植物棕榈的干燥叶鞘纤维（即叶柄基底部之棕毛）。主产于广东、福建等地。除去纤维状棕毛，炒炭或生用。

【药理作用特点】

本品苦、涩、平，入肝、肺、大肠经，能收敛止血。本品药性平和，味苦而涩，为收敛止血之要药，广泛用于各种出血之证，尤多用于崩漏。本品含有黄酮和三萜皂苷等。

其药理作用为：对家兔和小鼠动物模型表现良好的止血效果，棕榈子粉的醇提取物能收缩子宫，并有一定的凝血作用。

【联用与禁忌】

① 与侧柏叶、血余炭、蒲黄等同用，用于各类出血；与小蓟、栀子等同用，如十灰散，治疗血热妄行之吐血、咯血；配炮姜、乌梅同用，如如圣散，治疗虚寒性出血、冲任不固之崩漏下血；与艾叶、熟鸡子、附子同用，如棕艾散，治疗便血。

② 本品为炭类中药，与酶制剂和生物碱类制剂合用易降低疗效。

【用药注意】

出血兼有瘀滞、湿热下痢初起者慎用。

血　余　炭

为人发煅制成的炭化物。

【药理作用特点】

本品性苦、平，入肝、胃经，具有收敛止血功效，兼可化瘀。本品主要为一种优质蛋白，无机成分为钙、钾、锌、铜、铁、锰等，有机质中主要含胱氨酸以及含硫氨基酸等组成的头发黑色素。

其药理作用为：①水煎液能明显缩短小鼠、大鼠和家兔的凝血时间，减少出血量。其止血作用可能与钙、铁离子有关。②煎剂对金黄色葡萄球菌、伤寒杆菌、甲型副伤寒杆菌及福氏痢疾杆菌有较强的抑制作用。

【联用与禁忌】

① 常与花蕊石、三七同用，如化血丹，治咯血、吐血；配蒲黄、生地黄、赤茯苓、甘草，水煎服，治血淋；与地榆、槐花等同用，如三灰散，治便血。

② 常与滑石、白鱼同用，如滑石白鱼散，能化瘀通窍、通利水道，治疗小便不利。

③ 本品为炭类中药，与酶制剂和生物碱类制剂合用易降低疗效。

血　　竭

为棕榈科植物麒麟竭及同属植物的果实和树干渗出的树脂加工制成。主产于广东、广西、云南等地。捣碎研末用。

【药理作用特点】

本品甘、咸、平，入心、肝经，具有止血、止痛、化瘀、敛疮生肌的功效。本品主要含有树脂、树胶、血竭素、血竭树脂烃、安息香酸及肉桂酸等。

其药理作用为：对多种皮肤真菌有不同程度的抑制作用。

【联用与禁忌】

① 与乳香、没药、红花等同用，用于跌打损伤、产后瘀阻疼痛等。

② 单用或与蒲黄等同用，用于外伤出血；与血余炭研末吹鼻，治疗鼻衄。

③ 与乳香、没药、儿茶等同用，如生肌散，用于治疗疮口不敛。

④ 血竭含黄酮，与氢氧化铝、三硅酸镁、碳酸钙等含金属离子的西药制剂同用，铝、镁、钙与黄酮生成难吸收的络合物，降低药效。

【用药注意】

① 孕畜慎用。

② 凡血病无瘀者不宜用。

藕　　节

为睡莲科植物莲的根茎节部。主产于湖南、湖北、浙江、江苏、安徽等地。生用或炒炭用。

【药理作用特点】

本品甘、涩、平，归肝、肺、胃经，具有收敛止血功效。本品主要含天冬酰胺及鞣质。

其药理作用为：本品能缩短凝血时间。

【联用与禁忌】

本品既能收敛止血，又兼能化瘀，有止血而不留瘀的特点，可用于各种出血之证，对吐血、咯血等上部出血病证尤为多用。

止血药物功效比较见表 6-1。

表 6-1　止血药物功效比较

类别	药物	相同点	不同点
止血药	白及 仙鹤草 棕榈炭 血余炭 海螵蛸	收敛止血	白及善于生肌收口，多用于肺胃出血；仙鹤草对各种出血疗效均好；棕榈炭、血余炭多用于衄血及子宫出血；海螵蛸还能涩精、制酸
	三七 蒲黄	祛瘀止血	三七用治多种出血症，又是治跌打损伤、瘀血内阻的要药；蒲黄虽能治各种出血症，但功效不及三七
	大蓟 小蓟 侧柏叶 地榆 槐花 茜草 藕节 血竭	凉血止血	大蓟、小蓟作用基本相同，但大蓟凉血之力较大，并能消痈肿，小蓟止血力较缓，善治尿血、血淋；侧柏叶还能祛痰止咳；地榆、槐花均善清大肠湿热，用治便血、血痢，但地榆能收敛生肌，治烧伤有良效，而槐花则能清肝降压，茜草、藕节均善治血热、衄血，茜草兼治跌打瘀积；血竭长于外伤止血，兼能化瘀止痛、敛疮生肌，外科常用

第十节　祛风渗湿药

凡能祛除湿邪，治疗水湿证的药物，称为祛湿药。

湿是一种阴寒、重浊、黏腻的邪气，有内湿、外湿之分，湿邪又可与风、寒、暑、热等外邪共同致病，并有寒化、热化的转机，所以湿邪致病的临床表现也有所不同，因而可将祛湿药分为祛风湿药、利湿药和化湿药。

一、祛风湿药

能够祛风胜湿，治疗风湿痹证的药物，称为祛风湿药。这类药物大多数味辛、性温，具有祛风除湿、散寒止痛、通气血、补肝肾、壮筋骨之效。适用于风湿在表而出现的皮紧腰硬、肢节疼痛、颈项强直、拘行束步、卧地难起、筋络拘急、风寒湿痹等。其性多燥，凡阳虚、血虚的患畜应慎用。

羌　活

为伞形科植物羌活或宽叶羌活的干燥根茎及根。主产于陕西、四川、甘肃等地。切片生用。

【药理作用特点】

本品辛、温，入膀胱、肾经，具有发汗解表、祛风止痛的功效。本品主要含挥发油、有机酸（棕榈酸、油酸、亚麻酸）及生物碱等。

其药理作用为：对皮肤真菌、布氏杆菌有抑制作用。

【联用与禁忌】

① 本品常配防风、白芷、川芎等，以奏发表之效，用治风寒感冒、颈项强硬、四肢拘挛等。

② 配独活、防风、藁本、川芎、蔓荆子、甘草等，祛风寒，散风通痹，为祛上部风湿主药，多用于项背、前肢风湿痹痛，治风湿在表、腰脊僵拘。

【用药注意】

阴虚火旺、产后血虚者慎用。

独　活

为伞形科植物重齿毛当归干燥根。产于四川、陕西、云南、甘肃、内蒙古等地。切片生用。

【药理作用特点】

本品辛、温，入肝、肾经，具有祛风胜湿、止痛功效。本品主要含挥发油、甾醇、有机酸等。

其药理作用为：有扩张血管、降低血压、兴奋呼吸中枢和抗风湿、镇痛、镇静、催眠作用。

【联用与禁忌】

① 常与桑寄生、防风、细辛等同用，为治风寒湿痹，尤其是腰胯、后肢痹痛的常用药物，如独活寄生汤。

② 常与羌活共同配伍于解表药中，用治外感风寒挟湿，四肢关节疼痛等。

【用药注意】

血虚者忌用。

威灵仙

为毛茛科植物威灵仙、棉团铁线莲或东北铁线莲的干燥根及根茎。主产于安徽、江苏等地。切碎生用、炒用。

【药理作用特点】

本品辛、咸、温，入膀胱经，具有祛风湿、通经络、消肿止痛功效。本品主要含白头翁素、白头翁醇、甾醇、糖类、皂苷。

其药理作用为：①有解热、镇痛和增加尿酸盐排泄的作用。②有抗痛风及抗组胺作用。③对金黄色葡萄球菌、志贺痢疾杆菌有抑制作用。

【联用与禁忌】

常与羌活、独活、秦艽、乳香、没药等配伍，因其善通经络，既导又利，多用于风湿所致的四肢拘挛、屈伸不利、肢体疼痛、跌打损伤等。

木瓜

为蔷薇科植物贴梗海棠的干燥近成熟果实。主产于安徽、浙江、四川、湖北等地。蒸煮后切片用或炒用。

【药理作用特点】

本品酸、温，入肝、脾、胃经，具有舒筋活络、和胃化湿的功效。本品主要含苹果酸、酒石酸、皂苷、鞣酸、维生素C等。

其药理作用为：①对于腓肠肌痉挛所致的抽搐有一定效果。②木瓜水煎剂对小鼠蛋白性关节炎有明显的消肿作用。

【联用与禁忌】

本品常与独活、威灵仙等同用，用于风湿痹痛、腰胯无力、后躯风湿、湿困脾胃、呕吐腹泻等，用于治后肢风湿，并为后肢痹痛的引经药。

桑寄生

为桑寄生科植物桑寄生的干燥带叶茎枝。主产于河北、河南、广东、广西、浙江、江西、台湾等地。

【药理作用特点】

本品苦、平，入肝、肾经，具有补肝肾、除风湿、强筋骨、益血安胎的功效。本品主要含广寄生苷等黄酮类。

其药理作用为：①有利尿、降压作用。②对伤寒杆菌、葡萄球菌有抑制作用。

【联用与禁忌】

① 本品常与杜仲、牛膝、独活、当归等同用，如独活寄生汤，适用于血虚、筋脉失养、腰脊无力、四肢痿软、筋骨痹痛、背项强直。

② 与阿胶、艾叶等配合，用于治肝肾虚损、胎动不安。

秦艽

为龙胆科植物秦艽、麻花秦艽、粗茎秦艽或小秦艽的干燥根。主产于四川、陕西、甘肃等地。切片生用。

【药理作用特点】

本品苦、辛、平，入肝、胆、胃、大肠经，具有祛风湿、退虚热的功效。本品主要含龙胆碱、龙胆次碱、秦艽丙素及挥发油、糖类等。

其药理作用为：①秦艽乙醇浸剂对金黄色葡萄球菌、炭疽杆菌、痢疾杆菌、伤寒杆菌等有抑制作用。②能促进肾上腺皮质功能增强，产生抗炎作用，并能加速关节肿胀的消退。③有镇痛、镇静、解热作用。④秦艽甲素对中枢神经有抑制作用。⑤有一定的抗组胺样作用。

【联用与禁忌】

① 配瞿麦、当归、蒲黄、栀子等，如秦艽散，多用于风湿性肢节疼痛、湿热黄疸、尿血等。

② 本品常配知母、地骨皮等，退虚热，并有降泄之功，解热

除蒸，用于治虚劳发热。

【用药注意】

脾虚便溏者忌用。

五 加 皮

为五加科植物细柱五加的干燥根皮。主产于四川、湖北、河南、安徽等地。切片生用或炒用。

【药理作用特点】

本品辛、苦、温，入肝、肾经，具有祛风湿、壮筋骨的功效。本品主要含挥发油、鞣质、棕榈酸、亚麻仁油酸、维生素 A 及维生素 B_1 等。

其药理作用为：①有抗关节炎和镇痛作用。②能调整血压和降低血糖。③对放射性损伤有保护作用，并能增强机体的抵抗能力。

【联用与禁忌】

① 配伍木瓜、牛膝，以增强其强筋壮骨作用，适用于风湿痹痛、筋骨不健等，可治肝肾不足、筋骨痿软。

② 配伍茯苓皮、大腹皮等，如五皮饮，用治水肿、尿不利等。

乌 梢 蛇

为游蛇科动物乌梢蛇去内脏的干燥尸体。主产于浙江、安徽、贵州、湖北、四川等地。砍去头，以黄酒闷透去骨用或炙用。

【药理作用特点】

本品甘、平，入肝经，具有祛风湿、定惊厥的功效。本品主要含蛋白质及肽类、脂类等。

其药理作用为：有镇静、镇痛及扩张血管的作用。

【联用与禁忌】

① 多与羌活、防风等配伍，用于治风湿麻痹、风寒湿痹等。

② 常与蜈蚣、全蝎等配伍，用于治惊痫、抽搐；与天麻、蔓荆子、羌活、独活、细辛等配伍，如千金散，用于治破伤风。

【用药注意】

血虚生风者不宜单用。

【注】

蛇蜕为蛇类蜕下的干燥皮膜，凡银白色或淡棕色者可入药。性平，味咸、甘，具有驱风定惊、明目退翳等功效。

防　己

为防己科植物粉防己（汉防己）或木防己的干燥根。主产于浙江、安徽、湖北、广东等地。切片生用或炒用。

【药理作用特点】

本品苦、辛、寒，入膀胱、肺经，具有利水退肿（汉防己较佳）、祛风止痛（木防己较佳）的功效。粉防己含多种生物碱，已提纯的有汉防己甲素、汉防己乙素及酚性生物碱等；木防己含木防己碱、异木防己碱、木兰花碱等多种生物碱。

其药理作用为：①汉防己小剂量可刺激肾脏使尿量增加；大剂量则作用相反。②汉防己有明显镇痛、消炎、抗过敏、解热和降压等作用。汉防己乙素的作用较弱。在体内汉防己、木防己均有抗阿米巴原虫作用。③汉防己总生物碱的肌肉松弛作用用于中药麻醉，作为中麻的肌肉松弛药。

【联用与禁忌】

① 与杏仁、滑石、连翘、栀子、半夏等同用，治水湿停留所致的水肿、胀满等；与黄芪、茯苓、桂心、胡芦巴等配伍，如防己散，用于治肾虚腿肿。

② 本品常与乌头、肉桂等同用，辛散风湿壅滞经络，能通脉道、祛风湿以止痛，用于治风湿疼痛、关节肿痛等。

【用药注意】

阴虚无湿滞者忌用。

马 钱 子

为马钱科植物马钱的干燥成熟种子。主产于云南、广东等地。砂炒至膨胀，去毛压粉用；或泡后去毛，油炒制用。

【药理作用特点】

本品苦、寒、有大毒，入肝、脾经，具有通经络、消结肿、止疼痛的功效。本品主要含生物碱，主要为番木鳖碱、马钱子碱、番木鳖苷等。

其药理作用为：所含番木鳖碱，能兴奋脊髓，小剂量时能显著地增强脊髓的反射活动，中毒剂量时产生脊髓性的强直性惊厥。

【联用与禁忌】

① 本品常与羌活、川乌、乳香、没药等配伍，可用于风毒窜入经络所致的拘挛疼痛。

② 与自然铜、土鳖虫、骨碎补、乳香、没药同用，用于跌打骨折等瘀滞肿痛。

③ 配雄黄、乳香、穿山甲等药，用于治疗痈肿疮毒。

【用药注意】

脾胃虚弱者忌用。

豨 莶 草

为菊科植物豨莶、毛根豨莶或腺梗豨莶的干燥地上茎叶。主产于安徽、江苏等地。切片生用或酒制用。

【药理作用特点】

本品苦、寒、有小毒，入肝、肾经，具有祛风湿、利筋骨、镇静安神的功效。本品主要含生物碱、酚性成分、皂苷、氨基酸、有机酸、糖类、苦味质等。

其药理作用为：有降压、镇静和抗风湿的作用。

【联用与禁忌】

本品单用即有效，若配海桐皮等，疗效更好，用于风湿痹痛、骨节疼痛；与含羞草、松叶等同用，镇静安神。

【用药注意】

血虚痹痛忌用。

二、利湿药

凡能利尿、渗除水湿的药物，称为利湿药。这类药多味淡、性平，以利湿为主，作用比较缓和，有利尿通淋、消水肿、除水饮、止水泻的功效，还能引导湿热下行。所以常用于尿赤涩、淋浊、水肿、水泻、黄疸和风湿性关节疼痛等。但忌用于阴虚津少、尿不利之症。

茯　苓

为多孔菌科真菌茯苓的干燥菌核。寄生于松树根。其傍附松根而生者，称为茯苓；抱附松根而生者，谓之茯神；内部色白者，称白茯苓；色淡红者，称赤茯苓；外皮称茯苓皮，均可供药用。主产于云南、安徽、江苏等地。晒干切片生用。

【药理作用特点】

本品甘、淡、平，入脾、胃、心、肺、肾经，具有渗湿利水、健脾补中、宁心安神的功效。本品主要含茯苓酸、β-茯苓聚糖、麦角甾醇、蛋白质、卵磷脂、胆碱及钾盐等。

其药理作用为：①有利尿镇静作用。其利水作用可能与抑制肾小管重吸收功能有关。②对金色葡萄球菌、大肠杆菌等有抑制作用。茯苓次聚糖能抑制小鼠肉瘤。

【联用与禁忌】

① 一般水湿停滞或偏寒者，多用白茯苓；偏于湿热者，多用赤茯苓；若水湿外泛而为水肿、尿涩者，多用茯苓皮。

② 脾虚湿困、水饮不化的慢草不食或水湿停滞等，用茯苓有标本兼顾之效，因茯苓既能健脾又能利湿，能补能泻。

③ 茯苓、茯神均能宁心安神，以茯神功效较好。朱砂拌用，可增强疗效。此外，可治泄泻、脾虚湿困、运化失调者，有健脾利湿止泻的功效，如参苓白术散。

猪　苓

为多孔菌科真菌猪苓的干燥菌核。主产于山西、陕西、河北等地。切片生用。

【药理作用特点】

本品甘、淡、平，入肾、膀胱经，具有利水通淋、除湿退肿功效。本品主要含麦角甾醇、可溶性糖分、蛋白质等。

其药理作用为：有较好的利尿作用，能促进钠、氯、钾等电解质的排出。此外，还有降低血糖和抗实验动物肿瘤等作用。

【联用与禁忌】

本品常与茯苓、白术、泽泻等同用，如五苓散，用于水湿停滞、尿不利、水肿胀满、肠鸣作泻、湿热淋浊等。常配阿胶、滑石，治阴虚性尿不利、水肿。

泽　泻

为泽泻科植物泽泻的干燥块茎。主产于福建、广东、江西、四川等地。切片生用。

【药理作用特点】

本品甘、淡、寒，入肾、膀胱经，具有利水渗湿、泻肾火的功效。本品主要含挥发油、树脂淀粉等。

其药理作用为：①利尿作用显著，可增加尿量和尿素及氯化物的排出，同时能降低血中胆固醇含量和降低血压、血糖和抗脂肪肝的作用。②对金黄色葡萄球菌、肺炎双球菌、结核杆菌等有抑制作用。

【联用与禁忌】

本品常与茯苓、猪苓等同用，用于治水湿停滞的尿不利、水肿胀满、湿热淋浊、泻痢不止等；可配牡丹皮、熟地黄等，如六味地黄汤，治肾阴不足、虚火偏亢。

【用药注意】

无湿及肾虚精滑者禁用。

车　前　子

为车前科植物车前或平车前的干燥成熟种子。主产于浙江、安徽、江西等地。生用或炒用。

【药理作用特点】

本品甘、淡、寒，入肝、肾、小肠经，具有利水通淋、清肝明目的功效。本品主要含车前子碱、车前子烯醇酸、胆碱、维生素 A 及 B 族维生素等。

其药理作用为：①有利尿、止咳、祛痰、降压等作用，利尿作用明显，还能增加尿素、氯化物、尿酸等的排泄。②对伤寒杆菌、大肠杆菌等有抑制作用。

【联用与禁忌】

① 本品配滑石、木通、瞿麦，用于治湿热淋浊、水湿泄泻、暑湿泻痢、尿不利等。

② 配夏枯草、龙胆、青葙子等，用于治眼目赤肿、睛生翳障、黄疸等。

【用药注意】

内无湿热及肾虚精滑者忌用。

附　车前草

全草为车前草，功效与车前子相似，兼有清热解毒和止血的作用。

滑　石

为硅酸盐类矿物滑石族滑石。主含含水硅酸镁［$Mg_3(Si_4O_{10})_2\cdot(OH)_2$］。产于广东、广西、云南、山东、四川等地。打碎成小块，水飞或研细生用。

【药理作用特点】

本品甘、寒，入胃、膀胱经，具有利水通淋、清热解暑、外用祛湿敛湿的功效。本品主要含硅酸镁、氧化铝、氧化镍等。

其药理作用为：①硅酸镁有吸附和收敛作用，内服能保护肠壁，止泻而不引起臌胀。②滑石粉撒布创面形成被膜，有保护创面、吸收分泌物、促进结痂的作用。

【联用与禁忌】

① 本品常与金钱草、车前子、海金沙配合应用，用于治湿热下注的尿赤涩疼痛、淋证、水肿等，泻膀胱热结而通利水道；常配泽泻、灯心草、茵陈、知母、酒黄柏、猪苓，如滑石散，用于治马胞转。

② 配甘草为六一散，用于暑热、暑温、暑湿泄泻等；常配石膏、枯矾或与黄柏同用，外用治湿疮、湿疹。

【用药注意】

内无湿热、尿过多及孕畜忌用。

木　　通

为马兜铃科植物东北马兜铃（关木通）、毛茛科植物小木通或其同属植物绣球藤的干燥藤茎。主产湖南、贵州、四川、吉林、辽宁等地。

【药理作用特点】

本品苦、寒，入心、小肠、膀胱经，具有清热利水、通乳的功效。本品主要含马兜铃酸、钙和鞣质。

其药理作用为：①有利尿和强心作用，其利尿作用较猪苓弱，较淡竹叶强。②对革兰阳性菌、痢疾杆菌、伤寒杆菌有抑制作用。马兜铃酸有抑制癌细胞生长作用。③动物实验示大剂量木通可使心脏跳动停止。

【联用与禁忌】

① 本品常与生地黄、竹叶、甘草等配伍，用于治心火上炎、口舌生疮、尿短赤、湿热淋痛、尿血等。

② 本品通经可与牛膝、当归、红花等配伍，用于治乳汁不通，常与王不留行、穿山甲同用。

【用药注意】

汗出不止、尿频数者忌用。

通　　草

为五加科植物通脱木的干燥茎髓。主产于江西、四川等地。切碎生用。

【药理作用特点】

本品甘、淡、寒，入肺、胃经，具有清热利水、通气下乳的功效。本品主要含肌醇、多聚戊糖、葡萄糖、果糖及半乳糖醛酸等。

其药理作用为：有利尿和下乳作用，其利尿作用弱于木通。

【联用与禁忌】

本品常与滑石配伍，淡渗清降，引热下行而利尿，用于尿不利、湿热淋痛等，还有下乳作用，常用于催乳方中。

瞿　麦

为石竹科植物瞿麦或石竹的干燥地上部分。产于湖北、吉林、江苏、安徽等地。切段生用。

【药理作用特点】

本品苦、寒，入心、小肠经，具有清热利水、行血祛瘀的功效。本品主要含维生素 A 等。

其药理作用为：能促进肠蠕动，抑制心脏，降低血压，杀灭血吸虫，并有显著的利尿作用。穗的作用较比茎强。近有用根治癌肿的报道。

【联用与禁忌】

本品多配木通、萹蓄、车前子、滑石、栀子等，用于治尿短赤、血尿、便血、石淋、水肿等，如八正散治热淋、石淋。

【用药注意】

孕畜忌用。

茵　陈

为菊科植物茵陈蒿或滨蒿的干燥幼嫩茎叶。主产于安徽、山西、陕西等地。晒干生用。

【药理作用特点】

本品苦、微寒，入脾、胃、肝、胆经，具有清湿热、利黄疸的功效。本品主要含挥发油，主要为β-蒎烯、茵陈烃、茵陈酮及叶酸。果穗中也含挥发油（茵陈酮及茵陈素）。

其药理作用为：①对枯草杆菌、伤寒杆菌、金黄色葡萄球菌、病原性丝状菌及某些皮肤真菌有一定抑制作用；乙醇提取物对流感病毒有抑制作用。②有明显的利胆作用，在增加胆汁分泌的同时也增加胆汁中固体物质胆酸和胆红素的排泄，并有解热、降压作用。

【联用与禁忌】

本品配栀子、大黄，如茵陈蒿汤，苦泄下降，功专清利湿热，治湿热黄疸；配黄柏、车前子等，治湿热泄泻；配伍温里药，如茵陈四逆汤，化湿而除阴寒，治阴黄。

薏苡仁

为禾本科植物薏苡的干燥成熟种仁。主产于山东、福建、河北、辽宁、江苏等地。生用或炒用。

【药理作用特点】

本品甘、淡、微寒，入脾、肺、肾经，具有清热除湿、健脾止泻、除痹的功效。本品主要含薏苡仁油、糖类、氨基酸、维生素 B_1 等。

其药理作用为：薏苡仁油对离体的心脏、肠管、子宫、骨骼肌及运动神经末梢等，低浓度兴奋，高浓度则呈现麻痹作用。此外，对癌细胞有抑制作用。

【联用与禁忌】

① 本品配桃仁、芦根等，上清肺金之热，用于肺痈等。

② 本品常配滑石、木通等，下利胃肠之湿，用于治水肿、浮肿、沙石热淋等。

③ 本品常与茯苓、白术同用，炒熟用治脾虚泄泻。

④ 本品常与防己等配伍，除湿清热，通利关节，用于治风湿热痹、四肢拘挛等。

金钱草

为报春花科植物过路黄的新鲜或干燥全草。主产于我国江南各地。鲜用或晒干生用。

【药理作用特点】

本品微咸、平，入肝、胆、肾、膀胱经，具有利水通淋、清热消肿的功效。本品主要含酚性成分和甾醇、黄酮类、氨基酸、鞣质、挥发油、胆碱、钾盐等。

其药理作用为：有利胆作用，对金黄色葡萄球菌有抑制作用。

【联用与禁忌】

① 本品常与栀子、茵陈等同用，清湿热，利胆退黄，用于湿热黄疸。

② 本品常配石韦、鸡内金、海金沙等，利水通淋，用于尿道

结石。

③ 可配鲜车前草捣烂加白酒，擦患处治恶疮肿毒。

海　金　沙

为海金沙科植物海金沙的干燥成熟孢子。主产于广东、湖南、安徽、江苏等地。生用。

【药理作用特点】

本品甘、寒，入小肠、膀胱经，具有清湿热、通淋的功效。本品孢子主要含脂肪油，叶含多种黄酮苷。

其药理作用为：①对金黄色葡萄球菌有抑制作用。②有利尿作用。

【联用与禁忌】

本品常配萹蓄、瞿麦、金钱草、墨旱莲等治热淋涩痛，善泄小肠、膀胱血分湿热，功专通利水道，可用于尿不利、尿结石、尿血等。

地　肤　子

为藜科植物地肤的干燥成熟果实。主产于河北、江苏、福建等地。生用。

【药理作用特点】

本品甘、苦、寒，入肾、膀胱经，具有清湿热、利水道的功效。本品主要含有皂苷、维生素A。

其药理作用为：①有利尿作用。②对皮肤真菌有不同程度的抑制作用。

【联用与禁忌】

常与猪苓、通草、知母、黄柏、瞿麦等配合应用，能清利下焦湿热，用于尿不利、湿热瘙痒、皮肤湿疹等。

【用药注意】

阴虚无湿热和尿多者忌用。

石　　韦

为水龙骨科植物庐山石韦、石韦和有柄石韦的干燥叶或全草。

产于湖北、四川、江西等地。切片生用或炙用。

【药理作用特点】

本品苦、微寒，入肺、膀胱经，具有清热通淋、凉血止血的功效。本品主要含有皂苷、蒽酮类等。

其药理作用为：①对大肠杆菌、金黄色葡萄球菌、流感病毒等有抑制作用。②能活跃体内网状内皮系统，促进局部细胞的吞噬能力。

【联用与禁忌】

① 本品常与白茅根、车前、滑石同用，有清热利水通淋作用，用于尿闭、热淋等。

② 常与蒲黄、当归、芍药等配合，凉血止血，用于血淋。

【用药注意】

尿多者不用。

萹　蓄

为蓼科植物萹蓄的干燥地上部分。产于山东、安徽、江苏、吉林等地。切碎生用。

【药理作用特点】

本品苦、辛、寒，入胃、膀胱经，具有利水通淋、杀虫止痒的功效。本品主要含有苷类、蒽醌类和鞣酸质。

其药理作用为：①对金黄色葡萄球菌、痢疾杆菌、铜绿假单胞菌和伤寒杆菌有抑制作用。②有明显的利尿作用，能促进钠的排出。

【联用与禁忌】

本品常与瞿麦、滑石、木通、车前、甘草梢、栀子、大黄等配伍，用于治湿热淋证、尿短赤、尿血等。

【用药注意】

无湿热及胎前产后忌用。

萆　薢

为薯蓣科植物绵萆薢或粉萆薢的干燥根茎。产于四川、浙江等地。切片生用。

【药理作用特点】

本品苦、平，入肝、胃经，具有祛风湿、利湿热的功效。本品主要含萆薢苷。

其药理作用为：可缓解肌肉痉挛，并对肾炎水肿、乳糜尿有一定疗效。

【联用与禁忌】

① 本品常配独活、桑寄生等，用治风湿痹痛。

② 配益智仁、石菖蒲、乌药等，用治尿浑浊。

三、化湿药

气味芳香，能运化水湿，辟秽除浊的药物，称为化湿药。这类药物多属辛温香燥。芳香可助脾运，燥可祛湿，用于湿浊内阻、脾为湿困、运化失调等所致的肚腹胀满或呕吐草少、粪稀泄泻、精神短少、四肢无力、舌苔白腻等。但阴虚血燥及气虚者应慎用。

藿　香

为唇形花科植物藿香或广藿香的干燥茎叶。产于广东、吉林、贵州等地。晒干切碎生用。

【药理作用特点】

本品辛、微温，入脾、胃、肺经，具有芳香化湿、和中止痛、解表邪、除湿滞的功效。本品主要含挥发油、鞣质、苦味质。

其药理作用为：①对胃肠神经有镇静作用，并能扩张微血管，略有发汗作用。其芳香之气能促进胃液分泌以助消化。②对金黄色葡萄球菌、大肠杆菌、痢疾杆菌、肺炎双球菌等有抑制作用。

【联用与禁忌】

① 本品常与苍术、厚朴、陈皮、甘草、半夏等配伍，用于治湿浊内阻、脾为湿困、运化失调的肚腹胀满、少食、神疲、粪便溏泄、口腔滑利、舌苔白腻等偏湿的病证。

② 常配紫苏叶、白芷、陈皮、厚朴，用于治感冒而夹有湿滞之证。

【用药注意】

阴虚无湿及胃虚作呕者忌用。不宜久煎。

佩　兰

为菊科植物佩兰的干燥茎叶。主产于江苏、浙江、安徽、山东等地。晒干切段生用。

【药理作用特点】

本品辛、平，入脾经，具有醒脾化湿、解暑生津的功效。本品主要含挥发油（对聚伞花素）。

其药理作用为：对流感病毒有抑制作用。

【联用与禁忌】

① 本品常与藿香、厚朴、白豆蔻等同用，用于治湿热浊邪郁于中焦所致的肚腹胀满、舌苔白腻和暑湿表证等。

② 常与藿香、厚朴、鲜荷叶等配伍，善解暑热而生津，用于治暑热内蕴、肚腹胀满。

【用药注意】

阴虚血燥、气虚者不宜用。

苍　术

为菊科植物茅苍术或北苍术的干燥根茎。主产于江苏、安徽、浙江、河北、内蒙古等地。晒干，烧去毛，切片生用或炒用。

【药理作用特点】

本品辛、苦、温，入脾、胃经，具有燥湿健脾、发汗解表、祛风湿功效。本品主要含挥发油（苍术醇、苍术酮），胡萝卜素以及维生素 B_1 等。

其药理作用为：①小剂量有镇静作用，大剂量对中枢呈抑制作用，并能降低血糖。②含有大量维生素 A 和 B 族维生素，对夜盲症、骨软症、皮肤角化症都有一定疗效。

【联用与禁忌】

① 本品常配厚朴、陈皮、甘草等，如平胃散，用于治湿困脾胃、运化失司、食欲不振、消化不良、胃寒草少、腹痛泄泻。

② 常配独活、秦艽、牛膝、薏苡仁、黄柏等，用于治关节疼痛、风寒湿痹。

【用药注意】

阴虚有热或多汗者忌用。

白 豆 蔻

为姜科植物白豆蔻的干燥果实。主产于广东、广西等地。研碎生用或炒用。

【药理作用特点】

本品辛、温、芳香，入肺、脾、胃经，具有芳香化湿、行气和中、化痰消滞的功效。本品主要含右旋龙脑及左旋樟脑等挥发油。

其药理作用为：能促进胃液分泌，增强肠管蠕动；制止肠内异常发酵，驱除胃肠内积气，并有止呕作用。

【联用与禁忌】

① 本品常与苍术、厚朴、陈皮、半夏等同用，用治胃寒草少、腹痛下痢、脾胃气滞、肚腹胀满、食积不消等；可配薏苡仁、厚朴，用于湿盛；可配黄芩、黄连、滑石等，用于热盛；常与益智仁、木香、槟榔、草果等同用，治马翻胃吐草。

② 常与半夏、藿香、生姜等配伍，能行气而止呕，用治胃寒呕吐。

草 豆 蔻

为姜科植物草豆蔻的干燥近成熟种子。主产于广东、广西等地。打碎生用。

【药理作用特点】

本品辛、温，气芳香，入脾、胃经，具有温中燥湿、健脾和胃的功效。本品主要含豆蔻素、樟脑等挥发油。

其药理作用为：小剂量对豚鼠离体肠管有兴奋作用，大剂量则抑制。

【联用与禁忌】

① 本品配砂仁、陈皮、建曲等，用于治因脾胃虚寒的食欲不

振、食滞腹胀、冷肠泄泻、伤水腹痛等。

② 常与高良姜、生姜、吴茱萸等同用，用于治寒湿郁滞中焦，气逆作呕。

【用药注意】

阴血不足、无寒湿郁滞者不宜用。

祛风渗湿药功能比较见表 6-2。

表 6-2 祛风渗湿药功能比较

类别	药物	相同点	不同点
祛风湿药	羌活 独活 五加皮 木瓜 乌梢蛇 威灵仙 秦艽 防己 豨莶草 桑寄生 藁本 马钱子	祛风寒湿邪，治风湿痹证	羌活、独活、威灵仙、乌梢蛇性偏祛风，而威灵仙又善于通经；羌活上行力大，多用于表证；独活下行力强，多用于里证；乌梢蛇善于走窜，祛风力大；五加皮、木瓜偏于祛湿，而五加皮又能强筋骨、利水肿；木瓜善治经络之湿邪；秦艽性较平和、善疏筋，退虚热，兼润肠通便；防己苦寒下行，能利水肿；豨莶草兼平肝安神；桑寄生长于补肝肾，强筋骨；藁本发表散寒，多用于风寒感冒，颈项强硬；马钱子善于活络散结，并能定痛
利湿药	茯苓 猪苓 泽泻 车前子 滑石 薏苡仁 茵陈 木通 通草	渗湿为主，利尿	茯苓健脾补中，猪苓偏治有热之水湿停滞，泽泻清肾经虚火，木通泻心经火热，通草兼能通乳。利水作用以猪苓、茯苓最强，泽泻次之，木通、车前子更次之。滑石解暑热止渴；茵陈重清湿热，利黄疸；薏苡仁化湿于内，健脾且能排脓
	瞿麦 萹蓄 石韦 海金沙 金钱草 萆薢 地肤子	通淋为主，治尿淋浊涩痛	瞿麦通淋之力较强，兼行血祛瘀善治血尿；萹蓄、石韦兼能清热，用于尿液短赤；海金沙、金钱草长于疗石淋；萆薢祛风除湿；地肤子长于消皮肤湿热以止痒

续表

类别	药物	相同点	不同点
化湿药	藿香 佩兰 苍术 白豆蔻 草豆蔻	芳香化湿，主要用于湿浊内阻脾胃的消化不良	藿香兼散表邪；佩兰解暑生津；苍术祛风湿，又解表邪而治目盲；白豆蔻化痰和中；草豆蔻健脾温胃

第十一节　化痰止咳平喘药

凡能祛痰或消痰，以治疗痰证为主要作用的药物，称化痰药；以止咳、减轻哮鸣和喘息为主要作用的药物，称止咳平喘药，因化痰药每兼止咳、平喘作用，而止咳平喘药又每兼化痰作用，且病证上痰、咳、喘三者相互兼杂，故将化痰药与止咳平喘药合并一章介绍。

化痰药主治痰证，而痰又有寒痰、热痰、燥痰、湿痰之分，化痰药也相应因药性有温燥与凉润之别而分为温化寒痰药与清化热病药二类。痰者，既是病理产物，又是致病因子，它“随气升降，无处不到”，所以喘的痰证甚多：如痰阻于肺之哮喘痰多；痰蒙心窍之滑脉，胸痛；痰蒙清阳之眩晕；肝风夹痰之中风、惊厥，痰阻经络之肢体麻木，半身不遂，口眼歪斜；极火互结之症病、瘿瘤；痰凝肌肉，流注骨节之阴疽流注等，皆可用化痰药治之。止咳平喘药用于外感、内伤所致种各种咳嗽和喘息。

应用本章药物，除应根据病证不同，针对性地选择不同的化痰药及止咳、平喘药外，因咳喘每多夹痰，痰多易发喘咳，故化痰、止咳、平喘三者常配伍同用。再则应根据痰、咳、喘的不同病因、病机而配伍，以治病求本，标本兼顾：如外感而致者，当配解表散邪药；火热而致者，应配清热泻火药；里寒者，配温里散寒药；虚劳者，配补虚药。此外，如痰厥、惊厥、眩晕、昏迷者，则当配平肝息风、开窍、安神药；痰核、瘰疬、瘿瘤者，配软坚散结之品；阴疽流注者，配温阳通滞胶结之品。

某些温燥之性强烈的刺激性化痰药，凡痰中带血等有出血倾向者，宜慎用；麻疹初起有表邪之咳嗽，不宜单投止咳药，当以透解清宣为主，以免恋邪而致久喘不已及影响麻疹之透发，对收敛性及温燥之药尤为所忌。

一、化痰药

本节中的温化寒痰药，药性多温燥，有温肺祛痰、燥湿化痰之功；清化热痰药，药性多寒凉，有清化热痰之功，部分药物质润，兼能润燥，部分药物味咸，兼能软坚散结。

温化寒痰药，主治寒痰、湿痰证，如咳嗽气喘、痰多色白、苔腻之症；以及由寒痰、湿痰所致的眩晕、肢体麻木、阴疽流注等。清化热痰药主治热痰证，如咳嗽气喘、痰黄质稠者，其中痰干稠难咳、唇舌干燥之燥痰证，宜选质润之润燥化痰药，其他如痰热痰火所致的痴痛、中风惊厥、瘿瘤、瘰疬等，均可以清化热痰药用之。

应用时除分清不同痰证而选用不同的化痰药外，应据成痰之因，审因论治。“脾为生痰之源”，脾虚则津液不归正化而聚湿生痰，故常配健脾燥湿药同用，以标本兼顾，又因痰易阻滞气机，“气滞刚痰凝，气行则痰消”，故常配理气药同用，以加强化痰之功。

温燥之性的温化寒痰药，不宜用于热痰、燥痰之证；药性寒凉的溶化热痰药、润燥化痰药，则寒痰与湿痰证不宜用。

半　夏

为天南星科多年生草本植物半夏的块茎。我国大部分地区均有，主产于四川、湖北、江苏、安徽等地。夏、秋二季茎叶茂盛时采挖，除去外皮及须根，晒干，为生半复，一般用姜汁、明矾制过入药。

【药理作用特点】

本品辛、温、有毒，归脾、胃、肺经，具有燥湿化痰、降逆止呕、消痞散结、外用消肿止痛功效。本品主要含谷甾醇及葡萄糖苷，多种氨基酸和挥发油，皂苷，辛辣性醇类，胆碱，左旋麻黄碱等生物碱及少量脂肪、淀粉等。

其药理作用为：①其对咳嗽中枢有镇静作用，可解除支气管痉挛，并使支气管分泌减少而有镇咳祛痰作用；②可抑制呕吐中枢而止呕；③所含葡萄糖醛酸的衍化物，有显著的解毒作用；④半夏对小鼠有明显的抗早孕作用，煎剂可降低兔眼内压。

【联用与禁忌】

① 常配橘皮同用，如二陈汤，治痰湿阻肺之咳嗽气逆、痰多质稠者；配秫米以化痰和胃安神，治湿痰内盛、胃气失和而夜寐不安者。

② 本品用于胃气上逆呕吐。半夏为止呕要药，常配生姜同用，如小半夏汤，用于各种原因的呕吐，皆可随证配伍用之，对痰饮或胃寒呕吐尤宜；配黄连，用于胃热呕吐；配石斛、麦冬，则用于胃阴虚呕吐；配人参、白蜜，如大半夏汤，用于胃气虚呕吐。

③ 本品配干姜、黄连、黄芩，如半夏泻心汤，以苦辛通降，开痞散结，治肚腹胀满。

④ 本品配昆布、海藻、贝母等，治瘿瘤痰核；以生品研末调敷或鲜品捣敷，治痈疽发背、无名肿毒、毒蛇咬伤。

【用药注意】

① 反乌头。

② 其性温燥，一般而言阴虚燥咳、血证、热痰、燥痰应慎用。然经过配伍热痰证亦可用之。

天 南 星

为天南星科多年生草本植物天南星、异叶天南星或东北天南星的块茎。天南星主产于河南、河北、四川等地；异叶天南星主产于江苏、浙江等地；东北天南星主产于辽宁、吉林等地。秋、冬二季采挖，除去须根及外皮，晒干，即生南星；用姜汁、明矾制过用，为制南星。

【药理作用特点】

本品苦、辛、温、有毒，归肺、肝、脾经，具有燥湿化痰、祛风解痉、外用消肿止痛功效。本品主要含三萜皂苷、安息香酸、氨基酸、D-甘露醇等，近年分离得到二酮哌嗪类生物碱，为抗心律失常的有效成分。

其药理作用为：①煎剂具有祛痰及抗惊厥、镇静、镇痛作用；②水提取液对小鼠实验性肿瘤（肉瘤S180、肝癌鳞状上皮型子宫颈癌移植于鼠者）有明显抑制作用；③二酮哌嗪类生物碱能对抗乌头碱所致的实验性心律失常；④动物实验证明，其所含皂苷能刺激胃黏膜，反射性引起支气管分泌增加而起到祛痰作用。

【联用与禁忌】

① 本品常配半夏、枳实等，如导痰汤，治顽痰阻肺、咳喘胸闷；配黄芩、瓜蒌等清热化痰药用之，用于痰热咳嗽。

② 本品用于风痰证，如眩晕、中风、癫痫、口眼斜及破伤风等。本品专走经络，善祛风痰而止痉。配半夏、天麻等，用于治风痰眩晕；配半夏、川乌、白附子等，治风痰留滞经络、瘫痪、四肢麻木、口眼歪斜等，如青州白丸子；配白附子、天麻、防风等，如玉真散，治破伤风角弓反张，痰涎壅盛。

③ 本品研末醋调敷，可治痈疽肿痛、痰核；配雄黄为外敷，用于毒蛇咬伤。

【用药注意】

阴虚燥痰及孕畜忌用。

附　胆南星

为天南星用牛胆汁拌制而成的加工品。药性苦、微辛、凉，归肝、胆经。功能清热化痰、息风定惊。主治中风、癫痫、惊风、头风眩晕、痰火喘咳等证。

芥　子

为十字花科植物白芥的种子。主产于安徽、河南等地。

【药理作用特点】

本品辛、温，入肺经，具有温肺化痰、散结止痛的功效。本品含芥子苷、芥子碱、芥子酶、脂肪、蛋白质、黏液质及维生素A

类物质等。

其药理作用为：①抗真菌作用，芥子水浸剂，在试管内对堇色毛癣菌、许兰黄癣菌等皮肤真菌有不同程度的抑制作用。②芥子挥发油有刺鼻辛辣味及刺激作用，应用于皮肤，有温暖的感觉并使之发红，甚至引起水泡、脓疱。③家兔静脉注射芥子生理盐水浸出液，血压先有轻度上升，后则下降，呼吸增快。

【联用与禁忌】

① 本品常与紫苏子、莱菔子同用，如三子养亲汤，用于治寒痰滞、咳嗽气喘；可与甘遂、大戟等配伍，用于痰饮停滞胁痛。

② 本品与桂枝、白附子等同用，散结止痛，祛经络之痰，用于治痰湿阻滞经络所致的肢体关节疼痛。

【用药注意】

肺虚久咳及无寒痰停滞者忌用。

桔　梗

为桔梗科多年生草本植物桔梗的根。全国大部分地区均有，以东北、华北地区产量较大，华东地区质量较优。春、秋二季采挖，除去须根，剥去外皮或不去外皮，切片，晒干生用。

【药理作用特点】

本品苦、辛、平，归肺经，具有宣肺化痰、利咽、排脓的功效。本品主要含桔梗皂苷、菊糖、甾醇、脂肪油、脂肪酸、维生素和氨基酸等。

其药理作用为：①能反射性增加气管分泌，稀释痰液而有较强的祛痰作用，并有镇咳作用；②桔梗皂苷有抗菌消炎作用，并能抑制胃液分泌和抗溃疡；③有解痉、镇痛、镇静、降血糖、降血脂等作用；④桔梗皂苷有很强的溶血作用，但口服能在消化道中分解破坏而失去溶血作用。

【联用与禁忌】

① 本品用于肺气不宜的咳嗽痰多，胸闷不畅。本品辛散苦泄，宣开肺气，化痰利气，无论属寒属热皆可应用。配紫苏、杏仁，如

杏苏散，用于风寒者；配桑叶、菊花、杏仁，如桑菊饮，用于风热者；配枳壳以升降气机、理气宽胸，用于胸膈痞闷、痰阻气滞、升降失司者。

② 本品配射干、马勃、板蓝根等以清热解毒利咽，用于外邪犯肺、咽喉肿痛者。

③ 本品配甘草，治肺痈咳而胸满，时出浊唾腥臭，久久吐脓者，如《金匮要略》中桔梗汤；临床上常配以鱼腥草、冬瓜仁等，以加强清肺排脓之效。

④ 本品可以其宣开肺气而通二便，用治隆闭、便秘。

【用药注意】

① 本品性升散，凡气机上逆、呕吐、呛咳、眩晕、阴虚火旺咯血等，不宜用。

② 用量过大易致恶心呕吐，又因桔梗皂苷有溶血作用，不宜注射给药。

旋 覆 花

为菊科多年生草本植物旋覆花或欧亚旋覆的头状花序。主产于河南、河北、江苏、浙江、安徽等地。夏、秋二季花开时采收，除去杂质，阴干或晒干。生用或蜜炙用。

【药理作用特点】

本品苦、辛、咸、微温，归肺、胃经，具有降气化痰、降逆止呕的功效。本品主要含旋覆花次内酯、天人菊内酯、槲皮素、槲皮黄苷、异槲皮苷和槲皮万寿菊苷。

其药理作用为：①黄酮类对组胺引起的豚鼠支气管痉挛有缓解作用，其煎剂腹腔给药有止咳作用。②煎剂对金黄色葡萄球菌、乙型溶血性链球菌、炭疽杆菌、白喉杆菌、肺炎球菌、白色葡萄球菌等有抑制作用。③小鼠腹腔注射旋覆花水煎剂有显著的镇咳与抗炎作用，腹腔注射湖北旋覆花水煎剂有抗炎作用。

【联用与禁忌】

① 配紫苏子、半夏，用于治寒痰咳喘；配桑白皮、瓜蒌以清热化痰，用于属痰热者；配海浮石、海蛤壳等以化痰软坚，用于顽

痰胶结、胸中满闷者。

② 本品配赭石、半夏、生姜等，如旋覆代赭汤，治痰浊中阻、胃气上逆而嗳气呕吐者。

③ 本品属于含槲皮素药物，避免与含各种金属离子的西药，如氢氧化铝制剂、钙制剂、亚铁制剂等同用，原因是易形成络合物，影响吸收。

【用药注意】

① 阴虚劳嗽、津伤燥咳者忌用。

② 因本品有绒毛，易刺激咽喉作痒而致呛咳呕吐，故需布包入煎。

白　前

为萝藦科多年生草本植物柳叶白前或芫花叶白前的根茎及根。主产于浙江、安徽、福建、湖北、江西、湖南等地。秋季采挖，洗净。晒干生用或蜜炙用。

【药理作用特点】

本品辛、苦、微温，归肺经，具有降气化痰的功效。柳叶白前含β-谷甾醇、脂肪酸和华北白前醇等。

其药理作用为：①柳叶白前醇提物和醚提物小鼠灌胃给药具有明显镇咳和祛痰作用，醇提物的镇咳作用强于祛痰作用；水提物灌胃给药有一定祛痰作用，但镇咳作用不明显。②腹腔注射给药时对巴豆油致炎剂引起的小鼠耳肿胀有明显的抗炎作用。

【联用与禁忌】

本品常与紫菀、半夏同用，用于偏寒者；与桑白皮、地骨皮配伍，用于便热者；与荆芥、桔梗、陈皮等同用，如止嗽散，用于外感咳嗽。

前　胡

为伞形科多年生草本植物白花前胡或紫花前胡的根。前者主产于浙江、湖南、四川等地；后者主产于江西、安徽等地。冬季至次春茎叶枯萎或未抽花时采挖，除去须根，晒干，切片生用或蜜炙用。

【药理作用特点】

本品辛、苦、微寒，归肺经，具有降气化痰、宣散风热的功效。白花前胡含多种香豆精类；紫花前胡含佛手柑内酯、丁二酸、甘露醇、二十五烷酸、β-谷甾醇和β-胡萝卜苷等。

其药理作用为：①有显著增加呼吸道分泌作用，祛痰效力与桔梗相当，但煎剂无显著镇咳作用。②白花前胡总香豆素对酵母引起的大鼠发热有显著解热作用；对热板所致的小鼠疼痛和醋酸所致的小鼠扭体反应均有显著抑制作用；并能对抗二甲苯所致的小鼠耳肿胀和蛋清所致的大鼠足肿胀。③白花前胡挥发油对大肠杆菌、伤寒杆菌和弗氏志贺杆菌有一定的抑制或杀灭能力。

【联用与禁忌】

① 本品常配杏仁、桑皮、贝母等，用于痰热阻肺、肺气失降者，咳喘痰多色黄者；常与白前相须为用，用于寒痰湿痰证。

② 本品常配伍桑叶、牛蒡子、桔梗等，用于外感风热咳嗽有痰者；配伍荆芥、紫菀等，用于风寒咳嗽。

【用药注意】

阴虚咳嗽、寒痰咳嗽者均不宜用。

瓜　蒌

为葫芦科多年生草质藤本植物栝楼和双边栝楼的成熟果实。全国均有，主产于河北、河南、安徽、浙江、山东、江苏等地。秋季采收，将壳与种子分别干燥生用，或以仁制霜用。

【药理作用特点】

本品甘、微苦、寒，归肺、胃、大肠经，具有清热化痰、宽胸散结、润肠通便的功效。本品主要含三萜皂苷、有机酸、树脂、糖类和色素等。

其药理作用为：①对大肠杆菌、痢疾杆菌、霍乱杆菌、伤寒杆菌、副伤寒杆菌等有抑制作用。②醇提取物能明显降低大鼠胃酸分泌和胃酸浓度，对结扎幽门所引起的溃疡有抑制作用。③瓜蒌皮有缓泻下作用，瓜蒌仁所含的脂肪油有较强的泻下作用。④氨基酸具有良好的祛痰作用。

【联用与禁忌】

① 临床常配知母、浙贝母等同用，用于治幼畜膈热、咳嗽痰喘、久延不愈者；可配黄芩、胆南星、枳实等，如清气化痰丸，用于痰热内结、咳痰黄稠、胸闷而大便不畅者。

② 本品配鱼腥草、芦根等同用，可治肺痈咳吐脓血；配败酱草、红藻等同用，用于治肠痈；配当归、乳香、没药，亦可配蒲公英、银花、牛蒡子等同用，用于治乳痈初起、红肿热痛。

③ 本品常配火麻仁、郁李仁等同用，用于肠燥便秘。

【用药注意】

① 本品甘寒而滑，脾虚便溏及湿痰、寒痰者忌用。

② 反乌头。

附　瓜蒌皮、瓜蒌仁

瓜蒌皮偏清化热痰而润肺止咳；瓜蒌仁偏润肠通便。

川　贝　母

为百合科多年生草本植物川贝母、暗紫贝母、甘肃贝母或棱砂贝母的鳞茎。前三者按不同性状习称“松母”和“青贝”；后者称“炉贝”。主产于四川、云南、甘肃等地。夏、秋二季采挖，除去须根、粗皮，晒干生用。

【药理作用特点】

本品苦、甘、微寒，归肺、心经，具有清热化痰、润肺止咳、散结消肿的功效。本品主要含多种生物碱，如川贝母碱、西贝母碱、青贝碱、炉贝碱、松贝碱等。

其药理作用为：①贝母总生物碱及非生物碱部分，均有镇咳作用；川贝流浸膏、川贝母碱均有不同程度的祛痰作用；②西贝母碱还有解痉作用；③猫静脉注射川贝碱有降压作用，并有短暂的呼吸抑制，西贝碱对麻醉犬也有降压作用；④贝母碱有使豚鼠离体子宫张力增加的作用；⑤贝母总碱有抗溃疡作用。

【联用与禁忌】

① 本品配沙参、麦冬等养阴润肺化痰止咳，用于肺虚劳咳、

阴虚久咳有痰者；配知母，如二母丸，清肺润燥化痰止咳，治肺热肺燥咳嗽。

② 配玄参、牡蛎等，如消瘰丸，化痰软坚消瘰疬，治痰火郁结之瘰疬；配蒲公英、鱼腥草等清热解毒、消肿散结，治热毒壅结之疮痈、肺痈。

③ 本品为含生物碱药物，避免与碘离子制剂、碳酸氢钠等碱性较强的西药，重金属药（如硫酸亚铁、硫酸镁、氢氧化铝等）、酶制剂、阿托品、氨茶碱、地高辛、咖啡因、苯丙胺等配伍，以免发生沉淀减低疗效，影响溶解度，妨碍吸收，或增加毒性，产生拮抗等。

【用药注意】

① 脾胃虚寒及有湿痰者忌用。

② 反乌头。

浙 贝 母

为百合科多年生草本植物浙贝母的鳞茎。原产于浙江象山，现主产地浙江鄞县。此外，江苏、安徽、湖南、江西等地亦产。初夏植株枯萎时采挖，洗净，擦去外皮，拌以煅过的贝壳粉，吸去浆汁，切厚片或打成碎块。

【药理作用特点】

本品苦、寒，归肺、心经，具有清热化痰、开郁散结的功效。本品主要含浙贝碱、去氢浙贝母碱、贝母醇等。

其药理作用为：浙贝母碱及去氢浙贝母碱有明显镇咳作用。浙贝母碱在低浓度下对支气管平滑肌有明显扩张作用。此外还有中枢抑制作用，有镇静、镇痛作用。

【联用与禁忌】

① 配桑叶、前胡等，可治风热咳嗽；常配瓜蒌、知母等，治痰热郁肺之咳嗽。

② 本品用于瘰疬、痈疡疮毒、肺痈等。本品能苦泄清热毒、开郁散结，治瘰疬结核，配玄参、牡蛎等，如消瘰丸；治疮痈，配连翘、蒲公英等；治肺痈，配鱼腥草、芦根等。

【用药注意】

① 脾胃虚寒及有湿痰者忌用。

② 反乌头。

天　竺　黄

为禾本科植物青皮竹或华思劳竹等秆内分泌液干燥后的块状物。主产于云南、广东、广西等地。秋、冬二季采收。砍破竹秆，取出生用。

【药理作用特点】

本品甘、寒，归心、肝经，具有清热化痰、清心定惊的功效。本品主要含甘露醇、硬脂酸、竹红菌甲素、竹红菌乙素及氢氧化钾、硅质等。

其药理作用为：竹红菌甲素具有明显的镇痛抗炎作用。

【联用与禁忌】

本品与黄连、菖蒲、郁金等药物同用，治中风痰壅、癫痫等；常与瓜蒌、贝母等同用，用于治疗肺热咳嗽痰多。

【用药注意】

非实热者忌用。

竹　　沥

来源同竹茹。系新鲜的淡竹和青竿竹等竹秆经火烤灼而流出的淡黄色澄清液汁。

【药理作用特点】

本品甘、寒，归心、肺、肝经，具有清热豁痰、定惊利窍的功效。本品主要含有十余种氨基酸、葡萄糖、果糖、蔗糖以及愈创木酚甲酚、苯酚、甲酸、乙酸、苯甲酸水杨酸等。

其药理作用为：竹沥具有明显的镇咳、祛痰作用。

【联用与禁忌】

① 本品与半夏、黄芩等药物同用，如竹沥达痰丸，用于痰热咳喘、痰稠难咯，顽痰胶结者最宜。

② 本品用于中风痰迷等。本品入心、肝经，善涤痰泄热而开

窍定惊。本品配姜汁饮之，用于治疗中风口噤；配胆南星、牛黄等同用，用于治疗惊痫癫狂。

【用药注意】

本品性寒滑，对寒痰及便溏者忌用。

竹 茹

为禾本科多年生常绿乔木或灌木植物青竿竹、大头典竹或淡竹的茎的中间层。主产于长江流域和南方各省。全年均可采制，取新鲜茎，除去外皮，将稍带绿色的中间层刮成丝条，或削成薄条，捆扎成束，阴干。生用或姜汁炙用。

【药理作用特点】

本品甘、微寒，归肺、胃经，具有清热化痰、除烦止呕的功效。

其药理作用为：竹茹粉对白色葡萄球菌、枯草杆菌、大肠杆菌、伤寒杆菌均有较强的抑制作用。

【联用与禁忌】

① 本品配瓜蒌、桑白皮等同用，用于肺热咳嗽、痰黄稠者；配枳实、半夏、茯苓，如温胆汤，用于痰火内扰心神烦躁不安者。

② 本品配黄连、半夏等同用，能清胃止呕，用于胃热呕吐；可配橘皮、生姜、人参等同用，如《金匮要略》中橘皮竹茹汤，用于胃虚有热而呕者。

③ 本品有凉血止血作用，可用于吐血、衄血、崩漏等。

二、止咳平喘药

本类药物其味或辛或苦或甘，其性或温或寒，其止咳平喘之理也就有宣肺、清肺、润肺、降肺、敛肺及化痰之别。而药物有的偏于止咳，有的偏于平喘，有的则兼而有之。

本类药物主治咳喘，而咳喘之证病情复杂，有外感内伤之别、寒热虚实之异。临床应用时应审证求因，随证选用不同的止咳、平喘药，并配伍相应的有关药物，不可见咳治咳、见喘治喘。

个别麻醉镇咳定喘药因易成瘾，易恋邪，用之宜慎。

杏　　仁

为蔷薇科落叶乔木植物山杏、西伯利亚杏、东北杏或杏的成熟种子。主产我国东北、内蒙古、华北、西北、新疆及长江流域。夏季采收成熟果实，除去果肉及核壳，晒干，生用。

【药理作用特点】

本品苦、微温、有小毒，归肺、大肠经，具有止咳平喘、润肠通便的功效。本品主要含苦杏仁苷、蛋白质、氨基酸、微量元素等。

其药理作用为：①苦杏仁苷水解后产生的微量氢氰酸等，有镇咳平喘作用。②大量服用后会严重中毒，其机制主要是氢氰酸与细胞线粒体内的细胞色素氧化酶三价铁起反应，从而抑制酶的活性，使组织细胞呼吸受阻，导致死亡。

【联用与禁忌】

① 本品随证配伍可用于多种咳喘病证。如与麻黄、甘草配伍，即三拗汤，散风寒、宣肺平喘，用于风寒咳喘；与桑叶、菊花配伍，如桑菊饮，散风热、宣肺止咳，用于风热咳嗽；与桑叶、贝母、沙参配伍，如桑杏汤，清肺润燥止咳，用于燥热咳嗽；与石膏等配伍，如麻杏石甘汤，清肺泄热、宣肺平喘，用于肺热咳喘。

② 本品与柏子仁、郁李仁等同用，如《世医得效方》五仁丸，能润肠通便，用于肠燥便秘。

【用药注意】

① 阴虚咳嗽者忌用。

② 本品有小毒，用量不宜过大。

附　甜杏仁

为蔷薇科植物杏或山杏的部分栽培种而其味甘甜的成熟种子。性味、甘平，功能润肺止咳。主要用于虚劳咳喘。

百　　部

为百部科多年生草本植物直立百部、蔓生百部或对叶百部的块根。主产于安徽、江苏、湖北、浙江、山东等地。春、秋二季采挖，除去须根，洗净、置沸水中略烫或蒸至无白心，取出，晒干，切厚片生用，或蜜炙用。

【药理作用特点】

本品甘、苦、微温，归肺经，具有润肺止咳、杀虫的功效。蔓生百部含百部碱、脱氢百部碱、原百部碱等；对叶百部含对叶百部酮、对叶百部烯酮、脱氢对叶百部碱和氧化对叶百部碱。

其药理作用为：①所含生物碱能降低呼吸中枢的兴奋性，有助于抑制咳嗽，而起镇咳作用。②对结核杆菌、炭疽杆菌、金黄色葡萄球菌、白色葡萄球菌、肺炎杆菌等有抗菌作用。③对猪蛔虫、蛲虫、虱有杀灭作用。④过量可引起中毒，重者导致呼吸中枢麻痹。

【联用与禁忌】

① 本品用于新久咳嗽、百日咳、肺痨咳嗽。本品甘润苦降，微温不燥，功专润肺止咳，无论外感内伤、暴咳、久嗽，皆可用之。多与荆芥、桔梗、紫菀等同用，用于风寒咳嗽，如止嗽散；与黄芪、沙参、麦冬等配伍，用于久咳不已、气阴两虚者，如百部汤；与沙参、麦冬、川贝母等药物同用，用于肺痨咳嗽、阴虚者。现代临床以本品为主，配黄芩、丹参，治肺结核，对痰菌转阴及病灶吸收均有一定疗效。可单用或与贝母、紫菀、白前等同用，用于治疗百日咳。

② 本品浓煎，内服，治蛲虫病；可单用或配蛇床子、苦参等煎汤外洗，治阴道滴虫；可制成20％乙醇液或50％水煎剂外搽，治头虱、体虱及疥癣。

紫　　菀

为菊科多年生草本植物紫菀的根及根茎。主产于河北、安徽及东北、华北、西北等地。春、秋二季采挖，除去有节的根茎，编成辫状晒干，或直接晒干，切厚片生用，或蜜炙用。

【药理作用特点】

本品辛、甘、苦、温，归肺经，具有润肺化痰止咳的功效。本品主要含有紫菀酮、木栓酮、豆甾醇、槲皮素、大黄素、大黄酚、咖啡酸、阿魏酸、二十六烷酯等。

其药理作用为：①水煎剂、石油醚及醇提液中乙酸乙酯提取物部分均具有明显增加小鼠呼吸道酚红排泄作用，从中分得紫菀酮和表木栓醇亦具有明显祛痰作用，且能显著抑制小鼠的咳嗽反应。②体外对多种革兰阴性杆菌及结核杆菌有抗菌作用。③紫菀皂苷有很强的利尿作用。

【联用与禁忌】

本品与荆芥、桔梗等同用，适用于风寒犯肺、咳嗽咽痒；与阿胶、贝母等药配伍，养阴润肺、化痰止嗽，用于阴虚劳咳、痰中带血。本品还可用于肺痈、肺痹及小便不通等证，盖取其宜开肺气之功。

款冬花

为菊科多年生草本植物款冬的花蕾。主产于河南、甘肃、山西、陕西等地。12月或地冻前当花尚未出土时采挖，除去花梗，阴干，生用，或蜜炙用。

【药理作用特点】

本品辛、微苦、温，归肺经，具有润肺止咳化痰的功效。本品主要含款冬花酮、新款冬花内酯、金丝桃苷、芦丁、咖啡酸、丁二酸等。

其药理作用为：①煎液对氨水引起的小鼠咳嗽有明显抑制作用，并能明显增加小鼠气管酚红排泌量。②醇提液具有显著抑制二甲苯致小鼠耳肿和角叉菜胶所致的小鼠足跖肿胀。③醇提液小鼠灌服具有显著抗蓖麻油所致的小鼠腹泻作用。

【联用与禁忌】

与麻黄等同用，尤宜于寒嗽；与桑白皮、瓜蒌配伍，用于肺热咳喘；可与人参、黄芪同用，适用于肺气虚而咳者；与沙参、麦冬等配伍，用于阴虚燥咳；配百合同用，如百花膏，用于喘咳日久、痰中带血；配桔梗、薏苡仁等同用，如《疮疡经验全书》款花汤，用于肺痈咳吐脓痰。

紫苏子

为唇形科草本植物紫苏的成熟果实。主产于江苏、安徽、河南等地。秋季果实成熟时采收，晒干。生用或微炒，用时捣碎。

【药理作用特点】

本品辛、温，归肺、大肠经，具有降气化痰、止咳平喘、润肠通便的功效。本品主要含脂肪油（42.16%），油中含大量不饱和脂肪酸如亚麻酸（64.75 %）、亚油酸（13.80%）、油酸（14.28%）等。

其药理作用为：①具有一定镇咳、祛痰和平喘作用，其镇咳成分较分散，平喘成分的水溶性大，且极性较分散，既存在于极性大的部分，也存在于极性小的部分。②炒紫苏子醇提取物能显著提高小鼠抗不良应激的能力。③炒紫苏子醇提取物和水提取物具有较强的抗氧化作用。

【联用与禁忌】

① 多与芥子、莱菔子同用，如三子养亲汤，用于痰壅气逆、咳嗽气喘；与肉桂、当归、厚朴等温肾化痰下气之品同用，如苏子降气汤，用于上盛下虚之久咳痰喘。

② 多与杏仁、火麻仁、瓜蒌仁等同用，如《济生方》紫苏麻仁粥，能润燥滑肠，又能降泄肺气以助大肠传导，用于肠燥便秘。

【用药注意】

本品有滑肠耗气之弊，阴虚咳喘及脾虚便溏者慎用。

桑　白　皮

为桑科小乔木植物桑的根皮。主产于安徽、河南、浙江、江苏、湖南等地。秋末叶落时至次春发芽前采挖，刮去黄棕色粗皮，剥去根皮，晒干，切丝生用或蜜炙用。

【药理作用特点】

本品甘、寒，归肺经，具有泻肺平喘、利水消肿的功效。本品主要含多种黄酮衍生物，如桑皮素、桑皮色烯素、桑根皮素等；伞形花内酯，东莨菪素，类似乙酰胆碱的降低血压的成分；近来又提取出桑皮呋喃 A。

其药理作用为：①有利尿作用，动物实验证明，尿量及钠、钾、氯化物排出量均增加；②对犬、兔、大鼠等有不同程度的降压作用，且较持久，伴心动徐慢；③对神经系统有镇静、安定、抗惊厥、镇痛、降温作用；④对兔离体肠和子宫有兴奋作用。

【联用与禁忌】

① 本品用于肺热咳喘。本品性寒入肺经，能泻肺火兼泻肺中水气而平喘。与地骨皮等同用，用于治疗肺热咳喘；可与麻黄、杏仁、葶苈子等同用，用于水饮停肺、胀满喘急；与人参、五味子、熟地黄等同用，用于肺虚有热而咳喘气短、潮热、盗汗者。

② 本品与茯苓皮、大腹皮等同用，如五皮饮，用于全身水肿、小便不利者。

葶　苈　子

为十字花科草本植物独行菜或播娘蒿的成熟种子。前者称“北葶苈”主产于河北、辽宁、内蒙古、吉林等地：后者称“南葶苈”，主产于江苏、山东、安徽、浙江等地。夏季果实成熟时采割植株，晒干，搓出种子，除去杂质，生用或炒用。

【药理作用特点】

本品苦、辛、大寒，归肺、膀胱经，具有泻肺平喘、利水消肿的功效。播娘蒿含芥子苷、芥子酸、异硫氰酸苄酯、异硫氰酸丙酯、二硫化烯丙酯、4-戊烯酰胺、5-甲基糠醛、β-谷甾醇、山柰酚、槲皮素。

其药理作用为：①芥子苷具有止咳作用。②水浸液在试管内对堇色毛癣菌、许兰黄癣菌等有不同程度的抑制作用。③水提取物具有显著强心和增加冠脉流量的作用且不增加心肌耗氧量。

【联用与禁忌】

① 与板蓝根、浙贝母、桔梗等药物同用，如清肺散，用于痰涎壅盛、肺气喘促、咳逆之实证。

② 与防己、椒目、大黄同用，即己椒苈黄丸，用于治腹水肿满属湿热蕴阻者；与杏仁、大黄、芒硝同用，如大陷胸丸，治结胸证之胸胁积水。近代用本品配伍其他药物，治渗出性胸膜炎等有效。

【用药注意】

肺虚喘促、脾虚肿满、膀胱气虚者忌用。

马兜铃

为马兜铃科多年生藤本植物北马兜铃或马兜铃的成熟果实。前者主产于黑龙江、吉林、河北等地；后者产于江苏、安徽、浙江等地。秋季果实由绿变黄时来收，晒干生用或蜜炙用。

【药理作用特点】

本品苦、微辛、寒，归肺、大肠经，具有清肺化痰、止咳平喘的功效。北马兜铃含马兜铃酸、7-甲氧基马兜铃酸、马兜铃内酚胺、马兜铃酮、马兜铃内酰胺-*N*-六碳糖苷、松醇和胡萝卜苷等。

其药理作用为：①煎剂有微弱祛痰作用，但效果不及紫菀和天南星。②马兜铃酸对金黄色葡萄球菌、肺炎球菌、链球菌感染的小鼠有一定作用。③北马兜铃醇提物能明显减少小鼠醋酸刺激所致的扭体反应次数，提高小鼠热板法和辐射热照射法痛阈，与戊巴比妥钠有协同作用。④能显著抑制二甲苯所致的小鼠耳壳肿胀，抗炎作用随剂量增加而增强。

【联用与禁忌】

与桑白皮、黄芩、枇杷叶等同用，治肺热咳嗽痰喘者最宜；与阿胶、牛蒡子、杏仁等同用，如补肺阿胶汤，养阴清肺、止咳平喘，用于肺虚火盛、喘咳咽干或痰中带血者。此外，本品能清大肠积热。

【用药注意】

① 用法用量不宜过大，以免引起呕吐。

② 本品中所含马兜铃酸有肾脏毒性，应慎用。

白果

为银杏科乔木植物银杏的成熟种子。全国各地均有栽培。秋季种子成熟的采收，除去肉质外种皮，洗净，稍蒸或略煮后烘干，除去硬壳，生用或炒用。

【药理作用特点】

本品甘、苦、涩、平、有毒，归肺经，具有敛肺定喘、收涩除湿的功效。本品主要含白果酸、白果醇、氢氰酸、银杏白果多糖、脂肪油、淀粉和蛋白质等。

其药理作用为：①白果注射液可使致敏性小鼠血清中IL-4、IL-5明显下降，说明其具有良好的平喘作用。②白果酸在体外实验可抑制多种细菌和一些皮肤真菌。③有降压作用。

【联用与禁忌】

① 配五味子、胡桃肉等以补肾纳气、敛肺平喘，用于治疗肺肾两虚之虚喘；配麻黄、黄芩等同用，如定喘汤，用于外感风寒而内有蕴热而喘者；配天冬、麦冬、款冬花以润肺止咳，用于肺热燥咳、喘咳无痰者；近代有以本品配地龙、黄芩等，治慢性气管炎属肺热型者。

② 本品配熟地黄、山茱萸、覆盆子等，以补肾固涩，治小便频数、遗尿。

【用药注意】

本品有毒，不可多用。

附　银杏叶

为银杏树的叶，主要成分为银杏黄酮。味苦、涩，性平。功能敛肺平喘、活血止痛。用于肺虚咳喘以及高血脂、高血压、冠心病心绞痛、脑血管痉挛等。

洋　金　花

为茄科草本植物白花曼陀罗的花。主产于江苏、浙江、福建、广东等地。4～11月花初开时采收，晒干或低温干燥。

【药理作用特点】

本品辛、温、有毒，归肺、肝经，具有平喘止咳、镇痛止痉的功效。本品主要含东莨菪碱及阿托品等多种生物碱。

其药理作用为：①通过东莨菪碱的M受体阻断作用发挥抗惊厥作用，其抗惊厥作用弱于卡马西平，但峰值持续时间长。②总生物碱具有明显的抗氧化作用。

【联用与禁忌】

① 本品为麻醉镇咳平药，对咳喘无痰者，可单用或配入复方

中使用。

② 本品单用或配伍川乌、姜黄等同用，用于风湿痹痛、跌打损伤。

③ 本品可配伍全蝎、天麻、天南星等同用，用于癫痫、惊风之证。

④ 可用作麻醉药。

【用药注意】

① 表证未解、痰多黏稠者忌用。

② 孕畜、体质弱者慎用。

化痰止咳平喘药功能比较见表6-3。

表6-3 化痰止咳平喘药功能比较

类别		药物	相同点	不同点
化痰药	温化寒痰药	半夏 天南星 旋覆花 白前	温化寒痰	半夏祛湿痰，并能降逆止呕，散结；天南星毒性大，善祛风痰并能解痉；旋覆花温散，化痰降气；白前温而不燥，长于祛痰，又能降气
	清化热痰药	贝母 瓜蒌 桔梗 前胡 筋骨草	清热化痰	贝母偏于润肺化痰，并能解毒，消肿散结；瓜蒌清热润燥，兼通便；桔梗、前胡均能宣肺祛痰，是外感咳嗽的常用药；桔梗又能排脓消肿，引药上行；前胡微寒，善于宣散外感风热之邪；筋骨草苦寒，适用于肺热咳喘和目赤肿痛
止咳平喘药	止咳平喘药	杏仁 紫菀 款冬花 百部 马兜铃 葶苈子 紫苏子 枇杷叶 白果 洋金花	止咳平喘	杏仁疏利开达，宣肺通肠，为治喘之主药；紫菀、款冬花、百部均为润燥之品，温而不燥，润肺下气，化痰止咳；紫菀善于祛痰，为止咳要药，偏治热重咳喘；款冬花偏治寒重咳喘；百部止咳并能杀虫；马兜铃苦、寒，偏治肺热咳喘；葶苈子开泻肺气、通利水道、除痰饮喘满；紫苏子偏于降气，化寒湿之痰；枇杷叶清肺降气，化痰浊又能止呕；白果性涩而收，偏治久咳，肺虚气逆；洋金花止咳平喘，能祛风止痛

第十二节　补　益　药

凡能补益正气，增强体质拟提高抗病能力，治疗虚证为主的药物，称为补虚药，亦称补养药或补益药。

虚证的临床表现比较复杂，但就其“证型”概括起来，不外气虚、阳虚、血虚、阴虚四类。补益药也可根据其功效和主要适应证的不同而分为补气、补阳、补血、补阴四类。

临床除应根据虚证的不同类型选用相应的补虚药外，还应充分重视动物机体气、血、阴、阳相互依存的关系。一般来说，阳虚者多兼有气虚，而气虚者也易致阳虚；气虚和阳虚表示人体活动能力的衰减。阴虚者每兼见血虚，而血虚者也易致阴虚；血虚和阴虚，表示动物机体内精血津液的耗损。与此相应，各类补益药之间也有一定的联系和共通之处。如补气药和补阳药多性温，属阳，主要能振奋衰减的功能，改善或消除因此而引起的形衰乏力，畏寒肢冷等证，补血药和补阴药多性寒凉或温和，属阴，主要能补充耗损的体液，改善或消除精血津液不足的证候。故补气药和补阳药、补血药和补阴药往往相辅而用。至于气血两亏、阴阳俱虚的证候，又当气血兼顾或阴阳并补。

补虚药除有上述“补可扶弱”的功能外，还可配伍祛邪药，用于邪盛正衰或正气虚弱而病邪未尽的证候，以起到“扶正祛邪”的作用，达到邪去正复的目的。此外，还应注意顾护脾胃，适当配伍健脾消食药，以促进运化，使补虚药能充分发挥作用。

虚弱证一般病程较长，补虚药宜作蜜丸、煎膏（膏滋）、片剂、口服液、颗粒剂或酒剂等，以便保存和眼用。如作汤剂，应适当久煎，使药味尽出。《医学源流论》说：“补益滋腻之药，宜多煎，取其熟而停蓄”，颇有法度。个别挽救虚脱的补虚药，则宜制成注射剂，以备急用。

补虚药原为虚证而设，凡动物机体康健并无虚弱表现者，不宜滥用，以免导致阴阳平衡失调，“误补益疾”。实邪方盛、正气未虚者，以祛邪为要，亦不宜用，以免“闭门留寇”。

一、补气药

凡能消除或改善气虚证的药物，称为补气药。

补气药多味甘，性平或微温，以入脾、胃、肺经为主。主要具有补脾气、益肺气之功效，适用于脾气虚、肺气虚等病证。兼血虚、阴虚或阳虚者，可与补血、滋阴、助阳药同用。由于气能生血、气能统血、气能生化津液，故在治疗血虚、津亏、出血等证时，常配伍补气药，以增强补血、止血、生津之效。

使用补气药，应酌情配伍理气药，使其补而不滞，以免影响食欲和消化。

党　参

为桔梗科多年生草本植物党参、素花党参或川党参的干燥根。因以山西上党者最有名，故名党参。主产于山西、陕西、甘肃、四川等省。秋季采挖，洗净，晒干。切厚片，生用。

【药理作用特点】

本品甘、平，归脾、肺经，具有益气、生津、养血功效。本品主要含多糖、单糖、党参苷（Ⅰ、Ⅱ、Ⅲ、Ⅳ）、苍术内酯类、烯醇类以及白芷内酯、补骨脂内酯、棕榈酸、阿魏酸、烟酸、香草酸、氨基酸、琥珀酸和无机元素等。

其药理作用为：①水浸液、醇水浸液对离体蟾蜍心脏均有抑制作用，高浓度可使其停搏。②浸膏、醇提物、水提物均能使麻醉犬与家兔血压显著下降，主要与扩张周围血管有关。③小鼠腹腔注射具有明显的抑制中枢作用，可对抗电、戊四氮、硝酸士的宁引起的惊厥，增强异戊巴比妥钠的催眠作用，亦可协同乙醚的麻醉作用。④水醇浸膏与煎剂能使红细胞增加、白细胞减少。⑤能明显增强小鼠腹腔巨噬细胞的吞噬活力。

【联用与禁忌】

① 本品能补中益气、升阳举陷，与白术、茯苓、甘草等配伍，用于治疗脾虚泄泻、食少便溏；与黄芪、升麻、白术等配伍，用于治疗中气下陷的垂脱之证。

② 本品能补益肺气，可配伍黄芩、五味子等同用，用于肺气亏虚的咳嗽气促、叫声低微等。

③ 本品有益气生津和益气生血之效，可与麦冬、五味子、生地黄等生津药或当归、熟地黄等补血药同用，主要用于气津两伤的气短口渴及气血双亏的口色淡白、口干、心悸等。

④ 本品也可随证配解表药或攻里药同用，对气虚外感及正虚邪实之证，以扶正祛邪。

【用药注意】

反藜芦。

附 明党参

系伞形科多年生草本植物明党参的干燥根。性味甘、微苦，微寒。归肺、脾经。能润肺化痰、养阴和胃。以治疗肺热咳嗽、食少口干为主。与党参并非一物，效用亦有差别。

人 参

为五加科多年生草本植物人参的根。野生者名“山参”；栽培者称“园参”。主产于吉林、辽宁、黑龙江。于秋季采挖。园参一般栽培6～7年后收获。鲜参洗净后干燥者称“生晒参”；蒸制后干燥者称“红参”；焯烫浸糖后干燥者称“糖参”或“白参”；加工断下的细根称“参须”。山参经晒干，称“生晒山参”。切片或研粉用。

【药理作用特点】

本品甘、微苦、微温，归心、肺、脾经，具有大补元气、补脾益肺、生津、安神的功效。本品人参根含多种人参皂苷。总皂苷含量约5%，为15种以上皂苷的混合物。另含少量挥发油（油中低沸点部分有β-榄香烯；高沸点部分主要有人参炔醇）、多种糖类及维生素等。

其药理作用为：①人参对高级神经活动的兴奋和抑制过程均有增强作用。能增强神经活动过程的灵活性，故有抗疲劳功能；②对多种动物心脏均有先兴奋、后抑制，小量兴奋、大量抑制的作用；③能兴奋垂体肾上腺皮质系统，提高应激反应能力；④有抗休克，抗疲劳，降低血糖，促进蛋白质RNA、DNA的生物合成，调节胆固醇代谢，促进造血系统的功能，减轻辐射对造血系统的损害等作用；⑤能增加机体免疫功能；⑥能增强性腺功能，有促性腺激素样作用；⑦有抗过敏、抗利尿及抗癌等作用。人参的药理活性常因机体功能状态不同呈双向作用，因此认为人参是具有“适应原”样作用的典型代表药。

【联用与禁忌】

① 与附子等配伍，即参附汤（现代制剂有参附注射液），以益气回阳救逆，用于四肢厥冷、阳气衰微者；可与麦冬、五味子等配伍，即生脉散（现有生脉注射剂），以益气敛阴，用于汗多口渴、气阴两伤者。

② 人参能补益肺气，可配黄芪、五味子等同用，用于肺气虚弱的气短喘促、叫声低微、脉虚自汗等症；与胡桃肉、蛤蚧等补益肺肾药同用，如人参胡桃汤、人参蛤蚧散，用于喘促日久、肺肾两虚者。

③ 人参亦能补脾益气，与白术、茯苓、甘草等益气健脾药同用，如四君子汤，用于治疗脾气不足的倦怠乏力、食少便溏等症。

④ 本品常与石膏、知母等同用，如白虎加人参汤，治疗身热汗多、口渴脉虚。

⑤ 本品可与生地黄、丹参、酸枣仁等养血安神药同用，如天王补心丹，用于气血亏虚的心悸、躁动等症，有补气安神益智之效。

⑥ 本品为含大量苷类药物，避免与维生素C、烟酸、谷氨酸、酶合剂、可待因、吗啡、哌替啶、苯巴比妥、强心苷类配伍，以免发生分解药效降低，加重麻醉抑制呼吸，药效累加增加毒性等。

【用药注意】

① 反藜芦。

② 畏五灵脂。

太子参（孩儿参）

为石竹科植物太子参的干燥根。主产于江苏、安徽、山东等地。

【药理作用特点】

本品甘、苦、微寒，入脾、肺经，具有补脾益气、养胃生津的功效。本品主要含多种氨基酸、多糖、苷类、磷脂类及微量元素。

其药理作用为：能明显提高网状内皮系统的吞噬功能，增加环磷酰胺致免疫功能低下小鼠的体重与脾脏、胸腺的重量等。能明显提高机体的免疫功能。

【联用与禁忌】

本品与黄芪、白术、山药、炙甘草等同用，适用于脾胃虚弱、倦怠虚弱、食欲不振、肺气不足等症；与五味子、麦冬等同用，用于热病津伤口渴；配竹叶、麦冬、白薇等，用于久热不退。

【用药注意】

① 表实邪盛者不宜用。

② 反黎芦，畏五灵脂。

黄　芪

为豆科多年生草本植物蒙古黄芪或膜荚黄芪的根。主产于内蒙古、山西、甘肃、黑龙江等地。春、秋二季采挖，除去须根及根头，晒干。生用或蜜炙用。

【药理作用特点】

本品甘、微温，归脾、肺经，具有补气升阳、益卫固表、利水消肿、托疮生肌的功效。本品主要含皂苷类、多糖类、氨基酸及微量元素等。

其药理作用为：①具有增强机体免疫功能、利尿、抗衰老、保肝、降压作用；②能消除实验性肾炎尿蛋白，增强心肌收缩力，还有促雌激素样作用和较广泛的抗菌作用；③其中膜荚黄芪皂苷甲具有降压、稳定红细胞膜、提高血浆组织内 cAMP 的含量、增强免疫功能、促进再生肝 DNA 合成等多种作用；④黄芪多糖具有提高小鼠应激能力、增强免疫功能、调节血糖含量、保护心血管系统、加速遭受放射线损伤机体的修复等作用；⑤有抑制发汗的作用；⑥有类性激素的作用。

【联用与禁忌】

① 本品配白术，以补气健脾，用于治疗脾虚气短、食少便溏、倦怠乏力等；与人参配伍，用于气虚较甚，以增强补气作用；常配桂枝、白芍、甘草等，以补气温中，如黄芪建中汤，用于中焦虚寒、腹痛拘急；与附子等配伍，如芪附汤，以益气温阳固表，用于气虚阳弱、体倦汗多；常配人参、升麻、柴胡等，如补中益气汤，以升阳举陷，用于治中气下陷证、脾阳不升、中气下陷而见久泻脱肛、内脏下垂者。

② 本品与紫菀、五味子等同用，用于治肺气虚弱、咳喘气短；与白术、防风等同用，如玉屏风散，用于治疗表虚卫阳不固的自汗且易外感者，既可固表以止自汗，又能实卫而御外邪。

③ 本品常与防己、白术等同用，如防己黄芪汤，用于气虚水湿失运的浮肿、小便不利。

④ 本品常配伍当归、穿山甲、皂角刺等，以托毒排脓，用于治疗脓成不溃；与当归、人参、肉桂等配伍，以生肌敛疮，用于治疗溃久不敛。

白　术

为菊科多年生草本植物白术的根茎。主产于浙江、湖北、湖南、江西等地。冬季下部叶枯黄、上部叶变脆时采收，除去泥沙，烘干或晒干，再除去须根，切厚片。生用或土炒、麸炒用，炒至黑褐色，称为焦白术。

【药理作用特点】

本品苦、甘、温，归脾、胃经，具有补气健脾、燥湿利水、止汗、安胎的功效。本品主要含挥发油，油中主要成分为苍术酮，白术内酯（A、B）及糖类（主要为甘露糖、果糖）等。

其药理作用为：①煎剂和流浸膏灌胃或静脉注射于大鼠、兔、犬等动物均能呈现明显而持久的利尿作用，能促进电解质尤其是钠的排出。②水煎液小鼠灌服能增加小鼠体重和游泳耐力。③能提高免疫抑制动物脾细胞体外培养存活率，能延长淋巴细胞寿命。增强机体清除自由基的能力，具有明显的抗氧化作用。④醇提取物和石油醚对未孕小鼠离体子宫的自发性收缩及对益母草引起的子宫兴奋性收缩有显著抑制作用，并随给药量的增加而增强。

【联用与禁忌】

① 本品常配人参、茯苓等同用，以益气补脾，用于治疗脾气虚弱、食少胀满；与人参、干姜等同用，以温中健脾，用于治疗脾胃虚寒、肚腹冷痛、胀满泄泻；与枳实同用，以消补兼施，治疗脾虚而有积滞、脘腹痞满。

② 本品常配桂枝、茯苓等，如苓桂术甘汤，以温脾化饮，用于痰饮；常配茯苓、泽泻等，如五苓散，以健脾利湿，治疗水肿、小便不利。

③ 本品可单用为散服，或配黄芪、浮小麦等同用，用于脾虚气弱、肌表不固而自汗。

④ 本品常配砂仁同用或配当归、白芍、黄芩等同用，有补气健脾和安胎之功，用于脾虚气弱、胎动不安。

山　药

为薯蓣科多年蔓生草本植物薯蓣的根茎。主产于河南、江苏、广西、湖南等地。霜降后来挖。刮去粗皮，晒干或烘干，为“毛山药”；再经浸软闷透，搓压为圆柱状，晒干打光，成为“光山药”。润透，切厚片，生用或麸炒用。

【药理作用特点】

本品甘、平，归脾、肺、肾经，具有益气养阴、补脾肺肾、固精止带的功效。本品主要含薯蓣皂苷、薯蓣皂苷元、胆碱、植酸、维生素、甘露聚精等。

其药理作用为：①山药多糖可明显提高环磷酰胺所致免疫功能低下小鼠腹腔巨噬细胞吞噬百分率和吞噬指数，促进其溶血素和溶血空斑的形成以及淋巴细胞转化，并明显提高外周血 T 淋巴细胞比率。②能抑制正常大鼠胃排空运动和肠推进作用，也能明显对抗苦寒泻下药引起的大鼠胃肠运动亢进。③水煎剂灌胃可降低正常小鼠血糖，对四氧嘧啶引起的小鼠糖尿病有预防及治疗作用，并可对抗肾上腺素或葡萄糖引起的小鼠血糖升高。

【联用与禁忌】

① 本品用于脾胃虚弱证。山药能平补气阴，且性兼涩，故凡脾虚食少、体倦便溏等皆可应用。常配人参（或党参）、白术、茯苓、白扁豆等同用，如参苓白术散。

② 本品用于肺肾虚弱证。山药既补脾肺之气，又益肺肾之阴，并能固涩肾精。治肺虚咳喘或肺肾两虚之久咳久喘，常配人参、麦冬、五味子等同用。治肾虚不固的遗精、尿频等，常配熟地黄、山茱萸、菟丝子、金樱子等同用；治疗尿频、遗尿，常配益智仁、桑螵蛸等。

③ 本品用于阴虚内热、口渴多饮、小便频数的消渴证。有益气养阴、生津止渴之效。常配黄芪、生地黄、天花粉等同用。

白 扁 豆

为豆科一年生缠绕草本植物扁豆的成熟种子。主产江苏、河南、安徽、浙江等地。秋季果实成熟时采收，去皮或直接晒干。生用或炒用。

【药理作用特点】

本品甘、微温，归脾、胃经，具有健脾、化湿、消暑功效。本品主要含蛋白质、糖类、钙、磷、铁、锌、维生素 B_1、维生素 B_2、维生素 C、烟酸以及泛酸、酪氨酸酶等。此外，尚含豆甾醇、磷脂、蔗糖、血球凝聚素 AB 等。

其药理作用为：对痢疾杆菌有抑制作用，并有一定的抗病毒作用。

【联用与禁忌】

① 本品常配白术、木香、茯苓等，共收健脾止泻之功，用于脾虚湿盛、运化失常而见食少便溏或泄泻等。

② 本品可配香薷、厚朴等同用，如香薷饮，能健脾化湿、消暑和中，用于暑湿吐泻。

甘 草

为豆科多年生草本植物甘草、胀果甘草或光果甘草的根及根茎。主产内蒙古、山西、甘肃、新疆等地。春、秋季采挖，除去须根，晒干。切厚片，生用或蜜炙用。

【药理作用特点】

本品甘、平，归心、肺、脾、胃经，具有益气补中、清热解毒、祛痰止咳、缓急止痛、调和药性的功效。甘草根和根茎含甘草甜素，是甘草次酸的二葡萄糖醛酸苷，为甘草的甜味成分。此外尚含多种黄酮成分。

其药理作用为：①甘草有类似肾上腺皮质激素样作用；②对组胺引起的胃酸分泌过多有抑制作用；并有抗酸和缓解胃肠平滑肌痉挛作用；③甘草黄酮、甘草浸膏及甘草次酸均有明显的镇咳作用，祛痰作用也较显著，其作用强度为甘草次酸＞甘草黄酮＞甘草浸膏；④甘草还有抗炎、抗过敏作用，能保护发炎的咽喉和气管的黏膜；⑤甘草浸膏和甘草甜素对某些毒物有类似葡萄糖醛酸的解毒作用。

【联用与禁忌】

① 本品配伍人参、阿胶、桂枝等同用，如炙甘草汤，用于心气不足的心动悸、脉结代等症；与党参、白术等同用，用于治疗脾气虚弱的倦怠乏力、食少便溏。

② 本品可配麻黄、杏仁，治疗风寒咳嗽；配石膏、麻黄、杏仁，用于肺热咳喘；配干姜、细辛，用于治疗寒痰咳喘；配半夏、茯苓，用于治疗湿痰咳嗽。

③ 本品常配白芍，如芍药甘草汤，用于阴血不足、筋失所养而挛急作痛者；配白芍、饴糖等，如小建中汤，用于脾胃虚寒、营血不能温养所致者。

④ 用甘草以缓和硝、黄之性，使泻下不致太猛，并避免其刺激大肠而产生腹痛，如调胃承气汤；与半夏、干姜、黄芩、黄连同用，如半夏泻心汤，能在其中调和寒热、平调升降，起到调和作用。

⑤ 本品常与金银花、连翘等同用，用于热毒疮疡；与桔梗、牛蒡子等同用，用于治疗治咽喉肿痛；当药物、食物中毒，在无特殊解毒药时，可用甘草治之，亦可与绿豆或大豆煎汤服。

⑥ 本品避免与奎宁、麻黄碱、阿托品、强心苷类、降血糖药（苯乙双胍、甲苯磺丁脲等）、肾上腺素类、水杨酸制剂以及排钾利尿药（如氢氯噻嗪等）等配伍，易发生沉淀，影响吸收，中毒，拮抗，易促成消化性溃疡以及易致低钾血症。

【用药注意】

① 湿盛胀满、浮肿者不宜用。

② 反大戟、芫花、甘遂、海藻。

③ 久服较大剂量的生甘草可引起浮肿等。

大　枣

为鼠李科落叶乔本植物枣的成熟果实。主产于河北、河南、山东、陕西等地。秋季果实成熟时采收，晒干。生用。

【药理作用特点】

本品甘、温，归脾、胃经，具有补中益气、养血安神、缓和药性的功效。含蛋白质、脂肪、糖类、维生素A、维生素B_1、维生素B_2、维生素C、维生素E、维生素P、有机酸和包括硒在内36种微量元素。

其药理作用为：①具有明显的镇定、催眠和降压作用。②能降低大脑的兴奋度，减少对外界刺激的反应。③调节血清总蛋白与白蛋白水平，提高机体抵抗力和免疫能力。④可使白细胞内cAMP与cGMP的比值增高，提高抗过敏性，抑制白三烯释放及变态反应。

【联用与禁忌】

① 本品常配党参、白术等以增强疗效，能补中益气，用于脾虚食少、便溏、倦怠乏力。

② 本品常配甘草、浮小麦，如甘麦大枣汤，以养心宁神，用于血虚躁动、神志不安。

③ 甘草缓解甘遂、大戟、芫花之峻下与毒性，保护脾胃，以防攻逐太过，如十枣汤。

④ 本品常配伍生姜，入解表药以调和营卫，入补益药以调补脾胃，均可以增强疗效。

二、补阳药

凡能助阳益肾适用于阳虚证的药物，称为补阳药。肾阳为一身之元阳，因此阳虚诸证与肾阳关系密切。故补阳药主要是补肾阳。

补阳药多味甘、辛、咸，性温、热，多入肝、肾经。主要具有补肾阳、益精髓、强筋骨之功效，适用于治疗形寒肢冷、腰胯无力、公畜生殖功能减退及肾阳不足所致泄泻、肾不纳气等症。

补阳药性多温燥，阴虚火旺的患畜不宜使用。

巴　戟　天

为茜草科多年生藤本植物巴戟天的根。主产于广东、广西、福建等地。全年均可采挖。晒干，再经蒸透，除去木心者，称“巴戟肉”。切段，干燥。生用或盐水炙用。

【药理作用特点】

本品甘、辛、微温，归肾、肝经，具有补肾阳、强筋骨、祛风湿功效。本品主要含有甲基异茜草素、甲基异茜草素-1-甲醚、1-羟基蒽醌、1-羟基-2-甲基蒽醌、大黄素甲醚、2-甲基蒽醌、水晶兰苷、车叶草苷、棕榈酸、琥珀酸、耐斯糖、菊糖、六聚糖、七聚糖、氨基酸和微量元素等。

其药理作用为：①巴戟天有类皮质激素样作用及降低血压作用；②巴戟天水煎液能显著增加小鼠体重、延长游泳时间，抑制幼年小鼠胸腺萎缩，升高血中白细胞数；③对枯草杆菌有抑制作用。

【联用与禁忌】

① 本品常配淫羊藿、仙茅、枸杞子等；用于阳痿、不孕；与高良姜、肉桂、吴茱萸等同用，用于治疗下元虚冷、少腹冷痛，如《太平惠民和济局方》巴戟丸。

② 本品常配杜仲、续断、菟丝子等同用，治疗筋骨痿软、腰膝疼痛；与狗脊、续断、淫羊藿等同用，治疗肾阳虚的风湿久痹。

【用药注意】

阴虚火旺者不宜用。

肉苁蓉

为列当科一年生寄生草本植物肉苁蓉带鳞叶的肉质茎。主产于内蒙古、甘肃、新疆、青海等地。多于春季苗未出土或刚出土时来挖，除去花序，干燥。切厚片生用或酒制用。

【药理作用特点】

本品甘、咸、温，归肾、大肠经，具有补肾阳、益精血、润肠通便的功效。本品主要含苯乙醇苷类、环烯醚萜类、木脂素类、多糖、生物碱等。包括肉苁蓉苷、松果菊苷、类叶升麻苷、红景天苷、苁蓉素、8-表马钱子酸、京尼平酸、邻苯二甲酸二丁酯、癸二酸二丁酯和邻苯二甲酸二异辛酯、丁子香酚、香草醛和异丁子香酚。

其药理作用为：①水溶液能显著提高阳虚动物体重，延长持续运动时间，使耐冻时间、细胞 SOD 活力和血红蛋白的含量一定程度上恢复正常，水煎液醇溶部分皆能显著提高去势大鼠精囊前列腺重量。②水提液能显著提高小鼠小肠推进度，缩短小鼠排便时间，同时能明显抑制大肠水分吸收，其活性成分为无机盐类和亲水性胶质类多糖。③水提取物可以显著提高巨噬细胞的吞噬百分率和吞噬指数，可使被泼尼松抑制低下的非特异免疫功能恢复到一定水平。④苯乙醇总苷对小鼠组织有抗氧化作用，对小鼠急性脑缺氧和小鼠心肌损害有一定的保护作用。

【联用与禁忌】

① 本品常配熟地黄、菟丝子、五味子等，用于阳痿不育，如肉苁蓉丸；常配鹿角胶、当归、紫河车等，用于治疗宫冷不孕；与巴戟天、杜仲等同用，如金刚丸，用于治疗腰膝痿软、筋骨无力。

② 常配当归、枳壳、麻仁、柏子仁等同用，对老弱肾阳不足、病后及产后精血亏虚便秘者尤宜。

【用药注意】

阴虚火旺、脾虚便溏者忌用。

淫羊藿

为小檗科多年生直立草本植物淫羊藿、箭叶淫羊藿、柔毛淫羊藿、巫山淫羊藿或朝鲜淫羊藿的地上部分。主产于陕西、辽宁、山西、四川等地。秋季茎叶茂盛时采割，除去粗梗及杂质，晒干。切丝生用或羊脂油（炼油）炙用。

【药理作用特点】

本品辛、甘、温，归肝、肾经，具有温肾壮阳、强筋骨、祛风湿的功效。本品主要含有效成分为淫羊藿总黄酮、淫羊藿苷及多糖。此外，尚含有生物碱、甾醇、卅一烷及维生素 E 等。

其药理作用为：①提取液能提高正常小鼠、氢化可的松致阳虚模型、羟基脲致阳虚模型小鼠和试管内鸡胚 DNA 合成率，促进蛋白质的合成；正丁醇提取物能使羟基脲致阳虚模型小鼠血浆中分子物质降低、巯基升高，认为其可能通过对巯基和中分子物质的影响发挥助阳作用。②淫羊藿及其炮制品均有雌、雄性激素样作用，能明显提高性功能，增加性器官重量，提高性激素分泌量。③淫羊藿苷能明显增加正常小鼠脾脏重量，促进抗原激活的淋巴细胞增殖，明显提高脾脏抗体生成水平，使小鼠脾脏溶血斑形成数明显增加。

【联用与禁忌】

① 本品常配伍仙茅、山茱萸、肉苁蓉等同用，有温肾壮阳、益精起痿之效，用于肾阳虚的阳痿、滑精、不孕、尿频、腰膝冷通、肢冷恶寒等症。

② 本品单用浸酒服，可用于肢体麻木拘挛；与威灵仙、独活、肉桂、当归、川芎等同用，用于筋骨痿软、四肢不利、瘫痪等。

【用药注意】

阴虚火旺者不宜服。

杜仲

为杜仲科落叶乔木植物杜仲的树皮。主产于四川、云南、贵州、湖北等地。4～6 月剥取，刮去粗皮，堆置“发汗”至内皮呈紫褐色，晒干。切块或丝，生用或盐水炙用。

【药理作用特点】

本品甘、温，归肝、肾经，具有补肝肾、强筋骨、安胎功效。本品主要含木质素、苯丙素、环烯醚萜、杜仲胶、多糖、杜仲抗真菌蛋白、黄酮、氨基酸、脂肪酸、维生素及微量元素等。

其药理作用为：①杜仲有较好的降压作用，并能减少胆固醇的吸收。其降压作用，炒杜仲大于生杜仲，炒杜仲煎剂比酊剂好。但重复给药，易产生耐受性。②能使离体子宫自主收缩减弱，并有拮抗子宫收缩药（乙酰胆碱、垂体后叶素）的作用而解痉。③煎剂对家兔离体心脏有明显加强作用。④对犬、大鼠、小鼠均有利尿作用。⑤增强动物肾上腺皮质功能，增强机体免疫功能及镇静作用。

【联用与禁忌】

① 本品常配补骨脂、胡桃肉，治疗腰膝痿软、酸痛，如《太平惠民和济局方》青娥丸；与山茱萸、菟丝子、覆盆子等同用，用于阳痿、尿频。

② 本品常配伍艾叶、续断、白术、党参、砂仁、熟地黄、阿胶等同用，用于肝肾亏虚、下元虚冷的胎动不安。

【用药注意】

阴虚火旺者不宜用。

胡 芦 巴

为豆科一年生草本植物胡芦巴的成熟种子。主产于安徽、四川、河南等地。夏季果实成熟时采割植株，晒干，打下种子，除去杂质。盐水炙，捣碎用。

【药理作用特点】

本品苦、温，归肾经，具有温肾、祛寒、止痛功效。本品主要含龙胆宁碱、番木瓜碱、胆碱、葫芦巴碱；还含有皂苷、脂肪油、蛋白质、糖类及维生素 B_1。

其药理作用为：①胡芦巴碱在神经肌肉标本上，能降低神经的时值，对肌肉的时值则先降低后增加。②种子的油中有催乳成分，种子还有轻度驱肠线虫作用。③提取物使雄性大鼠的精液量和精子能动力明显下降，呈现抗雄激素两种活性。

【联用与禁忌】

① 本品常与巴戟天、淫羊藿等同用，用于肾阳不足、寒气凝滞所致的阳痿。

② 与补骨脂、杜仲等配伍，治疗寒伤腰胯。

【用药注意】

阴虚阳亢者忌用。

续　断

为川续断科多年生草本植物川续断的根。主产于四川、湖北、湖南、贵州等地。秋季采挖，除去根头及须根，用微火烘至半干，堆置“发汗”至内部变绿色时，再烘干。切薄片用。

【药理作用特点】

本品苦、甘、辛、微温，归肝、肾经，具有补肝肾、强筋骨、续伤折、止血安胎功效。本品主要含三萜皂苷、挥发油、生物碱以及β-谷甾醇、胡萝卜苷、蔗糖和维生素 E 等。

其药理作用为：①水煎液及其总皂苷粗提出物均有明显的促进骨损伤愈合的作用。②浸膏、总生物碱及挥发油对未孕或妊娠小鼠子宫均有显著的抑制收缩作用；浸膏与挥发油能显著抑制妊娠小鼠离体子宫的自发收缩频率。③乙醇提取物灌服能显著抑制大鼠蛋清性脚肿胀、二甲苯所致的小鼠耳部炎症、醋酸所致的小鼠腹腔毛细血管通透性亢进以及纸片所致的肉芽组织增生。④挥发油对金黄色葡萄球菌有较强的抑菌能力。

【联用与禁忌】

① 本品常配杜仲、牛膝、补骨脂等，如《扶寿精方》续断丸，治腰膝酸痛、软弱无力；与萆薢、防风、牛膝等同用，如《太平惠民和济局方》续断丸，治风寒湿痹、筋挛骨痛；与骨碎补、当归、赤芍、红花、自然铜等同用，治跌打损伤、骨折、肿痛等。

② 本品常配阿胶、艾叶、熟地黄等同用，有补肝肾、调冲任、止血安胎之效，用于肝肾虚弱、冲任失调的胎动不安。

【用药注意】

阴虚火旺者忌用。

狗　脊

为蚌壳蕨科植物金毛狗脊的干燥根茎。主产于四川、广东、云南、贵州、浙江、江西、福建、广西等地。去毛蒸后切片晒干用。

【药理作用特点】

本品苦、甘、温，归肾、肝经，具有补肝肾、强筋骨、祛风湿功效。本品主要含绵马酚及淀粉，其茸毛含鞣质及色素。

其药理作用为：外用可治毒疮及不收敛的溃疡，取鲜品加白糖适量捣烂外敷。其茸毛外敷创伤出血，有良好的止血生肌之效。

【联用与禁忌】

① 本品常配伍杜仲、牛膝、巴戟天、茴香等，适用于肝肾不足兼有风寒湿邪的病证，如劳伤乏力、寒伤腰胯、四肢风湿疼痛、骨软症等。

② 狗脊上的茸毛有止血功效，一般只用于外伤出血。

【用药注意】

阴虚火旺者不宜用。

补 骨 脂

为豆科一年生草本植物补骨脂的成熟果实。主产于河南、四川、陕西等地。秋季果实成熟时采收。生用或盐水炙用。

【药理作用特点】

本品辛、苦、温，归肾、脾经，具有补肾助阳、固精缩尿、暖脾止泻、纳气平喘功效。本品主要含有脂肪油、挥发油、树脂及补骨脂素、异补骨脂素、补骨脂甲素、补骨脂乙素等。

其药理作用为：①能明显促进体外培养的二倍体成纤维细胞的生长增殖速度，并对该细胞具有抗衰老作用，使巨噬细胞体积增大，伪足增多，吞食红细胞能力增强。②提取液对金黄色葡萄球菌、耐青霉素葡萄球菌等均有抑制作用；新补骨脂异黄酮对新型隐球菌、烟曲霉和金黄色葡萄球有抑制作用。③补骨脂素对多种小鼠肉瘤、艾氏腹水瘤、肝癌等的生长有抑制作用。

【联用与禁忌】

① 本品常配川牛膝、木瓜、续断、胡芦巴、肉桂等，治疗寒伤腰胯、腰膝冷痛；与盐小茴、杜仲、川楝子等配伍，可治疗肾冷拖腰症；常配巴戟天、肉桂、枸杞子等，治阳痿因下元虚败；与盐小茴、胡芦巴、盐知母、盐黄柏等配伍，治睾丸虚肿发热的阳黄证；与青盐等同炒为末服，治遗精；同茴香等为丸，治肾气虚冷、小便无度。

② 本品常配五味子、肉豆蔻、吴茱萸同用，如《内科摘要》四神丸，能补肾阳以暖脾止泻，用于脾肾阳虚泄泻。

③ 本品常配人参、肉桂、沉香等同用，能补肾阳而纳气平喘，用于肾不纳气的虚喘。

【用药注意】

阴虚火旺、粪便秘结者不宜用。

骨 碎 补

为水龙骨科植物槲蕨或中华槲蕨的干燥根茎。主产于广东、浙江等地。四季均可采挖，去毛晒干切片生用。

【药理作用特点】

本品苦、温，归肾、肝经，具有补肾健骨、活血功效。本品主要含柚皮苷、甲基丁香酚、β-谷甾醇、原儿茶酸、新北美圣草苷、里白烯、里白醇、环劳顿烯、环麻根醇、环劳顿酮和石莲姜素等。

其药理作用为：①具有改善软骨细胞的功能，推迟细胞退行性变，降低骨关节病变率的作用。②注射液对培养中的鸡胚骨原基的钙、磷沉积有明显的促进作用，能提高培养组织中 ALP 的活性和促进蛋白多糖的合成。③总黄酮具有抗炎作用，并能抑制毛细血管渗透性的增高。

【联用与禁忌】

① 本品可与菟丝子、五味子、肉豆蔻等同用，有补肾壮阳而止泻之效，用于肾阳不足所致的久泻。

② 本品常与续断、自然铜、乳香、没药等配伍，有补肾坚骨、

活血疗伤之功，用于跌打损伤及骨折等。

【用药注意】

阴虚及无瘀血者慎用。

益 智 仁

为姜科多年生草本植物益智的成熟果实。主产于海南岛、广东、广西等地。夏秋间果实由绿变红时采收。晒干，去壳取仁，生用或盐水炒用。用时捣碎。

【药理作用特点】

本品辛、温，归肾、脾经，具有温肾固精缩尿、暖脾止泻摄唾功效。本品主要含挥发油、萜类、黄酮类和庚烷类衍生物等。其中主要有聚伞花烃香橙烯、香橙烯、芳樟醇、桃金娘醛，圆柚酮、圆柚醇、杨芽黄酮、白杨素、益智酮甲、益智酮乙、益智新醇和益智醇等。

其药理作用为：①甲醇提取物对豚鼠左心房具有强大的正性肌力作用，有效成分为益智酮甲。②氯仿提取物具有镇痛作用。③提出物能影响鼠小肠对磺胺脒的吸收，有止泻作用。④丙酮提取物能明显抑制盐酸或乙醇引起的大鼠胃损伤。

【联用与禁忌】

① 本品常配伍山药、桑螵蛸、菟丝子等同用，有温补肾阳、涩精缩尿的作用，用于肾阳不足、不能固摄所致的滑精、尿频等。

② 本品常与党参、白术、干姜等配伍，用于脾阳不振、运化失常引起的虚寒泄泻、腹部疼痛等；与党参、茯苓、半夏、山药、陈皮等配伍，治疗脾虚不能摄涎以致涎多自流者。

【用药注意】

阴虚火旺者不宜用。

冬虫夏草

为麦角菌科真菌冬虫夏草寄宿生在蝙蝠科昆虫幼虫上的子座及幼虫尸体的复合体。主产于四川、西藏、青海、云南等地。初夏子座出土、孢子未发散时挖取。晒至六七成干，除去似纤维状的附着物及杂质，晒干或低温干燥。生用。

【药理作用特点】

本品甘、平，归肺、肾经，具有益肾壮阳、补肺平喘、止血化痰功效。本品主要含粗蛋白，其水解产物为谷氨酸、苯丙氨酸、脯氨酸；组氨酸、丙氨酸等。还分离出虫草酸、D-甘露糖醇、甘露醇、半乳甘露聚糖及多种微量元素。尚含有脂肪、粗纤维、糖类等。

其药理作用为：①冬虫夏草有平喘作用，对离体豚鼠支气管平滑肌有明显扩张作用，且能增强肾上腺素的作用；②可明显改善肾衰患者的肾功能状态和提高细胞免疫功能，从尿蛋白定量、血清肌酐及病理学几方面证明对大鼠实验性 Heymann 肾炎有效；③有减慢心率，降血压，抗实验性心律失常及抗心肌缺血缺氧，抑制血栓形成，降低胆固醇、甘油三酯等作用；④有抗癌、抗菌、抗病毒、抗炎、抗放射及镇静、祛痰、平喘等作用。

【联用与禁忌】

① 本品可单用浸酒服，或配伍淫羊藿、巴戟天、菟丝子等同用，有补肾助阳益精之效，用于肾虚腰痛、阳痿、遗精。

② 本品常配北沙参、川贝母、阿胶等，用于治疗劳咳痰血；常与人参、胡桃肉、蛤蚧等同用，用于治疗喘咳短气。

【用药注意】

① 冬虫夏草中有效成分受热易破坏，因此最好选用不经长时间高温处理的方法。

② 感冒发热、风湿性关节炎患者、脑出血患者以及有实火或邪胜者，不宜服用冬虫夏草。

蛤　蚧

为壁虎科动物蛤蚧除去内脏的干燥体。主产于广西，广东、云南亦产。全年均可捕捉，除去内脏，拭净，用竹片撑开，使全体扁平顺直，低温干燥。用时除去鳞片及头足，切成小块，黄酒浸润后，烘干。

【药理作用特点】

本品咸、平，归肺、肾经，具有助肾阳、益精血、补肺气、定喘咳的功效。本品主要含蛋白质、脂肪、丰富的微量元素和氨基酸，还有一定的胆固醇、正交硫、硫酸钙等。

其药理作用为：①以小鼠前列腺、精囊、提肛肌的重量为指标，蛤蚧提取液具雄性激素样作用，其效力较蛇床子、淫羊藿、海马为弱；②能使小鼠交尾期延长，卵巢、子宫重量增加；③与注射雌性激素相似，能增强机体免疫功能，能解痉平喘、抗炎、降低血糖；④能显著提高自由基代谢酶的活性及 GSH 的含量，同时显著降低 LPO 含量，蛤蚧体尾均有一定抗衰老作用，尾部作用大于体部。

【联用与禁忌】

① 本品常与人参同用，如人参蛤蚧散或配伍贝母、百合、天冬、麦冬等，能峻补肺肾之气而纳气平喘，为治虚喘劳咳的要药，用于肺肾两虚、肾不纳气的虚喘久咳。

② 本品用于可单用浸酒服，或配人参、鹿茸、淫羊藿等同用，有助肾壮阳、益精血的功效，用于治疗肾阳不足、精血亏虚的阳痿。

【用药注意】

外感咳嗽者不宜用。

紫 河 车

为健康人的干燥胎盘。将新鲜胎盘除去羊膜及脐带，反复冲洗至去净血液，蒸或置沸水中略煮后，干燥，或研制为粉。

【药理作用特点】

本品甘、咸、温，归心、肺、肾经，具有温肾补精、益气养血的功效。本品主要含多种抗体及干扰素；多种激素（促性腺激素 A 和 B、催乳素、促甲状腺激素、催产素样物质、多种甾体激素和雌酮），还含有多种有价值的酶（如溶菌酶、激肽酶、组胺酶、催产素酶等），红细胞生成素、磷脂（有磷脂酰胆碱、治血磷脂酰胆碱和神经鞘磷脂等）以及多种多糖等。

其药理作用为：①紫河车具有免疫作用，增强机体抵抗力；②能促进乳腺、子宫、阴道、卵巢、睾丸的发育；③有抗过敏作用。

【联用与禁忌】

① 本品可单用，或配伍补肾温阳益精之品，如鹿茸、人参、当归、菟丝子之类同用，用于肾气不足、精血亏虚的不孕、阳痿遗精、腰酸耳鸣等。

② 本品可单用或随证配伍人参、蛤蚧、胡桃肉、地龙等补肾纳气平喘药应用，用于肺肾两虚的喘咳。

③ 本品可与党参、黄芪、当归、熟地黄等同用，用于气血不足、萎黄消瘦、产后乳少、子宫脱垂等；血余炭、黄酒为引服，用于治疗子宫脱垂；还可治癫痫及某些过敏性疾病或免疫缺陷病。

附　脐带

脐带为新生儿的脐带，又名坎炁。将新鲜脐带用金银花、甘草、黄酒同煮，烘干入药。药味甘、咸，性温，归肾、肺经。有补肾纳气、平喘、敛汗的功效。主要用于肺肾两虚的喘咳、盗汗等。

菟　丝　子

为旋花科一年生寄生缠绕草本植物菟丝子的成熟种子。我国大部分地区均有分布。秋季果实成熟时采收植株，晒干，打下种子，除去杂质，生用或盐水炙用。

【药理作用特点】

本品甘、温，归肝、肾、脾经，具有补肾固精、养肝明目、止泻、安胎的功效。本品主要含β-谷甾醇、芝麻素、棕榈酸、山柰酚、槲皮素、紫元英苷、金丝桃苷、咖啡酸以及多糖、氨基酸和微量元素等。

其药理作用为：①水提物可以阻止四氯化碳所致大鼠肝损伤。②对小鼠胸腺指数及脾T、B淋巴细胞增殖和腹腔巨噬细胞吞噬功能具有明显的抑制作用。③黄酮能明显提高应激大鼠卵巢内分泌功能降低模型血清雌二醇、孕酮水平，增加垂体、卵巢和子宫的重量。

【联用与禁忌】

① 本品常配枸杞子、五味子、覆盆子等，治阳痿滑精；常配桑螵蛸、鹿茸、五味子等，治小便失禁。

② 本品常配熟地黄、枸杞子、车前子等，用于肝肾不足、目失所养而致双眼干涩、视力减退。

③ 本品常配茯苓、白术、山药等同用，能温肾补脾而止虚泻，用于脾肾虚泻。

④ 本品常与川续断、桑寄生、阿胶配伍应用，如寿胎丸，有补肝肾、固胎元之效，用于肝肾不足的胎动不安。

【用药注意】

阴虚火旺、大便燥结、小便短赤时不宜服用。

沙 苑 子

为豆科多年生草本植物扁茎黄芪的成熟种子。主产于陕西、山西等地。秋末冬初果实成熟尚未开裂时采割植株，晒干，打下种子，除去杂质。生用或盐水炒用。

【药理作用特点】

本品甘、温，归肝、肾经，具有补肾固精、养肝明目的功效。本品主要含有氨基酸、多肽、蛋白质、酚类、鞣质、甾醇和三萜类成分、生物碱、黄酮类成分。此外尚含多种人体所需的微量元素。

其药理作用为：①有抗炎作用；②能改善血液流变学指标，抑制血小板凝聚；③保护肝糖原积累，降脂降酶，是肝病治疗有前途的药物；④能增强机体免疫力，提高机体的非特异性和特异性免疫功能；⑤水煎醇沉剂用于麻醉犬能减慢心率，降低血压和心肌张力指数，增加脑血流量；⑥小鼠灌胃，发现有抗利尿作用；⑦有镇痛、解热、耐寒、抗疲劳、镇静、增加体重等作用。

【联用与禁忌】

① 本品常配龙骨、莲须、芡实等同用，如金锁固精丸，用于肾虚阳痿、遗精早泄、尿淋等证。

② 本品常配枸杞子、菟丝子、菊花等同用，有补养肝肾以明目之效，用于肝肾不足的眩晕目昏。

锁 阳

为锁阳科多年生肉质寄生草本植物锁阳的肉质茎。主产于内蒙古、甘肃、青海、新疆等地。春季采挖，除去花序，切段，晒干。切薄片，生用。

【药理作用特点】

本品甘、温，归肾、大肠经，具有补肾阳、益精血、润肠通便的功效。本品主要含熊果酸、3β-丙二酸单酯、齐墩果酸丙二酸半酯、异槲皮苷、根皮苷、姜油酮葡糖苷、β-谷甾醇、琥珀酸、没食子酸、原儿茶酸和邻羟基肉桂酸以及多糖、氨基酸和鞣质等。

其药理作用为：①可增强小鼠血清和线粒体内超氧化物歧化酶的活性，促进小鼠清除超氧阴离子自由基，降低血清中丙二醛含量，降低细胞损伤的程度。②对阳虚及正常小鼠的体液免疫有明显的促进作用，其机理可能与增加脾脏淋巴细胞等有关。③总糖、总苷类、总甾体类能延长小鼠常压耐缺氧、硫酸异丙肾上腺素所致缺氧的存活时间，使小鼠静脉注射空气的存活时间延长。④有促进动物性成熟及性行为的作用，但未经炮制的锁阳可使睾丸显著萎缩，血浆睾酮浓度显著降低。

【联用与禁忌】

① 本品常与肉苁蓉、菟丝子等配伍，用于肾虚阳痿、滑精等证。

② 本品常与熟地黄、牛膝、枸杞子、五味子等配伍，用于肝肾阴亏、筋骨痿软、步行艰难等，有润燥、养筋骨的作用。

③ 本品可与肉苁蓉、火麻仁、柏子仁等配伍，既润肠通便，又有滋养作用，用于久病体虚、老年患畜及产后肠燥便秘。

【用药注意】

肾火盛者忌用。

阳 起 石

为硅酸类矿石阳起石或阳起石石棉的矿石。主产于河北、河南、湖北、山东等地。全年可采，除去泥土、杂石。煅红透，黄酒淬过，碾细末用。

【药理作用特点】

本品咸、温，归肾经，具有温肾壮阳功效。本品主要含钙、镁、锌、铁、铜、铝和锰等无机元素。

其药理作用为：水煎醇提取液具有雌激素样作用。

【联用与禁忌】

本品可与补骨脂、菟丝子、肉苁蓉等配伍使用，用于肾气虚寒、阳痿、滑精、早泄、子宫虚寒、腰胯冷痹等证。

【用药注意】

阴虚火旺者忌服。

仙　茅

为石蒜科植物仙茅的干燥根茎。主产于四川、广西、云南、贵州、广东等地。生用。

【药理作用特点】

本品辛、热、有毒，入肝、肾、脾经，具有补肾阳、强筋骨、祛风湿功效。本品主要含仙茅苷、仙茅苷乙、仙茅素 B、仙茅素 C、苔黑酚葡萄糖苷、石蒜碱、丝兰皂苷元和胡萝卜苷等。

其药理作用为：①提取物对成骨样细胞的增殖有明显的促进作用。②多糖体外单独能刺激小鼠脾淋巴细胞增殖。③醇浸剂能明显延长小鼠对印防己毒素所致惊厥的潜伏期。④腹腔注射仙茅醇浸剂能明显减轻小鼠巴豆油所致的耳肿胀。

【联用与禁忌】

① 本品常配伍淫羊藿、枸杞子、金樱子等同用，可用于肾虚诸证及肾阳不足所致阳痿、滑精。

② 本品常与巴戟天、黄芪、鸡血藤、牛膝、木瓜、路路通等同用，可用于风寒湿痹。

【用药注意】

① 阴虚火旺者忌服。

② 本品燥烈有毒，不宜久服。

三、补血药

本类药物的药性多甘温或甘平，质地滋润，能补肝养心或益脾，而以滋生血液为主，有的还兼能滋养肝肾。主要适用于心肝血虚所致的唇爪苍白、皮毛无华、蹄甲枯槁、心动无力、神疲力乏、脉细弱等。若母畜冲任脉虚，则不发情或发情紊乱，或胎动，或早产，或流产等。

应用时，如兼见气虚者，要配伍补气药，使气旺以生血；兼见阴虚者，要配伍补阴药，或选用补血而又兼能补阴的阿胶、熟地黄、桑椹之类。“后天之本在脾”，脾的运化功能衰弱，补血药就不能充分发挥作用，故还应适当配伍健运脾胃药。

补血药多滋腻黏滞，妨碍运化。故凡湿滞脾、脘腹胀满、食少便溏畜应慎用。必要时，可配伍健脾消食药，以助运化。

当　归

为伞形科多年生草本植物当归的根。主产于甘肃东南部岷县（秦州），产量多，质量好；其次则为陕西、四川、云南等地。秋末采挖，除去须根及泥沙，待水分稍蒸发后，捆成小把，上棚，用烟火慢慢熏干。切薄片，或身、尾分别切片。生用或酒炒用。

【药理作用特点】

本品甘、辛、温，归肝、心、脾经，具有补血、活血、止痛、润肠功效。本品主要含挥发油、糖类和有机酸等。挥发油中主要成分为藁本内酯及少量香荆芥酚、苯酚、对甲苯酚、别罗勒烯、正丁烯基辅内酯、β-罗勒烯、棕榈酸和邻苯二甲酸酐；糖类包括果糖、蔗糖（40%）以及多糖（8%），主要有 D-牛乳糖、L-阿拉伯糖、D-木糖、葡萄糖醛酸和半乳糖醛酸；有机酸包括阿魏酸、烟酸、丁二酸、香草酸、二十四烷酸、棕榈酸等。

其药理作用为：①当归挥发油和阿魏酸能抑制子宫平滑肌收缩，而其水溶性或醇溶性非挥发性物质，则能使子宫平滑肌兴奋。当归对子宫的作用取决于子宫的功能状态而呈双相调节作用。②正丁烯呋内酯能对抗组胺-乙酸胆碱喷雾所致豚鼠实验性哮喘。③当归有抗血小板凝集和抗血栓作用，并能促进血红蛋白及红细胞的生成。④有抗心肌缺血和扩张血管作用，并证明阿魏酸能改善外周循环。⑤当归对实验性高脂血症有降低血脂作用。⑥对非特异性和特异性免疫功能都有增强作用。⑦当归对小鼠四氯化碳引起的肝损伤有保护作用，并能促进肝细胞再生和恢复肝脏某些功能的作用。⑧有镇静、镇痛、抗炎、抗缺氧、抗辐射损伤及抑制某些肿瘤株生长和体外菌作用等。

【联用与禁忌】

① 本品常配熟地黄、白芍等同用，如四物汤，用于心肝血虚、面色萎黄、眩晕心悸等。与黄芪、人参等同用，如当归补血汤、人参养营汤等，用于气血两虚者。

② 本品常配川芎、白芷等，用于治疗血滞兼寒的肿痛；与郁金、香附等同用，用于气血瘀滞的胸痛、胁痛；与桂枝、白芍等配伍，用于虚寒腹痛；与黄芩、黄连、木香等同用，用于血痢腹痛；与乳香、没药、桃仁、红花等药同用，治跌打损伤；与羌活、独活、桂枝、秦艽等药配伍，用于风湿痹痛、肢体麻木；与益母草、川芎、桃仁等同用，治疗产后瘀血疼痛。

③ 本品常配金银花、连翘、炮穿山甲、赤芍等，以消肿止痛，用于疮疡初期；常配人参、黄芪、熟地黄等，以补血生肌，用于痛疽溃后、气血亏虚。

④ 本品常配火麻仁、肉苁蓉等同用，能养血润肠通便，用于血虚、阴虚肠燥便秘。

【用药注意】

阴虚内热者不宜用。

熟 地 黄

为生地黄（见清热凉血药）经加黄酒拌蒸至内外色黑、油润，或直接蒸至黑润而成。切厚片用。

【药理作用特点】

本品甘、微温，归肝、肾经。具有补血滋阴、益精充髓功效。本品主要含5-羟甲基糠醛、梓醇、果糖、甘露三糖、蜜二糖及葡萄糖等。

其药理作用为：①有降低血糖的作用。②熟地黄流浸膏对蛙心有显著的强心作用。③有利尿作用。④对疮癣、石膏样小芽孢癣菌、羊毛状小芽孢癣菌等真菌均有抑制作用。⑤多糖对低下的免疫功能有显著的兴奋作用，能增加细胞免疫功能和红细胞膜的稳定性，有促进凝血的功能。

【联用与禁忌】

① 本品常与当归、川芎、白芍同用，并随证配伍相应的药物，用于血虚体弱、萎黄、眩晕、心悸等症。

② 本品常与山茱萸、山药等同用，如六味地黄丸，用于肾阴不足的潮热骨蒸、盗汗、遗精等。

③ 本品常与制何首乌、枸杞子、菟丝子等补精血药同用，用于肝肾精血亏虚的腰膝痿软、眩晕耳鸣等。

【用药注意】

脾虚湿盛者忌用。

何首乌

为蓼科多年生缠绕草本植物何首乌的块根。我国大部地区，如河南、湖北、广西、广东、贵州、四川、江苏等地均有出产。秋、冬二季叶枯萎时采挖，削去两端，洗净，切厚片，干燥，称生首乌；再以黑豆汁拌匀，蒸至内外均呈棕褐色，晒干，称为制首乌。

【药理作用特点】

制首乌甘、涩、微温，归肝、肾经；生首乌甘、苦、平，归心、肝、大肠经。制首乌补益精血，固肾乌须；生首乌截疟解毒，润肠通便。本品主要含蒽醌类化合物，以大黄素、大黄酚为主，其次为大黄酸、大黄素甲醚和大黄蒽酮以及二苯乙烯苷、卵磷脂、氨基酸和微量元素。

其药理作用为：①乙醇提取物可明显抑制二甲苯所致的小鼠耳急性炎症肿胀和角叉菜胶所致的足跖肿胀，且维持时间较长；对醋酸所致的小鼠腹腔毛细血管通透性亢进及蛋清所致大鼠足肿胀有显著抑制作用。②有血管舒张作用，其活性提取物大黄素和蒿属香豆素可剂量依赖性缓解肾上腺素导致的胸动脉环前收缩。③对四氯化碳、醋酸泼尼松和硫代乙酰胺引起的小鼠肝损伤后的肝脂蓄积均有一定的保护作用。

【联用与禁忌】

① 制首乌多与熟地黄、枸杞子、菟丝子等配伍，有补益精血的功效，常用于阴虚血少、腰膝痿软等。

② 生首乌常与当归、肉苁蓉、麻仁等同用，能通便泻下，适用于体质虚弱及老年患畜之便秘。

③ 生首乌常与玄参、紫花地丁、天花粉等同用，散结解毒，用于治瘰疬、疮疡、皮肤瘙痒等。

【用药注意】

脾虚湿盛者不宜用。

白　芍

为毛茛科多年生草本植物芍药的根。主产于浙江、安徽、四川等地。夏、秋二季采挖，洗净，除去头尾及细根，置沸水中煮后除去外皮，或去皮后再煮至无硬心，捞起晒干。切薄片，生用或炒用、酒炒用。

【药理作用特点】

本品苦、酸、甘、微寒，归肝、脾经，具有平抑肝阳、平肝止痛、敛阴止汗的功效。本品主要含芍药苷、氧化芍药苷、苯甲酰芍药苷、苯甲酰氧化芍药苷、氧化苯甲酰芍药苷、芍药新苷、白芍苷、β-谷甾醇、苯甲酸、没食子酸以及挥发油等。

其药理作用为：①水煎剂对巨噬细胞功能有明显的促进作用，可使处于低下状态的细胞免疫功能恢复正常。②芍药苷静脉注射给大鼠具有镇静作用，并有剂量依赖关系。③煎剂对志贺痢疾杆菌和葡萄球菌有抑制作用，酊剂能抑制铜绿假单胞菌，浸剂对大肠杆菌、铜绿假单胞菌、草绿色链球菌等均有不同程度的抗菌作用。④水煎液对巴豆油致小鼠耳廓肿胀、醋酸所致小鼠腹腔炎症及毛细血管通透性均有明显的抑制作用。

【联用与禁忌】

① 本品常配生地黄、牛膝、石决明、女贞子等同用，有养肝阴、调肝气、平肝阳、缓急止痛之效，用于肝阴不足、肝阳上亢、躁动不安等。

② 本品常配甘草、防风、白术等同用，有柔肝止痛之效，用于肝脾不调、腹痛泄泻。

③ 本品常与桂枝配伍，调和营卫而止汗，用于营卫不和、表虚自汗；与生地黄、牡蛎、浮小麦等配伍，敛阴而止汗，用于阴虚盗汗。

④ 本品属酸性药物，不与磺胺类药、氨基糖苷类（链霉素、红霉素、庆大霉素、卡那霉素等）、氢氧化铝、氨茶碱等碱性药，以及呋喃妥因、利福平、阿司匹林、吲哚美辛等配伍，可能与其易析出结晶而致结晶尿、血尿，起中和反应，降低或失去药效，加重对肾脏的毒性等有关系。

【用药注意】

反藜芦。

阿　胶

为马科动物驴的皮经煎煮、浓缩制成的固体胶。主产于山东、浙江、河北、河南、江苏等地，以山东省东阿县的产品最著名。捣成碎块或以蛤粉烫炒成珠用。

【药理作用特点】

本品甘、平，归肺、肝、肾经，具有补血、止血、滋阴润燥、安胎功效。本品主要含骨胶原，与明胶相类似。水解生成多种氨基酸，但赖氨酸较多，还含有胱氨酸。

其药理作用为：①实验性贫血家兔灌服阿胶补血冲剂可使血红蛋白、红细胞、白细胞、血小板等均显著增加。②能提高小鼠吞噬百分率和吞噬指数，对抗氢化可的松所致的细胞免疫抑制作用，对NK细胞有促进作用。③对抗兔耳烫伤后血管通透性的增加，对油酸造成的肺损伤有保护作用。④能改善动物体内钙的平衡，促进钙的吸收，有助于血清中钙的存留，并有促进血液凝固作用，故善于止血。

【联用与禁忌】

① 本品常与熟地黄、当归、黄芪等补益气血药同用，用于血虚萎黄、眩晕、心悸等。

② 本品配伍蒲黄、生地黄、墨旱莲、仙鹤草、白茅根等，用于治疗血热吐衄；与人参、天冬、北五味子、白及等同用，用于肺破咯血；配伍当归、赤芍或槐花、地榆等，可治便血；配伍白芍、黄连等，可治先便后血；配伍生地黄、艾叶、当归等，如胶艾汤，可治子宫出血。

③ 配伍麦冬、杏仁等，如清燥救肺汤，治温燥伤肺、干咳无痰；配白芍、黄连等，如黄连阿胶汤，治热病伤阴、烦躁不安；与艾叶配伍使用，用于妊娠胎动、下血。

【用药注意】

本品性滋腻，有碍消化，胃弱便溏者慎用。

龙眼肉

为无患子科常绿乔木植物龙眼的假种皮。初秋果实成熟时采摘，烘干或晒干，取肉去核，晒至干爽不黏。主产于广东、福建、广西、台湾等地。

【药理作用特点】

本品甘、温，归心、脾经，具有补益心脾、养血安神功效。本品主要含葡萄糖、蔗糖、酒石酸、腺嘌呤、胆碱及蛋白质、脂肪等。

其药理作用为：①益气补血，增强记忆。②含有大量的铁、钾等元素，能促进血红蛋白的再生以治疗因贫血造成的心悸、心慌、失眠、健忘。③含铁及维生素比较多，可减轻宫缩及下垂感，养血安胎。④抗菌，煎剂对痢疾杆菌有抑制作用；对癌细胞有一定的抑制作用。

【联用与禁忌】

① 本品单用即有效；亦可配伍黄芪、党参、当归、酸枣仁等同用，用于心脾虚损、气血不足的心悸、躁动不安等。

② 本品避免与奎宁、麻黄碱、阿托品、强心苷类、降血糖药（苯乙双胍、甲苯磺丁脲等）、水杨酸制剂以及排钾利尿药（如氢氯噻嗪等）等配伍，易发生沉淀，影响吸收，中毒，拮抗，易促成消化性溃疡以及易致低钾血症。

四、补阴药

本类药物的药性大多甘寒（或偏凉）质润，能补阴、滋液、润燥，以治疗阴虚液亏之证为主。故历代医家相沿以“甘寒养阴”来概括其性用。“阴虚则内热”，而补阴药的寒凉性又可以清除阴虚不足之热，故阴虚多热者用之尤宜。

阴虚证多见于热病后期及若干慢性疾病。最常见的证候为肺、胃及肝、肾阴虚。补阴药各有其长，可根据阴虚的主要证候选择应用。但补胃阴者常可补肺阴，补肾阴者每能补肝阴，在实际应用时，又常相互为用。

补阴药各有所长，不仅应随证选用，同时还应随证配伍。如热邪伤阴而邪热未尽者，应配伍清热药；阴虚内热者，应配伍清虚热药；阴虚阳亢者，应配伍潜阳药；阴虚风动者，应配伍息风药；阴血俱虚者，并用补血之品。

另外，尚需依据阴阳互根之理，在补阴药队中适当辅以补阳药，使阴有所化，并可借阳药运，以制阴药之凝滞。张景岳说：“善补阴者，必于阳中求阴，则阴得阳升而源泉不竭”，在实际应用中是颇有道理的。当然，他这里所说的主要是针对补肾阴而言，并不是说任何补阴药中都要辅以补阳药。

补阴药大多甘寒滋腻，凡脾胃虚弱、痰湿内阻、腹满便溏患畜不宜用。

沙　参

为桔梗科植物轮叶沙参、沙参或伞形科植物珊瑚菜等的干燥根。前两种习称南沙参，后者习称北沙参。南沙参主产于安徽、江苏、四川等地，北沙参主产于山东、河北等地。切片生用。

【药理作用特点】

本品甘、凉，入肺、胃经，具有润肺止咳、养胃生津功效。南沙参含沙参皂苷；杏叶沙参含呋喃香豆精（花椒毒素）；北沙参含挥发油、三萜酸、豆甾醇、β-谷甾醇、生物碱和淀粉等。

其药理作用为：①乙醇和乙酸乙酯提取物对豚鼠枸橼酸引咳具

有显著的对抗作用，乙酸乙酯提取物并有显著地促进小鼠酚红排泌作用。②沙参多糖及水提取物能显著地增加碳粒廓清指数及吞噬指数，增强单核-巨噬细胞的吞噬功能。③沙参多糖能显著地增加小鼠耳肿胀度，能够增强二硝基氟苯诱导的小鼠迟发型变态反应，能显著增加胸腺和脾脏的重量。

【联用与禁忌】

① 本品常与麦冬、玉竹、天花粉、川贝母等同用，用于肺阴虚的肺热燥咳、干咳少痰或劳伤久咳、咽干音哑等。

② 本品常配麦冬、石斛等同用，有养胃阴、清胃热、生津液之功，用于胃阴虚或热伤胃阴、津液不足的口渴咽干、舌质红绛、胃脘隐痛、干呕等。

【用药注意】

① 肺寒湿痰咳嗽者不宜用。

② 反藜芦。

麦　冬

为百合科多年生草本植物麦冬的块根。主产于四川、浙江、湖北等地。夏季采挖，反复暴晒、堆置，至七八成干，除去须根，干燥。生用。

【药理作用特点】

本品甘、微苦、微寒，归心、肺、胃经，具有养阴润肺、益胃生津、清心除烦功效。本品主要含麦冬皂苷（A～E）和阔叶麦冬皂苷（A～H），其主要苷元为薯蓣皂苷元和鲁斯可苷元以及异黄酮等。

其药理作用为：①麦冬多糖具有较显著的抗小鼠耳异种被动皮肤过敏的作用，并能拮抗乙酰胆碱和组胺混合液刺激引起的正常豚鼠和卵白蛋白引起的致敏豚鼠的支气管平滑肌收缩，抑制致敏豚鼠哮喘的发生及小鼠肥大细胞脱颗粒及组胺释放。②对金黄色葡萄球菌、弗氏痢疾杆菌和伤寒杆菌有较强的抑制作用。③总皂苷、总氨基酸和提取物均具有明显的抗心肌缺血作用。

【联用与禁忌】

① 本品常与桑叶、杏仁、阿胶等配伍，如清燥救肺汤，用于

燥咳痰黏、咽干鼻燥；配天冬，如《张氏医通》二冬膏，用于治疗劳热咳嗽。

② 常配玉竹、沙参等，如益胃汤，治热伤胃阴的口渴咽干；与玄参、生地黄配伍，如《温病条辨》中增液汤，治疗热病津伤、肠燥便秘。

③ 与生地黄、酸枣仁等同用，如天王补心丹，治阴虚有热的心烦不安；配黄连、生地黄、竹叶心等同用，如清营汤，治邪扰心营、身热烦躁、舌绛而干等。

④ 本品应避免与奎宁、麻黄碱、阿托品、强心苷类、降血糖药（苯乙双胍、甲苯磺丁脲等）、水杨酸制剂以及排钾利尿药（氢氯噻嗪等）等配伍，易发生沉淀、影响吸收，中毒，拮抗，易促成消化性溃疡以及易致低钾血症。

【用药注意】

寒咳多痰、脾虚便溏者不宜用。

天　冬

为百合科多年生攀援草本植物天冬的块根。主产于贵州、四川，广西等地。秋、冬二季采挖，洗净，除去茎基和须根，置沸水中煮或蒸至透心，趁热除去外皮，洗净，干燥。切薄片，生用。

【药理作用特点】

本品甘、苦、寒，归肺、肾经，具有养阴润燥、清火、生津功效。本品主要含皂苷、氨基酸、多糖及维生素和微量元素等。

其药理作用为：①有镇咳、祛痰作用。②对炭疽杆菌、溶血性链球菌、葡萄球菌、念珠菌、絮状表面癣菌、白色隐球菌、石膏样小孢子菌、毛癣菌有抑制作用。③对小鼠肉瘤 S180 有显著的抑制作用。

【联用与禁忌】

① 常配麦冬、沙参、川贝母等同用，治燥热咳嗽；常配麦冬、川贝母、生地黄、阿胶等同用，治劳嗽咯血或干咳痰黏、痰中带血。

② 配熟地黄、知母、黄柏等同用，治肾虚火旺、潮热滑精等；配党参、生地黄等同用，如《温病条辨》三才汤，治热病伤津口

渴；与生地黄、玄参、火麻仁等配伍，用于热伤津液的肠燥便秘。

③ 本品避免与奎宁、麻黄碱、阿托品、强心苷类、降血糖药（苯乙双胍、甲苯磺丁脲等）、水杨酸制剂以及排钾利尿药（如氢氯噻嗪等）等配伍，易发生沉淀、影响吸收，中毒，拮抗，易促成消化性溃疡以及易致低钾血症。

【用药注意】

寒咳多痰、脾虚便溏者不宜用。

石　斛

为兰科多年生草本植物环草石斛、马鞭石斛、黄草石斛、铁皮石斛或金钗石斛的茎。主产于四川、贵州、云南，安徽、广东、广西等地。全年均可采收，以秋季采收为佳。烘干或晒干，切段，生用。可栽于沙石内，以备随时取用。

【药理作用特点】

本品甘、微寒，归胃、肾经，具有养阴清热、益胃生津功效。本品主要含石斛碱、石斛氨碱、石斛醚碱、石斛酯碱、石斛次碱、10-羟基石斛碱、3-羟基二氧石斛次碱以及多糖、氨基酸和微量元素等。

其药理作用为：①浸膏对豚鼠离体肠管有兴奋作用，可使收缩幅度增加。②能显著提高超氧化物歧化酶水平，从而起到降低过氧化脂质的作用。③合剂具有显著降低高血糖模型动物的血糖水平，并使血糖降至正常水平。

【联用与禁忌】

本品常配生地黄、麦冬、沙参、天花粉等，有清热生津之效，重在滋养肺胃之阴而退虚热，用于热病伤津、低热烦渴、口燥咽干、舌红苔少，肺胃有热、口渴贪饮者亦可使用。

【用药注意】

湿热及温热尚未化燥者忌用。

玉　竹

为百合科多年生草本植物玉竹的根茎。主产于河北、江苏等地。秋季采挖，洗净，晒至柔软后，反复揉搓，晾晒至无硬心，晒干；或蒸透后，揉至半透明，晒干。切厚片或段用。

【药理作用特点】

本品甘、微寒，归肺、胃经，具有养阴润燥、生津止渴功效。本品主要含多糖、甾体皂苷、黄酮、生物碱、甾醇、鞣质、黏液质、强心苷等。

其药理作用为：①煎剂少量能使蛙心搏动迅速增强，大剂量能引起心跳减弱甚至停止。②乙醇提取物能提高烧伤小鼠的免疫功能，明显提高烧伤小鼠血清溶血素的水平，提高腹腔巨噬细胞的吞噬功能，改善脾淋巴细胞对 ConA 的增殖反应。③提取物对正常及链脲霉素高血糖小鼠均有降血糖作用。

【联用与禁忌】

① 本品常与沙参、麦冬、川贝母等同用，能养阴、润肺而止燥咳，用于阴虚肺燥的干咳少痰。

② 本品常配生地黄、麦冬等同用，如益胃汤，能益胃生津，并治内热消渴，用于热病伤津、烦热口渴等，可治热病伤津的烦热口渴。

【用药注意】

寒湿盛者忌用。

黄　　精

为百合科多年生草本植物黄精、滇黄精或多花黄精的根茎。黄精主产于河北、内蒙古、陕西；滇黄精主产于云南、贵州、广西；多花黄精主产于贵州、湖南、云南、安徽、浙江。春、秋二季采挖，洗净，置沸水中略烫或蒸至透心，干燥。切厚片生用或酒制用。

【药理作用特点】

本品甘、平，归脾、肺、肾经，具有滋肾润肺、补脾益气功效。本品主要含黄精多糖（A、B、C）、黄精皂苷（A、B）、甘草素、苏氨酸、丙氨酸和镁等。

其药理作用为：①黄精多糖能明显消除兔模型结膜充血、水肿、睫状体充血等局部表现，能明显抑制小鼠耳廓肿胀、大鼠足趾肿胀，降低大鼠肉芽肿的重量，减少肉芽肿内渗出。②黄精多糖能明显促进正常小鼠胸腺和脾脏重量的增加，能明显增强小鼠静脉注射胶体碳粒的廓清速率，对小鼠网状内皮系统吞噬功能有明显激活作用。③黄精多糖能明显延长雌、雄两性果蝇的平均寿命和最高寿命。④水煎液对伤寒杆菌、金黄色葡萄球菌、抗酸杆菌均有抑制作用。

【联用与禁忌】

① 可单用熬膏服，或配沙参、天冬、川贝母、知母等同用，用于治疗阴虚肺燥咳嗽；配地黄、天冬、百部等同用，治劳嗽久咳。

② 与党参、白术等同用，用于脾胃气虚而倦怠乏力、食欲不振、脉象虚软者；与石斛、麦冬、山药等同用，用于脾胃阴虚而致口干食少、舌红无苔者。

③ 本品常配枸杞子、熟地黄等同用，用于肾虚精亏的腰膝痿软。

【用药注意】

脾虚有湿者不宜用。

百　合

为百合科多年生草本植物百合或细叶百合的肉质鳞叶。全国各地均产，以湖南、浙江产者为多。秋季采挖，洗净，剥取鳞叶，置沸水中略烫，干燥。生用或蜜炙用。

【药理作用特点】

本品甘、微寒，归肺、心经，具有养阴、润肺止咳、清心安神功效。本品主要含皂苷（卷丹皂苷 A、麦冬皂苷 D、β-谷甾醇、胡萝卜素苷）、多糖、磷脂（磷脂酰胆碱、双磷脂酰甘油、磷脂酸）、生物碱（秋水仙碱）、氨基酸（天冬氨酸、谷氨酸、赖氨酸）、微量元素（钙、磷和铁）等。

其药理作用为：①水提取液小鼠灌胃能延长二氧化硫引咳的潜伏期，对氨水所致的小鼠咳嗽也有止咳作用，蜜炙后上述止咳作用增强，且能增加气管分泌而起到祛痰作用。②水提液、水煎醇沉液均可延长正常小鼠常压耐缺氧和异丙肾上腺素所致耗氧增加的缺氧小鼠存活时间，水提液还可以延长甲状腺素所致“甲亢阴虚”动物的常压耐缺氧存活时间。③水提液可以明显延长动物负荷游泳时间，可使肾上腺素皮质激素所致的“阴虚”小鼠及烟熏所致的“肺气虚”小鼠负荷游泳时间延长。

【联用与禁忌】

① 与款冬花配伍，如《济生方》百花膏，用于肺阴虚的燥热咳嗽、痰中带血；配生地黄、玄参、川贝母等，如百合固金汤，用于肺虚久咳、劳嗽咯血。

② 本品常配知母、生地黄同用，如百合知母汤、百合地黄汤，能清心安神，用于热病余热未清、惊悸、躁动不安等。

【用药注意】

外感风寒咳嗽者忌用。

枸　杞　子

为茄科落叶灌木植物宁夏枸杞子的成熟果实。主产于宁夏、甘肃等地。夏、秋二季果实呈橙红色时采收，晾至皮皱后，再暴晒至外皮干硬、果肉柔软。生用。

【药理作用特点】

本品甘、平，归肝、肾经，具有补肝肾、明目功效。本品主要含枸杞多糖、甜菜碱、玉蜀黍黄素、玉蜀黍黄素二棕榈酸、类胡萝卜素、类胡萝卜素酯、枸杞素、维生素 C、多种氨基酸及微量元素等。

其药理作用为：①枸杞多糖能激活 T 淋巴细胞和 B 淋巴细胞并以增强细胞免疫为主，同时也能增强体液免疫功能。②煎剂对正常小鼠和环磷酰胺引起的白细胞受抑制小鼠的造血功能均有促进作用。可增加小鼠外周血粒细胞数量，促进股骨骨髓细胞增殖和分化。③胡萝卜素在体内转化的维生素 A 能促进视网膜内视紫质的合成或再生，维持正常视力。

【联用与禁忌】

① 本品常与菟丝子、熟地黄、山茱萸等同用，为滋阴补血的

常用药，用于肝肾亏虚、精血不足、腰胯乏力等。

② 本品常配菊花、地黄等，如杞菊地黄丸，有补肝肾、益精血、明目之效，用于肝肾不足所致视力减退、内障目昏、瞳孔放大等。

【用药注意】

脾虚湿滞、内有实热者不宜用。

鳖　甲

为鳖科动物鳖的背甲。主产于河北、湖南、安徽、浙江等地。全年均可捕捉，杀死后置沸水中烫至背甲上硬皮能剥落时取出，除去残肉。晒干，以砂炒后醋淬用。

【药理作用特点】

本品咸、寒，归肝、肾经，具有滋阴潜阳、软坚散结功效。本品主要含甘氨酸、脯氨酸、谷氨酸、亮氨酸、精氨酸、半乳糖、葡萄糖醛酸、氨基半乳糖、钙、锰和磷等。

其药理作用为：①能抑制结缔组织增生，有软肝、脾的作用，故对肝硬化、脾肿大有治疗作用，并有提高血浆蛋白的作用。②对 H_{22} 小鼠肝癌细胞 DNA 合成有明显的抑制作用。③提取物能提高机体对负荷的适应性，明显延长小鼠游泳时间，提高乳酸脱氢酶的活力，有效清除剧烈运动时机体的代谢产物，延缓疲劳的发生和加速疲劳的消除。

【联用与禁忌】

① 配青蒿、秦艽、知母等，如青蒿鳖甲汤、秦艽鳖甲散等，用于阴虚发热作用较龟甲为优，为治阴虚发热的要药；配生地黄、牡蛎、菊花等同用，治疗阴虚阳亢、头晕目眩；常配生地黄、龟甲、牡蛎等同用，用于热病伤阴、阴虚风动、舌干红绛。

② 本品常配三棱、莪术、木香、桃仁、红花、青皮等，能软坚散结，通血脉而消症瘕，用于症瘕积聚作痛等。

【用药注意】

阳虚及外感未解、脾虚泄泻及孕畜忌用。

附　龟甲

为龟科动物乌龟的背甲及腹甲。本品性寒，味甘、咸；归肝、肾、心经；功能滋阴潜阳、益肾健骨、止血、养血补心；多用于治阴虚内热、骨蒸盗汗、热病伤阴、心虚惊悸等。

女贞子

为木犀科常绿乔木植物女贞的成熟果实。主产于浙江、江苏、湖南、福建、四川等地。冬季果实成熟时采收，稍蒸或置沸水中略烫后，干燥。生用或酒制用。

【药理作用特点】

本品甘、苦、凉，归肝、肾经，具有补肝肾阴、乌须明目功效。本品果皮含齐墩果酸、女贞子酸、熊果酸、油酸、亚麻酸、女贞子苷、女贞子多糖、组氨酸、赖氨酸、天冬氨酸、亮氨酸、磷脂酰磷乙醇胺、磷脂酰胆碱和磷脂酰肌醇等。

其药理作用为：①齐墩果酸对实验性高脂血症大鼠有明显的降脂作用，并能减少脂质在家兔主要脏器的沉积。②水煎剂灌胃给药对二甲苯引起小鼠耳廓肿胀，乙酸引起的小鼠腹腔毛细血管通透性增加及对角叉菜胶、蛋清、甲醛性大鼠足垫肿胀均有明显抑制作用。③齐墩果酸为广谱抗生素，对金黄色葡萄球菌、溶血性链球菌、大肠杆菌、弗氏痢疾杆菌、伤寒杆菌，特别是对伤寒杆菌、金黄色葡萄球菌作用比氯霉素强。④女贞子多糖通过清除羟自由基，提高超氧化物歧化酶及谷胱甘肽过氧化物酶活力而发挥抗脂质过氧化作用。

【联用与禁忌】

① 配熟地黄、菟丝子、枸杞子等同用，用于肝肾阴虚的目暗不明、视力减退、腰胯无力、滑精耳鸣等；配地骨皮、生地黄等同用，可治阴虚发热。

② 本品属酸性药物，不与磺胺类药、氨基糖苷类（链霉素、红霉素、庆大霉素、卡那霉素等）、喹诺酮类、氨茶碱等碱性药，以及呋喃妥因、利福平、阿司匹林、吲哚美辛等配伍，可能与其易发生析出结晶而致结晶尿、血尿，减弱药效，起中和反应，降低或

失去药效，加重对肾脏的毒性等有关系。

【用药注意】

阳虚及脾虚泄泻者忌用

山茱萸（山萸肉）

为山茱萸科植物山茱萸除去种子的果实。主产于山西、陕西、山东、安徽、河南、四川等地。

【药理作用特点】

本品酸、微温，入肝、肾经，具有补益肝肾、敛汗涩精功效。本品主要含山茱萸苷、山茱萸新苷、莫诺苷、獐牙菜苷、马钱子苷、棕榈酸、异丁醇、异戊醇、糠醛、甲基丁香油酚、没食子酸、棕榈酸、葡萄糖、果糖和蔗糖等。

其药理作用为：①醇提取物对四氧嘧啶、链脲佐菌素和肾上腺素性糖尿病大鼠有明显的降血糖作用，主要成分为熊果酸。②水煎剂能抑制醋酸引起的小鼠腹腔毛细血管通透性的增高，大鼠棉球肉芽组织的增生、二甲苯所致的小鼠耳廓肿胀以及蛋清引起的大鼠足垫肿胀，并能降低大鼠肾上腺内抗坏血酸含量。③对金黄色葡萄球、伤寒杆菌、痢疾杆菌和堇色毛癣菌等有抑制作用。

【联用与禁忌】

① 本品常与菟丝子、熟地黄、杜仲等配伍，滋补肝肾、固肾涩精，适用于肝肾不足所致的腰胯乏力、滑精早泄等。

② 可与党参、附子、龙骨、牡蛎等同用，适用于大汗亡阳欲脱之证；与地黄、牡丹皮、知母等配伍，可治阴虚盗汗之证。

③ 本品属酸性药物，不与磺胺类药、氨基糖苷类（链霉素、红霉素、庆大霉素、卡那霉素等）、喹诺酮类、氨茶碱等碱性药，以及呋喃妥因、利福平、阿司匹林、吲哚美辛等配伍，可能与其易发生析出结晶而致结晶尿、血尿，减弱药效，起中和反应，降低或失去药效，加重对肾脏的毒性等有关系。

【用药注意】

湿热、小便淋涩不宜用。

补益药功能比较见表6-4。

表 6-4 补益药功能比较

类别	药物	相同点	不同点
补气药	人参 党参 黄芪 白术 山药	补脾益气	人参补气之力最大,独能大补元气;党参补气之力小于人参,多用于补脾益气;黄芪补中益气,善于固表升阳,并有利水消肿、托疮排脓等功效;白术苦温,主补脾阳,兼能燥湿;山药甘平,主补脾阴,并能益肺滋肾
	大枣 甘草	补气和中,调和药性	大枣与生姜同用,善于调和营卫;甘草炙用补脾益气,生用能清热解毒,治肺热、咽痛、咳嗽及疮疡肿毒
补血药	当归 熟地黄 阿胶 何首乌 白芍	补血	当归味辛苦而气香,性善走散,长于活血止痛,但阴虚者不能用;熟地黄滋阴之力较大,而性滋腻;阿胶滋肺润燥,又善止血;何首乌长于养血,滋阴之力不及熟地黄、阿胶,但滋而不腻、温而不燥,并有涩精作用;白芍并能平肝止痛,调和营卫
助阳药	巴戟天 肉苁蓉 淫羊藿 锁阳 阳起石 胡芦巴 补骨脂 益智仁 蛤蚧 菟丝子 羊红膻 仙茅	温肾壮阳	巴戟天兼治风湿痹痛;肉苁蓉、锁阳又有润肠通便的作用;淫羊藿温性较大,能去寒湿,而治寒湿痹痛;补骨脂兼治冷泻;胡芦巴以治虚冷见长;益智仁长于治尿频兼能温脾止泻;蛤蚧善于纳气平喘,多用于虚劳喘咳;菟丝子补肾助阳之力较大,长于缩尿,并能安胎,又能明目;羊红膻长于壮阳催情,并能温中健脾;阳起石长于治疗生殖障碍;仙茅长于强筋骨和祛风湿
	杜仲 续断 骨碎补	补肝肾,强筋骨,安胎	杜仲补肾强腰之力较优,又长于降血压;续断、骨碎补长于利关节、续筋骨,是跌打损伤的常用药

续表

类别	药物	相同点	不同点
滋阴药	沙参 玉竹 天冬 麦冬 石斛 百合	养阴清热，润肺止咳	沙参补养生津之力较大，北沙参养阴润肺较佳，南沙参长于清肺祛痰；玉竹润燥之力不及沙参；天冬长于润肺燥、滋肾阴，故肺肾阴虚多用天冬；麦冬长于养胃生津兼清心火，故热病伤津常用麦冬；石斛性善清养，清虚热之功较胜；百合还可清心安神
	女贞子 枸杞子 山茱萸 黄精 鳖甲	滋养肝肾	枸杞子长于益精明目，治肝虚视物不清的眼病；女贞子以补而不腻见长；山茱萸并有敛汗固脱之功；黄精长于益精，并能润肺；鳖甲清虚热之力较大，并能软坚散结，治症瘕积聚见长

第十三节　平肝息风药

凡能清肝热、息肝风的药物，称为平肝药。根据平肝药的作用范围，一般分为平肝明目药和平肝息风药两类。

本类药药性多属寒凉，少数性平或温，味多以辛、甘、苦为主；主入肝经；以沉降趋势为主；部分药物有毒，使用宜慎。本类药一般具有清肝泻火、明目退翳、潜降肝阳、平息肝风的功能。此外，部分药还具有清热解毒、润肠通便、化痰等功能。平肝药主要用于治疗各种肝火亢盛、目赤肿痛、睛生翳膜、肝阳上亢、肝风内动、惊痫癫狂、痉挛抽搐等症，部分药物还可用于治疗肠燥便秘、风湿痹痛、疮疡肿痛等症。

应用本类药物时，需根据病因、病机及兼证的不同，进行相应的配伍。如肝火上炎引起的目赤肿痛，常配伍清泻肝火的药物；阴虚亏虚引起的双眼干涩、刺痛、流泪，多配伍滋补肝阴的药物；肝阳上亢证，多配伍滋养肾阴的药物，益阴以制阳；热极生风之肝风内动，当配伍清热泻火药同用；阴血亏虚之肝风内动，当配伍补养阴血药物；兼窍闭神昏者，当配伍开窍醒神药；兼痰邪者，当配伍祛痰药等。本类药物有性偏寒凉或性偏温燥之不同，故应区别使用。若脾虚慢惊者，不宜寒凉之品；阴虚血亏者当忌温燥之品。

一、平肝明目药

石　决　明

为鲍科动物杂色鲍（光底石决明）、皱纹盘鲍（毛底石决明）、羊鲍、澳洲鲍、耳鲍或白鲍的贝壳。分布于广东、福建、辽宁、山东等沿海地区。夏、秋捕捉，剥除肉后，洗净贝壳，去除附着的杂质，晒干。生用或煅用。用时打碎。

【药理作用特点】

本品咸、寒，归肝经，具有平肝潜阳、清肝明目功效。本品主要含碳酸钙90%以上，有机质约3.67%，尚含少量镁、铁、硅酸盐、磷酸盐、氯化物和极微量的碘，煅烧后碳酸盐分解，产生氧化钙，有机质则破坏。

其药理作用为：石决明有镇静作用，在胃中能中和过多的胃酸。

【联用与禁忌】

① 本品常与生地黄、白芍、牡蛎等养阴、平肝药物配伍，用治肝肾阴虚、肝阳眩晕证；与夏枯草、钩藤、菊花等清热、平肝药物同用，用于肝阳上亢并肝火亢盛之头晕头痛、烦躁易怒者。

② 本品可与夏枯草、决明子、菊花等配伍，治疗肝火上炎之目赤肿痛；与蝉蜕、菊花、木贼等配伍，治疗风热目赤、翳膜遮睛；常与熟地黄、枸杞子、菟丝子等配伍，阴虚血少之双眼干涩、目暗不明、视物不清者。

③ 含钙类药物，与酶制剂、四环素类（相隔3h以上则影响不大）、泼尼松龙、异烟肼、利福平、维生素C等配伍，可发生络合、生成难溶物等降低生物利用度。

草　决　明

为豆科一年生草本植物决明或小决明的成熟种子。主产于安徽、广西、四川、浙江、广东等省，南北各地均有栽培。秋季采收，晒干，打下种子，生用或炒用。

【药理作用特点】

本品甘、苦、咸、微寒，归肝、肾、大肠经，具有清肝明目、润肠通便功效。本品新鲜种子含大黄酚、大黄素、火明素、橙黄决明素等，尚含维生素 A。

其药理作用为：①决明子水浸液及醇浸液对实验动物有降压及利尿作用；②所含蒽苷有缓下作用；③本品还能收缩子宫；④动物实验及临床应用均证明能抑制血清胆固醇升高和主动脉粥样硬化斑块的形成；⑤决明子水浸液对皮肤真菌有抑制作用，醇浸液对葡萄球菌、白喉杆菌、大肠杆菌、伤寒杆菌及副伤寒杆菌均有抑制作用。

【联用与禁忌】

① 本品常与夏枯草、栀子、菊花、黄芩、龙胆等同用，用于肝经实火、目赤肿痛、羞明多泪者；常与沙苑子、枸杞子等同用，用于肝肾阴亏、双眼干涩、视物不清者。

② 本品常与火麻仁、瓜蒌仁等配伍，用于内热肠燥、大便秘结。

【用药注意】

气虚便溏者不宜应用。

羚 羊 角

为牛科动物赛加羚羊的角。主产于新疆、青海等地。全年均可捕捉，但以秋季猎取最佳。捕后锯取其角，晒干。用时镑成薄片、锉末或磨汁。

【药理作用特点】

本品咸、寒，归肝、心经，具有平肝息风、清肝明目、清热解毒功效。本品主要含磷酸钙、角蛋白及不溶性无机盐等。

其药理作用为：①羚羊角外皮浸出液对中枢神经系统有抑制作用，有镇痛作用；②能增强动物对缺氧的耐受能力；③煎剂能抗惊厥；④有解热作用；⑤煎剂或醇提取液，小剂量使离体蟾蜍心脏收缩加强，中等剂量可致心传导阻滞，大剂量则引起心率减慢、振幅减小，最后心跳停止。

【联用与禁忌】

① 常与钩藤、菊花、白芍等配伍，即羚角钩藤汤，用于治温热病热邪炽盛、热极动风之高热神昏、惊厥抽搐者。与钩藤、天竺黄、郁金、朱砂等同用，用于治癫痫、惊悸。

② 本品与石决明、牡蛎、天麻等平肝潜阳药物同用，共奏平肝阳、止眩晕之效，用于肝阳上亢、头晕目眩。

③ 常与龙胆、决明子、黄芩等配伍，如羚羊角散，用于肝火上炎、目赤头痛。

④ 与石膏、寒水石等配伍，如紫雪丹，用于治热病神昏、壮热、躁狂、抽搐等症；每以本品配入白虎汤中取效，用于治热毒发斑。

珍　珠

为蚌科动物三角帆和稻纹冠蚌的蚌壳或珍珠贝科动物珍珠贝、马氏珍珠贝等贝类动物贝壳的珍珠层。三角帆蚌和稻纹冠蚌在全国各地的江河湖沼中均产，珍珠贝和马氏珍珠贝主产于海南岛、广东、广西沿海。全年均可采收。去肉后将贝壳用碱水煮过，漂净，刮去外层组黑皮，晒干。生用或煅用。用时打碎。

【药理作用特点】

本品咸、寒，归肝、心经，具有平肝潜阳、清肝明目、镇心安神功效。本品主要含碳酸钙90%以上，有机质约0.34%；尚含少量镁、铁、硅酸盐、硫酸盐、磷酸盐和氧化物，并含多种氨基酸。

其药理作用为：①有效成分碳酸钙可以中和胃酸；②珍珠母30%硫酸水解产物，能增大离体心脏的心跳幅度；③乙醚提取液能抑制离体肠管、子宫的收缩，防止组胺引起的豚鼠休克及死亡；④珍珠母对四氯化碳引起的肝损伤有保护作用。

【联用与禁忌】

① 本品常与牡蛎、白芍、磁石等平肝药同用，治疗肝阳上亢、头晕目眩；可与钩藤、菊花、夏枯草等清肝火的药物配伍，用于肝阳上亢并有肝热烦躁易怒者。

② 本品常与石决明、菊花、车前子配伍，可清肝明目退翳，

用于治肝热目赤、翳障；与枸杞子、贞子、黑芝麻等配伍，可养肝明目，用于治肝虚目暗、视物昏花；与苍术、猪肝或鸡肝同煮服用，可治夜盲。

③ 与朱砂、龙骨、琥珀等安神药配伍，治疗心悸、心神不宁；亦可与天麻、钩藤、天南星等息风止痉药配伍，治疗癫痫、惊风抽搐。

④ 本品研细末外用，可燥湿敛疮，用于湿疮瘙痒。近年来人医临床用珍珠层粉内服治疗胃、十二指肠球部溃疡，或制成眼膏外用治疗白内障、角膜炎及结膜炎，均有相当疗效。

⑤ 含钙类药物，与酶制剂、四环素类（相隔 3h 以上则影响不大）、泼尼松龙、异烟肼、利福平、维生素 C 等配伍，可发生络合、生成难溶物等降低生物利用度。

天　麻

为兰科多年生寄生草本植物天麻的块茎。我国南北各地均有分布，主产于四川、云南、贵州等地。冬春季节采集，冬季茎枯时采挖者名“冬麻”，质量优良；春季发芽时采挖者名“春麻”，质量较差。采挖后除去地上茎及须根，洗净，蒸透，晒干、晾干或烘干。用时润透，切片。

【药理作用特点】

本品甘、微温，归肝经，具有平肝息风、镇痉止痛功效。本品主要含香草醇、黏液质、维生素 A 样物质、苷类及微量生物碱。

其药理作用为：①有抑制癫痫发作的作用；②香草醇有促进胆汁分泌的作用；③有镇痛作用。

【联用与禁忌】

本品与钩藤、全蝎、川芎、白芍等配伍，用于治肝风内动引起的抽搐拘挛；与天南星、僵蚕、全蝎等同用，用于治破伤风；与牛膝、桑寄生等配伍，用于治瘫痪、麻木之证；常与秦艽、牛膝、独活、杜仲等配伍，用于治风湿痹痛。

【用药注意】

阴虚者忌用。

钩　藤

为茜草科常绿木质藤本植物钩藤、大叶钩藤、毛钩藤、华钩藤或无柄果钩藤的带钩茎枝。产于长江以南至福建、广东、广西等省、自治区。春、秋两季采收带钩的嫩枝，剪去无钩的藤茎，晒干。或先置锅内蒸片刻或于沸水中略烫后再取出晒干。切段入药。

【药理作用特点】

本品甘、微寒，归肝、心包经，具有息风止痉、清热平肝功效。本品主要含钩藤碱、异钩藤碱等。

其药理作用为：①醇提取液对中枢神经系统的突触传递过程有明显的抑制效应，因而具有抗癫痫作用。②提取物或柯诺辛和异钩藤碱等能显著抑制小鼠运动。③异钩藤碱能减慢心率，抑制房室及浦肯野纤维的传导。

【联用与禁忌】

① 常与天麻、全蝎、蝉蜕等同用，用于治惊风壮热神昏、牙关紧闭、四肢抽搐等症；与羚羊角、白芍药、菊花等配伍，如羚角钩藤汤，用于治温热病热极生风、痉挛抽搐。

② 本品常与天麻、石决明、菊花、白芍、夏枯草等配伍，用于肝经有热、肝阳上亢的目赤肿痛。

③ 常与防风、蝉蜕、桑叶等同用，有疏散风热之效，用于外感风热之证。

【用药注意】

① 不宜久煎。

② 无实热及实火者忌用。

刺　蒺　藜

为蒺藜科一年生或多年生草本植物蒺藜的果实。主产于东北、华北及西北等地。秋季果实成熟时来收。割下全株，晒干，打下果实，碾去硬刺，除去杂质。炒黄或盐炙用。

【药理作用特点】

本品苦、辛、平，归肝经，具有平肝疏肝、祛风明目功效。本品主要含脂肪油及少量挥发油、鞣质、树脂、钾盐、皂苷、微量生物碱等。

其药理作用为：①水浸液及乙醇浸出液对麻醉动物有降压作用；②有利尿作用；③生物碱及水溶部分均能抑制金黄色葡萄球菌、大肠杆菌的生长；④有止咳平喘及祛痰作用。

【联用与禁忌】

① 本品常与钩藤、珍珠母、菊花等同用，以增强其平肝之功，用于肝阳上亢、头晕目眩。

② 与柴胡、香附、青皮等疏理肝气药物配伍，用于治胸胁胀痛；单用本品研末服或与穿山甲、王不留行等配伍，用于治产后肝郁乳汁不通、乳房胀痛。

③ 与菊花、决明子、蔓荆子等药配伍，如白蒺藜散，用于治风热目赤肿痛、多泪多眵或翳膜遮睛等症。

④ 与防风、荆芥、地肤子等祛风止痒药配伍，用于风疹瘙痒。

【用药注意】

气血虚及孕畜慎用。

罗布麻

为夹竹桃科多年生草本植物罗布麻的叶或根。主产于我国东北、西北、华北等地。在夏季开花前采摘叶子，晒干或阴干，也有蒸炒揉制后用者；全草在夏季割取，除去杂质，干燥，切段用。

【药理作用特点】

本品甘、苦、凉，归肝经，具有平抑肝阳、清热、利尿功效。本品叶子含芸香苷、儿茶素、蒽醌、谷氨酸、丙氨酸、氯化钾等。根含有加拿大麻苷、毒毛旋花子苷元及K-毒毛旋花子苷-β。

其药理作用为：①煎剂有降压作用；②罗布麻根煎剂有强心作用，对实验性心血管功能不足有治疗作用；③能增加肾血流，利尿作用较强。

【联用与禁忌】

① 本品常与钩藤、菊花、夏枯草或牡蛎、石决明、赭石等同

用，可治疗肝阳上亢及肝火上攻之头晕目眩。

② 本品单用或与车前子、木通、茯苓等同用，用于治水肿、小便不利而有热象者。

【用药注意】

不宜过量和长时间服用，以免中毒。

木 贼

为木贼科植物木贼的干燥全草。主产于陕西、吉林、内蒙古及长江流域各地。

【药理作用特点】

本品甘、苦、平，入肝、肺经，具有疏风散热、明目退翳功效。本品主要含挥发性成分琥珀酸、延胡索酸、阿魏酸、香草酸、咖啡酸等。

其药理作用为：①对家兔离体心脏的收缩力有一定的抑制作用，但对心率没有影响；②木贼醇提取物 40g/kg 和 20g/kg 灌胃能明显增加戊巴比妥钠对中枢神经的抑制作用；③木贼醇提取物低浓度时对家兔肠和豚鼠回肠有兴奋作用，能使肠肌收缩频率和肌张力增加，收缩振幅加大，高浓度时则呈抑制作用；④木贼在试管内对金黄色葡萄球菌、大肠杆菌、炭疽杆菌、乙型链球菌、白喉杆菌、铜绿假单胞菌、伤寒杆菌及痢疾杆菌等有不同程度的抑制作用。

【联用与禁忌】

本品常与谷精草、石决明、草决明、白蒺藜、菊花、蝉蜕等同用，有疏风热、退翳膜的作用，用治风热目赤肿痛、羞明流泪或睛生翳膜者。

【用药注意】

阴虚火旺者忌用。

谷 精 草

为谷精草科植物谷精草的干燥花序。主产于华东、华南、西南及陕西等地。

【药理作用特点】

本品辛、甘、微寒，入肝、胃经，具有疏散风热、明目退翳功效。

其药理作用为：谷精草水浸剂（1∶6）在试管内对奥杜盎小芽孢癣菌、铁锈色小芽孢癣菌等均有不同程度的抑制作用。谷精草（品种未鉴定）煎剂（100%），对铜绿假单胞菌作用较强，有效浓度为1∶320（试管法），对肺炎球菌和大肠杆菌作用弱。

【联用与禁忌】

① 本品常与菊花、桑叶、防风、生地黄、赤芍、木贼、决明子等同用，适用于风热目疾、羞明流泪、翳膜遮眼等症。

② 本品常配薄荷、菊花、牛蒡子等药用，疏散风热而治风热头痛。

密蒙花

为马钱科植物密蒙花的花蕾。主产于湖北、陕西、河南等地。

【药理作用特点】

本品甘、微寒，入肝经，具有清肝明目、退翳功效。密蒙花花穗主要含醉鱼草苷、刺槐素等多种黄酮类。

其药理作用为：本品所含刺槐素与槲皮素相似，有维生素P样作用，还有某些解痉作用。

【联用与禁忌】

本品与石决明、青葙子、决明子、木贼等同用，用于肝热目赤肿痛、羞明流泪、睛生翳障等症；多与枸杞子、菊花、菟丝子、熟地黄、蒺藜等配伍，用于治肝虚有热之目疾。

青葙子

为苋科植物青葙子的干燥成熟种子。全国大部分地区均有分布。

【药理作用特点】

本品苦、微寒，入肝经，具有清肝火、退翳膜功效。本品主要含对羟基苯甲酸、棕榈酸胆甾烯酯、菸酸、β-谷甾醇、脂肪油及丰富的硝酸钾等，尚有烟酸。

其药理作用为：本品有降低血压作用，其所含油脂有扩瞳作用；其水煎液对铜绿假单胞菌有较强的抑制作用。

【联用与禁忌】

本品常配决明子、密蒙花、菊花等同用，能清肝退翳，主要用于肝热引起的目赤肿痛、睛生翳膜、视物不见等症。

夜　明　砂

为蝙蝠科动物蝙蝠或菊头蝠科动物菊头蝠的干燥粪便。主产于我国南方各地。

【药理作用特点】

本品辛、寒，入肝经，具有清肝明目、散瘀消积功效。本品主要含尿素、尿酸、胆甾醇及少量维生素 A 等。

其药理作用暂无报道。

【联用与禁忌】

本品可单用或配桑白皮、黄芩、赤芍、牡丹皮、生地黄、白茅根等同用，能消瘀积，用于肝热目赤、白睛溢血；可与苍术等配伍，用于治内外翳障。

【用药注意】

虚寒及孕畜忌用。

二、平肝息风药

全　　蝎

为钳蝎科动物东亚钳蝎的干燥体。主产于河南、山东、湖北、安徽等地。如单用尾，名蝎尾。野生蝎春末至秋初均可捕捉，清明至谷雨前后捕捉者，称为“春蝎”，此时未食泥土，品质较佳；夏季产量较多，称为“伏蝎”，品质较次。饲养蝎一般在秋季，隔年收捕一次。捕捉后，先浸入清水中，待其吐出泥土，置沸水或沸盐水中，煮至全身僵硬，捞出，置通风处，阴干。

【药理作用特点】

本品辛、平、有毒，归肝经，具有息风止痉、攻毒散结、通络止痛功效。本品主要含蝎毒，一种类似蛇毒神经毒的蛋白质，并含有三甲胺、甜菜碱、牛黄酸、软脂酸、硬脂酸、胆甾醇、卵磷脂及铵盐等。

其药理作用为：①蝎毒素可以使呼吸中枢产生麻痹作用，能使血压上升，且有溶血作用；②对心脏、血管、小肠、膀胱、骨骼肌等有兴奋作用；③全蝎有显著的镇静和抗惊厥作用。

【联用与禁忌】

① 本品用于惊痫及破伤风等内外风证。本品为息风止痉的要药。常与蔓荆子、旋覆花、乌蛇等同用，用于治破伤风；与白附子、僵蚕、天麻、当归等同用，用于治中风口眼歪斜；与蜈蚣、钩藤、当归、川芎等配伍，用于治惊痫证。

② 本品常用麻油煎全蝎、栀子加黄蜡为膏药，外敷患处，可用于恶疮肿毒。

③ 本品常与祛风胜湿药同用，常见搭配有蜈蚣、僵蚕、川芎、羌活等，治疗风湿痹痛之重症。

【用药注意】

血虚生风者忌用。

蜈　　蚣

为蜈蚣科动物少棘巨蜈蚣的干燥体。主产于江苏、浙江、湖北、湖南、河南、陕西等地。春、夏两季捕捉，用竹片插入头、尾，绷直，干燥；或先用沸水烫过，然后晒干或烘干。

【药理作用特点】

本品辛、温、有毒，归肝经，具有息风止痉、攻毒散结、通络止痛功效。本品主要含两种类似蜂毒的有毒成分，即组胺样物质及溶血性蛋白质。此外，尚含脂肪油、胆甾醇、蚁酸及组氨酸、精氨酸、亮氨酸等多种氨基酸。

其药理作用为：①蜈蚣对戊四氮、纯烟碱和士的宁等引起的小鼠惊厥均有对抗作；②水浸剂对结核杆菌及多种皮肤真菌有不同程度的抑制作用。蜈蚣水蛭注射液对肿瘤细胞有抑制作用，对网状内皮细胞机能有增强作用。

【联用与禁忌】

① 本品有比全蝎更强的息内风及搜风通络作用，二者常相须为用，治疗多种原因引起的痉挛抽搐，如止痉散。经适当配伍，亦可用于急慢惊风、破伤风、风中经络之口眼歪斜等症。

② 本品同雄黄、猪胆汁配伍制膏，如不二散，外敷恶疮肿毒颇佳，与茶叶共为细末，敷治瘰疬溃烂；若以本品焙黄，研细末，开水送服，或与黄连、大黄、生甘草等同用，又可治毒蛇咬伤。

③ 本品亦有与全蝎相似的通络止痛作用，可与防风、独活、威灵仙等祛风、除湿、通络药物同用，用于风湿顽痹。

【用药注意】

本品有毒，用量不宜过大，孕畜忌服。

僵　蚕

为蚕蛾科昆虫家蚕娥的幼虫在未吐丝前因感染白僵菌而发病致死的干燥体。主产于浙江、江苏、四川等养蚕区。收集病死的僵蚕，倒入石灰中拌匀，吸去水分，晒干或焙干。生用或炒用。

【药理作用特点】

本品咸、辛、平，归肝、肺经，具有息风止痉、祛风止痛、化痰散结功效。本品主要含蛋白质、脂肪以及麦角甾醇、棕榈酸、赤藓酸、甘露醇、尿嘧啶、谷甾醇和胡萝卜苷等。

其药理作用为：所含蛋白质有刺激肾上腺皮质作用。①体内外实验证实僵蚕水提液均具有较强的抗凝血作用。②煎剂灌服能降低士的宁所致惊厥小鼠的死亡数，其止惊的主要成分为僵蚕及僵蛹所含的大量草酸铵。

【联用与禁忌】

① 常与全蝎、牛黄、胆南星等清热化痰、息风止痉药物配伍，如千金散，用于治痰热急惊；与党参、白术、天麻等益气健脾、息风止痉药物配伍，如醒脾散，用于治肺虚久泻、慢惊抽搐；与全蝎、蜈蚣、钩藤等配伍，如摄风散，治破伤风痉挛抽搐、角弓反张。

② 本品常与全蝎、白附子同用，如牵正散，共收祛风止痉之效、用于风中经络、口眼歪斜。

③ 常与桑叶、菊花、薄荷、木贼、荆芥等疏风清热之品配伍，治疗肝经风热上攻之目赤肿痛、羞明流泪等症；可与桔梗、荆芥、甘草等同用，如六味汤，用治风热上攻、咽喉肿痛、声音嘶哑者；可单用研末服，或与蝉蜕、薄荷等祛风止痒药同用，治疗风疹瘙痒。

④ 与浙贝母、夏枯草、连翘等清热、化痰、散结药物同用，用于痰核、瘰疬。

【用药注意】

非热证者忌用。

附　僵蛹

为近年中国科学院动物研究所等单位研制的以蚕蛹为底物，经白僵菌发酵的制成品。据药理实验和临床观察证明，僵蛹与僵蚕的功用相近，而僵蛹作用较和缓，故僵蛹可代替僵蚕药用。现已制成片剂，用于人医临床，治疗癫痫、腮腺炎、慢性支气管炎等疾病，均取得满意的疗效。

地　龙

为巨蚯科动物参环毛蚓或缟蚯蚓的全虫体。前者主产于广东、广西、福建等地，药材称“广地龙”；后者全国各地均有分布，药材称“土地龙”。夏季捕捉。广地龙捕捉后，及时剖开腹部，洗去内脏及泥沙，晒干或低温干燥；土地龙捕捉后，用草木灰呛死，去灰晒干或低温干燥。生用或鲜用。

【药理作用特点】

本品咸、寒，归肝、脾、膀胱经，具有清热、息风、通络、平喘、利尿功效。本品主要含蚯蚓解热碱、蚯蚓素、蚯蚓毒素，还含有含氮物质及黄嘌呤、腺嘌呤、鸟嘌呤、胆碱等。

其药理作用为：①有降压作用；②浸剂对豚鼠实验性哮喘有平喘作用；③有解热、镇静、抗惊厥作用，并有抗组胺的作用。

【联用与禁忌】

① 本品可与全蝎、钩藤、僵蚕等配伍，用于热病狂躁、痉挛抽搐等风证。

② 本品常与天南星、川乌、草乌等同用，用于风湿痹痛。

③ 与麻黄、杏仁等同用，用于肺热喘息、膀胱实热；与车前子、冬瓜等配伍，用于治热结膀胱、小便不利及水肿等。

【用药注意】

非热证者忌用。

天 竺 黄

见化痰药。

白附子（禹白附）

为天南星科植物独角莲的块根。主产于河南、湖北、陕西、四川等地。

【药理作用特点】

本品辛、甘、温、有毒，入脾、胃经，具有燥湿化痰、去风止痉、解毒散结功效。本品主要含天师酸、尿嘧啶、桂皮酸、棕榈酸、β-谷甾醇和β-谷甾醇-3-*O*-葡萄糖苷。

其药理作用为：有与链霉素相似的抗结核杆菌的作用。

【联用与禁忌】

① 本品与天麻、天南星、川芎等同用，适用于中风痰壅；与

僵蚕、全蝎同用，如牵正散，治中风口眼歪斜；与半夏、南星、全蝎、僵蚕等配伍，治破伤风。

② 本品可单用本品内服或外敷，用治毒蛇咬伤。

【用药注意】

阴虚忌用。

平肝息风药功能比较见表6-5。

表6-5 平肝息风药功能比较

类别	药物	相同点	不同点
平肝明目药	石决明 草决明 谷精草 密蒙花 青葙子 夜明砂	清肝明目	石决明质重而长于潜敛浮阳；草决明善解肝经郁热，并有润肠通便之功；青葙子、密蒙花都能退翳膜，但谷精草偏于疏肝热，多用于风热目疾，密蒙花则长于除翳障；夜明砂治夜盲及退翳见长
	木贼 蒺藜	平肝祛风，明目	木贼专于清肝明目，多用于目赤肿痛和睛生翳障；蒺藜还能散风行血而治风疹瘙痒和乳闭不通
	天麻 钩藤 蔓荆子	平肝息风镇痉	天麻善治内风；钩藤长于解痉，兼疏风热，蔓荆子长于清利头目，以治风热目赤多泪见长
平肝息风药	全蝎 蜈蚣 僵蚕 地龙	定惊止痉	全蝎、蜈蚣都有毒性，兼能解毒疗疮，但全蝎力缓，蜈蚣力峻；僵蚕能化痰散结而治咽喉痹痛，但无止痛解毒之功；地龙兼能通经活络、清热平喘
	白附子 天竺黄	祛痰定惊，止痉	白附子祛风之力较大，多用于风痰壅塞之证；天竺黄祛风之力不大，但能清心，故多用于痰热惊搐之证

第十四节　安神开窍药

凡具有安神、开窍功能，治疗心神不宁、窍闭神昏病证的药物，称为安神开窍药。根据药物性质及功用的不同，本类药分为安神药与开窍药两类。

本类药药性多属温性，少数性平或凉，味多以甘、辛为主；主入心经。本类药一般具有镇静安神、醒神开窍功能。此外，部分药还具有清热解毒、理气、祛痰等功能。

本类药主要用于治疗心悸、惊痫、癫狂、神志昏迷、气滞痰闭等症，部分药物还可用于治疗热毒疮肿、虚汗、肠燥便秘、咳嗽痰多等症。

心神不宁等症可由多种病因引发。如心火炽盛或邪热内扰，症见躁动不安、惊悸失眠者，多偏于实。阴血不足、心神失养，症见虚烦不眠、心悸怔忡者，多偏于虚。故安神药的应用，需根据不同的病因、病机，选择适宜的安神药，并进行相应的配伍。如心火亢盛者，当配伍清心降火药物；痰热扰心者，当配伍化痰、清热药物；肝阳上亢者，当配伍平肝潜阳药物；血瘀气滞者，当配伍活血化瘀药物；阴血亏虚者，当配伍补血、养阴药物及养心神药物；心脾气虚者，当配伍补气药物。至于惊风、癫狂等证，多以化痰开窍或平肝息风药物为主，本类药物多作辅助之品。

矿石类安神药，如做丸剂、散剂，易伤脾胃，故不宜长期使用，并需酌情配伍养胃健脾之品；入煎剂，应打碎煎、久煎；部分药物具有毒性，更需慎用，以防中毒。

一、安神药

朱　砂

为三方晶系硫化物类矿物辰砂族辰砂，主含硫化汞（HgS）。主产于贵州、湖南、四川、云南等地。随时开采，采挖后，选取纯净者，用磁铁吸净含铁的杂质，再用水淘去杂石和泥沙，研细水飞，晒干装瓶备用。

【药理作用特点】

本品甘、寒、有毒，归心经，具有镇心安神、清热解毒功效。本品主要成分为硫化汞（HgS），但常夹杂雄黄、磷灰石、沥青质等。

其药理作用为：①朱砂有无镇静催眠作用，认识尚不甚一致；②有解毒防腐作用；③外用能抑制或杀灭皮肤细菌和寄生虫。朱砂为汞的化合物，汞与蛋白质中的巯基有特别的亲和力，高浓度时，可抑制多种酶的活动。进入体内的汞主要分布在肝、肾而引起肝肾损害，并可透过血脑屏障直接损害中枢神经。

【联用与禁忌】

① 本品与当归、熟地黄等配伍，如朱砂安神丸，用于心血虚者；与酸枣仁、柏子仁、当归等养心安神药配伍，用于阴血虚者。

② 本品与牛黄、麝香等开窍、息风药物同用，如安宫牛黄丸，用于治高热神昏、惊厥；多与牛黄、全蝎、钩藤等配伍，如牛黄散，治疗惊风；每与磁石同用，如磁朱丸，用于治癫痫卒昏抽搐。

③ 多与雄黄、大戟、山慈菇等配伍，如紫金锭，治疗疮疡肿毒；多与冰片、硼砂等配伍，如冰硼散，治疗咽喉肿痛、口舌生疮。

【用药注意】

① 本品有毒，内服不可过量或持续服用，以防汞中毒。

② 忌火煅，火煅则析出水银，有剧毒。

琥　　珀

琥珀为古代松科植物，如枫树、松树的树脂埋藏地下经年久转化而成的化石样物质。主产于云南、广西、辽宁、河南、福建等地。随时可采，从地下或煤层挖出后，除去沙石、泥土等杂质，研末用。

【药理作用特点】

本品甘、平，归心、肝、膀胱经，具有镇惊安神、活血散瘀、利尿通淋功效。本品主要含树脂、挥发油。此外，含琥珀氧松香酸、琥珀松香酸、琥珀银松酸、琥珀脂醇、琥珀松香醇及琥珀酸等。

其药理作用为：琥珀酸具有中枢抑制作用，能明显减少小鼠自主活动，延长戊巴比妥钠引起的小鼠睡眠时间；对大鼠听源性惊厥、小鼠电惊厥以及士的宁引起的药物性惊厥，均具有对抗作用。

【联用与禁忌】

① 本品与朱砂、远志、石菖蒲等配伍，如琥珀定志丸，用于心神所伤、神不守舍之心神不宁、惊悸等症，可收定惊安神之效；可与天南星、天竺黄、朱砂等同用，如琉珀抱龙丸，用于惊风、高热、神昏抽搐以及癫痫发作、痉挛抽搐等症，又有定惊止痉之功。

② 本品常与当归、莪术、乌药等配伍，用于产后血瘀肿痛等症；本品外用可作为生肌收敛药物，用于痈肿疮毒。

③ 用葱白煎汤冲服琥珀，可治砂石诸淋；本品配伍金钱草、海金沙、木通等利尿通淋之品，用治石淋或热淋。

酸　枣　仁

为鼠李科落叶灌木或小乔木植物酸枣的成熟种子。主产于河北、陕西、山西、山东等地。秋末冬初果实成熟时采收，除去果肉，碾碎果核，取出种子，晒干。生用或炒用，用时打碎。

【药理作用特点】

本品甘、酸、平，归心、肝、胆经，具有养心益肝、安神、敛汗功效。本品主要含多量脂肪油和蛋白质，并有两种甾醇，两种三萜化合物（白桦脂醇、白桦脂酸），酸枣仁皂苷，还含多量维生素 C。

其药理作用为：①酸枣仁煎剂有镇静、催眠作用，能对抗咖啡因引起的兴奋状态，与巴比妥类药物表现协同作用；②可使防御性运动性条件反射次数显著减少，内抑制扩散，条件反射消退；③煎剂还有镇痛、抗惊厥、降温作用；④酸枣仁水溶成分可引起血压持续下降和心传导阻滞；⑤亦有兴奋子宫作用。

【联用与禁忌】

① 本品与党参、熟地黄、柏子仁、茯苓、丹参等同用，多用于阴血虚、心失所养之心悸、怔忡、躁动不安等症，且主要用于心

肝血虚之心悸、躁动不安；常与当归、黄芪、党参等配伍，如归脾汤，用于由心脾气虚引起的躁动不安；可与麦冬、生地黄、远志等配伍，如天王补心丹，用于由心肾不足、阴虚阳亢引起的心悸失眠、健忘梦遗。

② 本品多与五味子、山茱萸、白芍或牡蛎、麻黄根、浮小麦、黄芪等同用，用于治体虚自汗、盗汗。

柏子仁

为柏科长绿乔木植物侧柏的种仁。主产于山东、河南、河北，此外陕西、湖北、甘肃、云南等地也产。冬初种子成熟时采收，晒干，压碎种皮，簸净，阴干。

【药理作用特点】

本品甘、平，归心、肾、大肠经，具有养心安神、润肠通便功效。本品主要含脂肪油约14%，并含少量挥发油、皂苷。

其药理作用为：因含大量脂肪油，故有润肠通便作用。

【联用与禁忌】

① 本品与酸枣仁、远志、熟地黄、茯神等同用，常用于血不养心引起的心神不宁等。

② 本品常与火麻仁、郁李仁等配伍，具有润肠通便作用，用于阴血虚亏及产后血虚的肠燥便秘。

【用药注意】

便溏及多痰者慎用。

远志

为远志科多年生草本植物远志或卵叶远志的根。主产于河北、山西、陕西、吉林、河南等地。春季出苗前或秋季地上部分枯萎后，挖取根部，除去残基及泥土，晒干。生用或炙用。

【药理作用特点】

本品苦、辛、微温，归心、肾、肺经，具有宁心安神、祛痰开窍、消散痈肿功效。本品主要含皂苷，水解后可分得远志皂苷元A和远志皂苷元B。另含远志醇、细叶远志定碱、脂肪油、树脂等。

其药理作用为：①全远志有镇静、催眠及抗惊厥作用；②有较强的祛痰作用；③煎剂对离体之未孕及已孕子宫均有兴奋作用；④乙醇浸剂对人型结核杆菌、金黄色葡萄球菌、痢疾杆菌、伤寒杆菌等均有抑制作用；⑤所含皂苷亦有溶血作用；⑥有降低血压作用。

【联用与禁忌】

① 本品常与朱砂、茯神等配伍，用治心肾不交之心神不宁、惊悸不安等症。

② 本品可与半夏、天麻、全蝎等配伍，治癫痫、痉挛抽搐；与石菖蒲、郁金、白矾等同用，治疗癫狂发作。

③ 本品每与杏仁、贝母、桔梗等同用，入肺祛痰止咳，治疗痰多黏稠、咳吐不爽者。

④ 本品苦泄温通，疏通气血之壅滞而消痈散肿。可治一切痈疽，不问寒热虚实，单用研末，黄酒送服，并外用调敷患处即效。

【用药注意】

有胃炎及胃溃疡者慎用。

合 欢 皮

为豆科落叶乔木植物合欢的树皮。全国大部分地区都有分布，主产于长江流域各省。夏季间采，剥下树皮，晒干。切段用。

【药理作用特点】

本品甘、平，归心、肝经，具有安神解郁、活血消肿功效。本品主要含皂苷、鞣质等。

其药理作用为：①有镇静作用；②对妊娠子宫能增强其节律性收缩，并有抗早孕效应。

【联用与禁忌】

① 本品可单用或与柏子仁、首乌藤、郁金等配伍使用，为舒肝解郁、悦心安神之品，适宜于情志不遂、发愤烦躁之证。

② 常与红花、桃仁、当归等活血祛瘀药物配伍，治疗跌打损伤、骨折肿痛；常与蒲公英、紫花地丁、连翘等清热解毒药物配伍，用于治疗内外痈疽、疖疮。

二、开窍药

麝　香

为鹿科动物林麝、马麝或原麝成熟雄体香囊中的干燥分泌物。主产于四川、西藏、云南、陕西、甘肃、内蒙古等地。野生麝多在冬季至次春猎取，猎取后，割取香囊，阴干，习称“毛壳麝香”，用时剖开香囊，除去囊壳，称麝香仁。人工驯养麝多用手术取香法，直接从香囊中取出麝香仁，阴干。本品应密闭，避光贮存。

【药理作用特点】

本品辛、温，归心、脾经，具有开窍醒神、活血通经、止痛、催产功效。本品主要含芳香成分为麝香酮及含氮化合物、胆甾醇、脂肪酸和无机盐等。

其药理作用为：①小剂量麝香及麝香酮对中枢神经系统呈兴奋作用，大剂量则可抑制；②可显著地减轻脑水肿，增强中枢神经系统对缺氧的耐受性，改善脑循环；③对离体心脏有兴奋作用，增加冠状动脉血流量；④人工或天然麝香酮对麻醉猫有升压及增加呼吸频率的作用；⑤麝香对离体及在位子宫均呈明显兴奋作用，后者更为敏感，妊娠子宫又较非妊娠子宫敏感；⑥麝香酊的稀释液，在试管内能抑制大肠杆菌、金黄色葡萄球菌、猪霍乱菌；⑦有抗炎作用。

【联用与禁忌】

① 本品配伍牛黄、冰片、朱砂等药，组成凉开之剂，如安宫牛黄丸等，治疗温病热陷心包、痰热蒙蔽心窍、惊风及中风痰厥等热闭神昏；常配伍苏合香、檀香、安息香等药，组成温开之剂，如苏合香丸，用于中风卒昏、胸腹满痛等寒浊或痰湿阻闭气机、蒙蔽神明之寒闭神昏。

② 本品与雄黄、乳香、没药同用，即醒消丸，或与牛黄、乳香、没药同用，用治疮疡肿毒；可与牛黄、蟾酥、珍珠等配伍，如六神丸，用治咽喉肿痛。

③ 与独活、威灵仙、桑寄生等祛风湿药同用，用于治痹证疼

痛、顽固不愈者。

④ 本品与肉桂为散，如香桂散，用于难产、死胎、胞衣不下；亦有以麝香与猪牙皂、天花粉同用，葱汁为丸。

【用药注意】

孕畜忌用。

附　灵猫香

近代研究从小灵猫可采取灵猫香，具有与麝香相似的功效，可外用或内服。另外，人工合成的人工麝香与天然麝香的性能、功用基本相同，现已广泛用于人医临床，代替天然麝香，弥补药源的不足。

冰　　片

为龙脑香科常绿乔木植物龙脑香树脂加工品或龙脑香的树干经蒸馏冷却而得的结晶，称“龙脑冰片”，亦称“梅片”。由菊科多年生草本植物艾纳香（大艾）叶的升华物经加工劈削而成，称“艾片”。龙脑香主产于东南亚地区，我国台湾有引种；艾纳香主产于广东、广西、云南、贵州等地。现多用松节油、樟脑等，经化学方法合成，称“机制冰片”。冰片成品需贮于荫凉处，密闭。研粉用。

【药理作用特点】

本品辛、苦、微寒，归心、脾、肺经，具有开窍醒神、清热止痛功效。龙脑冰片含右旋龙脑、律草烯、β-榄香烯、石竹烯等倍半萜，以及齐墩果酸、麦珠子酸、积雪草酸、龙脑香醇、古柯二醇等三萜化合物。艾片含左旋龙脑。机制冰片为消旋混合龙脑。

其药理作用为：①冰片局部应用对感觉神经有较微刺激，有一定的止痛及温和的防腐作用；②较高浓度（0.5%）对葡萄球菌、链球菌、肺炎双球菌、大肠杆菌及部分致病性皮肤真菌等有抑制作用；③对中、晚期妊娠小鼠有引产作用。

【联用与禁忌】

① 本品与牛黄、麝香、黄连等配伍，如安宫牛黄丸，用于治热病神昏、痰热内闭、暑热卒厥、惊风等热闭。与温里祛寒及性偏温热的开窍药配伍，也可以治疗寒闭。

② 本品单用点眼即效或与炉甘石、硼砂、熊胆等制成点眼药

水，如八宝眼药水，治疗目赤肿痛；与硼砂、朱砂、玄明粉共研细末，如冰硼散，吹敷患处，治疗咽喉肿痛、口舌生疮；与灯心草、黄柏、白矾共为末，吹患处取效，治疗风热喉痹。

③ 本品与银朱、香油制成红褐色药膏外用，可治烫火伤；与象皮、血竭、乳香等同用，如生肌散，治疗疮疡溃后不敛。

【用药注意】

孕畜慎用。

苏 合 香

为金缕梅科乔木植物苏合香树的树脂。主产于非洲、印度及土耳其等地，我国广西有栽培。初夏时将树皮击伤或割破，深达木部，使香树脂渗入树皮内。至秋季剥下树皮，榨取香树脂，即为普通苏合香。如将普通苏合香溶解于酒精中，过滤，蒸去酒精，则为精制苏合香。成品应置阴凉处，密闭保存。

【药理作用特点】

本品辛、温，归心、脾经，具有开窍醒神、辟秽止痛功效。本品主要含游离桂皮酸、桂皮醒脂及挥发油。油中成分为苯乙烯、香荚醛、乙基香荚醛。

其药理作用为：①苏合香为刺激性祛痰药，并有较弱的抗菌作用，可用于各种呼吸道感染；②有温和的刺激作用，可缓解局部炎症，并能促进溃疡与创伤的愈合；③有增强耐缺氧能力的作用，对犬实验性心肌梗死有减慢心率、改善冠脉流量和降低心肌耗氧的作用；④有抗血小板聚集活性的作用。

【联用与禁忌】

① 本品每与麝香、安息香、檀香等同用，如苏合香丸，治疗中风痰厥、惊痫等属于寒邪、痰浊内闭者。

② 本品与冰片等同用，如冠心苏合丸或苏冰滴丸，用于治痰浊、血瘀或寒凝气滞之胸脘痞满、冷痛等症。

石 菖 蒲

为天南星科多年生草本植物石菖蒲的根茎。我国长江流域以南各省均有分布，主产于四川、浙江、江苏等地。秋、冬二季采挖，除去叶、须根及泥沙，晒干或鲜用。

【药理作用特点】

本品辛、苦、温，归心、胃经，具有开窍宁神、化湿和胃功效。本品主要含挥发油0.11%～0.42%，其中主要为β-细辛醚、α-细辛醚、细辛醚等，尚含有氨基酸、有机酸和糖类。

其药理作用为：①石菖蒲水煎剂、挥发油或细辛醚、β-细辛醚均有镇静作用；②水煎剂有抗惊厥作用；③对豚鼠离体气管和回肠有很强的解痉作用，煎剂可促进消化液分泌，制止胃肠的异常发酵；④高浓度浸出液对常见致病性皮肤真菌有抑制作用。

【联用与禁忌】

① 本品常与郁金、半夏、竹沥等配伍，如菖蒲郁金汤，治痰热蒙蔽、高热、神昏者；可与枳实、竹茹、黄连等配伍，如清心温胆汤，用于痰热癫痫抽搐；与茯苓、远志、龙骨等配伍，如安神定志丸，用于湿浊蒙蔽、头晕、嗜睡等症。

② 常与香附、砂仁、苍术、陈皮、厚朴等化湿、行气之品同用，用于治湿浊中阻、脘闷腹胀。

蟾　酥

为蟾蜍科动物中大蟾蜍、黑眶蟾蜍或其同属他种蟾蜍的耳后腺及皮肤腺所分泌的白色浆液，经收集加工而成。产于全国大部分地区。

【药理作用特点】

本品甘、辛、温、有毒，入心、胃经，具有解毒消肿、辟秽通窍功效。本品主要含大量的蟾蜍毒素类物质、甾族苷元类化合物、吲哚系碱类成分、肾上腺素、γ-氨基丁酸、辛二酸及吗啡等。

其药理作用为：①强心作用，蟾毒配基类和蟾蜍毒素类化合物均有强心作用；②中枢性呼吸兴奋和升高血压作用；③对Na^+-K^+-ATP酶抑制作用；④中枢神经兴奋作用；⑤抗炎作用；⑥抗病原微生物作用；⑦镇咳作用；⑧抗凝血作用；⑨免疫增强作用等。

【联用与禁忌】

① 本品有较强的解毒消肿止痛作用，主要用于痈肿疔毒、咽喉肿痛等症，多外用，也常入丸剂用，如六神丸。

② 本品辟秽通窍醒脑，适用于感受秽浊之气猝然昏倒之征，常与麝香、丁香等配伍。

【用药注意】

孕畜忌用。

皂角（皂荚）

为豆科植物皂荚树的干燥果实。主产于东北、华北、中南、四川、贵州等地。

【药理作用特点】

本品辛、温、有小毒，入肺、大肠经，具有豁痰开窍、消肿排脓功效。本品主要含三萜皂苷、鞣质、蜡醇、二十九烷、豆甾醇、谷甾醇等。

其药理作用如下。①祛痰作用：含皂苷类的药物，能刺激胃黏膜而反射性地促进呼吸道黏液分泌，产生祛痰作用（恶心性祛痰药）。②抗菌作用：在试管内，皂荚对大肠杆菌、宋内痢疾杆菌、变形杆菌、伤寒杆菌、副伤寒杆菌、铜绿假单胞菌、霍乱弧菌等革兰阴性肠内致病菌均有抑制作用。③三刺皂荚碱有罂粟碱样作用，可治疗高血压病、支气管哮喘、消化性溃疡及慢性胆囊炎等。

【联用与禁忌】

① 常配细辛、天南星、半夏、薄荷等研末吹鼻，促使通窍苏醒，主要用于顽痰或风痰阻闭所致猝然倒地之症；还有消肿排脓之效，外用治恶疮肿毒（破溃疮禁用）。

② 本品不与四环素、先锋霉素、乌洛托品、新生霉素、氨苄西林、呋喃咀啶、阿司匹林、吲哚美辛、保泰松、对氨基水杨酸钠、维生素 B_1、普萘洛尔、氯丙嗪、氯氮䓬、硫酸亚铁、异烟肼、地高辛、苯巴比妥、苯妥英钠、奎宁、氯喹、多西环素、新斯的明、奎尼丁等配伍使用，可能与其易降低药效、分解失效、吸收降低、从尿排出，促使血药浓度降低、排出减少，血药浓度增加引起

中毒等有关系。

【用药注意】

① 孕畜及体虚者不宜用。

② 对鱼类的毒性很强，高等动物对它一般很少吸收，故主要为对局部黏膜的刺激作用，使分泌增加等。

牛 黄

为牛科动物牛（黄牛）的胆囊结石。研细末用。主产于东北、西北、华北等地。

【药理作用特点】

本品苦、甘、凉，入心、肝经，具有豁痰开窍、清热解毒、息风止痉功效。本品主要含胆酸5%～11%，去氧胆酸约2%，鹅去氧胆酸0.6%～1.7%及其盐类，胆红素及其钙盐；并含胆甾醇、麦角甾醇、卵磷脂、脂肪酸、维生素D、水溶性肽类成分（SMC，具收缩平滑肌及降低血压作用），以及铜、铁、镁、锌等。

其药理作用为：①具有中枢抑制作用、抗惊厥作用、镇痛作用；②解热作用，对正常大鼠体温无降温作用，但可抑制2,4-二硝基苯酚对大鼠引起的发热，降低酵母所致发热大鼠体温；③牛黄及胆酸、胆红素对离体蛙心、豚鼠或家兔心脏均表现强心作用。此外，本品有利胆、保肝、抗炎等作用。

【联用与禁忌】

① 本品多与麝香、冰片等同用，适用于热病神昏、痰闭癫痫、邪热狂乱等症。

② 本品常与黄连、雄黄、麝香同用，适用于热毒郁结所致的年咽喉肿痛、口舌生疮、痈疽疔毒等症。

③ 常与朱砂、水牛角等配伍，用治瘟病高热引起的痉挛、抽搐之症。

④ 本品避免与水合氯醛、乌拉坦、吗啡、苯巴比妥等配伍，以免对中枢产生抑制等副作用。

【用药注意】

脾胃虚弱及孕畜不宜用，无实热者忌用。

安神开窍药功能比较见表6-6。

表6-6 安神开窍药功能比较

类别	药物	相同点	不同点
安神药	朱砂 合欢皮	安神解毒	朱砂善于定惊安神，多用于癫狂或躁动不安；合欢皮能安神解郁、活血消肿，常用于躁动不安，还可用于跌打损伤
	酸枣仁 柏子仁 远志	养心安神	酸枣仁安神之力较优，又可益阴敛汗；柏子仁并能润肠通便；远志以宁心安神为主，兼能祛痰利窍
开窍药	麝香 石菖蒲 牛黄 蟾蜍 皂角	开窍醒脑	麝香辛窜之力最大，并能活血散瘀，治疮痈肿毒及跌打损伤之证；石菖蒲开窍之力不及麝香，但能和中化浊，治痰迷心窍引起的神昏、癫痫等；牛黄善祛热痰，多用于痰热内闭引起神昏及痰鸣之证；蟾酥兼能解毒消肿外治痈疽肿毒；皂角之性辛窜，主用于风痰阻闭，猝然倒地，并治恶疮肿毒

第十五节　驱虫杀虫药

凡能驱除或杀灭畜、禽体内外寄生虫的药物叫做驱虫杀虫药。

本类药药性多属寒凉，少数性温或平，味多以苦为主；主入胃、大肠经；部分药物有毒，使用宜慎。本类药物一般具有驱杀绦虫、蛔虫、钩虫、血吸虫、蛲虫、球虫、螨虫等作用，单各药驱虫的种类多有侧重。另外，本类药物中部分药兼有行气、壮阳、燥湿、消积等功能。本类药多用于动物胃肠道寄生虫病、肝蛭、疥癣等证。

虫证一般具有毛焦肷吊、饱食不长或粪便失调等症状。使用驱虫方药时，必须根据寄生虫的种类、病情的缓急和体质的强弱采取急攻或缓驱。对于体弱脾虚的病畜禽，可采用先补脾胃后驱虫、攻补兼施的办法。同时要注意驱虫药对寄生虫的选择作用，如治蛔虫病选用使君子、苦楝皮，驱绦虫时选用槟榔等。驱虫方药以空腹投服为好，驱虫时应保证畜禽不受惊扰，同时要加强饲养管理，使虫去而不伤正，迅速恢复健康。

驱虫药不但对虫体有毒害作用，而且对畜体也有不同程度的副作用，所以使用时必须掌握药物的用量和配伍，以免引起中毒。驱虫时应适当休息，驱虫后要加强饲养管理，使虫去而不伤正，迅速恢复健康。

雷　丸

为多孔菌科植物雷丸菌的干燥菌核。主产于四川、贵州、云南等地。多寄生于竹的枯根上，切片生用或研粉用，不宜煎煮。

【药理作用特点】

本品苦、寒，入胃、大肠经，具有杀虫功效。本品主要含雷丸素（蛋白分解酶）、凝集素、钙、镁和铝等。

其药理作用为：①有驱杀绦虫的作用，机制可能与有效成分蛋白酶对虫体皮层的损伤程度有关，并与药物浓度和作用时间有关。②对丝虫病、脑囊虫病也有一定的疗效。

【联用与禁忌】

① 本品单用或配伍槟榔，牵牛子、木香等同用，有杀虫作用，以驱杀绦虫为主，亦能驱杀蛔虫，钩虫。

② 本品外用可治疥癣。

使　君　子

为使君子科植物使君子的果实入药。主产于四川、江西、福建、台湾、湖南等地。打碎生用或去壳取仁炒用。

【药理作用特点】

本品甘、温，入脾、胃经，具有杀虫消积功效。本品主要含使君子氨酸、使君子酸钾、胡芦巴碱、脂肪油（油中主要成分为油酸及软脂酸的酯）。此外，还含蔗糖、果糖等。

其药理作用为：①使君子氨酸及使君子氨酸盐具有杀虫作用。②使君子氨酸可造成癫痫模型，其受体拮抗剂可抑制模型动物的癫痫发作。③使君子氨酸能使幼鼠的神经元细胞坏死，神经胶质细胞浸润，并使注射侧的纹状体和海马萎缩。

【联用与禁忌】

本品为驱杀蛔虫要药，也可以治疗蛲虫病，可单用或配槟榔、苦楝子等同用；外用可治疥癣。

川　楝　子

为楝科植物川楝的干燥成熟果实。主产于四川、湖北、贵州、云南等地。生用或炒用。

【药理作用特点】

本品苦、寒、有小毒，入肝、心包、小肠、膀胱经，具有杀虫、理气、止痛功效。本品主要含川楝素、生物碱、楝树碱、中性脂肪、鞣质等。

其药理作用为：①川楝素是一种有效的神经肌肉接头传递阻断剂，其作用部位在突触前神经末梢，作用方式是抑制刺激神经诱发的乙酰胆碱释放。②川楝子不同炮制品均具有显著的镇痛作用，其中以盐制品镇痛抗炎作用最强。

【联用与禁忌】

本品用于驱杀蛔虫、蛲虫时多入复方，常与使君子、槟榔等同用，但本品驱虫之力不及苦楝根皮，故少用以驱虫；常配延胡索、木香等同用，因能理气止痛，主要用于湿热气滞所致的肚腹胀痛。

附　苦楝根皮

本品苦、寒、有毒，入脾、肝，胃经，具有驱杀多种肠内寄生虫的作用，但以驱杀蛔虫效强。

南　瓜　子

为葫芦科植物南瓜的干燥成熟种子。主产于我国南方各地。

【药理作用特点】

本品甘、平，入胃、大肠经，具有驱虫功效。本品主要含南瓜子氨酸及脂肪酸、类脂、氨基酸、维生素和矿物质等。

其药理作用为：①南瓜子氨酸对犬绦虫的头节、未成熟节段和成熟节段都有麻痹作用，对犬水泡绦虫、豆状绦虫、曼氏裂头绦虫都有很好的驱虫效果。②能降低尿中草酸钙结晶的产生和钙的水平，但增加磷、焦磷酸盐、氨基葡糖聚糖和钾的值。③南瓜子氨酸能使部分犬出现恶心和呕吐，小鼠灌服后使肝细胞呈轻度萎缩或肝内少量脂肪浸润，停药后迅速恢复。

【联用与禁忌】

本品用于驱杀绦虫，可单用，但与槟榔同用疗效更佳。也可用于血吸虫病。

大 蒜

为百合科植物蒜的鳞茎，俗称蒜头。全国各地均产。去皮捣碎用。

【药理作用特点】

本品辛、温，入肺、脾、胃经，具有驱虫健胃、化气消胀、消疮功效。本品主要含大蒜辣素、蒜制菌素、大蒜新素及微量碘。

其药理作用为：①对化脓性球菌、结核杆菌、痢疾杆菌、伤寒杆菌、霍乱弧菌等均有抑制作用。②对感染性创伤可使其气味消失、上皮广泛增生、化脓减少。③对免疫功能有激活作用，大蒜注射液对实验动物腹腔巨噬细胞的吞噬制能有明显促进作用，淋巴母细胞转化率及玫瑰花结反应均有显著升高。

【联用与禁忌】

① 本品内服有解毒杀虫作用，主要用以驱杀蛲虫、钩虫，但需与槟榔、鹤虱等配伍；用于治痢疾、腹泻，可单用，亦可用5%的浸液灌肠。

② 本品外用有解毒消痈作用，用于疮痈初起，可捣烂外敷。

蛇 床 子

为伞形科植物蛇床的干燥成熟果实。主产于山东、河北、江苏、浙江等地。

【药理作用特点】

本品辛、苦、温、有小毒，入肾、三焦经，具有燥湿杀虫、温肾壮阳功效。本品主要含蛇床子素、欧芹素乙、异虎耳草素、佛手柑内酯、花椒毒素、花椒毒酚、蛇床定、当归素、白芷素、乙酸龙脑酯，丙酸香芹酯和 α-蒎烯等。

其药理作用为：①蛇床子总香豆素及蛇床子素均可显著提高腹腔巨噬细胞的吞噬百分率和吞噬指数。②蛇床子总香豆素、蛇床子素和花椒毒酚均具有抗炎作用。③蛇床子素具有显著的抗肿瘤活性。

【联用与禁忌】

① 本品多与白矾、苦参、金银花等煎水外洗，有杀虫止痒之效，主要用于湿疹瘙痒；可配地肤子、荆芥、防风等煎水外洗，用于荨麻疹。

② 本品可与五味子、菟丝子、巴戟天等同用，内服有温肾壮阳之功，可治肾虚阳痿、腰胯冷痛、宫冷不孕等症。

【用药注意】

阴虚火旺者忌用。

鹤　虱

为菊科植物天名精（北鹤虱）或伞形科植物野胡萝卜（南鹤虱）的干燥成熟果实。前者各地均产；后者主产于江苏、浙江、安徽等地。

【药理作用特点】

本品苦、辛、平、有小毒，入肝、大肠经，具有杀虫功效。北鹤虱含挥发油，主要成分为天名精内酯和天名精酮、正己酸；南鹤虱含挥发油，油中含 β-红没药烯、罗汉柏二烯、乙酸柏木酯、细辛脑、α-蒎烯、β-蒎烯、α-芹子烯。

其药理作用为：①天名精煎剂有驱杀绦虫、蛲虫、钩虫作用。②对大肠杆菌、葡萄球菌等有抑制作用。

【联用与禁忌】

本品常与川楝子、槟榔等同用，可用于治疗多种肠内寄生虫病，但较多用于驱杀蛔虫、蛲虫、绦虫、钩虫等，还可外治疥癞。

贯众（贯仲）

为鳞毛蕨科植物贯众的干燥根茎及叶柄残基。主产于湖南、广东、四川、云南、福建等地。

【药理作用特点】

本品苦、寒、有小毒，入肝、胃经，具有杀虫、清热解毒功效。本品主要含绵马酸、黄绵马酸、白绵马素、绵马素、绵马贯众素、粗蕨素、松甾酮、羟基促脱皮甾酮、促脱甾酮、羊齿三萜、绵马三萜、鞣质、挥发油和树脂等。

其药理作用为：①醇提取物对金黄色葡萄球菌和大肠杆菌具有明显的抗菌作用。②煎剂对流感病毒 PR8 株、亚洲甲型京科 68-1 株、57-4 株、新甲 1 型连防 77-2 株等均有明显抑制作用。③提取物对四氯化碳和 D-氨基半乳糖诱发的小鼠肝损伤具有保护作用。

【联用与禁忌】

① 本品常与芜荑、百部等配伍，用于虫积腹痛，如绦虫病、蛲虫病、钩虫病等。

② 本品可单用或配伍白药子、金银花等同用，用于湿热毒疮、时行瘟疫。

③ 本品炒炭配伍墨旱莲、生地黄等同用，用于血热妄行所致子宫出血、衄血等症。

【用药注意】

肝病、贫血、衰老病畜及孕畜忌用。

常　山

为虎耳草科植物黄常山的根。主产于长江以南各省及陕西、甘肃等地。晒干切片，生用或酒炒用。

【药理作用特点】

本品苦、辛、寒、有小毒，入肝、肺经，具有截疟、杀虫、解热功效。本品主要含常山碱（甲、乙、丙）、常山次碱等多种生物碱及伞形花内酯等。

其药理作用为：①对甲型流行性感冒病毒（PR8）有抑制作用。②所含生物碱对疟原虫有强的抑制作用。③常山碱甲、乙、丙均有降压作用。④能刺激胃肠道及作用于呕吐中枢，引起呕吐。

【联用与禁忌】

本品是抗疟专药，除杀灭疟原虫外并可杀球虫，故能治鸡疟、鸥疟及鸡、兔球虫病。还可退热。

【用药注意】

有催吐的副作用，用量不宜过大，孕畜慎用。

驱虫杀虫药功能比较见表 6-7。

表 6-7　驱虫杀虫药功能比较

类别	药物	相同点	不同点
驱虫药	使君子 鹤虱 川楝子 鸦胆子	驱杀蛔虫	使君子能健脾胃而去积；鹤虱能驱杀绦虫、蛲虫、钩虫；川楝子驱杀蛔虫，且有行气止痛之功；鸦胆子能清热燥湿、蚀疣，可用于湿热泻痢和赘疣
	雷丸 南瓜子 贯众 鹤草芽	驱杀绦虫、蛔虫	雷丸能杀钩虫；贯众能清热解毒，预防流感；南瓜子驱蛔之力弱，但无毒性而可多用；鹤草芽专驱绦虫，少作他用
	大蒜	驱杀蛲虫、钩虫	大蒜不仅能够驱杀蛲虫、钩虫，还能止痢
	蛇床子 狼毒 大风子 榧子	杀螨虫止痒	蛇床子多用于湿疹和疥癣，还可用于阳痿和宫寒不孕；狼毒能治疗宿草不转；大风子专治疥癣；榧子还可用于虫积腹痛
	常山	驱杀疟原虫、球虫	治疟原虫及球虫外，还能退热

第十六节　外　用　药

凡以外用为主，通过涂敷、喷洗形式治疗畜禽外科疾病的方药叫做外用方药。

外用方药一般具有杀虫解毒、消肿止痛、去腐生肌、收敛止血等功用。临床多用于疮疡肿毒、跌打损伤、疥癣等病。由于疾病发生部位、过程及症状不同，外用方药采用外敷、喷射、熏洗、浸浴等不同的使用方法。

外用药多数具有毒性，内服时必须严格按照制药的方法进行处理及操作（如砒石、雄黄等），以保证安全。外用方较少单用，一般都是复方。

冰　　片

见安神开窍药。

硫　　黄

硫黄为斜方晶系统黄矿或含硫矿物的提炼品。色光、质脆者佳。主产于山西、陕西、河南、广东、台湾等地。

【药理作用特点】

本品酸、温、有毒，入肾、心包、大肠经，外用解毒杀虫，内服补火助阳。本品主要含单质硫，尚含少量钙、铁、铝、镁和微量硒、碲等元素。

其药理作用为：具有杀虫、杀螨和杀菌作用。

【联用与禁忌】

① 本品常制成10%～25%的软膏外敷，或配伍轻粉、大枫子等，治疗皮肤湿烂、疥癣阴疽等症；配伍冰片、轻粉、蛇床子、明矾等制成散剂外用，用于顽癣瘙痒等症。

② 本品可与附子、肉桂配伍，用于命门火衰、腰膝酸冷、阳痿等症；常与生姜、半夏配伍，治脏寒气滞、大便冷秘；配胡芦巴、补骨脂、五味子等，治肾虚不纳气之喘逆。

③ 与磺胺类药配伍，能增加磺胺类药毒副作用。

【用药注意】

阴虚阳亢及孕畜忌用。

雄　　黄

为含硫化砷的矿石。主产于湖南、贵州、湖北、云南、四川等地。

【药理作用特点】

本品辛、温、有毒，入肝、胃经，具有杀虫解毒功效。本品主要含二硫化二砷（As_2S_2）。

其药理作用如下。①抗菌作用：雄黄水浸剂（1∶2）在试管内对多种皮肤真菌有不同程度的抑制作用。其1/100的浓度于黄豆固体培养基上试验，对人型、牛型结核杆菌及耻垢杆菌有抑制生长的作用。用菖蒲、艾叶、雄黄合剂烟熏2～4h以上，对金黄色葡萄球菌、变形杆菌、铜绿假单胞菌均有杀菌作用。②抗血吸虫作用。

【联用与禁忌】

① 本品研末撒或制成油剂外涂，治疥癣；与煅白矾末外撒，治湿疹；与五灵脂共为末，酒调2～3g涂伤处，治毒蛇咬伤。

② 本品为含砷矿物药，不与亚铁盐、硫酸盐、硝酸盐、亚硝酸盐以及酶制剂配伍应用，易产生沉淀，增加毒性，或者降低药效。

【用药注意】

孕畜禁用。

铅丹（章丹、黄丹）

为纯铅制炼而成的四氧化三铅（Pb_3O_4）。主产于河南、广东、福建、湖南等地。

【药理作用特点】

本品辛、微寒、有毒，入心、脾、肝经，具有解毒生肌、坠痰镇惊功效。本品主要含四氧化三铅。

其药理作用为：能直接杀灭细菌、寄生虫，并有抑制黏液分泌作用，对疮疡多脓有较好效果，为膏药的重要原料，故是外科常用药。

【联用与禁忌】

本品外用有良好的解毒、止痒、收敛、生肌等功效，用于治疗各种疮疡肿毒、溃疡久不收口及毒蛇咬伤。疮疖肿毒外敷本品可使脓溃肿消，已溃者能拔毒生肌。除散剂外，多以本品与植物油加热化合制成膏剂使用。内服与除痰安神药同用，可治癫痫。

【用药注意】

不宜多次服用，以防中毒。

炉甘石

为天然产的菱锌矿（含碳酸锌矿石）。主产于广西、湖南、四川等地。火煅或醋淬后，研末用或水飞用。

【药理作用特点】

本品甘、平，入胃经，具有明目去翳、收湿生肌功效。本品主要含碳酸锌和钴、铁、锰、镁、钙的碳酸盐和极微量的镉和钼等。煅烧后为氧化锌。

其药理作用为：①能部分溶解并吸收创面分泌液，起收敛、保护作用；并能抑制葡萄球菌的生长。②纳米炉甘石对大肠杆菌的最小杀菌浓度与炉甘石相比减小了16倍，对金黄色葡萄球菌、枯草芽孢杆菌、铜绿假单胞菌的最低抑菌浓度与炉甘石相比减少了8倍。

【联用与禁忌】

① 本品常与冰片、硼砂、玄明粉等共为末点眼，主要用于肝热之目赤肿痛、羞明多泪及睛生翳膜等症。

② 本品多与铅丹、煅石膏、枯矾、冰片等合用，具有解毒、止痒和吸湿敛疮之效，用于湿疹、疮疡多脓或久不收口等症。

石灰

为石灰石（$CaCO_3$）煅烧而成的氧化钙（CaO）。全国各地均产。

【药理作用特点】

本品辛、温、有小毒，具有生肌、杀虫、止血、消胀功效。生石灰为氧化钙（CaO），熟石灰为氢氧化钙。

其药理作用为：①用石灰水治牛臌胀，是由于大量二氧化碳与之结合而呈制酵作用[$Ca(OH)_2 + CO_2 \longrightarrow CaCO_3 + H_2O$]。②10%～20%的石灰水有强的消毒作用，其杀菌作用主要是改变介质的pH，夺取微生物细胞的水分，并与蛋白质形成蛋白化合物，故常用于场地消毒。

【联用与禁忌】

① 本品用风化石灰0.5kg，加水四碗，浸泡、搅拌，澄清后吹去水面浮衣，取中间清水，加等量麻油调成乳状，搽涂烫伤处，外用于汤火烫伤、创伤出血；陈石灰研末单用或配伍大黄调制成“桃花散”用于治疗新鲜创伤，具有止血消肿之功。

② 本品制取10%的清液500～1000mL灌服，可治牛臌胀症。

【用药注意】

外用适量，除治疗牛臌胀外，一般不作内服用。

明矾（白矾）

为含硫酸盐类矿石中的明矾石煎炼而成。主产于山西、甘肃、湖北、浙江、安徽等地。煅后名枯矾。生用或煅后研末用。

【药理作用特点】

本品酸、寒，入脾经，具有杀虫、止痒、燥湿祛痰、止血止泻功效。本品为硫酸钾铝［$KAl(SO_4)_2 \cdot 12H_2O$］。

其药理作用为：①内服后能刺激胃黏膜而引起反射性呕吐，至肠则不吸收，能制止肠黏膜的分泌，因而有止泻之效。②枯矾能与蛋白化合成难溶于水的蛋白化合物而沉淀，故可用于局部创伤出血。③对人型及牛型结核杆菌、金黄色葡萄球菌、伤寒杆菌、痢疾杆菌均有抑制作用。但小鼠灌服后其肠道菌群发生紊乱。

【联用与禁忌】

① 本品常配等分雄黄，浓茶调敷，治疮痈肿毒；与硫黄、冰片同用，用于湿疹疥癣；与冰片、青黛、黄柏共研末外敷，用于口舌生疮；可与黄丹、冰片配伍吹患处，治疗耳内流脓。

② 本品内服多用生白矾，具有较强的祛痰作用，用于风痰壅盛或癫痫等症。配半夏、牙皂为末，温水调灌，可治风痰壅盛、喉中声如拉锯。

③ 单用或配伍五倍子、诃子、五味子等，有较好的收敛止血作用，用于久泻不止；与五倍子、血余炭同用，用于便血、子宫出血。

④ 本品属于含铝药物，避免与四环素族（相隔 3h 以上则影响不大）、土霉素类、喹诺酮类、异烟肼、利福平、维生素 C 等同用，可能与其易形成络合物影响吸收、生成难溶物显著降低生物利用度、氧化后失去作用等有关系。

【用药注意】

内服生用，外治多煅用。

儿茶（孩儿茶）

为含羞草科植物儿茶的枝叶加水煎汁浓缩而成的干燥浸膏。主产于云南南部，海南岛有栽培。

【药理作用特点】

本品苦、涩、微寒，入肺经。外用收湿敛疮、止血；内服清热化痰。本品主要含儿茶鞣酸、儿茶精及表儿茶酚、黏液质、脂肪油、树脂及蜡等。

其药理作用为：①水溶液能抑制十二指肠及小肠的蠕动而有止泻作用。②煎浸剂对金黄色葡萄球菌、痢疾杆菌、伤寒杆菌及常见致病性皮肤真菌均有抑制作用。③外用于创伤、灼伤的创面，可使创伤表面渗出物的蛋白质凝固，形成痂膜，防止细菌感染，且使创面的微血管收缩，有局部止血作用，减少分泌和血浆的损失。

【联用与禁忌】

① 本品常配伍龙骨、轻粉、冰片，如龙骨儿茶散，用于湿疮、疮疡多脓久不收口；与青黛、黄柏、薄荷等同用，可治口疮牙龈溃烂；配冰片、硼砂研末吹患处，治咽喉肿痛。

② 本品常配黄柏、黄连，具有止泻、止血之功，内服治泻痢、便血；单用或同三七研末敷患处，治外伤出血。

③ 常配伍桑叶、硼砂等药，具有清热化痰生津作用，用于治肺热咳嗽。

④ 不宜与以下西药配伍应用：a. 维生素 B_1、抗生素（四环素族、红霉素、灰黄霉素、制霉菌素、林可霉素、利福平等）、苷类（洋地黄、地高辛、可待因等）、生物碱（麻黄碱、阿托品、黄连

素、奎宁、利血平)、亚铁盐制剂、碳酸氢钠制剂;b. 异烟肼;c. 酶制剂(多酶胃酸酶胰酶);d. 维生素 B_6。原因如下:a. 产生沉淀,影响吸收;b. 分解失效;c. 改变性质,降效或失效;d. 形成络合物,降效或失效。

硇　砂

为含氯化铵的结晶体。主产于青海、新疆、四川、西藏、陕西等地。

【药理作用特点】

本品咸、苦、辛、温,入肝、脾、胃经,具有软坚散结、消积祛瘀功效。本品主要含氯化铵。

其药理作用为:①能增加呼吸道黏膜的分泌,使黏液变稀薄,容易咳出,故有祛痰作用,又能使肾小管内氯离子浓度增加,排出时携带钠和水而产生利尿作用。②其副作用是引起呕吐、口渴和高氯性酸中毒。

【联用与禁忌】

本品常配伍穿山甲、黄丹等同用,用于外伤痛疽疮毒,未成脓者可消,对已成脓者能溃,有散结去腐的作用;单味研末,喷患处,用于治目翳胬肉。

硼　砂

为硼砂矿经精制而成的结晶。主产于西藏、青海、四川等地。

【药理作用特点】

本品苦、咸、凉,入肺、胃经,具有解毒防腐、清热化痰功效。本品主要含四硼酸二钠。

其药理作用为:①能刺激胃液的分泌,至肠吸收后由尿排出,能促进尿液分泌及防止尿道炎症。②外用对皮肤、黏膜有收敛保护作用,并能抑制某些细菌的生长,故可治湿毒引起的皮肤糜烂。

【联用与禁忌】

① 常与冰片、玄明粉、朱砂等配伍,主要用于口舌生疮、咽

喉肿痛、目赤肿痛等，也可单味制成洗眼剂用。

② 本品常与瓜蒌、青黛、贝母等同用，以增强清热化痰之效，主要适用于肺热痰嗽、痰黏稠及久咳疼痛声嘶等，能清肺热、稀释稠痰，使痰易于咳出；与车前、金钱草等配伍，有化石作用，用于砂淋。

③ 本品属于弱碱性药物，避免与四环素、先锋霉素、乌洛托品、氨苄西林、呋喃呾啶、阿司匹林、吲哚美辛、保泰松，普萘洛尔、氯丙嗪、氯氮草、硫酸亚铁、异烟肼、地高辛、苯巴比妥、苯妥英钠、奎宁、氯喹、多西环素、新斯的明、奎尼丁等配伍使用，可能与其易降低药效、分解失效、吸收降低、从尿排出，促使血药浓度降低、排出减少，血药浓度增加引起中毒等有关系。

④ 与胃蛋白酶制剂配伍通用，可中和胃酸，降低疗效。

斑　　蝥

为芫菁科昆虫南方大斑蝥、黄黑小斑蝥的干燥全体。全国大部分地区均有分布，以安徽、河南、广东、广西、江苏等地产量较大。

【药理作用特点】

本品辛、寒、有大毒，入胃、肺、肾经，具有攻毒蚀疮、破疮散结功效。本品主要含斑蝥素、去甲斑蝥素、甲基斑蝥胺等。

其药理作用为：①斑蝥素是斑蝥抗癌的有效成分，也是其毒性的主要成分；②外用为皮肤发赤、发泡剂。

【联用与禁忌】

① 本品对皮肤有强烈的刺激性，能引起皮肤发赤起疱，外用有攻毒止痒和腐蚀恶疮的功效，用于疥癣恶疮等症。

② 本品内服有破症散结和解毒之功，用于治瘰疬；配玄明粉可消散症块。

【用药注意】

孕畜忌用。

本节药物功能比较见表 6-8。

表 6-8 外用药功能比较

类别	药物	相同点	不同点
外用药	硫黄 雄黄	杀虫止痒	硫黄内服兼治虚寒便秘及肾虚阳痿；雄黄内服外敷均能解毒而治蛇虫咬伤
	硼砂 冰片	消肿痛	硼砂外用解毒防腐，冰片长于开窍醒脑，二药常合用治口舌生疮及咽喉肿痛
	铅丹 水银	杀虫解毒	铅丹解毒生肌多治疮疡多脓；水银只作外用治疮癣疥癞
	白矾 炉甘石	燥湿杀虫止痒	白矾兼能涌吐解毒；炉甘石专作外用，以治睛生翳膜见长
	硇砂 斑蝥 木鳖子	消肿散结	硇砂功专外用，治恶疮、痈肿、胬肉；斑蝥破血攻毒，用治瘰疬；木鳖子治疮痈肿痛，还能治跌打瘀肿
	石灰 儿茶	止血	石灰还可消气胀及场地消毒，并治烫伤；儿茶尚有止泻及治肺热咳嗽之功

参考文献

[1] 勃拉姆. Plumb's 兽药手册 [M]. 5 版. 沈建忠，冯忠武译. 北京：中国农业大学出版社，2009.

[2] 陈杖榴. 兽医药理学 [M]. 3 版. 北京：中国农业出版社，2009.

[3] 杜贵友，方文贤. 有毒中药现代研究与合理应用 [M]. 北京：人民卫生出版社，2003.

[4] 陈仁寿. 国家药典中药实用手册 [M]. 南京：江苏科学技术出版社，2004.

[5] 戴自英，刘裕昆，汪复. 实用抗菌药物学 [M]. 2 版. 上海：上海科学技术出版社，1998.

[6] 傅宏义. 新编药物大全 [M]. 3 版. 北京：中国医药科技出版社，2010.

[7] 顾觉奋. 抗生素的合理应用 [M]. 上海：上海科学技术出版社，2004.

[8] 季宇彬. 复方中药药理与应用 [M]. 北京：中国医药科技出版社，2005.

[9] 贾公孚，谢惠民. 药物联用禁忌手册 [M]. 北京：中国协和医科大学出版社，2001.

[10] 贾公孚，谢惠民. 临床药物新用联用大全 [M]. 北京：人民卫生出版社，1999.

[11] 吉姆·E. 里维耶尔，马克·G. 帕皮奇. 兽医药理学与治疗学 [M]. 9 版. 操继跃，刘雅红译. 北京：中国农业出版社，2011.

[12] 孔增科，周海平等. 常用中药药理与临床应用 [M]. 赤峰：内蒙古科学技术出版社，2004.

[13] 刘海. 动物常用药物及科学配伍手册 [M]. 北京：中国农业出版社，2007.

[14] 刘强. 药食两用中药应用手册 [M]. 北京：中国医药科技出版社，2006.

[15] 孟凡红，刘从明，杨建宇. 单味中药临床应用新进展 [M]. 北京：人民卫生出版社，2007.

[16] 闵云山. 中药临床应用指南 [M]. 兰州：甘肃民族出版社，1999.

[17] 任艳玲，李杨. 中药不良反应与防治 [M]. 长春：吉林科学技术出版社，2006.

[18] 隋中国，苏乐群，孙伟. 临床合理用药指导 [M]. 北京：人民卫生出版社，2010.

[19] 汪复，张婴元. 实用抗感染治疗学 [M]. 北京：人民卫生出版社，2004.

[20] 王本祥. 现代中药药理学 [M]. 天津：天津科学技术出版社，1997.

[21] 王筠默. 中药研究与临床应用 [M]. 上海：上海中医药大学出版社，2006.

[22] 谢惠民. 合理用药 [M]. 3 版. 北京：人民卫生出版社，1996.

[23] 殷凯生，殷民生. 实用抗感染药物手册 [M]. 北京：人民卫生出版社，2001.

[24] 阎继业. 畜禽药物手册 [M]. 3 版. 北京：金盾出版社，2007.

[25] 袁宗辉. 饲料药物学 [M]. 北京：中国农业出版社，2001.

[26] 杨世杰. 药理学 [M]. 北京：人民卫生出版社，2005.

[27] 曾振灵. 兽药手册 [M]. 2 版. 北京：化学工业出版社，2012.
[28] 中国兽药典委员会. 中华人民共和国兽药典 [M]. 北京：中国农业出版社，2011.
[29] 赵汉臣，曲国君，王希海等. 注射药物应用手册 [M]. 北京：人民卫生出版社，2003.
[30] 张俊龙. 临床中西药物配伍手册 [M]. 北京：科学出版社，2002.
[31] 张仲秋，郑明. 畜禽药物使用手册 [M]. 北京：中国农业大学出版社，1999.
[32] 赵淑文，段慧灵，段文若. 用药选择 [M]. 北京：人民卫生出版社，2001.
[33] 朱建华. 中西药物相互作用 [M]. 2 版. 北京：人民卫生出版社，2006.